国家“十二五”规划重点图书
中国地质调查局
青藏高原1：25万区域地质调查成果系列

中华人民共和国

区域地质调查报告

比例尺 1∶250 000

曲麻莱县幅

(I46C002004)

项目名称：青海1∶25万曲麻莱县幅区域地质调查

项目编号：200313000006

项目负责：段其发 牛志军 白云山

图幅负责：段其发 牛志军 白云山

报告编写：段其发 牛志军 白云山 赵小明
汤朝阳 魏运许 涂 兵 曾波夫

编写单位：中国地质调查局武汉地质调查中心
武汉地质矿产研究所

单位负责：姚华舟

中国地质大学出版社
ZHONGGUO DIZHI DAXUE CHUBANSHE

内容摘要

本书系统地建立了曲麻莱地区的岩石地层序列，划分了 9 个古生物化石组合，获得 33 属 54 种遗迹化石资料，阐明了中二叠世茅口期生物古地理区系属特提斯大区华夏区。系统地总结了晚三叠世沉积盆地演化史。据孢粉化石将陆相红层时代厘定为古近系沱沱河组和雅西措组，确定当时为温暖略干旱的热带-亚热带气候环境。在第四纪地层中获得了 5 个热释光和 1 个 ^{14}C 年龄数据，提出风成砂的形成与湖相沉积物有关系的认识。

将深成岩浆岩划分为 2 个构造-岩浆岩带，5 个岩浆序列，1 个独立侵入体，获得 4 个单颗粒锆石 U-Pb 年龄和 1 个锆石 SHRIMP U-Pb 年龄，时代分别为中三叠世早期和侏罗纪—白垩纪；扎河岩浆岩带形成于侏罗纪弧-陆碰撞转化为陆-陆碰撞的构造环境；巴颜喀拉岩浆岩带的中酸性侵入岩的物源以壳源为主，具有陆缘火山弧花岗岩特征，是燕山期板块同碰撞阶段的产物。晚三叠世巴塘群火山岩形成于陆缘火山弧环境，克南群火山岩形成于岛弧环境。

将变质岩划分为 4 种类型，探讨了区域变质岩的原岩类型及其形成环境；新发现的宁多杂岩（结晶基底物质）经历了晋宁期高温中低压角闪岩相区域动热变质作用，华力西期区域低温动力变质作用，印支期—燕山期区域低温动力变质作用；巴颜喀拉周缘前陆盆地、巴塘弧火山岩带和克南群主要以低温动力变质作用为主，属低绿片岩相，缺乏高压型（例如兰闪片岩或榴辉岩等）变质相。

自北而南将测区划分为巴颜喀拉周缘前陆盆地、通天河蛇绿混杂岩带和北羌塘-昌都-思茅地块 3 个Ⅰ级基本构造单元和 5 个Ⅱ级构造单元。系统总结了地质构造演化史和新构造运动的特点。

初步查明了通天河蛇绿混杂岩带的物质组成，其形成经历了中二叠世陆缘海至中三叠世早期弧后盆地扩张环境，混杂岩带形成于印支期弧-陆碰撞阶段和燕山期陆-陆碰撞阶段。

上述地质资料和研究成果提高了青海南部地区的基础地质研究程度，对深入研究青藏高原北部的板块构造、地质演化史、高原隆升与环境生态变迁具有重要参考价值。

图书在版编目(CIP)数据

中华人民共和国区域地质调查报告. 曲麻莱县幅(I46C002004)：比例尺 1:250 000/段其发，牛志军，白云山等著. —武汉：中国地质大学出版社有限责任公司，2013.10

ISBN 978-7-5625-2974-3

Ⅰ. ①中…
Ⅱ. ①段…②牛…③白…
Ⅲ. ①区域地质-地质调查-调查报告-中国②区域地质-地质调查-调查报告-曲麻莱县
Ⅳ. ①P562

中国版本图书馆 CIP 数据核字(2013)第 234070 号

中华人民共和国区域地质调查报告
曲麻莱县幅(I46C002004)　比例尺 1:250 000
段其发　牛志军　白云山　等著

责任编辑：舒立霞　刘桂涛　　责任校对：戴莹

出版发行：中国地质大学出版社（武汉市洪山区鲁磨路 388 号）　邮政编码：430074
电　话：(027)67883511　传　真：67883580　E-mail：cbb@cug.edu.cn
经　销：全国新华书店　http://www.cugp.cug.edu.cn

开本：880mm×1 230mm 1/16　字数：515 千字　印张：15　图版：15　插页：1　附图：1
版次：2013 年 10 月第 1 版　印次：2013 年 10 月第 1 次印刷
印刷：武汉中远印务有限公司　印数：1—1 500 册
ISBN 978-7-5625-2974-3　定价：460.00 元

前　言

青藏高原包括西藏自治区、青海省及新疆维吾尔自治区南部、甘肃省南部、四川省西部和云南省西北部，面积达 260 万 km^2，是我国藏民族聚居地区，平均海拔 4 500m 以上，被誉为地球第三极。青藏高原是全球最年轻、最高的高原，记录着地球演化最新历史，是研究岩石圈形成演化过程和动力学的理想区域，是“打开地球动力学大门的金钥匙”。

青藏高原蕴藏着丰富的矿产资源，是我国重要的战略资源后备基地。青藏高原是地球表面的一道天然屏障，影响着中国乃至全球的气候变化。青藏高原也是我国主要大江大河和一些重要国际河流的发源地，孕育着中华民族的繁生和发展。开展青藏高原地质调查与研究，对于推动地球科学研究、保障我国资源战略储备、促进边疆经济发展、维护民族团结、巩固国防建设具有非常重要的现实意义和深远的历史意义。

1999 年国家启动了“新一轮国土资源大调查”专项，按照温家宝总理“新一轮国土资源大调查要围绕填补和更新一批基础地质图件”的指示精神。中国地质调查局组织开展了青藏高原空白区 1∶25 万区域地质调查攻坚战，历时 6 年多，投入 3 亿多元，调集 25 个来自全国省(自治区)地质调查院、研究所、大专院校等单位组成的精干区域地质调查队伍，每年近千名地质工作者，奋战在世界屋脊，徒步遍及雪域高原，完成了全部空白区 158 万 km^2 共 112 个图幅的区域地质调查工作，实现了我国陆域中比例尺区域地质调查的全面覆盖，在中国地质工作历史上树立了新的丰碑。

青海 1∶25 万 I46C002004(曲麻莱县幅)区域地质调查项目，由中国地质调查局武汉地质调查中心承担，工作区位于藏北羌塘高原腹地。目的是通过对调查区进行全面的区域地质调查，按照《1∶25 万区域地质调查技术要求(暂行)》和《青藏高原空白区(B 类区)1∶250 000 区域地质调查要求(暂行)》及其他相关的规范、指南，参照造山带填图的新方法，应用遥感等新技术手段，以区域构造调查与研究为先导，合理划分测区的构造单元，对测区不同地质单元、不同的构造-地层单位采用不同的填图方法进行全面的区域地质调查。通过对盆地充填演化分析、岩浆作用、变质变形和盆山耦合关系的研究，建立构造格架和区域地质演化史；对穿越图区的郭扎错-西金乌兰湖-金沙江缝合带构造组成和演化进行地质调查，注意新构造运动及青藏高原隆升与古气候、古环境变迁关系的调查研究；加强多金属及贵金属成矿地质背景调查，全面提高基础地质研究程度，为地方经济发展提供基础地质资料。

I46C002004(曲麻莱县幅)地质调查工作时间为 2003—2005 年，累计完成地质填图面积15 300km^2，测制剖面 114km，地质路线 2 255km，采集各类样品 1 160 件。主要成果有：①系统地建立了曲麻莱地区的岩石地层序列，划分了 9 个古生物化石组合，获得 33 属 54 种遗迹化石资料。系统地总结了晚三叠世沉积盆地演化史。将陆相红层厘定为古近系沱沱河组和雅西措组，据孢粉化石论述了当时为温暖略干旱的热带-亚热带气候环境。在第四纪地层中获得了 5 个热释光和 1 个^{14}C 年龄数据，探讨了风成砂的形成与湖相沉积物有关。②划分了 2 个构造-岩浆岩带(扎河岩浆岩带和巴颜喀拉岩浆岩带)、5 个岩浆序列和 1 个独立侵入体；获得 4 个单颗粒锆石 U-Pb 年龄和 1 个锆石 SHRIMP U-Pb 年龄；扎河岩浆岩带形成于侏罗纪弧-陆碰撞至陆-陆碰撞的构造环境；巴颜喀拉岩浆岩带中的中酸性侵入岩具有陆缘火山弧花岗岩特征，是燕山期板块同碰撞岩浆岩。晚三叠世巴塘群火山岩形成于陆缘火山弧环境，克南群火山岩形成于岛弧环境。盆地基底由中元古代陆壳组成。③探讨了区域变质岩的原岩类型及其形成环境；新发现的宁多杂岩(结晶基底)经历了晋宁期高温中低压角闪岩相区域动热变质作用，华力西期区域低温动力变质作用，印支期—燕山期区域低温动力变质作用；巴颜喀拉周缘前陆盆地、巴塘弧火山岩带和克南群以低温动力变质作用为主，属低绿片岩相，缺乏高压型变质相。④自北而南可划分出巴颜喀拉周缘前陆盆地、通天河蛇绿混杂岩带和北羌塘-昌都-思茅地块3个Ⅰ级构造单元和5个Ⅱ级构造单元。⑤初步查明了通天河蛇绿混杂岩带的物质组成，其形成经历了中二叠世陆缘海至中三叠世早期弧后盆地扩张环境、印支期弧-陆碰撞阶段和燕山期陆-陆碰撞阶段。为羌塘地块和巴颜喀拉地块的分界和深入研究该区的构造演化历史提供了重要依据。

2006年6月，中国地质调查局组织专家对项目最终成果进行验收，评审认为，成果报告资料齐全，工作量达到(或超过)设计规定，技术手段、方法、测试样品质量符合有关规范、规定。报告章节齐备，论述有据，在地层、古生物、岩石和构造等方面取得了较突出的进展和重要成果，反映了测区地质构造特征和现有研究程度，经评审委员会认真评议，一致建议项目报告通过评审，为优秀级成果。

参加报告编写的主要有段其发、牛志军、白云山、赵小明、汤朝阳、涂兵、魏运许和曾波夫，由段其发、牛志军统纂定稿；地质图由段其发、牛志军和赵小明编绘，地质图说明书由段其发、牛志军和杨振强编写，矿产图由段其发和汤朝阳编绘；牛志军和赵小明分别鉴定䗴类、非䗴有孔虫及遗迹化石；曾波夫绘制所有插图、整理主要参考文献，涂兵整理图版及其说明。

先后参加野外工作的还有王建雄、甘金木、段万军，后勤人员付发林、李卫东、谢官荣、韩向京、黄勇、江措、丁桑等，何龙清研究员参加野外工作并给予技术指导。朱应华整理部分资料，何金兰、秦静蓉分析微体古生物样品。在整个项目实施和报告编写过程中，得益于许多单位和领导的大力协助、支持，尤其要感谢的是中国地质调查局、西安地质矿产研究所、拉萨工作总站、成都地质矿产研究所、青海省地质调查院；始终得到了潘桂棠研究员、王立全研究员、李荣社教授级高级工程师、张雪亭教授级高级工程师、阿成业教授级高级工程师等专家的多方指导和帮助，武汉地质矿产研究所张仁杰研究员、徐安武研究员担任项目技术顾问，李莉高级工程师完成计算机成图及地质数据建库工作，杨振强研究员对报告进行了仔细的校对修改。中国科学院南京地质古生物研究所廖卫华研究员、张遴信研究员、李曼英研究员，中国地质大学(武汉)吴顺宝教授、龚一鸣教授、何卫红副教授，武汉地质矿产研究所张仁杰研究员、杨德骊研究员、张清如副研究员帮助完成化石鉴定。在野外工作期间得到了青海省玉树藏族自治州政府及国土资源局、治多县政府、曲麻莱县政府、测区内有关乡政府、曲麻莱县第二民族完全小学土旦才仁校长的大力支持；中国地质调查局李金发副局长、武汉地质调查中心姚华舟主任曾亲临调查区指导工作，在此表示衷心的感谢。

为了充分发挥青藏高原1∶25万区域地质调查成果的作用，全面向社会提供使用，中国地质调查局组织开展了青藏高原1∶25万地质图的公开出版工作，由中国地质调查局成都地质调查中心组织承担图幅调查工作的相关单位共同完成。出版编辑工作得到了国家测绘局孔金辉、翟义青及陈克强、王保良等一批专家的指导和帮助，在此表示诚挚的谢意。

鉴于本次区调成果出版工作时间紧、参加单位较多、项目组织协调任务重，以及工作经验和水平所限，成果出版中可能存在不足与疏漏之处，敬请读者批评指正。

“青藏高原1∶25万区调成果总结”项目组

2011年12月

目　　录

第一章 绪 言

第一节 自然地理概况及交通位置

测区位于青藏高原北部巴颜喀拉山脉南坡。行政区划属青海省玉树藏族自治州治多县和曲麻莱县管辖(图 1-1)。地理坐标:东经 94°30′—96°00′,北纬 34°00′—35°00′。测区东南部交通较为便利,有治多—曲麻莱县级公路,清水河—曲麻莱、治多—扎河、曲麻莱—治渠及曲麻莱—曲麻河简易公路相通。其余地区山高谷深,切割强烈,沟谷纵横交错,仅有一些山间小道或季节性便道,靠牦牛、马匹运输,交通不便。

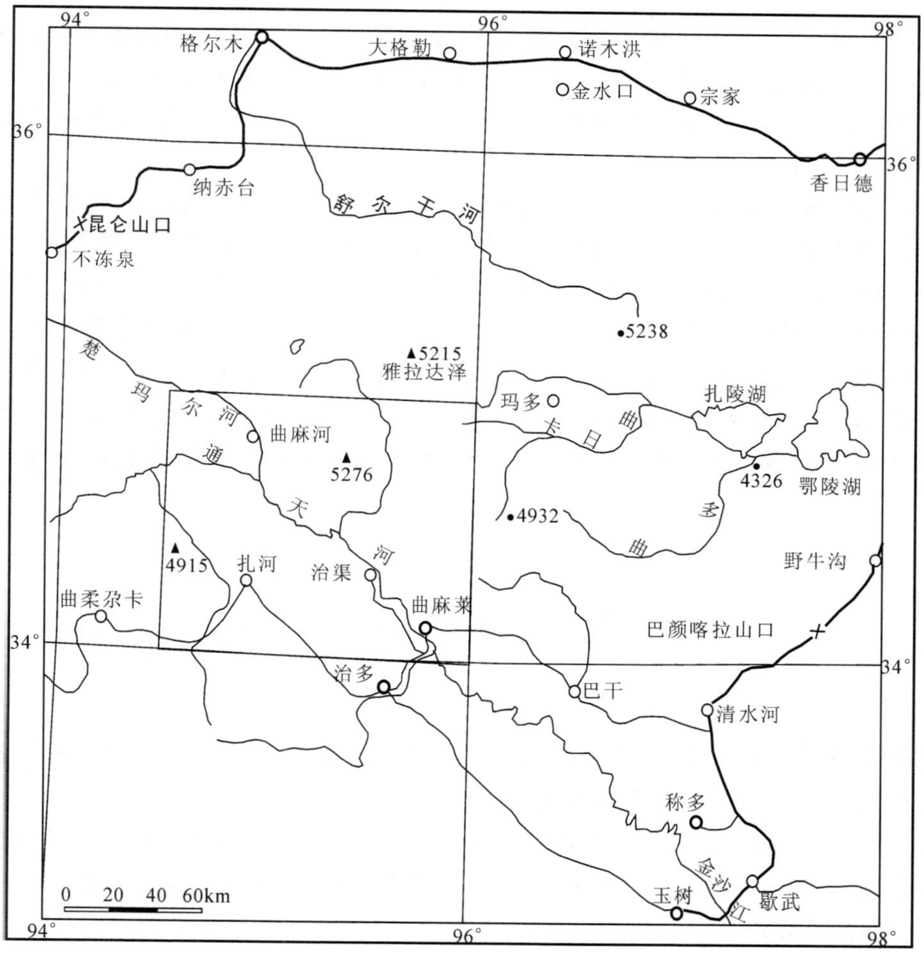

图 1-1 测区交通位置图

测区地貌单元属青藏高原区江河上游大中起伏高山山原区的通天河—黄河上游大中起伏高山河谷小区,西北部属长江源区丘状高原小区,北部属构造剥蚀地貌类型,侵蚀地形发育。河流中、下游常发育“V”型谷,地形复杂,坡陡谷深,高差多在数百米以上。南西部多属侵蚀—堆积地貌类型,地形较开阔舒缓,河流下切微弱,蛇曲河及湖沼发育。测区地势总体南西高、北东低,呈南西向北东倾斜状态。最高山峰达纳地纳海拔为 5 514m，位于测区南部图边；最低海拔为 4 100m，位于测区中部的通天河谷，其余地区一般海拔为 4 700～4 900m，高差多为 500～1 400m，5 000m 以上的山头比比皆是。

测区属中纬度区，但因海拔高，气温低，降水多，季风明显，具半湿润气候特点，是典型的高原大陆型湿冷气候。无绝对无霜期，没有四季之分，只有冷暖二季，冷季长达 8～9 个月，暖季仅 3～4 个月。年平均气温－2.2℃，极端最高气温 26℃，极端最低气温－42℃。年降水量 380.9～402.6mm，冬季常大雪成灾，夏季多雷电。平均风速 3m/s，最大风速 40m/s。区内高寒缺氧，空气稀薄，气压一般为 7.0×10^4～8.0×10^4Pa。

测区内居民稀少，局部为无人区，平均 2～3 人/10km^2，以藏族为主。仅在县、乡政府所在地有少数汉、回等民族定居。经济以牧业为主，主要牲畜为绵羊、山羊、牦牛、马等。由于多数地区海拔高，基岩裸露，寒冻风化碎石覆盖较广，导致草场不好。牧民帐篷分散，一年中常有 3 次以上搬迁，给野外地质工作带来很大不便。

第二节　目的任务

中国地质调查局 2003 年 3 月 20 日下达给武汉(原宜昌)地质矿产研究所曲麻莱县幅(I46C002004) 1∶25 万区域地质调查任务书(任务书编号：基[2003]001—13；工作内容编号：200313000006)：所属实施项目为“青藏高原北部空白区基础地质调查与研究”，工作性质为基础地质调查，填图面积 15 300km^2，起止年限为 2003 年 1 月—2005 年 12 月。

项目总体目标任务是：按照《1∶25 万区域地质调查技术要求(暂行)》和《青藏高原空白区(B 类区) 1∶25 万区域地质调查要求(暂行)》及其他相关的规范、指南，参照造山带填图的新方法，应用遥感等新技术手段，以区域构造调查与研究为先导，合理划分测区的构造单元，对测区不同地质单元、不同的构造-地层单位采用不同的填图方法进行全面的区域地质调查。通过对盆地充填演化分析、岩浆作用、变质变形和盆山耦合关系研究，建立构造格架和区域地质演化史；对穿越图区的郭扎错—西金乌兰湖—金沙江缝合带构造组成和演化进行地质调查，注意新构造运动及青藏高原隆升与古气候、古环境变迁关系的调查研究；加强多金属及贵金属成矿地质背景调查，全面提高基础地质研究程度，为地方经济发展提供基础地质资料。

第三节　地质调查研究程度

解放前测区为地质工作空白区。新中国成立后，随着社会主义建设事业的发展，特别是青藏公路与青康公路的建成通车，地质工作才逐渐涉及至本区。

1965—1969 年，青海省地质局区域地质测量队开展 1∶100 万温泉幅区域地质调查工作涵盖本区，初步建立了测区地层层序，划分了岩浆岩的侵入期次，初步查明了区域性断裂、褶皱形态等地质构造特征，发现了一批矿点、矿化点。

1975 年，国家地质总局航空物探大队 902 队对青海中南及西南部进行 1∶50 万航空磁力测量，在图区发现航磁异常 7 处，但未作地表检查。

1984 年，青海省第二区调队在“西金乌兰—玉树基性、超基性岩带地质特征及含矿性总结”课题研究中，对区内口前曲—巴木曲间 30km 宽的北西-南东向地带的含矿性进行了研究。同年，青、藏、川、滇四省地矿局合作项目“三江有色金属成矿带成矿远景区划——三江有色金属成矿带成矿规律及找矿预测”将测区划归为预测区。青海省第二区调队又进一步将测区内西金乌兰—歇武断裂带以南地区划归三江有色金属成矿带北西延伸的多金属铁成矿亚带的北缘部位。

1988—1989 年，青海省第四地质队先后在区内的拉工涌、阿西涌、查九涌、查基将龙等地进行砂金普查，发现了一批砂金矿点。

1990 年，青海省第四地质队在测区沿昂日曲两侧进行过砂金普查，布勘探线 5 条，钻孔 62 个，圈定昂日曲主河谷低含金层 11 处。

1989—1992 年，青海省第二水文队、黄委会南水北调队先后在测区北东通天河两岸 10～20km 范围内进行 1∶20 万库岸边坡稳定性调查。

1990—1993 年，青海省地质矿产局区调综合地质大队开展了扎河幅、曲麻莱县幅、错坎巴昂日东幅 1∶20万区域地质和矿产调查，建立了地层层序，对不同相区的上三叠统作了综合分析，探讨了各沉积盆地的沉积环境和演化趋势；查明了岩浆岩的时空分布、岩石类型、岩石地球化学特征，划分了侵入期次和火山喷发韵律及旋回，探讨了岩浆的成因、构造环境和演化规律，认为巴塘群火山岩形成于裂谷环境；合理划分了构造单元，总结各单元的地质构造特征，查明断裂和褶皱的展布和样式；对新构造运动进行了详细论述，建立了构造演化模式；新发现一批矿（化）点和矿化线索，圈定了重砂和水系沉积物异常，探讨了砂金来源，划分了成矿区，指出了找矿方向。

20 世纪 80 年代后期，测区以西的昆仑山口—雁石坪地区的青藏公路沿线，陆续开展了国际多学科地质综合考察（包括中德合作项目、中法合作项目、中英合作项目等及青海省地质科研所与中国科学院南京地质古生物研究所在紧邻测区东南部的玉树地区进行的详细的泥盆纪至三叠纪的地层学与古生物学研究）；90 年代初对青海可可西里开展了综合科学考察。青海省地质矿产局（1991，1997）对青海省以往地质工作进行了全面总结，近年来张以茀（1997）和张雪亭等（2005）对可可西里—巴颜喀拉三叠纪沉积盆地进行了系统总结。这些研究对认识测区的区域地质构造背景无疑具有重要意义。测区地质调查研究程度见图 1-2。

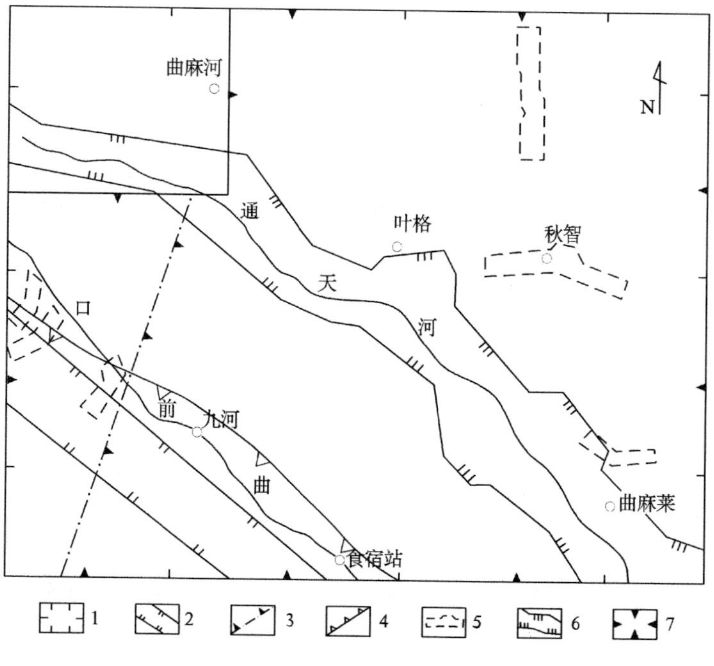

图 1-2 测区地质研究程度示意图

1. 1∶100 万区调及 1∶50 万航磁测量覆盖区；2. 西金乌兰—玉树基性、超基性岩带地质特征及含矿性工作区；3. 三江有色金属成矿带成矿远景区划——三江有色金属成矿带成矿规律及找矿预测区；4. 三江有色金属成矿带铁矿亚带专题研究范围；5. 砂金普查区；6. 南水北调工程—库岸边坡稳定性、区域稳定性调查范围；7. 1∶20 万区域地质调查、矿产地质调查范围

第四节　任务完成情况及工作量

一、项目执行情况

1. 设计阶段

2003年3月下旬，成立了项目组，3—7月上旬，系统地收集测区及邻区地质、矿产、地形、卫星遥感数据、图像等资料，进行遥感地质初步解译，对地质资料进行全面综合分析，编写项目设计书。8月下旬至9月对测区进行野外踏勘，并选择扎河乡一曲麻莱县城一带进行试填图，完成了5 000km^{2}地质填图面积，测制岩浆岩剖面和二叠系九十道班组、三叠系巴塘群、通天河蛇绿混杂岩剖面，对通天河以南地区的地层、岩浆岩、变质岩和地质构造进行了重点调查。10—11月对设计书进行了修改完善，12月底完成设计书的修改。

2. 地质填图及专题调查阶段

2004年1—3月对2003年度野外资料进行了系统总结，编制2004年工作计划。4月中旬至10月初开展野外地质填图，完成填图面积10 300km^2，测制了三叠系巴颜喀拉山群、新近系曲果组及第四系剖面，并对测区南部扎河一带通天河蛇绿混杂岩带的大理岩、变质火山岩、斜长角闪岩和新发现的二叠系硅质岩块系统采样。

3. 室内整理及专题研究阶段

2004年11—12月编写年度工作总结。2005年2月下旬至5月对两年多来所取得的野外资料和各种测试结果进行了阶段性综合整理，编写了野外资料阶段性成果总结。6月初，由中国地质调查局西安地质调查中心对本项目进行了野外资料验收。6月中旬至7月，根据专家组的审查意见，项目组先后到测区南部治多县扎河乡和东部曲麻莱县等地进行野外补课：重新测制了扎河一带金沙江构造混杂岩剖面以及补充测制扎河剖面；重新划分出泥盆纪和侏罗纪地层；补充采集了巴颜喀拉山群的遗迹化石和双壳类化石样品，补采新近系地层孢粉样品。

4. 最终成果报告编写阶段

2005年8月转入室内资料综合整理，编制地质图件、编写区调报告及专题研究报告。2006年3月15日提交送审稿。

二、完成的主要工作量

本次地质调查是在中国地质调查局西安地质调查中心指导下，由武汉地质矿产研究所15名人员组成，经过3年的地质调查，克服了高原野外工作中的各种困难而完成的。项目组按照任务书、设计书的基本要求，开展区域地质调查和专题研究工作，在4个地层分区内实测和修测剖面34条(图1-3，表1-1)。工作过程中，在兼顾区域地质调查一般要求的基础上，针对新发现、新认识和存在问题，特别是关键地质问题加大了工作量的投入，加强了三叠纪遗迹化石、中生代侵入岩及通天河构造混杂带的调查，增加了部分分析测试项目的工作量，调整了稳定同位素样、年龄样的测试方法。主要完成的实物工作量见表1-2。

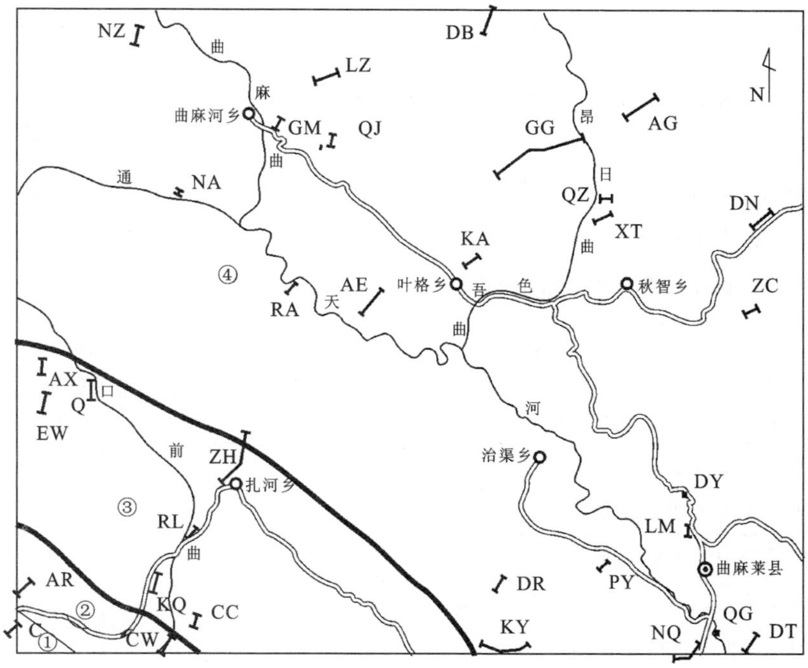

图 1-3　测区地层区划和剖面分布位置示意图

①唐古拉-昌都地层分区乌丽杂多小区；②玉树-中甸地层分区；③西金乌兰-金沙江地层分区；④玛多-马尔康地层分区曲麻莱小区

表 1-1　实测剖面一览表

序号	剖面名称	剖面编号	比例尺	长度(m)
1	治多县扎河通天河蛇绿混杂岩泥盆纪依吉群岩块及三叠纪克南群实测地层剖面	ZH	1∶5 000	1 550
2	治多县采佛果二叠纪九十道班组—三叠纪巴塘群中组实测地层剖面	C	1∶5 000	2 600
3	治多县阿日群增涌三叠纪巴塘群实测地层剖面	AR	1∶5 000	3 600
4	治多县采吾曲三叠纪巴塘群实测地层剖面	CW	1∶5 000	3 320
5	治多县扎河三叠纪巴颜喀拉山群砂岩夹板岩组、克南群、侏罗纪扎河砂岩实测地层剖面	Z	1∶5 000	8 054
6	治多县曲日青日群通天河蛇绿混杂岩变质火山岩块实测地层剖面	Q	1∶5 000	740
7	治多县直尺阿涌三叠纪巴塘群上组上段实测地层剖面	CC	1∶5 000	2 700
8	治多县聂恰曲三叠纪巴颜喀拉山群板岩组下段实测地层-构造剖面	NQ	1∶5 000	5 526
9	曲麻莱县冬特考三叠纪巴颜喀拉山群板岩组实测地层剖面	DT	1∶5 000	6 100
10	曲麻莱县东那色窝三叠纪巴颜喀拉山群修测地层剖面	DN	1∶10 000	3 625
11	治多县巨阿让涌三叠纪巴颜喀拉山群下段修测地层剖面	RA	1∶10 000	3 305
12	曲麻莱县张驰三叠纪巴颜喀拉山群下段实测地层剖面	ZC	1∶5 000	2 120
13	曲麻莱县年扎巴玛三叠纪巴颜喀拉山群板岩组中段实测地层剖面	NZ	1∶5 000	3 252
14	曲麻莱县阿俄口三叠纪巴颜喀拉山群板岩组中段—上段实测地层剖面	AE	1∶5 000	6 300
15	曲麻莱县孔阿龙窝玛三叠纪巴颜喀拉山群板岩组中段实测地层剖面	KA	1∶5 000	3 000
16	曲麻莱县拉则浪百三叠纪巴颜喀拉山群板岩组上段实测地层剖面	LZ	1∶5 000	4 874
17	曲麻莱县切加陇日翁三叠纪巴颜喀拉山群板岩组中段—上段实测地层剖面	QJ	1∶5 000	2 200
18	治多县多日老龙三叠纪巴颜喀拉山群砂岩夹板岩组实测地层剖面	DR	1∶5 000	1 700
19	曲麻莱县贡果玛陇三叠纪巴颜喀拉山群修测构造剖面	GG	1∶10 000	13 900

续表 1-1

序号	剖面名称	剖面编号	比例尺	长度(m)
20	曲麻莱县安姑岗三叠纪巴颜喀拉山群修测构造剖面	AG	1∶10 000	7 200
21	曲麻莱县打巴陇勤三叠纪巴颜喀拉山群修测构造剖面	DB	1∶10 000	8 760
22	曲麻莱县龙玛新近纪曲果组实测地层剖面	LM	1∶5 000	1 303
23	曲麻莱县普涌日阿霍新近纪曲果组实测地层剖面	PY	1∶5 000	2 780
24	曲麻莱县斜同加拉新近纪曲果组修测地层剖面	XT	1∶10 000	3 000
25	治多县阿西蛮尕侵入岩实测剖面	AX	1∶5 000	2 300
26	治多县俄哇日俄侵入岩实测剖面	EW	1∶5 000	3 200
27	治多县口青兵果石英闪长岩实测剖面	RL	1∶2 000	1 000
28	治多县抗涌侵入岩实测剖面	KY	1∶10 000	7 500
29	曲麻莱县通天河欠哥第四纪冲积相实测剖面	QG	1∶100	27.74
30	曲麻莱县那曲第四纪河流相实测剖面	NA	1∶100	10.57
31	曲麻莱县高玛陇第四纪湖相—河流相实测剖面	GM	1∶100	12.64
32	曲麻莱县登思涌第四纪河流相实测剖面	DY	1∶100	11.93
33	曲麻莱县昂日曲下游第四纪河流相修测剖面	QZ	1∶200	100
34	治多县口前兵果金沙江构造混杂带实测构造剖面	KQ	1∶2 000	849
合计				116 522

表 1-2　完成的主要实物工作量一览表

工作项目	计量单位	完成工作量
一、地质测量		
1. 1∶25 万区域地质调查	km^2	15 300
2. 实测剖面	km	74.21
3. 修测剖面	km	39.79
4. 地质调查路线	km	2 255
5. 地质点	个	1 134
二、遥感地质解译	km^2	15 300
三、岩矿测试		
1. 薄片	个	350
2. 光片	个	0
3. 岩组	个	15
4. 岩石化学分析	件	221
5. 微量元素分析	件	203
6. 稀土分析	件	135
7. 大化石古生物样	件	40
8. 微体化石	件	50
9. 稳定同位素	件	102
10. 年龄样	件	28
11. 矿(化)点检查	点	5

第二章　地　层

测区地层区划属于华南地层大区，自南向北依次可再划分为羌北-昌都-思茅地层区唐古拉-昌都地层分区乌丽-杂多小区、西金乌兰-金沙江地层分区和巴颜喀拉地层区玉树-中甸地层分区、玛多-马尔康地层分区曲麻莱小区（青海省地质矿产局，1997，图 1-3）。主要分布三叠纪地层，其次为侏罗纪、古近纪、新近纪和第四纪地层，西南隅出露少量二叠纪地层。本次工作在前第四纪地层中划分了 5 个群级、4 个组级正式岩石地层单位、5 个“岩性组”和 9 个“岩性段”等非正式岩石地层单位和 1 个构造-岩石地层单位（通天河蛇绿混杂岩）、3 个年代地层单位（阶）、9 个生物地层单位，在第四纪地层中划分了 6 种成因类型 8 个填图单位。测区地层序列见表 2-1。

表 2-1　测区地层序列表

地质年代（代）	纪	世	华南地层大区：羌塘-昌都-思茅地层区 唐古拉-昌都地层分区 乌丽-杂多地层小区	羌塘-昌都-思茅地层区 西金乌兰-金沙江地层分区	巴颜喀拉地层区 玉树-中甸地层分区	巴颜喀拉地层区 玛多-马尔康地层分区 曲麻莱地层小区
新生代	第四纪	全新世	洪冲积层(Qh^{pal})、冲积层(Qh^{al})、风沙堆积(Qh^{eol})、沼泽堆积(Qh^{f})、湖相沉积(Qh^{l})			
		晚更新世	洪冲积层(Qh^{pal})、冰水沉积(Qh^{fgl})			
		中更新世				冲积层(Qp_2^{al})
	新近纪	上新世				曲果组(N_2q)
	古近纪	渐新世	雅西措组(E_3y)			
		始新世	沱沱河组($E_{2-3}t$)			
中生代	侏罗纪				扎河砂岩(JC)	
	三叠纪	晚三叠世	诺利阶—卡尼阶	巴塘群：上组 上段($T_3B_3^b$)、下段($T_3B_3^a$)；中组 上段($T_3B_2^c$)、中段($T_3B_2^b$)、下段($T_3B_2^a$)；下组($T_3B_1^b$)	通天河蛇绿混杂岩：变质火山岩岩块(WT_3mv)；克南群(T_3K)	巴颜喀拉山群：砂岩夹板岩组(TB_4)；板岩组 上段(TB_3^c) 上段(TB_3^c) 上段(TB_3^c)
		中三叠世			通天河蛇绿混杂岩：基性-超基性岩岩块($WT_2\Sigma$)	
晚古生代	石炭纪—二叠纪	中二叠世	茅口阶	开心岭群；九十道班组(P_2j)	通天河蛇绿混杂岩：火山岩-硅质岩岩块(WP_2rs)	
					通天河蛇绿混杂岩：碳酸盐岩岩块($WCPca$)	
	泥盆纪				依吉群(WDY)	
新太古代—中元古代					宁多杂岩(WAr_3Pt_2N)	

第一节　新太古代—中元古代地层

新太古代—中元古代地层仅见于测区西南部玉树-中甸地层分区，出露面积不足0.1km^2，与周围地层呈断层接触，属造山过程中被卷入的变质基底岩系，称之为“宁多杂岩”（WAr_3Pt_2N）。在测区，宁多杂岩岩性复杂多样，其主体岩性为角闪斜长变粒岩、阳起斜长变粒岩、斜长角闪岩和斜长角闪片岩，另见少量变质侵入岩（黑云角闪斜长片麻岩）。

一、区域对比

宁多杂岩由宁多群演变而来，是指分布于青海玉树县长可青地区和西藏昌都县夏日多地区的一套中—深变质的片麻岩系，为羌塘-昌都地块的前寒武纪结晶基底（游再平，2001）。本次工作，对宁多杂岩的原岩、原岩的形成环境及变质作用形成的温压条件进行了详细分析（详见第四章），认为其与上述地区出露的宁多杂岩具可比性，表现为：

（1）物质组成相似。本区的黑云角闪斜长片麻岩（英云闪长质片麻岩）与昌都县夏日多地区草钦一带的英云闪长质正片麻岩相似，均属侵入岩体。区内出露的变粒岩、斜长角闪岩、斜长角闪片岩则相当于宁多杂岩中的副片麻岩部分。

（2）变形变质特征相似。该岩块中的变质侵入岩及副变质岩均发育透入性的区域片麻理。变质程度达角闪岩相。与宁多杂岩具均匀的角闪岩相区域动力热流变质、贯通的透入性区域片麻理（游再平，2001）可以对比。

二、时代讨论

宁多杂岩变质程度达角闪岩相，是区内变质程度最高的岩石单元。因而将其视为前寒武纪结晶基底，依据如下：

（1）通过区域对比，在四川木里县稻城地区元古代恰斯群下部为阳起钠长片岩、浅粒岩等岩石组合，本区同类岩石的变质程度与之相比略深。而与在云南西部，沿金沙江—哀牢山断裂带附近的哀牢山群中黑云角闪斜长片麻岩、石榴黑云斜长角闪岩等岩石的变质程度相当。恰斯群同位素年龄为1 972Ma，哀牢山群的同位素年龄为1 736.9Ma。本区宁多杂岩的形成时代应与之大体相当。

（2）测区出露的宁多杂岩与邻区阿西涌、多彩等出露的宁多群位于同一构造带上，变质变形特征具可比性，阿西涌一带片岩的锆石U-Pb等时线年龄：谐和线年龄2 852Ma，上交点年龄2 852±474Ma（青海省地质调查研究院，2005）。多彩地区的宁多群时代为古—中元古代，西藏区调队在宁多群片麻岩中获得的U-Pb年龄值为：上交点年龄1 870±280Ma，侵入宁多群之中的两个花岗岩体的年龄值为：其中一组样品的上交点为1 780±150Ma、下交点为190.5Ma；另一组样品的上交点为1 680±390Ma、下交点为251Ma（西藏地矿局区调队，1994）。反映宁多群物质来源于新太古代—中元古代。

综上所述，将测区宁多杂岩中副变质岩形成的时代暂定为新太古代—中元古代，正片麻岩形成时代为中元古代。

第二节　泥盆纪地层

泥盆纪地层见于玉树-中甸地层分区，呈北西向展布的变质砂岩岩块和断块状产出，岩块内部层序清楚，暂称为依吉群。

一、剖面描述

本次工作在治多县扎河乡政府所在地西部测制了一条泥盆纪地层剖面。治多县城至索加乡公路通过该剖面，交通便利，上部露头较好，但顶、底因断层破坏而出露不全（图 2-1），剖面起点坐标：N34°15′50″，E94°52′55″，海拔 4 550m，终点坐标：N34°15′50″，E94°52′55″，海拔 4 550m，全长 1 550m（含三叠系部分），地层序列如下：

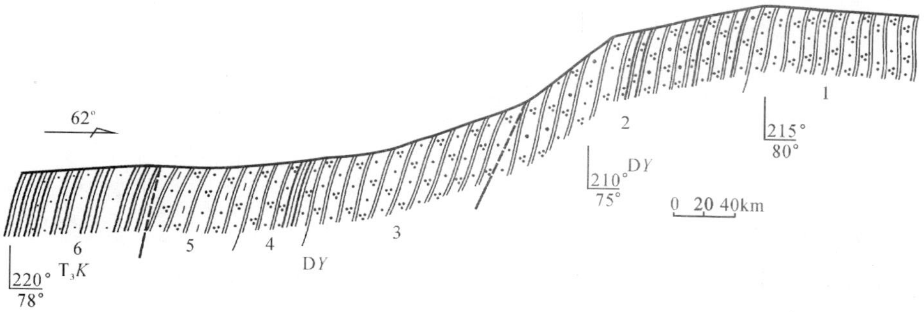

图 2-1 青海省治多县扎河泥盆纪依吉群实测剖面图

三叠纪克南群（T_3K） 灰、深灰色薄—中层状粉砂质板岩夹灰色中厚层状变质细粒岩屑砂岩

断 层

泥盆纪依吉群（DY）

（未见顶） **>338.86m**

5. 灰、深灰色厚层状—块状变质泥质细粒石英砂岩 >33.45m
4. 灰白色中厚层状变质中细粒石英岩状砂岩夹深灰色薄层状粉砂岩 27.38m
3. 深灰、灰色厚层状细粒石英砂岩，发育大型低角度板状交错层理、平行层理，与下伏层位呈断层接触 93.45m
2. 灰白、浅灰色厚层状—块状变质中细粒石英砂岩夹灰黑色页片状粉砂质板岩，砂岩具正粒序层理，底层偶可见砾石 5.04m
1. 灰白、灰色中厚层状变质细粒石英砂岩与灰色中厚层状粉砂岩不等厚互层，砂岩平行层理发育 >89.54m

（未见底）

二、岩性组合特征

在治多县扎河乡一带，依吉群岩性以灰色、灰白色中厚层块状中细粒石英砂岩为主，夹有少量石英岩状砂岩，基本层序为灰色厚层状—块状石英砂岩（A）→中层—薄层状石英细砂岩夹粉砂岩（B），单个层序厚约 1～3m，以 A 单元为主，组成向上变细的退积型层序，层序厚度一般为 1.2～2.5m。砂岩中平行层理、低角度板状交错层理发育，部分层位偶可见正粒序层理，属高能滨岸环境沉积。厚度大于 338.86m。

三、区域对比

依吉群由云南区调队（1980）创名于四川省木里县依吉地区的依吉组演变而来，张子雄（1981）将原依吉组与上覆的蚕多组、崖子沟组一起合并称依吉群。四川省地质矿产局（1997）在进行地层清理时，认为“依吉组的原始命名和划分符合岩石地层划分原则，时代归早泥盆世亦有生物依据，应予沿用”。考虑到测区仅见一套石英砂岩，且无生物化石依据，因此，对于该套地层的划分暂不宜过细，而仍引用张子雄（1981）的划分方案。

测区依吉群主要以石英砂岩为主，据岩性组合特征，层位大体相当于张子雄（1981）的依吉群第三段或四川省地质矿产局（1997）的蚕多组层位。

四、时代讨论

青海省区调综合地质大队(1993b)在 1∶20 万区域地质调查时,将该套地层作为晚三叠世克南群的上部层位,认为其与下伏地层呈整合接触。本次工作未获得地层的形成时代依据,但在扎河乡政府附近,发现该套地层与克南群呈断层接触,石英砂岩有明显重结晶,类似于石英岩,其特征与玉树北部出露的泥盆纪依吉组相似,据此,暂定其时代为泥盆纪。

第三节　石炭纪—二叠纪地层

石炭纪—二叠纪地层见于玉树-中甸地层分区,呈构造岩块状产出。出露于治多县查九涌、打热涌一带,岩性包括结晶灰岩、微晶—细晶大理岩,部分岩石为大理质(初)糜棱岩,常呈孤立的岩块出现。岩石具有浅水成因的结构构造和胶结特征,表明灰岩在搬运之前就已成岩。该类岩块沿通天河蛇绿混杂岩带断续杂乱分布,其产出特征具区域可比性。在测区中未获古生物化石。青海省地质局区域地质测量队(1970)曾在多彩乡附近的灰岩岩块中采获石炭纪珊瑚化石,最近,青海省地调院也在相同地点采获二叠纪古生物化石(青海省地质调查研究院,2006),据此,将测区出露的大理岩化碳酸盐岩岩块时代归入石炭纪—二叠纪。出露最大厚度为 43.70m。

第四节　二叠纪地层

二叠纪地层分布于唐古拉-昌都地层分区乌丽-杂多小区,呈北西向展布的断块状产出,出露面积约 $1km^2$,另外在玉树-中甸地层分区也有少量呈岩块状出露,本次工作中未正式命名,详见第六章。

一、剖面描述

(一) 唐古拉-昌都地层分区乌丽-杂多小区

剖面位于治多县采佛果,在治多县城至索加乡简易公路上,该剖面最早由青海区调综合地质大队(1993b)测制,本次工作中重测,起点坐标:N34°02′11″,E94°27′13″,海拔 4 774m,终点坐标:N34°02′29″,E94°27′56″,海拔 4 780m,全长 1 100m,露头较好,顶部与三叠纪巴塘群呈断层接触(图 2-2)。

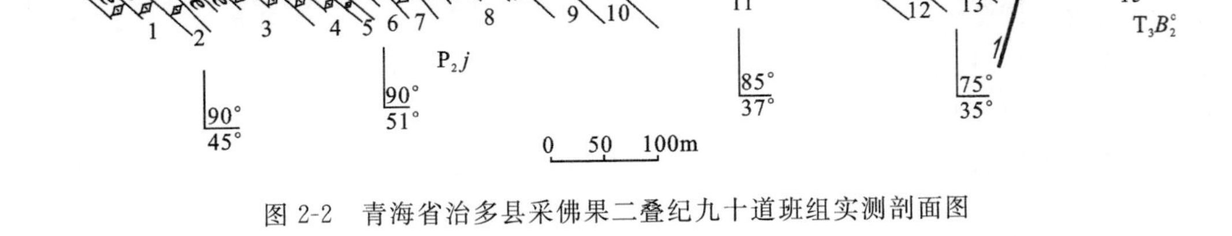

图 2-2　青海省治多县采佛果二叠纪九十道班组实测剖面图

三叠纪巴塘群中组上段($T_3B_2^c$)　浅灰色块状泥晶灰岩

断　层

二叠纪九十道班组(P_2j)　　(未见顶)　　>490.15m

14. 浅灰色块状亮泥晶生物屑灰岩，见双壳类及其碎片、腕足屑、棘皮屑、有孔虫、苔藓虫屑、钙质海绵屑、介形屑等，颗粒支撑为主　　83.70m

13. 深灰色厚层状残余鲢类微粉晶化灰岩　　28.89m

距底部1.81m产鲢类(C-13f):*Dunbarula* sp.

Parafusulina gigantea (Deprat)

Pa. sp.

非鲢有孔虫(C-13f):*Cribrogenerina* sp.

Climacammina sp.

12. 浅灰色厚层状—块状泥晶生物屑灰岩夹生物屑泥晶灰岩、亮晶砾屑灰岩　　29.07m

距底部4.94m产鲢类(C-12f):*Schwagerina* sp.

Pseudodoliolina sp.

Verbeekina sp.

Neoschwagerina craticulifera (Schwager)

N. haydeni Dutkerich et Khabakov

Pseudodoliolina chinghaiensis Sheng

Sumatrina annae Volz

Su. fusiformis Sheng

Su. sp.

非鲢有孔虫(C-12f):*Eotuberitina reitlingerae* M.-Maclay

Cribrogenerina sp.

Palaeotextularia sp.

Climacammina sp.

Pachyphloia sp.

11. 浅灰色块状微粉晶含砂屑钙质海绵灰岩，钙质海绵及碎片表层多见0.5～2.5mm具核形石特征的包壳，颗粒支撑　　135.08m

距底部100.29m产鲢类(C-11f2):*Parafusulina gigantea* (Deprat)

Pa. sp.

非鲢有孔虫(C-11f):*Climacammina* sp.

腕足类(C-11f2):*Squamularia* sp.

距底部19.00m见珊瑚(无法鉴定)

10. 灰色厚层状微粉晶化泥晶含生物屑砂屑灰岩，生物屑种类多，计有双壳屑、苔藓虫、介形屑、钙球、腕足屑、棘皮屑等，颗粒支撑　　27.17m

距底部6.30m产鲢类(C-10f):*Codonofusiella* sp.

Schubertella sp.

Kahlerina sp.

Verbeekina sp.

Neoschwagerina craticulifera (Schwager)

N. sp.

Sumatrina annae Volz

非鲢有孔虫(C-10f):*Glomospira dublicata* Lipina

G. sp.

Eotuberitina reitlingerae M.-Maclay

Cribrogenerina sp.

Tetrataxis lata Spandel

T. parviconica Lee et Chen

? *Baisalina* sp.

Hemigordius sp.

Pachyphloia lata Lin

P. sp.

珊瑚(C-10f):*Liangshanophyllum* cf. *lipoense* (Huang)

9.深灰色中层状亮泥晶生物屑砂屑灰岩夹泥晶生物屑灰岩,生物屑种类多,计有苔藓虫、介形屑、三叶虫屑、钙球、腕足屑、棘皮屑及珊瑚等,颗粒支撑　25.20m

距底部7.56m产䗴类(C-9f):*Dunbarula* sp.

Schubertella extensa Chen J. R.

S. sp.

Neoschwagerina douvillei Ozawa

N. sp.

Sumatrina annae Volz

Su. sp.

Verbeekina sp.

非䗴有孔虫(C-9f):*Eotuberitina reitlingerae* M.-Maclay

Glomospira dublicata Lipina

G. sp.

Tolypammina sp.

Cribrogenerina sp.

Palaeotextularia sp.

Paraglobivalvulina sp.

Lasiodiscus sp.

Nodosaria sp.

Pachyphloia sp.

腕足类(C-9f):*Stenoscisma* sp.

8.灰色中层状泥亮晶含生物屑砂屑灰岩夹生物屑泥晶灰岩,生物屑种类多,计有双壳屑、群体珊瑚屑、介形屑、三叶虫屑、钙球、腕足屑、棘皮屑等　67.24m

距底部54.10m产䗴类(C-8f):*Schubertella simplex* Lange

S. sp.

Dunbarula sp.

Kahlerina minima Sheng

Schwagerina sp.

Verbeekina sp.

Pseudodoliolina sp.

Neoschwagerina craticulifera (Schwager)

N. sp.

Sumatrina cf. *fusiformis* Sheng

Su. sp.

Afghanella sp.

非䗴有孔虫(C-8f):*Glomospira dublicata* Lipina

Eotuberitina reitlingerae M. - Maclay

Cribrogenerina sp.

Tetrataxis parviconica Lee et Chen

T. schellwieni Ozawa

T. planoseptata Morozova

Pachyphloia sp.

7.浅灰色—灰白色块状亮泥晶含生物屑砂屑粉屑灰岩,生物屑种类多,计有双壳屑、钙质海绵屑及骨针、介形屑、苔藓虫、有孔虫、腕足屑、棘皮屑、腹足类等　25.87m

距底部3.23m产珊瑚(C-7f):*Lophocarinophyllum* ? sp.

6.灰色中层状泥晶砂屑粉屑灰岩夹生物屑泥晶灰岩　31.51m

距底部7.35m产珊瑚(C-6f):*Lophocarinophyllum* ? sp.

腕足类(C-6f):*Neospirifer* ? sp.

5.灰色厚层状泥晶含生物屑含砾屑粉砂屑灰岩,生物屑种类多,计有三叶虫屑、钙球、有孔虫、双壳屑、介形屑、苔藓虫、腕足屑、棘皮屑、腹足屑等,颗粒支撑,泥晶充填　5.03m

4.灰色厚层状碎裂岩化泥晶生物屑含砂屑粉屑灰岩,生物屑计有双壳屑、钙质海绵屑、介形屑、腕足屑、棘皮屑、腹足类等　15.09m

距底部12.38m产珊瑚(C-4f):*Multimurinus*? sp.

3.灰色中层状泥晶生物屑灰岩,生物屑种类多,计有双壳屑、钙质海绵屑、介形屑、多细胞绿藻屑、苔藓虫、腕足屑、棘皮屑、腹足类及珊瑚等,颗粒支撑为主　49.29m

距底部33.92m产䗴类(C-3f):*Kahlerina* sp.

Dunbarula sp.

Schubertella sp.

非䗴有孔虫(C-3f):*Glomospira* sp.

Hemigordius sp.

Neodiscus sp.

Geinitzina sp.

Nodosaria sp.

Pachyphloia sp.

2.浅灰色厚层状泥晶砂屑生物屑灰岩,生物屑种类多,计有双壳屑、钙质海绵屑、介形屑、多细胞绿藻屑、苔藓虫、腕足屑、棘皮屑、腹足类及珊瑚等,颗粒支撑,泥晶充填为主　22.51m

距底部12.69m产䗴类(C-2f):?*Neoschwagerina* sp.

1.浅灰—灰色厚层状碎裂岩化泥晶生物屑砂屑灰岩,生物屑丰富,计有双壳屑、多细胞绿藻屑、苔藓虫、腕足屑、棘皮屑、腹足类及珊瑚等,颗粒支撑、泥晶充填为主　>28.21m

距底部17.63m产䗴类(C-1f):*Ozawainella* sp.

Dunbarula pusila Skinner

D. schubertellaeformis Sheng

D. sp.

Wutuella sp.

Codonofusiella sp.

非䗴有孔虫(C-1f):*Glomospira* sp.

Palaeotextularia sp.

Cribrogenerina sp.

Hemigordius sp.

Neodiscus longus (Grozdilova)

Baisalina sp.

Lasiodiscus sp.

腕足类(C-1f):*Stenoscisma* sp.

(未见底)

(二) 玉树-中甸地层分区

本次工作测制一条剖面,即治多县邦巴塘曲卡硅质岩剖面。该剖面位于扎河北部邦巴塘曲卡,地层呈透镜状产出,长轴方向为北西-南东向,与区域面理产状基本一致。长约1 500m,岩层变形强烈,与上、下岩层呈断层接触,具构造岩块特征。此外,在扎河剖面(参见图2-15)也控制了厚约6m的硅质层。该套地层的上、下层位均为晚三叠世的具有复理石沉积特征的细碎屑岩(克南群)。邦巴塘曲卡剖面岩性特征描述如下(图2-3):

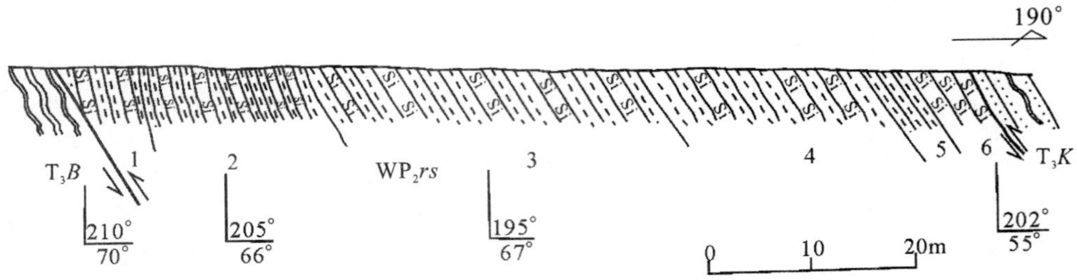

图 2-3　治多县邦巴塘曲卡硅质岩剖面图

上覆地层：晚三叠世克南群(T_3K)　浅灰、灰白色中层状中细粒岩屑石英砂岩夹灰绿色板岩

═══ 断　层 ═══

硅质岩岩块(WP_2rs) **>75.4m**

6. 黑色薄层状硅质岩，层间夹红色泥质薄膜 4.4m

5. 褐红色薄层状泥岩 3.3m

4. 灰、灰绿色薄层状泥岩夹黑色薄层状硅质岩，硅质岩顶面不平整 17.5m

　硅质岩中产放射虫化石：*Pseudoalbaillella longtanensis* Sheng et Wang

　Cauletellidae gen. et sp. indet.

　Entactiniidae gen. et sp. indet.

3. 深灰色薄层状泥岩夹黑色薄层状硅质岩 28.4m

2. 灰黑色薄层状泥岩，发育水平层理 15.3m

1. 灰黑色薄层状泥岩夹黑色薄层状硅质岩，岩层变形强烈 >6.5m

═══ 断　层 ═══

晚三叠世巴颜喀拉山群(T_3B)　灰绿色含粉砂板岩与含炭板岩不等厚互层，夹薄中层状变质岩屑砂岩

二、岩石地层

(一) 唐古拉-昌都地层分区乌丽-杂多小区

1. 划分与沿革

测区二叠纪地层的研究始于1970年。青海省地质局区测队(1970)将唐古拉山地区的中—下二叠统自下而上划分为下碎屑岩组、石灰岩层组、上碎屑岩组及火山岩组。青海省地层表编写组(1980)沿用开心岭群并引用后3个岩性组。在随后的1:20万区域地质调查中，开心岭群被广泛地应用于青海省南部地区，但其中所包含的岩性组合则有差异，主要表现在对于火山岩层位的时代及层序归属认识不一致。刘广才和田琪(1993)分别正式命名为扎日根组、诺日巴尕日保组和九十道班组，建立3个生物化石组合带。青海省区调综合地质大队(青海区调队，1993b)沿用刘广才和田琪(1993)的划分，将测区的二叠纪灰岩归入九十道班组。青海省地质矿产局(1997)沿用刘广才和田琪(1993)的划分，但对扎日根组进行了修订。本次工作采用青海省地质矿产局(1997)的划分方案。

2. 岩性组合及地质时代

仅见开心岭群(PK)上部的九十道班组(P_2j)，厚度大于490.15m。

以灰岩的大量出现与消失作为底、顶界的划分标志，但测区该套地层底、顶界不全。岩性为灰—深灰色厚层状亮晶生物屑含砾屑砂屑灰岩、粉亮晶生屑灰岩、泥晶生物屑灰岩夹泥晶灰岩，生物屑颗粒种类多，计有棘皮屑、有孔虫、三叶虫屑、腕足屑、双壳屑、钙球、介形屑、苔藓虫屑、藻类等，砂砾屑次圆—滚圆状，圆度好，颗粒支撑，亮晶充填，略显低角度交错层理。

基本层序为浅灰色厚层状砾屑砂屑灰岩(A)→灰色中厚层状生物屑灰岩(B)→灰色厚层至块状生

物屑灰岩(C),即以灰岩的单层厚度来划分层序特征,单个层序厚约1~5m,显示出底部海侵,中部水体加深,至顶部海水变浅的进程(图 2-4),属开阔台地相。

产䗴类 *Neoschwagerina craticulifera* 组合;非䗴有孔虫 *Climacammina-Glomospira dublicata* 组合;珊瑚 *Iranophyllum-Wentzelella* 组合;腕足类 *Pygmochonetes minor* 组合等,地质时代为茅口期。

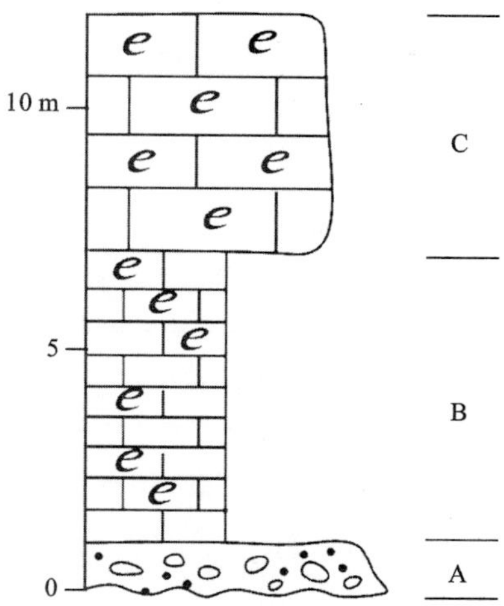

图 2-4　九十道班组基本层序图
(治多县采佛果)
A. 厚层状砾屑灰岩;B. 中层状生物屑泥晶灰岩;C. 厚层状泥晶生物屑灰岩

3. 区域对比

(1) 与正层型剖面的对比

正层型剖面位于青海省格尔木市唐古拉山乡九十道班(刘广才和田琪,1993),厚 338.57m,岩性为灰色、深灰色粉晶灰岩、生物屑亮晶砾屑灰岩夹深灰色厚层状中细粒长石岩屑砂岩,产䗴、珊瑚、双壳类及菊石等。测区的九十道班组岩性与正层型剖面基本一致,但未见有砂岩夹层,从䗴类化石来看,测区的九十道班组最高层位为茅口期的 *Neoschwagerina craticulifera* 组合,即仅相当于正层型剖面的第 12 层灰岩(*Neoschwagerina* 带),上部的䗴类 *Yabeina* 带层位在测区未见。

(2) 与青海省南部治多索加地区对比

两地岩性一致,均为灰色厚层状的生物屑灰岩,顶部层位均产出的䗴类为均以 *Neoschwagerina craticulifera* 为特征分子的生物组合,但索加地区下部层位中出现祥播期䗴类 *Parafusulina-Pseudofusulina* 组合带及 *Cancellina* cf. *houchangensis* 带(段其发等,2011),产出层位与测区相比明显偏低,表明测区的九十道班组仅相当于治多索加地区的上部层位。

(二) 玉树-中甸地层分区

二叠纪岩块主要为黑色薄层状泥岩、泥质硅质岩夹黑色薄层状硅质岩,上部夹红色薄层含铁泥岩,镜下偶见火山凝灰物质,往东至傲玛涌上游,泥岩减少,硅质岩增多,硅质岩与泥岩(绢云母粘土板岩)构成韵律层序,向西至绞保托斗泥质岩减少,主要为硅质岩,并在岩块下部产玄武岩透镜体。与上、下层位呈断层接触。在邦巴塘曲卡出露厚度为 75.4m,在绞保托斗出露厚度为 19.18m。

在扎河剖面上(图 2-15),于硅质岩之下产 13.38m 厚的玄武岩,沿北西-南东走向迅速尖灭,总体呈透镜状。岩石类型主要为粒玄岩,发育杏仁构造、块状构造,斑状结构、变余间粒结构。斑晶含量10%~17%,为中—拉长石,大小为 0.7mm×1mm ~1mm×2mm,基质为拉长石(40%~49%)、单斜辉石(0~20%)、方解石(20%~30%)、绿泥石(3%~5%),偶见绿帘石;副矿物有磁铁矿(1%~4%)及少量钛磁铁矿、白钛矿和磷灰石等。部分岩石中杏仁体含量达 3%~10%,大小为 0.2~0.35mm,成分为方解石。岩石普遍发育碳酸盐化、绿泥石化和绢云母化。

三、年代地层与生物地层

(一) 唐古拉-昌都地层分区乌丽-杂多小区

测区二叠纪地层化石丰富,目前发现的有中二叠统茅口阶非䗴有孔虫、䗴类、珊瑚、腕足类等,其中以䗴类、非䗴有孔虫及珊瑚等最为常见。

1. 䗴类 *Neoschwagerina craticulifera* 组合

该化石组合见于九十道班组的中上部层位(图 2-5),主要分子有:*Ozawainella* sp. ,*Schubertella* simplex Lange, *S. extensa* Chen J. R., *S.* sp., *Dunbarula pusila* Skinner, *D. schubertellaeformis* Sheng, *D.* sp., *Wutuella* sp., *Kahlerina minima* Sheng, *K.* sp., *Codonofusiella* sp., *Parafusulina gigantea* (Deprat), *Pa.* sp., *Pseudodoliolina chinghaiensis* Sheng, *Ps.* sp., *Schwagerina* sp., *Verbeekina* sp., *Neoschwagerina craticulifera* (Schwager), *N. haydeni* Dutkerich et Khabakov, *N.* cf. *cheni* Sheng, *N. douvillei* Ozawa, *N.* sp., ?*N.* sp., *Afghanella* sp., *Sumatrina annae* Volz, *Su.* cf. *fusiformis* Sheng, *Su. fusiformis* Sheng, *Su.* sp. 等。

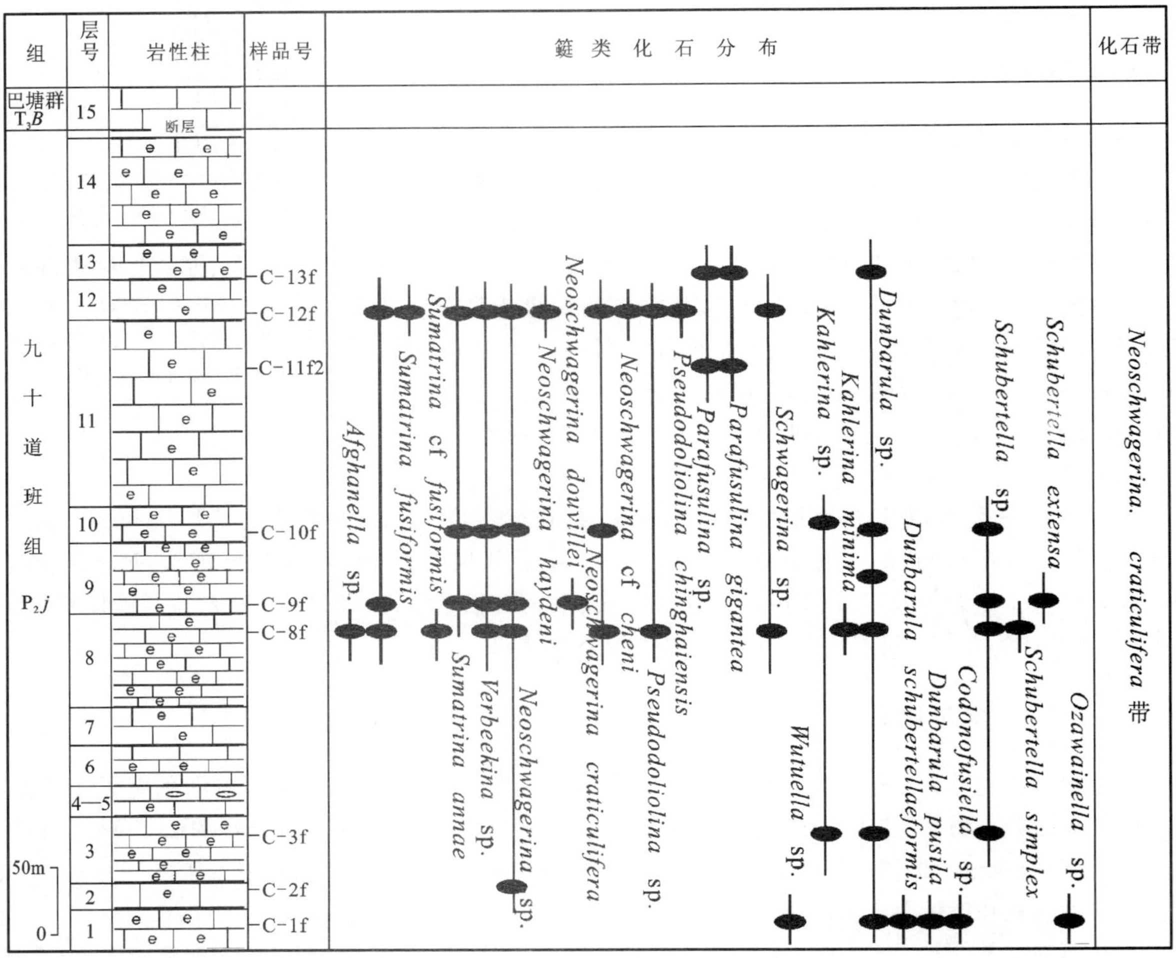

图 2-5　治多县采佛果二叠纪九十道班组䗴类化石分布图

该带出现 Neoschwagerinidae 科分子，具拟旋脊及副隔壁，*Neoschwagerina* 属较为常见，*Sumatrina* 及 *Afghanella* 属分子的始现层位都是茅口阶底部，属华南地区 *Neoschwagerina* 带的典型分子；*Parafusulina* 属在中上部层位较多，野外易于识别。在下部层位个体相对较小的 *Schubertella*、*Dunbarula* 及 *Codonofusiella* 属较为富集，时代为中二叠世茅口阶中、下部。与治多县索加地区二叠纪九十道班组中上部层位的 *Afghanella schencki-Neoschwagerina craticulifera* 组合、沱沱河地区九十道班组 *Neoschwagerina* 带大体相当。测区目前尚未见到冷坞阶䗴类 Yabeina 带，但青海区调综合地质大队(1993b)记述了九十道班组的䗴类 7 属 4 种(含比较种)：*Yabeina gubleri* Kanmera, *Verbeekina verbeeki* Geinitz, *Chusenella* sp., *Lantschichites* sp., *Neoschwagerina haydeni* Dutk et Khab, *Schwagerina* sp., *Parafusulina* cf. *gigantea* Deprat 等。从其化石名单来看，似应归入 *Yabeina* 带，但因其多为路线填图中采集，对于其精确的生物地层对比尚需详细研究。

2. 非䗴有孔虫 *Climacammina-Glomospira dublicata* 组合

该化石组合见于九十道班组中部层位，常见属种有：*Glomospira dublicata* Lipina, *G.* sp.,

Tolypammina sp. , *Eotuberitina reitlingerae* M.-Maclay, *Climacammina* sp. , *Cribrogenerina* sp. , *Palaeotextularia* sp. , *Paraglobivalvulina* sp. , *Tetrataxis lata* Spandel, *T. parviconica* Lee et Chen, *T. planoseptata* Morozova, *T. schellwieni* Ozawa, *Geinitzina* sp. , *Hemigordius* sp. , *Lasiodiscus* sp. , ? *Baisalina* sp. , *Neodiscus longus* (Grozdilova), *N.* sp. , *Nodosaria* sp. , *Pachyphloia lata* Lin, *P.* sp. 等,计有 15 属,产出层位与䗴类 *Neoschwagerina craticulifera* 带相当。以有孔虫 *G. dublicata* Lipina 及个体较大 *Climacammina* sp. 繁盛为特征,同时出现较多的 *Hemigordius* 属,与治多县索加地区九十道班组中上部层位的 *Climacammina*(*Cribrogenerina*)-*Hemigordius* 组合大体相当(段其发等,2011)。

3. 珊瑚 *Iranophyllum-Wentzelella* 组合

该化石组合见于测区九十道班组中,本次工作中采获有:*Multimurinus* ? sp. , *Lophocarinophyllum* ? sp. , *Liangshanophyllum* cf. *lipoense* (Huang),另外,据青海区调综合地质大队(1993b)在群曲公过一带采获珊瑚:*Iranophyllum breviuseptatum* Li et Liao, *Wentzelella* cf. *wynnei* (Waggen et Wentzel), *W. minor* Fan 等,计有 5 属,其产出层位大体相当于䗴类 *Neoschwagerina craticulifera* 带。

该组合中 *L.* cf. *lipoense* (Huang)的相似种首见于广西荔波地区;*I. breviuseptatum* Li et Liao 首见于青海天峻县扫迪东中二叠统巴音河群上部(李璋荣和廖卫华,1979);*W.* cf. *wynnei* (Waggen et Wentzel)在青海首见于玛沁县东倾乡切恕沟中二叠统。*W. minor* Fan 则首见于四川酉阳三岔坝、峨眉黄山的中二叠统茅口组(范影年,1978)。*Iranophyllum* 动物群及与其共生的 *Ipciphyllum* 动物群多作为暖水特提斯型生物区系的代表。以 *Iranophyllum*, *Wentzelella* 为代表的珊瑚动物群也见于川西藏东地区的茅口期 *Ipciphyllum huangi-Wentzelella markamensis-Iranophyllum interlium* 组合带(赵嘉明,1984),与青海南部治多县索加地区的茅口期 *Ipciphyllum elegans-I. subtimorica* 组合,二者间可大致对比。

4. 腕足类 *Pygmochonetes minor* 组合

本次工作中仅采获有 *Stenoscisma* sp. , *Squamularia* sp. ,青海区调综合地质大队(1993b)在群曲公过一带采获腕足类:*Pygmochonetes minor* (Ting), *Spiriferellina nasuta* (Waggen), *Gefonia carinata* Ching et Ye, *Araxathyris elongate* Ching et Ye, *Martinia orbicularis* Gemmellaro, *Uncinunellina timorensis* (Beyrich), *Urushtenia chaoi* Ching, *Spirigerella disulcata* Lü 等。

在该组合中 *P. minor* (Ting)在青海产于刚察县吉尔门沟口中二叠统巴音河群,*G. carinata* Ching et Ye 在青海省分布广泛,见于玛多县花石峡以东果公马卡尔登沟、格尔木纳赤台以西昆仑河北岸的中二叠统及格尔木乌丽察尔为扭等地上二叠统乌丽群(金玉玕等,1979),在前一地点中二叠统还产有 *A. elongate* Ching et Ye, *S. nasuta* (Waggen)在青海见于杂多县扎西拉武寺迟忍尕曲引浪拉赛中二叠统、天峻县快日马乡扫迪沟中二叠统巴音河群。另外 *S. disulcata* Lü 首见于四川绵竹高桥中二叠统茅口组,*M. orbicularis* Gemmellaro, *U. timorensis* (Beyrich), *U. chaoi* Ching 是我国华南中晚二叠世常见分子,分布较为广泛。测区九十道班组的腕足类组合与祁连山地区具有相同的典型分子 *P. minor* (Ting),二者可大体对比。总体来看,该生物组合与华南地区中二叠世茅口期生物群可很好地对比,生物群属低纬度暖水的特提斯型,生物古地理区系属特提斯大区华夏区。

(二) 玉树-中甸地层分区

在本区出露的具有时代依据的二叠纪地层岩性为火山岩、硅质岩,二者相伴出现,呈构造岩块产出。火山岩为灰绿色块状碳酸盐化粒玄岩,硅质岩为中—薄层状与薄层状泥岩呈不等厚互层,颜色以深灰、灰黑色为主,上部夹少量红色薄层泥岩,发育水平纹层构造;岩石单层厚一般为 6～10cm,少数达 20cm,在北西方向绞保托斗一带硅质岩与下覆的块状玄武岩呈整合接触,在南东方向傲玛涌上游硅质岩与泥岩呈韵律互层。岩石主要矿物为微粒状、放射状微晶石英,此外尚有水云母、赤铁矿、绿泥石及零星放射虫生物屑,偶见火山凝灰物质。

本次工作采集了 6 块硅质岩样品进行放射虫化石分析，大部分样品重结晶明显，化石保存差无法鉴定，仅在第 4 层的样品（编号 BB-4wt）中获得少量保存较好的化石。主要化石有：*Pseudoalbaillella longtanensis* Sheng et Wang，Cauletellidae gen. et sp. indet.，Entactiniidae gen. et sp. indet.，其中以 *Pseudoalbaillella* 属最丰富，*P. longtanensiss* 数量最多。*P. longtanensis* 是苏皖地区中二叠统孤峰组中的带化石（Wang，et al，1994），也是广西钦州地区、日本西南部中二叠世的带化石（吴浩若等，1994；Ishiga，1990），所以将该放射虫动物群的时代归为中二叠世较为合适（段其发等，2006a）。该动物群以阿尔拜虫类为主，未见海绵骨针，指示深水沉积环境（冯庆来，1992）。

第五节　三叠纪地层

三叠纪地层仅出露上三叠统，为测区分布最广的地层，而且跨不同的地层区，西南部为西金乌兰-金沙江地层分区的巴塘群，北部为玛多-马尔康地层分区曲麻莱小区的巴颜喀拉山群，二者之间为玉树-中甸地层分区通天河蛇绿混杂岩的克南群。

一、剖面描述

（一）西金乌兰-金沙江地层分区

实测地层剖面 4 条，因断裂发育，岩石地层单位多底、顶不全，分述如下。

1. 青海省治多县采吾曲三叠纪巴塘群实测剖面（CW）

剖面位于南部采吾曲沟谷，露头较好，虽断层发育，但层序清楚。起点坐标：N33°59′27″，E94°48′18″，海拔 4 725m，终点坐标：N34°01′04″，E94°47′55″，海拔 4 720m，全长 3 320m（图 2-6，图中层号系根据地层序列编制）。

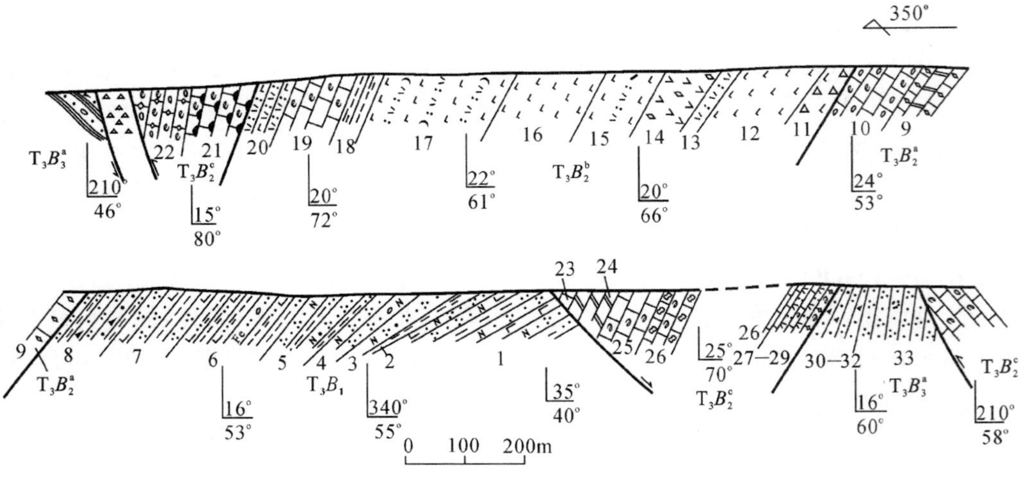

图 2-6　青海省治多县采吾曲三叠纪巴塘群实测剖面图

三叠纪巴塘群（T_3B）　　>2 087.96m

上组下段（$T_3B_3^a$）　　>84.25m

33. 青灰色中厚层状细粒石英砂岩，因断层破坏而未见顶　　>59.82m

32. 灰色中厚层状细粒岩屑砂岩夹灰黑色薄层状粉砂岩。砂岩中底层面多含砾石，正粒层序层理、包卷层理、平行层理发育，粉砂岩中沙纹层理、水平层理发育，该层具鲍马序列　　11.01m

31. 灰、深灰色中层状细粒岩屑砂岩夹少量灰黑色薄层状粉砂岩。砂岩中平行层理发育，粉砂岩水平层理发育　3.66m

30. 灰色厚层状细粒岩屑砂岩与灰黑色薄层状粉砂岩、灰绿色中层状(沉)凝灰岩互层。砂岩中平行层理发育，粉砂岩水平层理发育，其间见硅质条带　9.76m

——————　整　合　——————

中组(T_3B_2)　**>1 459.65m**

上段($T_3B_2^c$)　**>509.46m**

29. 灰色薄层状亮晶含生物屑团块灰岩，层间夹灰绿色薄层状安山质沉玻屑凝灰岩，水平条带发育　7.73m

28. 灰绿色薄层状安山质沉玻屑凝灰岩夹深灰、灰色中—薄层状含生物屑泥晶灰岩　5.70m

27. 灰色中—薄层状泥晶灰岩，层间偶夹灰绿色薄板状凝灰岩。灰岩水平层理发育　11.39m

26. 浅灰色块状亮晶生物屑团块灰岩夹含生物屑泥晶灰岩　56.21m

25. 深灰色厚层状含生物屑泥晶灰岩　63.03m

24. 浅灰色厚层状细晶白云岩，零星见铸模孔构造　74.32m

23. 深灰色中厚层状泥晶灰岩，与下伏层位为断层接触　>17.25m

══════　断　层　══════

22. 深灰色厚层状亮晶生物屑砾屑灰岩　>150.48m

21. 灰色中层状含燧石条带含生物屑灰岩，水平层理、沙纹层理发育　123.35m

中段($T_3B_2^b$)　**732.86m**

20. 灰色块状蚀变玄武质沉凝灰岩，见少量生物碎屑　64.33m

19. 灰色中层状生物屑泥晶灰岩，似瘤状、瘤状构造发育，常见顺层平行的燧石条带　101.35m

18. 灰色块状水云母粘土岩　41.71m

17. 灰、灰绿色块状粒玄岩夹中酸性晶屑玻屑凝灰岩，零星见气孔构造　174.08m

16. 灰绿色块状玄武岩，具斑状结构，基质间粒结构，下部枕状构造发育，少见气孔和杏仁状构造　100.56m

15. 灰绿色枕状玄武岩夹碳酸盐化安山质火山角砾晶屑凝灰岩。玄武岩为间粒间隐结构，杏仁状构造　61.50m

14. 灰色块状碳酸盐化安山岩，间粒间隐结构，气孔状、杏仁状构造极发育　60.94m

13. 灰、灰绿色块状中酸性凝灰岩　18.79m

12. 灰色块状玄武岩，斑状结构、基质为交织结构、间粒间隐结构，杏仁状构造发育　79.60m

11. 灰绿色厚层状凝灰质角砾岩，砾石成分以下伏灰岩为主，另见少量硅质砾石，呈次棱状，分选性差　29.98m

下段($T_3B_2^a$)　**217.33m**

10. 灰色厚层状砾屑含生物屑泥晶灰岩夹泥晶灰岩　103.09m

9. 深灰色厚层状细晶灰岩夹细晶白云岩，零星见生物屑　114.24m

——————　整　合　——————

下组(T_3B_1)　**>544.06m**

8. 紫红色薄层状粉砂岩、粉砂质泥岩夹暗红色厚层状细粒岩屑砂岩，砂岩中平行层理发育　89.51m

7. 暗红色夹灰绿色厚层状—块状钙质中粒长石石英砂岩夹暗红色泥岩，平行层理发育　86.05m

6. 暗红色中厚层状钙质粉砂质水云母粘土岩夹暗红色、灰绿色厚层状细粒岩屑砂岩，砂岩平行层理发育　63.61m

5. 灰绿色厚层状含砾细—中粒长石石英杂砂岩夹暗红色厚层状含砾铁质泥质粉砂岩，砾石成分为粉砂质粘土岩、中基性火山岩，砂岩平行层理发育　101.07m

4. 暗红色块状细—中粒长石石英砂岩，底部含紫红色粉砂质水云母粘土质砾石，长轴方向多平行于层面，孔隙式胶结，平行层理发育，在中部层位夹灰绿色厚层状细粒长石石英杂砂岩及暗红色粉砂岩　34.96m

3. 暗红色薄层状含粉砂铁质水云母粘土岩，偶夹暗红色中层状细粒岩屑砂岩。砂岩中平行层理发育　28.01m

2. 暗红色夹灰绿色厚层状钙质细粒长石石英砂岩夹粉砂质泥岩、蚀变玄武岩。砂岩平行层理发育，底层面多含砾石，玄武岩斑状结构，基质为间粒间隐结构，杏仁状构造 12.43m

1. 紫红色薄层状粉砂质泥岩夹灰绿色、暗红色中层状钙质细中粒长石石英砂岩、弱绿泥石化弱方解石化玄武岩，砂岩平行层理发育，玄武岩为斑状结构，基质为间粒间隐结构，杏仁状构造 64.65m

2. 青海省治多县阿日群增涌三叠纪巴塘群下组—中组实测剖面(AR)

剖面位于测区西部，邻近治多县至索加乡的简易公路，地层出露较好，但未见顶底界，起点坐标：N34°05′32″，E94°30′43″，海拔 4 747m，终点坐标：N34°06′47″，E94°32′29″，海拔 4 885m，全长 3 600m。该剖面最早为青海区调队(1993b)测制，本次重新测制，并对地层单位重新划分(图 2-7)。

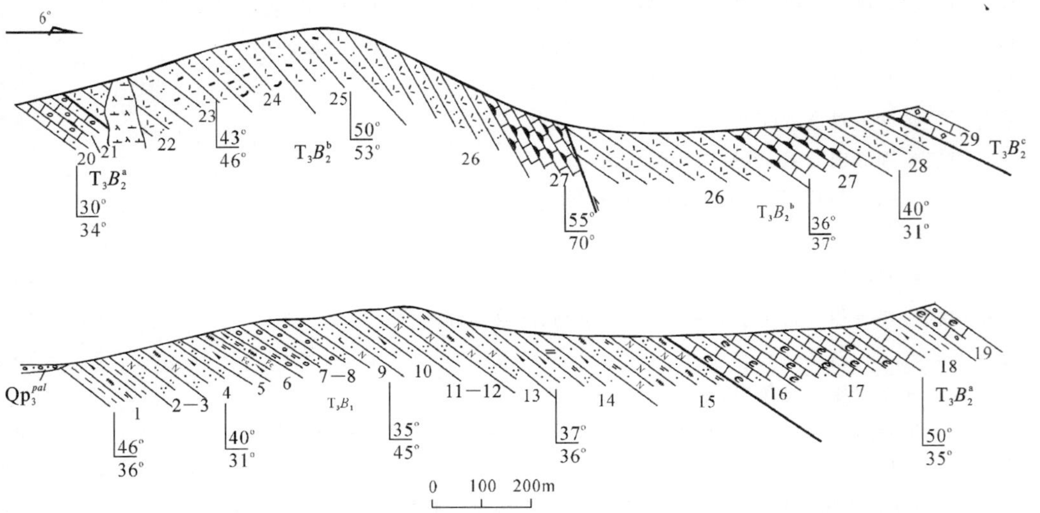

图 2-7 青海省治多县阿日群增涌三叠纪巴塘群下组—中组实测剖面图

三叠纪巴塘群(T_3B)	**2 053.43m**
中组(T_3B_2)	**>1 333.83m**
上段($T_3B_2^c$)	**>200.00m**
29. 浅灰、灰白色块状泥亮晶砂屑灰岩	>200.00m
中段($T_3B_2^b$)	**728.68m**
28. 灰、灰绿色中厚层状凝灰岩	113.58m
27. 深灰色厚层状含燧石结核微晶化泥晶灰岩，见少量棘皮屑、腕足屑、双壳屑	108.72m
26. 灰、灰绿色块状与中—厚层状中酸性凝灰岩互层	137.37m
25. 灰、灰绿色厚层状中酸性凝灰岩夹中酸性晶屑凝灰岩	101.71m
24. 灰、灰绿色中厚层状中酸性晶屑玻屑凝灰岩夹中酸性晶屑凝灰岩	98.25m
23. 灰绿色中层状中酸性晶屑凝灰岩	91.42m
22. 灰、灰绿色厚层状中酸性凝灰岩，上部为灰—灰绿色碎裂闪长玢岩脉侵入	77.63m
下段($T_3B_2^a$)	**395.15m**
21. 深灰色厚层状泥晶砾屑砂屑灰岩夹中层状泥晶灰岩，生物屑主要为棘皮屑、双壳屑、腕足屑	57.95m
20. 深灰色中层状微粉晶化泥晶砂屑灰岩，产珊瑚	18.16m
19. 深灰色块状含生物屑砾屑泥晶灰岩	44.69m
18. 灰色薄层状泥岩夹深灰色中层状泥晶灰岩及少量细粒岩屑砂岩	78.85m
17. 灰色中层状微粉晶化泥晶生物屑砂屑灰岩，生物屑主要为双壳屑、棘皮屑、有孔虫、介形屑等	141.04m
16. 深灰色厚层状微粉晶化泥晶生物屑灰岩夹微粉晶化泥晶粉屑砂屑灰岩，生物屑为双壳屑、棘皮屑、有孔虫等	54.46m

——————— 整　合 ———————

下组(T_3B_1)	**729.60m**
15. 灰绿色厚层状夹暗红色中层状含水云母细粒长石石英杂砂岩，磨圆度和矿物成熟度低，平行层理发育	114.31m

14. 暗红色厚层状细粒岩屑砂岩，夹少量暗红色中层状弱细晶白云石化含赤铁矿含水云母岩屑石英粉砂岩，砂岩中平行层理发育 106.48m
13. 青灰色中层状含绿泥石含水云母细粒长石石英杂砂岩，夹少量粉砂岩，分选性好，圆度和矿物成熟度低，平行层理发育 61.63m
12. 紫灰色厚层状含绢云母细粒长石石英砂岩与粉砂岩互层，砂岩颗粒分选性好，圆度和矿物成熟度低，平行层理发育 32.92m
11. 紫灰色厚层状中细粒长石石英砂岩，夹少量粉砂岩，砂岩分选性较差，矿物成熟度低，板状斜层理、平行层理发育 29.43m
10. 紫红色中层状粉砂岩夹细粒岩屑砂岩 51.81m
9. 紫红色厚层状含钙质中细粒长石石英砂岩，分选性好，矿物成熟度低，平行层理发育 24.37m
8. 紫红色厚层状含砾粗粒石英砂岩夹砾岩，砂岩分选性好，矿物成熟度低 22.70m
7. 紫灰一灰色厚层状含水云母石英岩质复成分中砾岩，砾石主要为石英质，砾径 8～15mm 为主，次为 2～8mm，半圆状为主，少量次棱状，滚圆状 61.99m
6. 紫红色厚层状含赤铁矿含水云母细粒岩屑杂砂岩，圆度低，分选中等，矿物成熟度低 33.24m
5. 紫红色中层状细粒岩屑砂岩 23.07m
4. 下部紫红色厚层状含水云母中粒长石石英杂砂岩，向上为紫红色中层状粉砂岩夹细粒岩屑砂岩，砂岩中平行层理发育 62.72m
3. 紫红色中层状粉砂岩夹灰色—紫灰色中层状细粒岩屑砂岩，沙纹层理发育 17.55m
2. 紫灰色厚层状中粒长石石英砂岩夹粉砂岩，砂岩中板状斜层理发育 30.05m
1. 紫红色薄层状泥岩夹含赤铁矿含水云母不等粒岩屑杂砂岩，砂岩矿物成熟度低 >57.35m

（未见底）

3. 青海省治多县采佛果三叠纪巴塘群中组上段实测剖面(C)

剖面位于毗邻测区西部的治多县采佛果一带治多县至索加乡简易公路上(图外)，最早为青海区调队(1993b)测制，本次工作中重新测制，起点坐标：N34°02′47″，E94°28′40″，海拔 4 788m，终点坐标：N34°02′28″，E94°27′56″，海拔 4 780m，全长 1 500m，露头较好，上部层位构成向斜轴部，并与二叠纪九十道班组呈断层接触(图 2-8)。

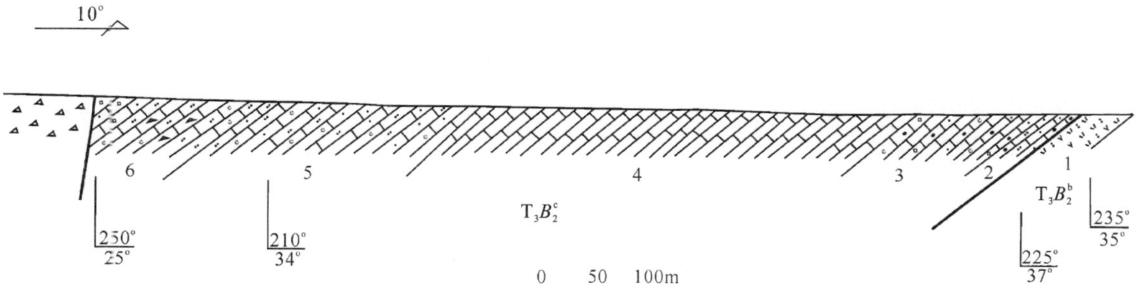

图 2-8 青海省治多县采佛果三叠纪巴塘群中组上段实测剖面图

三叠纪巴塘群(T_3B)

中组(T_3B_2) **>496.15m**

上段($T_3B_2^c$) **（未见顶）** **>468.62m**

6. 灰色中厚层状含残余棘皮屑含微晶粉晶灰岩夹少量岩溶角砾岩，顶部为浅灰色中层状具铸模孔亮泥晶砂屑灰岩，其上为断层角砾岩，构成向斜轴部 >52.84m
5. 浅灰色厚层状具铸模孔微粉晶化泥晶含粉屑砂屑灰岩，见少量腹足屑、棘皮屑、藻屑、有孔虫、双壳屑等 104.91m
4. 灰色中层状泥晶灰岩 219.86m
3. 灰、浅灰色厚层状具铸模孔亮泥晶含生物屑砾屑砂屑灰岩夹泥晶灰岩 71.36m

2.灰、浅灰色厚层状具铸模孔泥晶粉屑砂屑灰岩、弱硅化亮晶含砂屑砾屑灰岩，见少量棘皮屑、有孔虫、双壳屑、介形屑等　19.65m

中段($T_3B_2^b$)　**>27.53m**

1. 灰绿色中层状碳酸盐化安山质凝灰岩　>27.53m

（未见底）

4. 青海省治多县草尺阿涌巴塘群上组上段实测剖面(CC)

剖面位于测区南部草尺阿涌沟谷中，地层出露较好，但交通相对较差，不易到达，起点坐标：N34°02′39″,E94°50′29″,海拔 4 702m,终点坐标：N34°03′57″,E94°50′37″,海拔 4 662m,全长2 800m(图 2-9)。

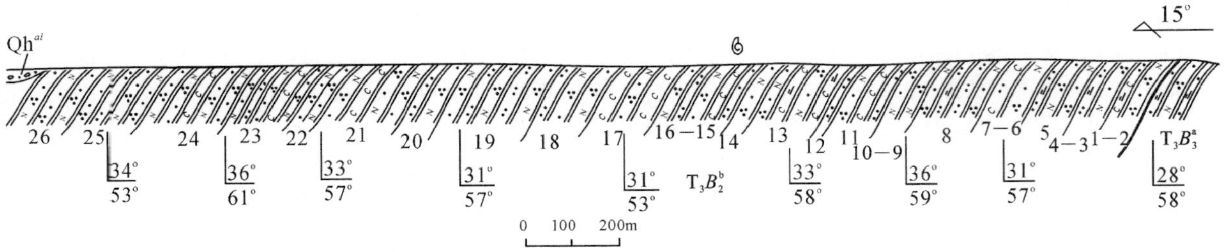

图 2-9　青海省治多县草尺阿涌巴塘群上组上段实测剖面图

三叠纪巴塘群上组上段($T_3B_3^b$)　**(未见顶)**　**>1 938.09m**

26.灰色中厚层状变质细粒岩屑石英砂岩　>85.77m

25.深灰、灰黑色薄中层状变质细粒岩屑石英砂岩夹灰黑色粉砂质板岩，砂岩底面发育槽模构造　104.12m

24.灰色中层状变质细粒岩屑石英砂岩夹少量含炭板岩，砂岩发育平行层理　119.26m

23.深灰色中层状变质细粒长石砂岩夹粉砂质板岩、含炭板岩　121.70m

22.灰色厚层状变质细粒岩屑石英砂岩夹深灰色含炭质粉砂质板岩　34.82m

21.深灰—灰色中厚层状变质细粒岩屑石英砂岩与深灰色含炭质粉砂质板岩不等厚互层　122.73m

20.灰色中厚层状变质细粒长石石英砂岩夹深灰色粉砂质板岩　50.89m

19.深灰色薄中层状变质含菱铁质石英粉砂岩与黑色含炭质粉砂质板岩不等厚互层　150.18m

18.灰色中层状变质细粒长石石英砂岩夹深灰色粉砂质板岩，偶夹少量黑色含炭质板岩　99.80m

17.灰黑色含炭质板岩夹深灰色薄中层状变质细粒长石石英砂岩、粉砂岩　79.46m

16.灰色厚层状变质细粒岩屑石英砂岩夹深灰色粉砂质板岩，中上部夹黑色含炭质板岩　81.08m

15.深灰色薄中层状变质含钙质中细粒岩屑石英砂岩与黑色含炭质板岩不等厚互层　17.71m

产双壳类：*Halobia* sp.

Pteria sp.

Hoernesia? sp.

菊石(保存不好，无法鉴定)等

14.深灰色中厚层状变质细粒长石石英砂岩夹黑色粉砂质板岩，砂岩沙纹层理、平行层理发育　31.76m

13.深灰色厚层状变质中细粒长石石英砂岩与黑色含炭质板岩不等厚互层　117.11m

12.灰、深灰色粉砂质板岩夹黑色含炭质含砂质绢云水云母粘板岩，中上部夹薄中层状变质细粒长石石英砂岩　27.03m

11.深灰色中厚层状变质细粒长石石英砂岩夹黑色含炭质板岩、粉砂质板岩　110.86m

10.灰黑色含炭粉砂质板岩　16.37m

9.深灰色厚层状变质含钙质细粒岩屑石英砂岩与黑色薄层状含炭粉砂质板岩不等厚互层　74.03m

8.深灰色中厚层状变质细粒岩屑石英砂岩夹黑色含炭质板岩、粉砂质板岩　121.97m

7.底部 2.8m 为深灰色厚层状变质细粒岩屑石英砂岩，其上为灰黑色粉砂质板岩夹粉砂岩透镜体　37.12m

6.深灰色中层状变质岩屑石英细砂岩夹黑色含粉砂炭质板岩　45.92m

5.深灰色中薄层状变质细粒岩屑石英砂岩夹深灰、黑色变质细砂质绢云绿泥板岩　97.45m

4.深灰色中薄层状变质细粒岩屑石英砂岩，间夹少量黑色薄层状粉砂质板岩　27.79m

3.深灰色厚层状与薄中层状变质细粒岩屑石英砂岩不等厚互层　30.64m

2. 下部为灰色薄层状变质细粒岩屑石英砂岩，中上部为黑色含粉砂质含炭质绢云板岩夹薄层状、透镜状变质岩屑石英细砂岩　　23.77m

1. 深灰色中层状变质细粒长石石英砂岩，板状斜层理发育　　31.70m

下伏地层：三叠纪巴塘群上组下段($T_3B_3^a$)　黑色绢云砂质板岩夹深灰色中薄层状变质细粒长石砂岩、细粒岩屑石英杂砂岩

（二）玛多-马尔康地层分区曲麻莱小区

共实测地层剖面 9 条，修测剖面 6 条，修测剖面在地层对比中叙述，5 条主要实测剖面层序如下。

1. 青海省治多县多日老龙三叠纪巴颜喀拉山群砂岩夹板岩组实测剖面(DR)

剖面位于测区中西部，东部邻近治多县城至治渠乡简易公路，露头较好，但顶底未见，起点坐标：N34°07′06″，E95°25′22″，海拔 4 440m，终点坐标：N34°06′02″，E95°25′10″，海拔 4 445m，全长 1 700m。该剖面最早由青海区调综合地质大队(1993b)测制，并认为在底部可见砂岩夹板岩组与板岩组的整合接触界面，本次工作中重新测制，根据剖面岩性组合及区域填图，重新厘定后认为该剖面仅见砂岩夹板岩组层位，且顶、底层位未见(图 2-10)。

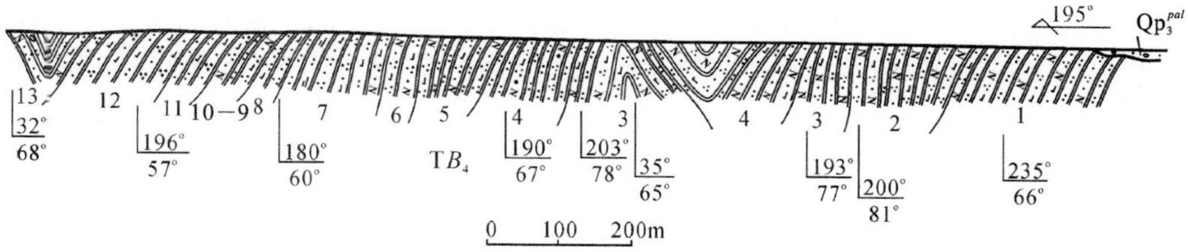

图 2-10　青海省治多县多日老龙三叠纪巴颜喀拉山群砂岩夹板岩组实测剖面图

三叠纪巴颜喀拉山群砂岩夹板岩组(TB_4)　　（未见顶）　　>1 053.94m

13. 灰色中厚层状变质含菱铁质钙质中细粒岩屑石英砂岩夹灰、深灰色页片状含菱铁矿钙质粉砂质板岩，中下部夹少量变质含砾砂岩，变质砂岩中普遍见黄铁矿晶体，平行层理发育，底层面具重荷模构造，局部见植物化石碎片　　>61.67m

　板岩中产遗迹化石？*Palaeophycus* ichno sp.

12. 深灰色、灰黑色页片状粉砂质板岩夹灰、深灰色薄—中层状变质细粒含钙质岩屑石英砂岩，砂岩多呈透镜状，层面见浅灰色板岩砾石　　111.95m

11. 灰、深灰色中厚层状变质细粒钙质石英砂岩，向上夹少量灰黑色页片状粉砂质板岩，砂岩中常见黄铁矿晶体，平行层理发育　　49.48m

10. 灰黑色、深灰色页片状粉砂质板岩夹深灰色薄中层状变质细粒岩屑石英砂岩，砂岩底面具不明显的冲刷构造　　22.46m

9. 灰、深灰色厚层块状变质含钙质细粒岩屑石英砂岩夹少量灰黑色页片状含菱铁质含钙质粉砂质板岩，砂岩具平行层理，层面见扁平椭圆状的板岩砾石，普遍见黄铁矿晶体　　29.37m

8. 灰、深灰色中层状变质中细粒含钙质岩屑石英砂岩夹少量灰黑色页片状粉砂质板岩，砂岩具平行层理，普遍见黄铁矿晶体　　38.19m

7. 深灰色薄中层状变质细粒钙质石英砂岩与灰黑色薄中层状菱铁矿质粉砂质板岩不等厚互层。砂岩具平行层理，普遍见黄铁矿晶体，板岩具水平层理，黄铁矿晶体常见　　74.25m

6. 灰色巨厚-块状变质中细粒含钙质岩屑砂岩夹灰黑色页片状含钙质粉砂质板岩，砂岩底层面具重荷模构造，平行层理发育　　54.51m

5. 灰、深灰色中厚层状变质细粒钙质岩屑砂岩夹深灰—灰黑色页片状粉砂质板岩。砂岩具平行层理，普遍见黄铁矿晶体，底层面具重荷模构造　　107.02m

4. 深灰色、灰黑色页片状粉砂质板岩与灰—深灰色薄中层状变质中细粒钙质长石岩屑砂岩不等厚互层，砂岩具平行层理，普遍见黄铁矿晶体，底层面具重荷模构造　　99.36m

　产遗迹化石：*Phycosiphon incertum* Fischer-Ooste

3. 灰、深灰色中厚层状变质中细粒含钙质岩屑砂岩夹深灰—灰黑色页片状粉砂质板岩，砂岩具平行层理，普遍见黄铁矿晶体，层面见扁平椭圆状的板岩砾石　　76.04m

产遗迹化石：*Archaeichnium xizangensis* Yang

?*Helminthorhaphe* ichno sp.

2. 灰、深灰色中层状变质中细粒岩屑砂岩夹灰黑色薄中层状含菱铁矿绢云水云母粘板岩，砂岩具平行层理，普遍见黄铁矿晶体，层面见扁平椭圆状的板岩砾石，板岩偶见沙纹层理，星点状黄铁矿常见　　149.70m

砂岩底面见遗迹化石：*Didymaulichnus* ichno sp.

?*Helminthorhaphe* ichno sp.

1. 灰、深灰色薄中层状变质细—中粒含钙质岩屑砂岩夹深灰色页片状粉砂质板岩，砂岩具平行层理，普遍见黄铁矿晶体　　>179.94m

砂岩层见遗迹化石：*Planolites montanus* Richter

Palaeophycus ichno sp.

（未见底）

2. 青海省治多县扎河三叠纪巴颜喀拉山群砂岩夹板岩组实测剖面(Z)

该剖面最早由青海区调队(1993b)测制，位于南部治多县扎河乡北部绞保托斗沟谷，地层出露较好，起点坐标：N34°20′40″，E94°56′11″，海拔 4 885m，终点坐标：N34°19′55″，E94°51′03″，海拔4 818m，全长 1 600m(图 2-11)。

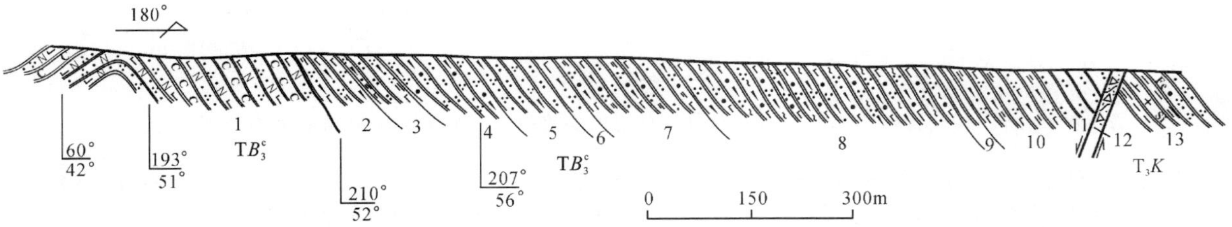

图 2-11　青海省治多县扎河三叠纪巴颜喀拉山群砂岩夹板岩组实测剖面图

三叠纪克南群(T_3K)

12—13. 灰色粘土质板岩，上部为碳酸盐化粒玄岩(属通天河蛇绿混杂岩)，向上为灰绿色水云母粘土岩、灰色含铁质厚层状石英砂岩。碎裂构造发育

═══════　断　层　═══════

三叠纪巴颜喀拉山群(TB)

砂岩夹板岩组(TB_4)　　>929.42m

11. 黑色薄层状粉砂质板岩，水平层理发育，顶部被断层破坏　　>78.19m

10. 灰色中层状变质含钙质含绢云母中细粒岩屑石英砂岩夹薄层状粉砂岩，砂岩见炭化植物碎片　　91.03m

9. 黑色板岩夹中薄层状变质含绿泥石含钙质中细粒岩屑石英砂岩　　18.99m

8. 灰色中厚层状变质含钙质含水云母中细粒岩屑砂岩　　299.22m

7. 深灰色中厚层状变质含水云母含钙质中细粒岩屑石英砂岩与深灰黑色薄层状粉砂质板岩不等厚互层　　138.19m

6. 深灰色中厚层状变质含菱铁矿含钙质细粒岩屑石英砂岩　　25.84m

5. 灰、深灰色薄中层状细粒岩屑石英砂岩与深灰黑色薄层状粉砂质板岩不等厚互层　　73.87m

4. 灰色中厚层状变质中细粒岩屑石英砂岩，偶见灰色薄层状变质粉砂岩　　110.68m

3. 灰色薄板状变质含钙质含水云母细粒岩屑石英砂岩夹黑色薄层状粉砂质板岩　　44.74m

2. 灰色中层状变质含水云母含钙质细粒岩屑石英砂岩　　48.67m

———————　整　合　———————

下伏地层：三叠纪巴颜喀拉山群板岩组(TB_3^c)　灰色中薄层状变质钙质细粒长石石英砂岩夹含炭板岩

3. 青海省曲麻莱县冬特考三叠纪巴颜喀拉山群上部板岩组实测剖面(DT)

剖面位于测区南部，北部邻近曲麻莱县城，地层出露较好，但顶底未见，起点坐标：N33°59′48″，E95°56′55″，海拔 4 286m，终点坐标：N34°02′47″，E95°57′41″，海拔 4 393m，全长 6 100m。青海区调综合地质大队(1993b)曾测制此剖面，并采集到双壳、古植物、遗迹化石等，本次工作中重新测制，重新厘定为板岩组下、中、上段，但顶、底不全(图 2-12)。

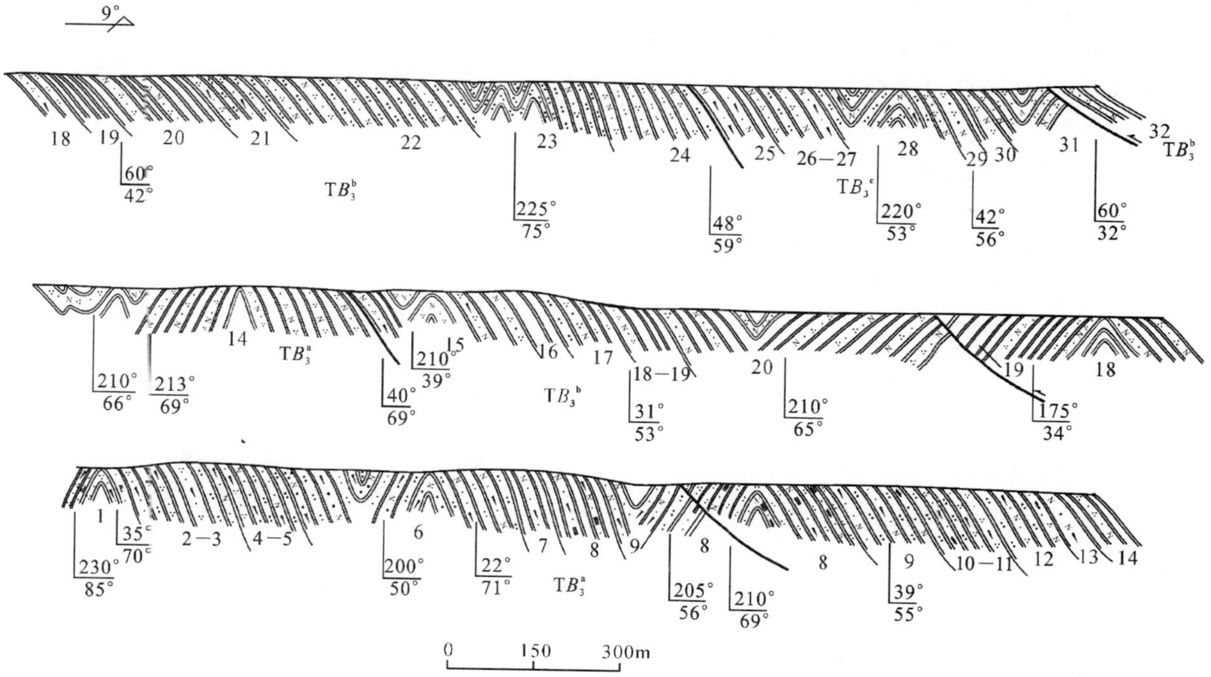

图 2-12 青海省曲麻莱县冬特考三叠纪巴颜喀拉山群上部板岩组实测剖面图

三叠纪巴颜喀拉山群板岩组(TB_3) >2 137.95m

上段(TB_3^c) (未见顶) >365.13m

31. 下部为灰色中层状变质中细粒长石石英砂岩夹深灰色板岩，向上为深灰色板岩夹灰色薄—中层状变质细粒长石石英砂岩，板岩水平层理发育，其顶部为断层 >76.96m

30. 深灰色板岩夹灰色薄—中层状变质细粒长石石英砂岩，见晶形较好的黄铁矿，砂岩平行层理发育 37.18m

板岩层面产遗迹化石：? *Arthrophycus* ichno sp.

Chondrites arbuscula Fischer-Ooster

29. 深灰色厚层状变质中粒长石石英砂岩，偶夹深灰色板岩，见晶形较好的黄铁矿 11.91m

28. 深灰色薄层状粉砂质板岩与灰色中层状变质细粒长石岩屑砂岩互层，见晶形较好的黄铁矿，板岩沙纹层理、水平层理发育，砂岩沙纹层理、平行层理发育，底层面见少量槽模构造 42.34m

27. 灰色中厚层状变质中—细粒长石岩屑砂岩夹灰色薄层状含角砾含细砂粉砂质板岩，砂岩块状层理、平行层理发育，底层面见少量槽模构造，板岩水平层理、沙纹层理发育 38.90m

板岩层面产遗迹化石：*Helminthoida* ichno sp.

26. 深灰色薄层状粉砂质板岩与灰色中层状变质细粒长石石英砂岩不等厚互层，板岩中水平层理发育，砂岩底层面多见槽模构造 71.37m

25. 灰色厚层状变质含菱铁矿中—细粒长石岩屑砂岩夹灰色板岩，砂岩块状层理发育，底层面见槽模构造，含星点状黄铁矿 86.47m

产遗迹化石：*Helminthoida yushuensis* Yang

H. ichno sp.

Neonereites biserialis Seilacher

N. ichno sp.

中段(TB_3^b) **>715.55m**

24. 灰色块状粉砂质绢云板岩,偶夹透镜状、薄层状变质细粒长石石英砂岩,沙纹层理发育 171.74m
    层面偶可见遗迹化石:*Helminthorhaphe* ichno sp.
    Scalarituba missouriensis Weller
23. 深灰色薄层状含炭质含细砂粉砂质板岩,间夹少量灰色透镜状变质细砂岩,板岩中水平层理发育,见晶形较好的黄铁矿 91.63m
    产遗迹化石:*Helminthoida labyrinthica* Heer
22. 深灰色薄层状粉砂质板岩,夹灰色薄—中层状变质细粒长石石英砂岩,见星点状黄铁矿 182.24m
21. 灰色中厚层状变质中细粒岩屑石英砂岩与灰色板岩互层,砂岩平行层理发育,见少量星点状黄铁矿,板岩中水平层理发育 69.20m
20. 深灰色块状板岩夹薄层状变质细粒长石石英砂岩,见星点状黄铁矿 106.35m
    砂岩层面可见少量植物化石碎片:*Neocalamites* sp.
    双壳类:*Halobia convexa* Chen
    H. cf. *convexa* Chen
    H. yunnanensis Reed
    H. cf. *yunnanensis* Reed
    H. cf. *superbescens* Kittl
    H. sp. cf. *yunnanensis* Reed
    板岩产遗迹化石:? *Arthrophycus* ichno sp.
    Gordia ichno sp.
    Zoophycos ichno sp.
    Palaeophycus ichno sp.
    Oldhamia ichno sp.
    Lophoctenium ichno sp.
    Didymaulichnus ichno sp.
    Neonereites uniserialis Seilacher
    Cosmorhaphe ichno sp.
    Helminthopsis ichno sp.
    Lorenzinia ichno sp.
    Asterichnus ichno sp.
    砂岩产遗迹化石:*Chondrites* ichno sp.
    Megagrapton irregulare Ksiazkiewicz
19. 深灰色板岩,水平层理发育,含较多晶形较好的黄铁矿 44.36m
18. 深灰色板岩夹薄层状变质含炭质细粒岩屑石英砂岩,板岩水平层理发育,含少量晶形较好的黄铁矿 26.06m
    砂岩中产遗迹化石:*Scalarituba* ichno sp.
17. 深灰色薄层状粉砂质粘土板岩夹条带状、透镜状变质细粒长石石英砂岩、粉砂岩,板岩水平层理发育,见少量星点状黄铁矿,(粉)砂岩沙纹层理发育 82.02m
16. 深灰色板岩夹少量砂岩,见星点状黄铁矿,水平层理发育 27.78m
    层面产遗迹化石:*Phycosiphon incertum* Fischer-Ooster
    Asterichnus ichno sp.
    Megagrapton irregulare Ksiazkiewicz
    Plaeodictyon ichno sp.
    砂岩层位产遗迹化石:*Circulichnis montanus* Vyalov
    Chondrites ichno sp.
15. 深灰色板岩夹薄层状变质含菱铁矿细粒长石石英砂岩,板岩水平层理发育,砂岩沙纹层理发育 85.91m
    产遗迹化石:*Helminthorhaphe* ichno sp.
    Helminthoida ichno sp.

Helminthopsis ichno sp.
Phycosiphon incertum Fischer-Ooster
Squamodictyon ichno sp.
Megagrapton irregulare Ksiazkiewicz
Didymaulichnus ichno sp.
Palaeophycus striatus

下段(TB_3^a) **>885.53m**

14. 灰色中层状变质细粒长石石英砂岩与深灰色板岩互层，砂岩发育包卷层理、平行层理，底层面多见扁平椭圆状的板岩砾石，板岩水平层理发育，该层砂、板岩组成鲍马序列　105.39m
产遗迹化石：*Helminthopsis* ichno sp.
Helminthoida yushenesis Yang
Phycosiphon incertum Fischer-Ooster
Scalarituba missouriensis Weller
Phycodes ichno sp.
Asterichnus ichno sp.

13. 青灰色块状变质细中粒岩屑长石杂砂岩，块状层理发育，部分层位见晶形较好的黄铁矿　24.27m

12. 深灰色中层状变质细粒长石石英粉砂岩与灰色板岩互层，砂岩发育块状层理、包卷层理、平行层理，板岩水平层理发育，砂、板岩组成鲍马序列　76.33m
产遗迹化石：*Pelecypodichnus amygdaloides* Seilacher
Helminthopsis ichno sp.
Helminthoida Yushuensis Yang
Phycosiphon incertum Fischer-Ooster

11. 深灰色板岩夹薄层状变质细粒岩屑石英砂岩，板岩水平层理发育，砂岩发育块状层理、包卷层理、平行层理，板岩水平层理发育，砂、板岩组成鲍马序列　58.69m
产遗迹化石：*Phycosiphon incertum* Fischer-Ooster
Paleodictyon miocenicum Sacco
Archaeichnus xizangensis Yang

10. 灰色薄层状粉砂质粘土板岩与深灰色中层状变质细粒岩屑石英砂岩互层，砂岩发育块状层理、包卷层理、平行层理，板岩沙纹层理、水平层理发育，砂、板岩组成鲍马序列　36.62m
产遗迹化石：*Helminthorhaphe* ichno sp.
Palaeophycus ichno sp.

9. 下部3.0m为灰色块状变质细—中粒长石岩屑杂砂岩，平行层理发育，零星见晶形较好的黄铁矿，向上为深灰色薄层状变质含炭质岩屑石英粉砂岩夹中层状变质长石石英细砂岩，板岩水平层理发育，层内见星点状黄铁矿　74.85m
产遗迹化石：*Helminthoidichnites* cf. *tenius*
Neonereites ichno sp.
Helminthopsis ichno sp.
Palaeophycus ichno sp.
Helminthoida ichno sp.
Neonereites biserialis Seilacher
Planolites ichno sp.
Palaeophycus ichno sp.
Megagrapton irregulare Ksiazkiewicz

8. 灰色中厚层状含黄铁矿变质细中粒长石岩屑杂砂岩与板岩互层，砂岩底层面见槽模构造，见晶形较好的黄铁矿，产虫迹，板岩水平层理发育　100.25m
产遗迹化石：*Didymanlichnus* ichno sp.
Planolites ichno sp.
Palaeophycus ichno sp.
Helminthopsis ichno sp.

Neonereites biserialis Seilacher

7. 深灰色板岩夹灰色中层状变质细中粒长石岩屑杂砂岩，板岩水平层理发育，见星点状黄铁矿 56.15m

产遗迹化石：?*Thalassinoides* ichno sp.

Helminthopsis ichno sp.

Palaeophycus tubularis Hall

Skolithos ichno sp.

Neonereites biserailis Seilacher

Neonereites ichno sp

6. 灰色中厚层状变质细粒岩屑长石砂岩与深灰色板岩互层，砂岩底层面见槽模构造及扁平的板岩砾石，平行层理发育，板岩中水平层理发育，均可见星点状黄铁矿，中部层位砂岩具包卷层理，与板岩构成鲍马序列 66.76m

砂岩中产遗迹化石：*Pelecypodichnus elongates* Yang

P. amygdaloides Yang

Chondrites ichno sp.

?*Skolithos* ichno sp.

Planolites montanus Richter

P. ichno sp.

Zhadichnus ichno sp.

Zoophycus ichno sp.

Neonereites uniserialis Seilacher

Phycodes ichno sp.

Helminthopsis ichno sp.

5. 深灰色薄层状粉砂质板岩夹灰色薄—中层状变质细粒岩屑长石砂岩，板岩水平层理发育，见星点状黄铁矿颗粒 50.71m

4. 灰色中厚层状变质细粒含水云母岩屑长石砂岩夹深灰色板岩，砂岩见少量晶形较好的黄铁矿，板岩水平层理发育 38.60m

产遗迹化石：*Helminthoida yushuensis* Yang

H. ichno sp.

3. 深灰色薄层状粉砂质板岩夹灰色中层状变质细粒岩屑石英砂岩，板岩水平层理发育，见星点状黄铁矿 124.77m

产遗迹化石：? *Palaeodictyon* ichno sp.

Cosmorhaphe ichno sp.

? *Gordia molassica* Heer

Chondrites ichno sp.

Paleodictyon ichno sp.

2. 灰色厚层状变质细粒岩屑石英砂岩与深灰色板岩互层，见星点状黄铁矿，板岩水平层理发育，砂岩平行层理发育 26.51m

1. 灰色中层状变质含褐铁矿含水云母细粒岩屑石英砂岩与深灰色薄层状岩屑石英细砂质粉砂岩互层，见星点状黄铁矿，板岩水平层理发育，砂岩平行层理发育，构成背斜 >45.63m

产遗迹化石：*Monomorphichnus linearis* Crimes

Paleodictyon ichno sp.

（未见底）

4. 青海省曲麻莱县阿俄口三叠纪巴颜喀拉山群板岩组中段—上段实测剖面(AE)

剖面位于测区中部，北部邻近曲麻莱县城至曲麻河乡简易公路，该剖面最早由青海区调队(1993b)测制，本次工作中重新测制。地层出露较好，在板岩组上段新发现含砾板岩层，但顶底层位未见，起点坐标：N34°31′52″，E95°09′25″，海拔 4 268m，终点坐标：N34°34′06″，E95°11′54″，海拔 4 409m，全长 6 300m(图 2-13)。

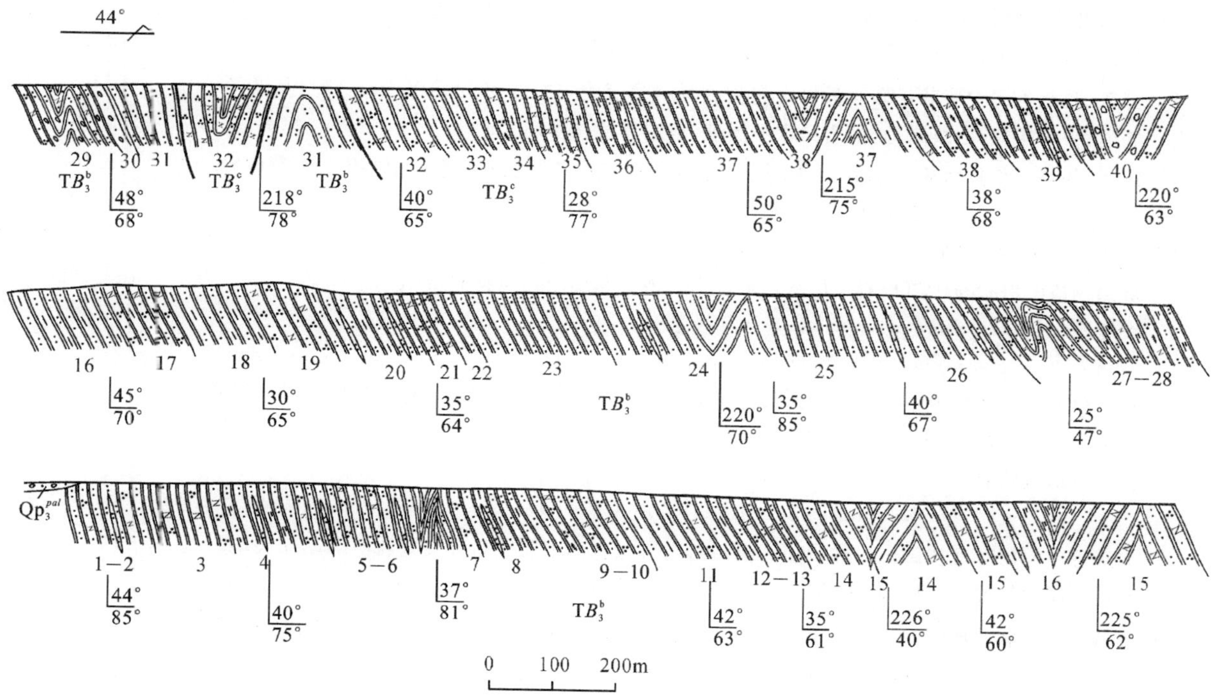

图 2-13 青海省曲麻莱县阿俄口三叠纪巴颜喀拉山群板岩组中段—上段实测剖面图

三叠纪巴颜喀拉山群板岩组(TB_3) **>4 005.77m**

上段(TB_3^c) **>899.90m**

40. 灰绿、深灰色薄层状变质细粒岩屑石英砂岩与灰黑色薄中层状粉砂质含砾板岩互层,板岩砾石成分均为细砂质,磨圆好,分选性差,一般为 0.5～25cm,最大者长轴可达数米,砂岩中平行层理发育 >77.83m

39. 灰黑色薄中层状粉砂质板岩夹灰黑色透镜状—薄中层状变质细粒岩屑石英砂岩 113.81m

38. 灰绿、深灰色中厚层状变质细粒岩屑石英杂砂岩夹深灰色页片状粉砂质板岩,砂岩下层面可见椭圆状、扁平状的砾石,平行层理、沙纹层理发育,底层面具重荷模构造 119.18m

37. 深灰色薄层—中厚层状变质泥质粉砂岩与灰黑色薄中层状粉砂质板岩不等厚互层,砂岩平行层理、沙纹层理发育,底层面具重荷模构造 203.98m

36. 灰黑色薄中层状粉砂质绢云粘土板岩 88.69m

产遗迹化石:*Helminthoidichnites* ichno sp.

35. 深灰色中厚层状变质细—中粒岩屑砂岩夹灰黑色页片状粉砂质板岩,砂岩下层面含椭圆状、扁平状的砾石 59.25m

34. 灰黑色薄中层状变质泥质粉砂岩夹深灰色中厚层状变质细粒岩屑石英砂岩,砂岩中平行层理发育,层面见星点状黄铁矿,板岩中水平虫迹、水平层理发育,其间夹具沙纹层理的细砂岩条带 77.99m

33. 深灰色薄层—中厚层状变质泥质粉砂岩与灰黑色薄中层状粉砂质板岩不等厚互层,砂岩平行层理、沙纹层理发育,局部见正粒序层理,底层面具重荷模构造 58.91m

32. 深灰色中厚层状变质细中粒岩屑石英砂岩夹灰黑色页片状粉砂质板岩,砂岩平行层理发育,底层面具重荷模构造,见星点状黄铁矿 104.26m

中段(TB_3^b) **>3 105.87m**

31. 深灰、灰黑色页片状变质粉砂岩夹深灰色薄中层状变质细砂岩、绢云凝灰质板岩,砂岩中沙纹层理发育 105.14m

30. 深灰色中厚层状含砾砂岩夹灰黑色页片状含砾板岩,砾石多呈次圆状、椭球状,成分均为细砂岩,大小约 0.5～15cm 22.24m

29. 灰黑色薄中层状粉砂质含砾板岩夹深灰色薄中层状细粒含砾岩屑石英砂岩，板岩见星点状黄铁矿，砂岩平行层理、沙纹层理发育，底层面具重荷模构造，见星点状黄铁矿　103.46m
28. 深灰、灰黑色薄中层状粉砂质板岩夹深灰色薄层状变质细粒岩屑石英杂砂岩，砂岩具变形层理、平行层理、沙纹层理，板岩具水平层理，该层具鲍马序列　168.73m
27. 深灰、灰黑色页片状粉砂质绢云粘土板岩，偶夹深灰色中厚层状变质细—中粒岩屑石英砂岩　53.16m
26. 灰黑色页片状变质泥质粉砂岩夹深灰色透镜状变质细粒岩屑石英砂岩　245.20m
25. 灰黑色薄中层状细砂岩与薄中层状粉砂质板岩不等厚互层　116.21m
24. 灰黑色薄中层状粉砂质板岩夹深灰色透镜状—薄层状变质钙质粉砂岩　197.72m

　　产遗迹化石：*Helminthorhaphe* ichno sp.

　　　　　　　Helminthoidichnites ichno sp.

23. 灰黑色薄中层状绢云粘土板岩夹深灰色薄中层状变质细—中粒岩屑石英砂岩，细砂岩发育平行层理、小型沙纹层理，层面见波痕　195.96m

　　板岩见遗迹化石：? *Helminthorhaphe* ichno sp.

　　　　　　　　Helminthoidichnites ichno sp.

22. 深灰色中厚层状变质细—中粒岩屑石英砂岩与灰黑色薄中层状粉砂质板岩不等厚互层，底部见厚层状细砂岩，星点状黄铁矿多见　34.11m
21. 灰黑色中层状变质细粒岩屑石英砂岩与灰黑色薄中层状绢云粘土板岩互层，砂岩中平行层理、沙纹层理发育，层面见星点状黄铁矿　47.28m
20. 灰黑色薄中层状绢云粉砂粘土板岩夹少量透镜状—薄层状变质细粒石英砂岩　152.25m
19. 深灰色中厚层状变质细粒岩屑石英砂岩夹灰黑色薄层状绢云粉砂粘土板岩，砂岩中平行层理、沙纹层理、变形层理发育，底层面具重荷模构造，见星点状黄铁矿，该层发育鲍马序列　84.17m
18. 灰黑色薄中层状粉砂质板岩夹少量深灰色薄层状变质细粒岩屑石英砂岩，砂岩中平行层理发育　85.42m
17. 深灰色薄中层状变质细—中粒岩屑石英砂岩与灰黑色薄中层状粉砂质板岩不等厚互层，砂岩中沙纹层理发育　97.28m
16. 深灰、灰黑色薄中层状绢云粘土板岩夹深灰色薄层状粉细砂岩，砂岩具沙纹层理、平行层理　156.65m
15. 深灰色中厚层状变质细—中粒岩屑石英砂岩夹灰黑色薄层状粉砂质板岩，砂岩平行层理、沙纹层理、变形层理发育，底层面具重荷模构造　51.07m
14. 深灰色薄中层状粉砂质板岩夹少量深灰色薄中层状变质细—中粒岩屑石英砂岩　95.98m
13. 深灰色薄中层状变质细粒砂岩夹灰黑色页片状粉砂质板岩，砂岩具沙纹层理　11.33m
12. 深灰色薄中层状变质细—中粒岩屑石英砂岩与灰黑色薄中层状粉砂质板岩不等厚互层，砂岩平行层理发育　54.35m
11. 灰黑色薄中层状粉砂质板岩夹深灰色薄层状变质细粒岩屑石英砂岩，板岩中具水平状觅食虫迹　172.22m
10. 灰黑色薄中层状粉砂质板岩与深灰色薄中层状变质细粒岩屑石英砂岩不等厚互层　50.29m
9. 深灰色薄中层状粉砂质板岩夹灰黑色薄层状细—中粒岩屑石英杂砂岩，砂岩底层面见不规则状板岩砾石，沙纹层理发育　115.02m
8. 灰黑色薄中层状粉砂质板岩夹变质含泥质粉砂岩　77.96m
7. 灰黑色薄中层状粉砂质板岩与深灰—灰黑色薄中层状变质细粒石英砂岩不等厚互层　29.83m
6. 深灰、灰黑色薄中层状粉砂质板岩夹灰黑色透镜状变质中—粗粒岩屑石英砂岩、粉砂岩　55.62m

　　板岩中见平行层面的遗迹化石：? *Phycosiphon* ichno sp.

5. 深灰、灰黑色薄中层状粉砂质板岩夹灰黑色透镜状、中层状变质细—中粒岩屑石英砂岩，板岩中见自形粒状的黄铁矿晶体　22.68m
4. 灰黑色薄中层状粉砂质绢云粘土板岩夹透镜状—中层状变质粗粉砂岩，板岩中见自形粒状的黄铁矿晶体和水平虫迹，粉砂岩中水平层理、沙纹层理发育　97.38m
3. 深灰色厚层—块状变质细粒岩屑石英砂岩与深灰—灰黑色薄中层状板岩不等厚互层，砂岩局部层位见沙纹层理　113.08m

　　板岩中产遗迹化石：*Helminthoidichnites* ichno sp.

2. 灰黑色薄中层状粉砂质板岩夹深灰—灰黑色中厚层状变质细—中粒岩屑石英砂岩，板岩中见虫迹 19.73m

1. 灰黑色薄中层—中厚层状粉砂质绢云粘土板岩夹深灰色透镜状—薄中层状变质细粒岩屑石英砂岩，砂岩中发育小型沙纹层理 >74.25m

（未见底）

5. 青海省曲麻莱县聂恰曲三叠纪巴颜喀拉山群板岩组下段实测剖面(NQ)

剖面位于测区南部治多至曲麻莱县城公路旁，露头较好，鲍马序列发育，顶、底未见，起点坐标：N33°59′24″，E95°45′55″，海拔 4 120m，终点坐标：N34°00′57″，E95°48′21″，海拔 4 090m，全长 5 526m。1:20万曲麻莱县区调报告中认为此处存在两个岩性段，即板岩组的下段和上段，通过本次剖面测制认为仅见下段(图 2-14)。

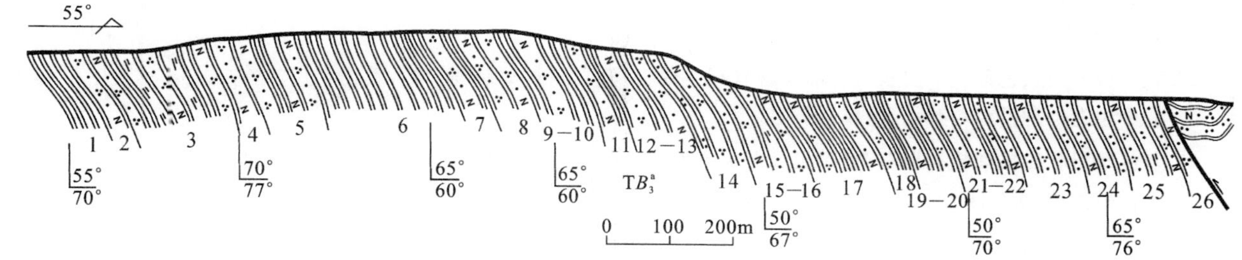

图 2-14 青海省曲麻莱县聂恰曲三叠纪巴颜喀拉山群板岩组下段实测剖面图

三叠纪巴颜喀拉山群板岩组下段(TB_3^a) **(未见顶)** **>1 504.19m**

26. 深灰色块状变质中细粒岩屑石英砂岩与深灰色板岩互层，顶部为断层 >14.20m

产遗迹化石：*Chondrites* ichno sp.

Planolites ichno sp.

25. 灰色中层状变质细粒岩屑石英砂岩与绢云粘土板岩互层，砂岩中包卷层理、平行层理发育，板岩中水平层理发育，二者组成鲍马序列 49.69m

24. 底部灰色中层状变质细粒岩屑石英砂岩，向上为灰色薄层状砂质板岩夹灰色薄—中层状变质细粒岩屑石英砂岩，板岩中水平层理发育，砂、板岩中均见晶形较好的黄铁矿 62.60m

产遗迹化石：*Chondrites maqianensis* Yang

Palaeodictyon minimum Sacco

Chondrites ichno sp.

23. 灰色薄层状砂质板岩与灰色薄—中层状变质细粒岩屑石英砂岩互层，板岩中沙纹层理、水平层理发育，砂岩中平行层理、块状层理发育，局部层位见鲍马序列 68.18m

22. 底部为灰色块状变质中细粒岩屑石英砂岩，块状层理，层内见平行于层面的浅灰色板岩砾屑，向上为灰色中厚层状变质细粒岩屑石英砂岩夹板岩，砂岩中见晶形较好的黄铁矿、扁平的板岩砾屑，中上部层位见鲍马序列 43.27m

21. 下部为灰色薄层状粉砂质板岩夹中—薄层状变质细粒岩屑石英砂岩，砂岩中包卷层理、平行层理发育，与板岩构成鲍马序列 37.29m

20. 灰色中层状变质细粒岩屑石英砂岩与板岩互层，板岩中沙纹层理、水平层理发育，砂岩中平行层理、块状层理发育，鲍马序列发育 33.97m

产遗迹化石：*Arthrophycus* ichno sp.

19. 下部为灰色中厚层状变质细粒岩屑石英砂岩夹板岩，砂岩中包卷层理、平行层理发育，与板岩构成鲍马序列；向上为灰色厚层状变质细粒岩屑石英砂岩，层间夹板岩 11.60m

产遗迹化石：*Arthrophycus* ichno sp.

18. 下部 5m 为灰色厚层状变质细粒岩屑石英砂岩，平行层理发育，层内见平行于层面的浅灰色板岩砾屑，具晶形较好的黄铁矿，平行层理发育，向上为灰色薄层状变质细粒岩屑石英砂岩与板岩频繁互层 28.64m

17. 灰色薄层状硅质粘土板岩夹中—薄层状变质细粒岩屑石英砂岩，板岩中水平层理发育，砂岩中平行层理发育　4.28m

16. 灰色厚层状变质细粒岩屑石英砂岩夹灰色薄层状绢云粘土板岩，砂岩平行层理发育，层内见晶形较好的黄铁矿，板岩中沙纹层理、水平层理发育，部分层位具鲍马序列　56.03m

砂岩中见较多遗迹化石：*Helminthorhaphe* cf. *flexuosa*

Helminthopsis ichno sp.

Helminthoida ichno sp.

Planolites montanus Richter

15. 灰色板岩与灰色薄—中层状变质细粒岩屑石英砂岩互层，板岩水平层理发育　34.11m

14. 灰色薄层状粉砂质板岩夹中层状变质细粒岩屑石英砂岩，砂岩中包卷层理、平行层理发育，板岩中沙纹层理发育，砂、板岩构成鲍马序列，砂、板岩均见晶形较好的黄铁矿　68.34m

13. 灰色厚层状变质中细粒岩屑石英砂岩夹板岩，砂岩中平行层理、块状层理发育，见少量黄铁矿，板岩中水平层理发育　27.31m

12. 灰色板岩夹灰色薄—中层状变质细粒岩屑石英砂岩，板岩中水平层理发育，近上部层位砂岩中包卷层理发育，与板岩组成鲍马序列　35.17m

11. 灰色厚层状变质细粒岩屑石英砂岩，偶夹灰色板岩，砂岩中块状层理、平行层理发育，可见重荷模构造，板岩中沙纹层理、水平层理发育　35.53m

10. 灰色板岩夹灰色薄—中层状变质细粒岩屑石英砂岩，板岩中水平层理发育，砂岩中平行层理、沙纹层理发育　53.30m

9. 灰色中厚层状变质细粒岩屑石英杂砂岩夹灰色板岩，砂岩中平行层理发育，板岩中水平层理发育　16.62m

8. 灰色板岩夹灰色中层状变质细粒岩屑石英砂岩，板岩中水平层理发育，间夹砂岩透镜体，沙纹层理发育，砂岩中平行层理发育　60.35m

7. 灰色中厚层状变质细粒岩屑石英砂岩夹板岩，砂岩中平行层理、块状层理发育，见少量黄铁矿晶体，板岩中水平层理、沙纹层理发育　21.30m

6. 灰色板岩，水平层理发育　94.61m

5. 灰色板岩夹灰色中层状变质细粒岩屑石英砂岩，板岩中水平层理发育，砂岩中平行层理、沙纹层理发育，见较多黄铁矿晶体　31.01m

4. 灰色中厚层状变质细粒岩屑石英砂岩夹灰黑色板岩，砂岩中平行层理发育　24.33m

3. 灰色薄层状绢云粘土板岩，偶夹灰色薄层状变质岩屑石英细砂岩，板岩中水平层理发育，砂岩中隐约可见沙纹层理，板岩中见晶形完好的黄铁矿　127.00m

2. 灰色薄层状钙质粉砂质板岩与灰色中厚层状变质中细粒岩屑石英杂砂岩互层，砂岩中平行层理发育，见晶形完好的黄铁矿，底部层位可见重荷模构造　24.20m

1. 灰色厚层状变质细粒岩屑石英砂岩夹灰黑色薄层状绢云粘土板岩，砂岩中平行层理发育，底层多见浅灰色板岩砾屑，板岩中水平层理发育，砂、板岩中均见晶形较好的黄铁矿，其下为断层　>95.99m

产遗迹化石：*Nereites* ichno sp.

（未见底）

（三）玉树-中甸地层分区

玉树-中甸地层分区（通天河蛇绿混杂岩带）中出露最广的地层是晚三叠世克南群，属“原地系统”。克南群是青海省区调综合地质大队（1993b）在1:20万区调时创建的，代表西金乌兰湖-歇武断裂带与乌兰乌拉湖-玉树断裂带之间的一套浅变质岩系。本次工作仍采用克南群一名，但其分布的南界移至口前曲一带，代表通天河蛇绿混杂岩的“基质部分”。该套地层虽然断层和褶皱比较发育，但基本保留了原始层序的上、下叠置关系。在本区共测制了两条剖面。代表性剖面为青海省治多县扎河三叠纪克南群实测地层剖面。

该剖面最早为青海省区调综合地质大队(1993b)在进行 1:20 万区调中测制,位于南部治多县扎河乡北部绞倶托斗沟谷,地层出露较好,起点坐标:N34°20′40″,E94°56′11″,海拔 4 885m,终点坐标:N34°17′00″,E94°54′43″,海拔 4 714m,全长 8 054m(图 2-15)。前人认为该剖面均属三叠系,本次研究认为,其下部属三叠纪巴颜喀拉山群(即第 1—11 层,见图 2-11),中部为通天河蛇绿混杂岩,系由基质部分的三叠纪克南群层位及外来部分的火山岩-硅质岩岩块、碳酸盐岩岩块组成(剖面的第 12—33 层),上部为侏罗纪地层(即第 34—46 层,见图 2-15)。

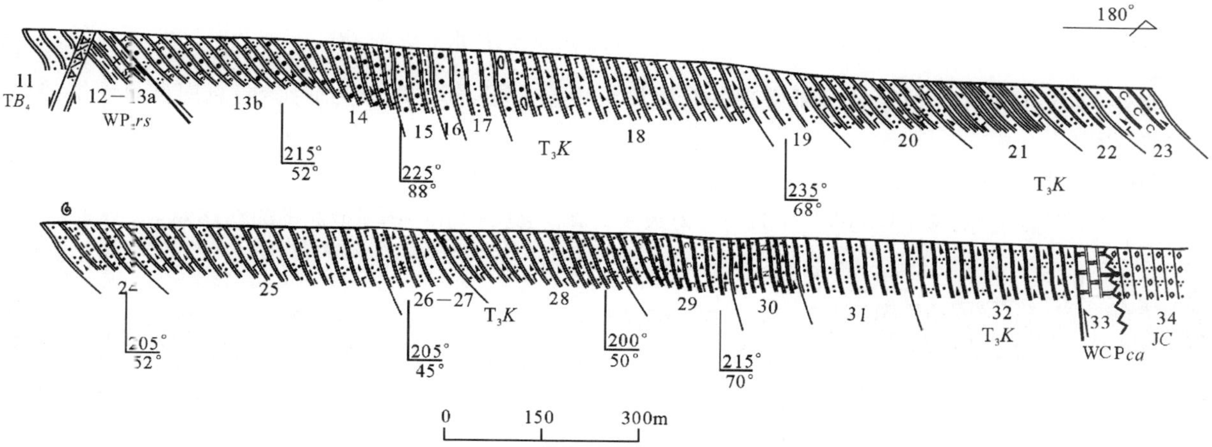

图 2-15 青海省治多县扎河三叠纪克南群实测地层剖面图

上覆地层:侏罗纪扎河砂岩(JC) 红色中厚层状含砾粗中粒石英砂岩夹红色厚层状砂质石英细砾岩

~~~~~~~~ 角度不整合 ~~~~~~~~

石炭纪—二叠纪碳酸盐岩岩块(WCP*ca*) **43.70m**

33. 灰白色巨厚层状微—细粒大理岩(大理质初糜棱岩),条带状构造发育。沿走向上,呈透镜状与上、下地层突变接触 43.70m

═══════ 断 层 ═══════

三叠纪克南群(T_3K) **>2 745.76m**

32. 灰色薄中层状变质细粒岩屑石英砂岩,平行层理发育,中上部夹黑色粉砂质板岩 183.66m
31. 灰、浅灰绿色薄中层状变细粒岩屑砂岩与粉砂质板岩不等厚互层 143.67m
30. 灰色薄中层状变质细粒岩屑砂岩,发育平行层理,层面见水平虫迹 86.26m
29. 灰、深灰色薄中层状变质细粒岩屑石英砂岩夹少量黑色含炭质板岩,板岩中见植物碎片 160.65m
28. 灰色薄中层状变质细粒岩屑石英砂岩,顶部层位平行层理发育,上部夹灰绿色粉砂质板岩 228.20m
27. 灰色薄中层状粉砂质板岩与黑色板岩不等厚互层 34.00m
26. 灰、灰绿色、深灰色粉砂质板岩夹中层状变质细粒岩屑石英杂砂岩 42.66m
25. 灰、深灰色中厚层状变质细粒岩屑石英砂岩,偶夹黑色薄层状千枚状粉砂质板岩、含砾粗中粒石英砂岩,砂岩平行层理发育 325.58m
24. 灰、深灰色中层状变质中细粒岩屑石英砂岩,偶夹黑色薄层状千枚状粉砂质板岩,产箭石类化石 74.55m
23. 灰色中厚层状变质细粒岩屑石英砂岩与黑色薄片状含炭质板岩不等厚互层 89.25m
22. 浅褐灰色中厚层状变质含细砂质泥质粉砂岩夹深灰、灰黑色薄中层状粉砂质板岩,水平层理发育 91.31m
21. 深灰色中厚层状变质细粒岩屑石英砂岩与黑色薄片状泥岩不等厚互层 155.15m
20. 灰色中厚层状变质细粒岩屑石英砂岩,层间夹粉砂质板岩,砂岩平行层理发育,底面见槽模构造 145.47m
19. 深灰色中层状变质细粒岩屑石英砂岩与粉砂质板岩不等厚互层 70.28m
18. 下部 3.5m为灰色厚层状变质含细砾粗中粒岩屑石英砂岩,向上为灰色中厚层状变质细粒岩屑石英砂岩 366.06m
17. 灰色粉砂质板岩 69.48m
16. 灰色厚层状变质粗中粒石英砂岩 28.82m
~~~~~~~~

15. 灰色中层状变质中粒石英砂岩，顶部夹少量灰黑色粘土板岩，砂岩平行层理发育　65.59m
14. 灰色中厚层状变质粗中粒岩屑石英砂岩夹灰色中层状泥质砂岩　168.54m
13b. 灰色厚层状变质含铁质粗中粒石英砂岩　216.58m

——— 断　层 ———

二叠纪火山岩-硅质岩岩块（WP_2rs）　19.18m

13a. 灰绿色水云母粘土岩夹灰绿色薄层状硅质岩　5.80m
12. 灰色粘土质板岩，上部为碳酸盐化粒玄岩。碎裂构造发育　13.38m

——— 断　层 ———

三叠纪巴颜喀拉山群砂岩夹板岩组（TB_4）　黑色薄层状粉砂质板岩，水平层理发育

此外，本次工作在该地层分区新发现一套变质火山岩地层，其层序较为完整，与克南群呈断层接触，属构造岩块。

剖面位于测区西南部，邻近治多县至索加乡简易公路，地层出露较好，起点坐标：N34°17′12″，E94°44′21″，海拔 4 552m，终点坐标：N34°17′00″，E94°44′06″，海拔 4 559m，全长 740m（图2-16）。剖面列述如下：

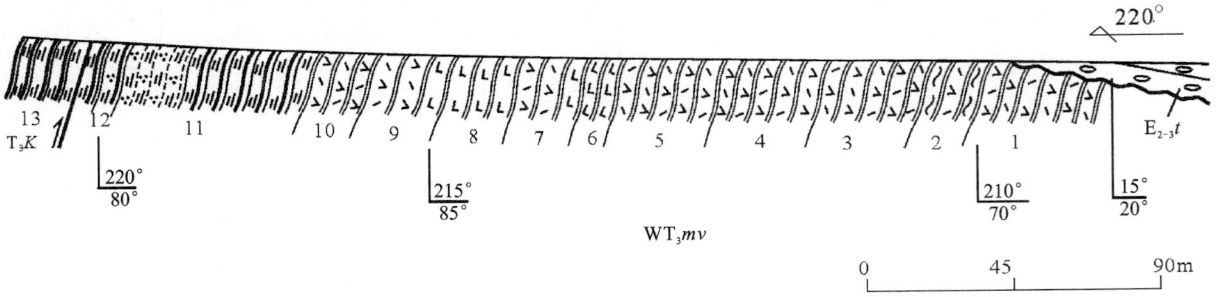

图 2-16　青海省治多县曲日青日群三叠纪火山岩块实测剖面图

晚三叠世克南群（T_3K）　深灰、灰黑色薄板状绢云粘土板岩

——— 断　层 ———

变质火山岩岩块（WT_3mv）　>313.80m

12. 灰白色绢云石英千枚岩（变酸性凝灰岩），下部夹 0.8m 厚的深灰色含粉砂质板岩　6.86m
11. 灰黑色薄板状绢云粘土板岩，上部为灰色绢云石英千枚岩（变酸性凝灰岩）　66.61m
10. 深灰色变质酸性火山岩，鳞片粒状变晶结构，变余斑状结构　19.08m
9. 底部 0.95m 为灰绿色绿帘绿泥钠长阳起片岩（变基性火山岩），上为灰紫色厚层状变酸性火山岩　24.81m
8. 深灰色绿泥钠长阳起片岩（变中基性火山岩），变余斑状结构，基质为纤柱鳞片粒状变晶结构　24.81m
7. 深灰色中层状变中酸性火山岩，下部夹 1.2m 灰绿色绿泥钠长阳起岩（变基性火山岩）　20.99m
6. 灰绿色厚层状绿泥绿帘阳起片岩（变基性火山岩），见残余杏仁状构造　11.45m
5. 灰绿、灰黑色中薄层状变中酸性火山岩，变余斑状结构，基质为鳞片粒状变晶结构　33.11m
4. 灰色中层状变质酸性火山岩，变余斑状结构，基质为鳞片粒状变晶结构　34.57m
3. 灰白、灰绿色变酸性火山岩质初糜棱岩　34.46m
2. 灰白色中厚层状变酸性火山岩与灰绿色绿泥绿帘钠长阳起片岩（变基性火山岩）互层　16.76m
1. 灰紫色中厚层状变酸性火山岩，变余斑状结构，基质为鳞片粒状变晶结构。底部被古近纪沱沱河组掩盖　>9.31m

二、岩石地层单位

（一）西金乌兰-金沙江地层分区

1. 划分与沿革

青海省区调队（1970）建立巴塘群，并在 1∶100 万温泉幅区域地质调查报告中将其划分为下部的碎屑岩组和上部的火山岩组，火山岩组再分为绿色安山岩段和碎屑岩段，由此奠定了巴塘群三分的基础。

之后，青海省第二区调队（1981，1986）、赵荣理（1982）、陈国隆等（1990）、青海省地质矿产局（1991）、青海区调综合地质大队（1993）、张以茀等（1997）对巴塘群进行了详细研究，但其具体划分的段及地质时代则有所不同。青海省地层表编写小组（1980）、饶荣标等（1987）则认为巴塘群与结扎群的岩性变化不大、岩组相当、古生物群相似，于是取消巴塘群，统归结扎群。青海省地质矿产局（1997）对巴塘群进行了系统研究与划分，维持原始巴塘群的分布范围，划分为 3 个组，即下组、中组和上组，选用治多县多采乡多采—罗江曲剖面为巴塘群的选层型剖面。杨遵仪等（2000）维持赵荣理（1982）的巴塘群的涵义，并划分为 5 个组。目前在青海南部进行的 1∶25 万区调工作及赵政璋等（2000）多采用青海省地质矿产局（1997）的划分方案。

本次工作采用青海省地质矿产局（1997）的方案，将巴塘群限于金沙江缝合带以南的狭长地带，划分为 3 个组 5 个段，与结扎群为同期异相。另外，在测区巴颜喀拉山群分布范围以南的一套变质的晚三叠世地层，青海区调综合地质大队（1993b）将其归入克南群。本次工作认为克南群与巴塘群并非完全的同物异名关系，仅将金沙江缝合带以南的“克南群”划为巴塘群，而在金沙江缝合带与甘孜—理塘带之间的变质的晚三叠世地层仍保留克南群一名。测区及相邻地区三叠纪巴塘群的划分沿革见表 2-2。

表 2-2 测区及邻区巴塘群划分沿革表

<table>
<tr><th colspan="2">1∶100 万温泉幅区调报告（1970）</th><th>1∶20 万玉树幅区调报告（1981）</th><th colspan="2">1∶20 万治多幅区调报告（1981）</th><th>赵荣理、（1982）杨遵仪等（2000）</th><th>1∶20 万扎河幅区调报告（1993）</th><th colspan="2">青海省地质矿产局（1997）</th><th colspan="2">赵政璋等（2000）</th><th colspan="2">本文（2005）</th></tr>
<tr><td colspan="2"></td><td>上碳酸盐岩组</td><td colspan="2"></td><td>灰岩夹砂板岩（第五岩组）</td><td></td><td colspan="2"></td><td colspan="2"></td><td colspan="2"></td></tr>
<tr><td rowspan="2">火山岩组</td><td>碎屑岩段</td><td rowspan="2">碎屑岩组夹火山岩</td><td colspan="2">碎屑岩组</td><td rowspan="2">碎屑岩组夹火山岩、灰岩（第四岩组）</td><td rowspan="2">火山岩夹碎屑岩组</td><td colspan="2" rowspan="2">上组</td><td colspan="2" rowspan="2">上组（碎屑岩、黑色板岩）</td><td rowspan="2">上组</td><td>上段</td></tr>
<tr><td>绿色安山岩段</td><td colspan="2">火山岩组</td><td>下段</td></tr>
<tr><td colspan="2" rowspan="5">碎屑岩组</td><td rowspan="2">下碳酸盐岩组</td><td rowspan="5">碎屑岩组</td><td rowspan="2">上部灰岩</td><td rowspan="2">灰岩夹砂岩（第三岩组）</td><td rowspan="2">石灰岩组</td><td rowspan="4">中组</td><td>上段</td><td rowspan="4">中组</td><td>上段（灰岩碎屑岩段）</td><td rowspan="4">中组</td><td>上段</td></tr>
<tr><td rowspan="2">中段</td><td rowspan="2">中段（火山岩段）</td><td rowspan="2">中段</td></tr>
<tr><td rowspan="3">碎屑岩组</td><td rowspan="3">下部碎屑岩夹灰岩</td><td rowspan="2">碎屑岩组夹灰岩火山岩（第二岩组）</td><td rowspan="3">碎屑岩夹火山岩组</td></tr>
<tr><td>下段</td><td>下段（灰岩段）</td><td>下段</td></tr>
<tr><td>红色碎屑岩（第一岩组）</td><td colspan="2">下组</td><td colspan="2">下组（碎屑岩夹灰岩）</td><td colspan="2">下组</td></tr>
</table>

2. 岩性组合

1）下组（T_3B_1）

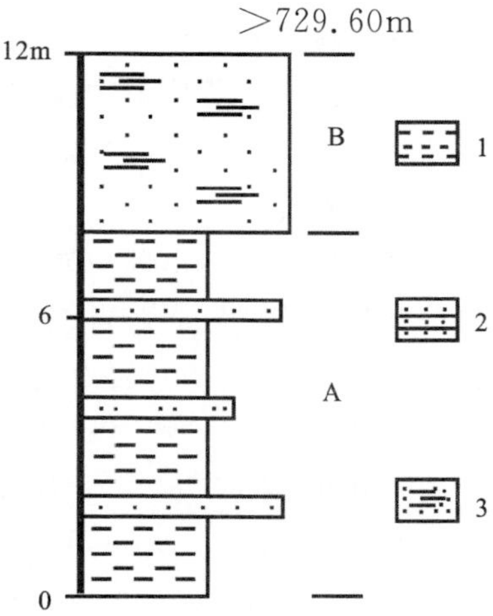

图 2-17 巴塘群下组基本层序图

（治多县采吾曲）

1. 泥岩；2. 砂岩；3. 平行层理砂岩

相当于青海区调综合地质大队（1993b）的巴塘群下部碎屑岩夹火山岩组的下部层位。以紫红色、灰绿色中厚层状碎屑岩的出现为底界，以上覆中组灰岩的出现为顶界划分标志。岩性组合为灰绿色、暗红色中厚层状含水云母中细粒岩屑石英杂砂岩、中细粒岩屑石英砂岩、细粒岩屑砂岩，间夹少量暗红色中层状弱细晶白云石化岩屑石英粉砂岩，局部地区在下部层位夹紫红色厚层状含砾粗粒石英砂岩、含水云母石英岩质复成分中砾岩，在采吾曲等地下部夹少量弱绿泥石化弱方解石化玄武岩。砂岩底部含紫红色粉砂质水云母粘土质砾石，长轴方向多平行于层面，颗粒分选性较低，矿物成熟度低，板状斜层理、平行层理发育；粉砂岩沙纹层理发育；玄武岩为斑状结构，基质为间粒间隐结构，杏仁状构造，斑晶为拉长石、假象辉石，基质为拉长石、帘石、绿泥石、方解石等，杏仁充填物为沸石、方解石和绿泥石。

基本层序为泥岩夹粉砂岩（A）→岩屑石英砂岩（B）（图 2-17），单个层序厚度变化大，约为3～30m，在各层中，A、B各单元的厚度因所处的沉积环境不同而有所差别。局部地区如阿日群增涌一带可见砾岩层，砂岩的成分成熟度和结构成熟度均较低，平行层理发育，显示近源和快速沉积特点，代表了炎热、干旱条件下障壁海岸的潮间带及潮下带沉积，其中的砾岩为潮道相沉积。

2）中组（T_3B_2）　　>1 634.61m

相当于青海区调队(1993b)在1:20万区调中划分的巴塘群下部碎屑岩夹火山岩组的上部和灰岩组层位。以灰色中厚层状的灰岩出现与消失作为底、顶界的划分标志，与下伏下组呈整合接触，据岩性组合特征可分为3段。

（1）下段（$T_3B_2^a$）　　217.33～395.15m

该段以灰岩的出现与消失为底、顶界的划分标志，岩性为灰色厚层状泥晶砾屑砂屑灰岩、含生物屑泥晶灰岩、泥晶灰岩夹细晶白云岩，生物屑为腹足屑、双壳屑、棘皮屑、有孔虫、介形屑等，砂砾屑成分为灰岩，呈棱角状、次棱角状、长条状；颗粒支撑，泥晶充填为主，部分为泥晶支撑；具重力流构造，中部夹少量灰色薄层状泥岩、细粒岩屑砂岩等。据青海区调综合地质大队(1993b)记述，该段中产腕足类?*Sacothyris* sp.，*Yidunella pentagona* Ching，Sun et Ye，珊瑚 *Pinacophyllum* cf. *parallelum* French，海百合 *Traumatocrinus* cf. *hsui* Mu 等，地质时代为晚三叠世诺利期。

基本层序为厚层状砾屑灰岩(A)→中层状泥晶灰岩(B)→薄层状物含泥质泥晶灰岩(C)，该层序以阿日群增涌一带发育最好(图2-18)，采吾曲一带由于露头差无法识别。在该段中，下部及近顶部层位A单元较为常见，而在中部层位则以C单元较为常见。反映中部层位水体相对较深，为台地—台地边缘斜坡相沉积。

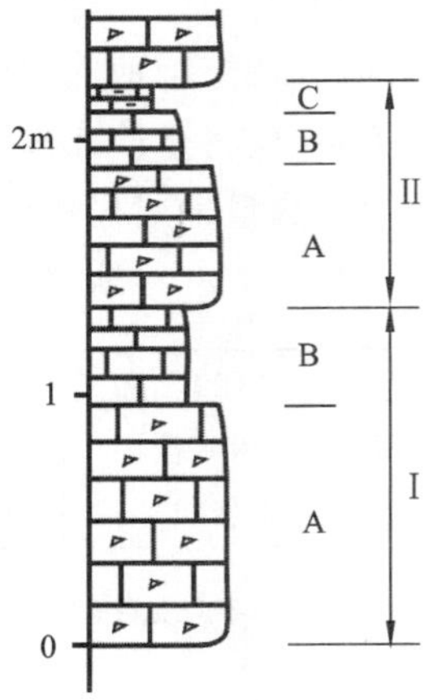

图2-18　巴塘群中组下段基本层序图
（治多县阿日群增涌）
A. 砾屑灰岩；B. 泥晶灰岩；C. 含泥质泥晶灰岩

（2）中段（$T_3B_2^b$）　　730m

该段以火山岩或火山碎屑岩的出现与消失为底、顶界的划分标志。岩性组合为灰色、灰绿色块状玄武岩夹凝灰岩、碳酸盐化安山岩、玄武质火山角砾岩，玄武岩斑晶为中长石、普通辉石和少量橄榄石，基质为拉长石、单斜辉石、绿泥石、帘石等，斑状结构、枕状构造、气孔和杏仁状构造发育，基质间粒结构，凝灰岩成分复杂，计有中酸性晶屑玻屑凝灰岩、蚀变玄武质沉凝灰岩、碳酸盐化安山质火山角砾晶屑凝灰岩等，在上部夹少量灰色块状水云母粘土岩、灰色中层状生物屑泥晶灰岩等。

在阿日群增涌等地熔岩较少，而以火山碎屑岩为主，岩性组合为灰—灰绿色中厚层状中酸性(沉)凝灰岩夹少量深灰色厚层状含燧石结核微晶化泥晶灰岩，晶屑成分为石英、钾长石、奥—钠长石，胶结物为微粒—隐晶质长英质矿物、帘石及绿泥石等，另见少量玻屑，成分为钠—奥长石等。该段为岛弧型的火山岛相沉积。

（3）上段（$T_3B_2^c$）　　>509.46m

该段以灰岩的出现与消失为底、顶界的划分标志，岩性下部为深灰色中厚层状泥晶灰岩、深灰色厚层状亮晶生物屑砾屑灰岩、灰色中层状含燧石条带含生物屑灰岩、浅灰色块状亮晶生物屑团块灰岩等夹少量细晶白云岩、少量岩溶角砾岩，上部为灰色薄层状亮晶含生物屑团块灰岩，层间夹灰绿色薄层状安山质沉玻屑凝灰岩等。该组在地貌上多组成陡峰峭壁，局部地段发育喀斯特地貌。该段中生物化石丰富，产腕足类 *Rhaetinopsis pentagonalis-Yidunella pentagona-Oxycolpella robinsoni* 组合，珊瑚 *Montlivaltia norica* French，*Thecosmilia sinensis* Liao et Li，*Pinacophyllum* cf. *parallelum* French 等，双壳：*Pteria angusta* (Saurin)，*Chlamys* cf. *desiderii* (Bittner)，*Neomegalodon* (*Neomegalodon*) *boeckhi maerquensis* Chen et Zhang，*N.* (*N.*) cf. *damesi* (Hornes)，*Unionites griesbachi* (Bittner)等；腹足类 *Zygopleura* (*Allocosmia*) cf. *furricula* (Assmann)，*Neritaria* cf. *involuta* Koken，*N.* sp.（青海区调综合地质大队，1993b)，菊石 *Paratibetites* sp.，海百合 *Cyclocyclicus* sp. 等。地质时代为晚三叠世

卡尼期至诺利期。

基本层序有两种类型：①中厚层状灰岩（A）→块状灰岩（B）→岩溶角砾岩（C）→白云岩（D），反映了一个水体向上变浅的历程。该层序在测区内亦多不完整，多以 A、B 单元最为常见（图 2-19）。D 单元仅见于采吾曲一带。该类型见于该段中下部层位。②灰岩（A）→（沉）凝灰岩（B），以二者反映叠置为特征，单个层序厚仅有 20～30cm，产于该段的上部层位，该段为边缘浅滩相和局限台地相沉积。

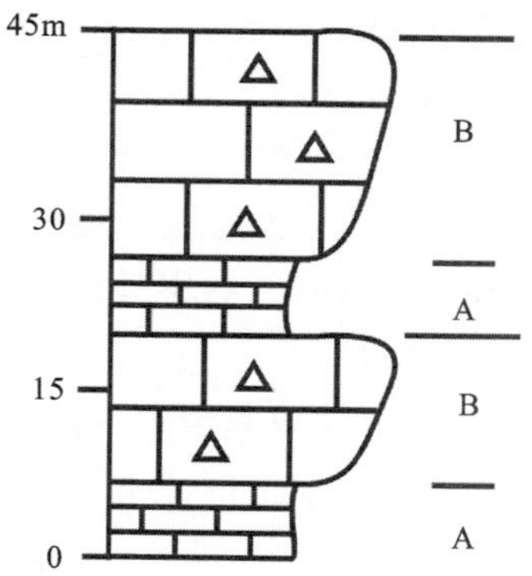

图 2-19　巴塘群中组上段基本层序图

（治多县采吾曲）

A. 块状灰岩；B. 岩溶角砾岩

3）上组（T_3B_3）　　>2 022.34m

相当于青海区调综合地质大队（1993b）在 1∶20 万区调中划分的巴塘群上部火山岩夹碎屑岩组层位和口前曲一带（金沙江缝合带以南）的克南群。以碎屑岩的出现作为底界划分标志，未见顶，据岩性组合可划分为两段，以砂岩的大量出现作为上段底界的划分标志。

（1）下段（$T_3B_3^a$）　　>84.25m

灰黑色薄层状炭质粉砂岩、泥岩夹青灰色中厚层状石英细砂岩、灰色中厚层状岩屑细砂岩，砂岩自下而上逐渐减少，至中上部层位则以泥岩为主，在中上部层位夹有灰色中厚层状细晶灰岩，砂岩发育粒序层理、平行层理、包卷层理、沙纹层理等，发育鲍马序列，与下伏中组呈整合接触。

基本层序为中厚层状含砾粒砂岩（A）→砂岩（B）→粉砂岩（C），砂岩中包卷层理发育，代表一套鲍马序列沉积（图 2-20），总体上显示该组为岛前深水斜坡相沉积。

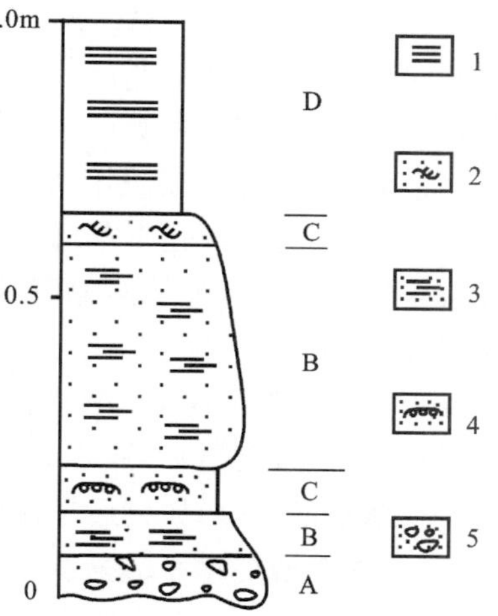

图 2-20　巴塘群上组下段基本层序图

（鲍马序列，治多县采吾曲）

1. 水平层理泥岩；2. 沙纹层理砂岩；

3. 平行层理砂岩；4. 包卷层理砂岩；

5. 正粒序层理砂岩

（2）上段（$T_3B_3^b$）　　>1 938.09m

相当于青海区调综合地质大队（1993b）在口前曲断裂以南划分的克南群上段，岩性为灰、深灰色中—厚层状变质岩屑石英细砂岩夹粉砂岩，夹少量灰绿色板岩、灰黑色粉砂质板岩、含炭板岩、粉砂质板岩。砂岩底面发育槽模构造，发育平行层理、沙纹层理、板状斜层理。产双壳化石 *Halobia* sp.，*Pteria* sp.，*Hoernesia* ? sp. 及菊石化石。

3. 区域地层对比

巴塘群在区域上仅分布于金沙江缝合带的南侧，呈带状展布，且多以断块状产出。对于其地层序列划分虽仍有争议，但多以青海省地质矿产局（1997）清理的巴塘群为基础。本次工作中所划分出的地层序列可与其很好地相比。

1）测区内对比

（1）下组

仅见于测区的阿日群增涌、采吾曲一带，岩性组合差别不大，均为一套暗、灰绿色厚层状中细粒岩屑石英（杂）砂岩夹细粒岩屑石英砂岩、粉砂岩及少量的水云母粘土岩等。砂岩平行层理、板状斜层理发育。

在阿日群增涌中下部层位见有约 85m 的灰色厚层状含水云母石英岩质中砾岩、含砾粗粒石英砂岩等，砾石成分以白色石英质为主，另有少量紫红色砂质、黑色燧石质等，多呈次圆—次棱状，磨圆中等—低，分选中等，矿物成熟度高，不稳定岩屑和岩屑含量低，砾间为中砂—粉砂充填，砂粒间为杂基充填。该砾岩层向两侧未见，可能呈大的透镜体状产出而尖灭。总体上表现出沉积中心位于研究区中北部，沉积体呈楔状展布的特征。

在采吾曲一带砂岩中底部见灰色粉砂质水云母粘土质砾石，长轴方向多平行于层面，平行层理发育，该地区最具特征的是出现两层玄武岩，厚仅有数米，具明显的弱绿泥石化和弱方解石化等，横向分布亦不稳定。

(2) 中组

中组的3个段岩性特征明显，区域对比性好。

下段以灰岩主，在采吾曲露头相对较差，主要为灰色厚层状生物屑泥晶灰岩夹细晶白云岩，向阿日群增涌一带水体明显变深，以深灰色厚层状泥晶生物屑灰岩、泥晶砂屑灰岩为主，夹少量的泥岩、岩屑石英砂岩，灰岩中发育重力流构造，如粒序层理。向西部在图外的治多县曲柔尕卡一带的灰岩中硅化较为强烈，其中以燧石夹层最为常见，单层厚度明显变薄，可能反映在灰岩沉积期间火山活动自西向东逐渐减弱的特点。

巴塘群下组和中组下段在垂向构成向上变细的海侵序列，横向上地层厚度具有南薄北厚的特征，北部厚度最大，地层厚度空间变化显示为楔状沉积体，表明该沉积盆地为向北倾斜的不对称盆地。

中段以火山岩为主，在采吾曲一带以玄武岩为主夹凝灰岩、碳酸盐化安山岩，玄武岩气孔状构造、杏仁状构造极发育，局部层位可见枕状构造，底部可见一层玄武质火山角砾岩，其中可见少量灰岩角砾。大量的火山岩的出现表明其更靠近火山喷发中心。在阿日群增涌该段以凝灰岩为主，间夹少量灰岩，层序特征显示出凝灰岩→灰岩的反复交替，总体来看，反映出远离火山中心的特点。向西部在图外的治多县日阿玛康作一带火山岩厚度大，可再分为两段，下亚段以凝灰岩与灰岩的反复交替沉积为主，与阿日群增涌一带相似的是反映了火山活动极为频繁的特点。上亚段以粗安岩、安粗岩、钾玄岩、火山角砾岩、火山集块岩为主，夹少量的灰岩，岩石类型较复杂，其中的灰岩在采吾曲一带未见。青海区调综合地质大队(1993b)认为日阿玛康作一带反映了火山活动由酸性至基性、由钙碱性至碱性、由低钾至高钾、由爆发至溢流的规律性演化特点，其上亚段代表近火山喷发中心的特点。由此可见，由于该时期火山喷发强烈，具有多中心性。但在采吾曲及阿日群增涌中段顶部层位都较为稳定的出现凝灰岩夹一层灰色瘤状灰岩的岩性组合，表明在中段沉积晚期火山活动与早中期相比减弱，横向变化不明显。

上段在采吾曲地层厚度相对较大，以浅灰色块状—厚层状生物屑灰岩为主，夹少量的白云岩、岩溶角砾岩，顶部为深灰色中薄层状含凝灰质的泥晶灰岩或与沉凝灰岩互层，岩层总体较薄。目前在测区所见较多的呈石芽状地貌的为该段中下部层位，单层厚度巨大，野外易于识别。

(3) 上组

下段以泥岩为主，下部夹较多含凝灰质砂岩，发育鲍马序列，在测区自南向北、自下而上砂质含量逐渐减少、变质程度增加，在北部索岗公俄一带则以黑色板岩为主，但未见鲍马序列，较为特征的是夹灰色中厚层状细晶灰岩，风化后呈孤峰状，野外易于识别，在草尺阿涌一带，可见深灰色—灰色板岩间夹灰岩层，下部的灰岩层厚5m，为浅灰色—灰色中层状碎裂化结晶灰岩，上部为厚约10m的灰色厚层状细晶灰岩，平行于层面的条带极为发育，零星见燧石条块，横向分布上呈透镜状，该灰岩层代表滑塌堆积。上段总体是以弱变质的砂岩为主，在测区内呈北西向分布，岩性差异不大。

2) 与选层型剖面的对比

巴塘群的选层型剖面位于治多县多多采—罗江曲剖面(青海省区测队，1970)，青海省地质矿产局(1997)在地层清理时将其选为巴塘群的选层型剖面。

巴塘群下组(T_3B_1)在选层型剖面上厚大于1 348.6m，为灰色中粗粒砂岩夹黑色板岩，底部夹少量灰岩，产双壳类 *Halobia* sp.，*Daonella* sp.，*Posidonia* cf. *wengensis* 等，在多采产卡尼期的 *Trachyceras* cf. *aon* 菊石层。测区的下组厚大于729.60m，未见底，为一套厚层状中细粒岩屑石英(杂)砂岩夹细粒长石石英砂岩、粉砂岩及少量水云母粘土岩、玄武岩等，但总体上看，砂岩为灰绿色、暗红色，平行层理发育，表明沉积水体与选层型剖面相比明显变浅，与测区相近的苟鲁山克措北，岩性组合与测区岩性较为接近。

巴塘群中组(T_3B_2)在选层型剖面上三分性明显，与测区可很好地对比。选层型剖面的下段厚985.3m，为灰色中厚层状灰岩，局部为臭灰岩、竹叶状灰岩，产珊瑚 *Montlivaltia* sp.；双壳类 *Halobia pluriradiata*，*Posidonia* cf. *wengensis* 及腕足类等。测区下段厚217.33～395.15m，沉积厚度明显小于选层型剖面，但总体上是以一套灰岩为主，而且出现具重力流特征的砾屑灰岩(即竹叶状灰岩)，但在测区岩性尚复杂些，其间夹有岩屑砂岩、泥岩，在采吾曲一带还见有细晶白云岩。选层型剖面的中段厚达

1 719m，为中基性火山岩夹少量硅质灰岩及硅质岩等，火山岩岩石类型主要为玄武岩、安山岩、凝灰岩、集块岩等，测区的中段厚约 730m，岩性相对较为简单，但变化大，在采吾曲一带下部为具枕状构造的玄武岩，上部为凝灰岩，而在阿日群增涌则为凝灰岩夹灰岩。

选层型剖面的上段厚 1 271m，为灰色—灰白色灰岩与灰—灰黑色板岩、细砂岩互层，灰岩厚度大，产卡尼期至诺利期的菊石和双壳类。测区上段厚度大于 509.46m，但与选层型剖面相比，岩性略为单调，即是以灰—灰白色块状泥晶灰岩为主，夹少量白云岩、薄—中层状泥晶灰岩，近顶部夹少量沉凝灰岩。

巴塘群上组（T_3B_3）在选层型剖面上厚度大于 761m，为灰色、灰绿色（含凝灰质）细—粉砂岩和板岩，未见顶；测区内出露大于 2 022.34m，下部岩性为青灰色中厚层状石英细砂岩、岩屑细砂岩、炭质粉砂岩，发育特征的鲍马序列，该组中的砂岩多含凝灰质，这点与选层型剖面较为一致，而且青海省地质矿产局(1997)认为巴塘群上组在中部地区具浊流沉积特点，这点亦可与测区对比。测区三叠系巴塘群与相邻地区地层对比见图 2-21。

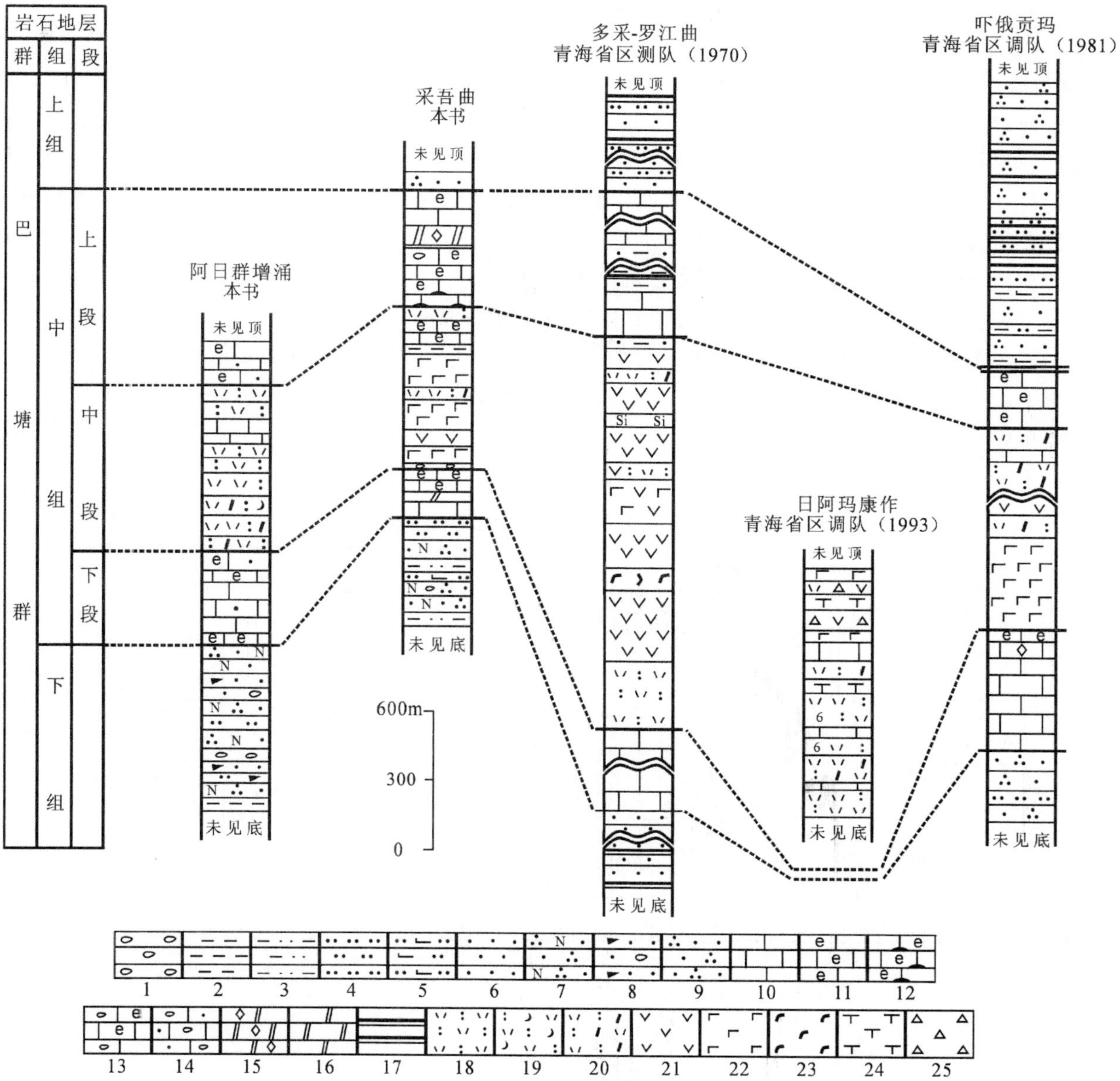

图 2-21　测区巴塘群与邻区柱状对比图

1. 砾岩；2. 泥岩；3. 粉砂质泥岩；4. 粉砂岩；5. 钙质粉砂岩；6. 细砂岩；7. 长石石英砂岩；8. 岩屑砂岩；9. 石英砂岩；10. 泥晶灰岩；11. 生物屑泥晶灰岩；12. 含燧石条带生物屑泥晶灰岩；13. 含生物屑砾屑泥晶灰岩；14. 含砾砂屑泥晶灰岩；15. 细晶白云岩；16. 白云岩；17. 板岩；18. 凝灰岩；19. 玻屑凝灰岩；20. 晶屑凝灰岩；21. 安山岩；22. 玄武岩；23. 集块岩；24. 粗安岩；25. 火山角砾岩

（二）玛多-马尔康地层分区曲麻莱小区

1. 划分与沿革

青海省区测队(1970)将北京地质学院(1961)在玉树地区创建的巴颜喀拉群(玛多—竹节寺)修订为巴颜喀拉山群，共分为5个岩性组，代表可可西里—巴颜喀拉山地区的一套厚度巨大的，几乎全由砂板岩组成的地层。同年完成的1∶100万温泉幅区调报告引用巴颜喀拉山群，并划分为第一层组、第二层组、第三层组、第四层组和第五层组。巴颜喀拉山群被众多国内外学者广泛引用后，涵义总体无大的变化。青海省地质矿产局(1991)将上、中、下巴颜喀拉山群分别改为上、中、下亚群，地质时代分别为上、中、下统，上亚群再分为底部砂岩与板岩组、下部板岩组、中部砂岩与板岩互层组、上部砂岩组和顶部砂岩与板岩互层组，其后在青海南部的区域地质调查填图多采用这一划分(青海区调队，1993a，1993b，1993c)，但具体的划分界线略有不同，该划分亦基本为杨遵仪等(2000)所引用，但下亚群再分为下部砂岩组和上部砂岩板岩互层组。部分学者对巴颜喀拉山群引用了川西正式命名的组一级划分方案(饶荣标等，1987)，张以茀等(1997)对可可西里—巴颜喀拉的三叠纪地层序列重新划分，恢复巴颜喀拉群一名，并将其层位仅限定于上三叠统，中、下统则分别称为甘德组和昌马台群。青海省地质矿产局(1997)在进行地层清理时，取消亚群，仍采用1970年青海省区测队修订后的巴颜喀拉山群，并定义为："指分布于可可西里—巴颜喀拉地区的一套厚度巨大的，几乎全由砂板岩组成的地层，难见顶、底，偶见不整合于布青山群之上、年宝组之下。化石稀少，属种单调，主要由双壳类、腕足类和头足类等组成。"指定曲麻莱县秋智乡昂日曲上游北剖面第1—6层、东那色窝剖面第3—7层、叶格乡曲玛热合拉美剖面第12—18层、甘德县科曲贡麻剖面第2—7层、玛沁县昌马河剖面第1—15层为该群的复合层型，依据砂、板岩的组合特点和相对位置，建立了下部砂岩板岩组、中部砂岩组、上部板岩组、顶部砂岩夹板岩组4个非正式组。并且认为虽然巴颜喀拉山群向川西延伸为西康群，但二者的对比仍存在一定的难度。

本次工作中采用青海省地质矿产局(1997)的划分方案，因测区仅见上三叠统，即仅见巴颜喀拉山群的上两个组，同时命名时简单称之为板岩组和砂岩夹板岩组。测区及相邻地区三叠纪巴颜喀拉山群的划分沿革见表2-3。

表 2-3 测区及邻区巴颜喀拉山群划分沿革表

<table>
<tr><td colspan="2">时代</td><td colspan="2">1∶100万温泉幅区调报告(1970)</td><td colspan="2">1∶20万治多幅区调报告(1981)</td><td colspan="2">青海省地质矿产局(1991)杨遵仪等(2000)</td><td colspan="2">1∶20万扎河幅、曲麻莱县幅区调报告(1993)</td><td colspan="2">1∶20万东风幅、巴颜喀拉山主峰幅区调报告(1993)</td><td colspan="3">1∶20万错坎巴昂日东幅区调报告(1993)</td><td colspan="2">张以茀等(1997)</td><td colspan="3">青海省地质矿产局(1997)</td><td colspan="3">本书(2005)</td></tr>
<tr><td rowspan="7">三叠系</td><td rowspan="5">上统</td><td rowspan="5">上巴颜喀拉山群</td><td>第五层组</td><td rowspan="5">上巴颜喀拉山群</td><td></td><td rowspan="5">巴颜喀拉山上亚群</td><td>顶部砂岩与板岩互层组</td><td rowspan="5">巴颜喀拉山上亚群</td><td rowspan="2">砂岩夹板岩组</td><td rowspan="5">巴颜喀拉山上亚群</td><td rowspan="2">上砂岩夹板岩组</td><td rowspan="5">巴颜喀拉山上亚群</td><td rowspan="2">上砂岩夹板岩组</td><td>上段</td><td rowspan="5">巴颜喀拉群</td><td rowspan="2">上岩组</td><td rowspan="7">巴颜喀拉山群</td><td colspan="2" rowspan="2">顶部砂岩夹板岩组</td><td rowspan="5">巴颜喀拉山群</td><td colspan="2" rowspan="2">砂岩夹板岩组</td></tr>
<tr><td>第四层组</td><td rowspan="2">第三岩组</td><td>上部砂岩组</td><td>下段</td></tr>
<tr><td>第三层组</td><td>中部砂岩与板岩互层组</td><td>上砂岩板岩互层组</td><td rowspan="2">中砂岩板岩互层组</td><td rowspan="2">中板岩组</td><td>上段</td><td rowspan="3">下岩组</td><td rowspan="3">上部板岩组</td><td>上段(上砂板岩互层段)</td><td rowspan="3">板岩组</td><td>上段</td></tr>
<tr><td>第二层组</td><td>第二岩组</td><td>下部板岩组</td><td>板岩夹砂岩组</td><td>下段</td><td>下段(板岩段)</td><td>中段</td></tr>
<tr><td>第一层组</td><td>第一岩组</td><td>底部砂岩与板岩互层组</td><td>下砂岩板岩互层组</td><td>下砂岩夹板岩组</td><td colspan="2">下砂岩夹板岩组</td><td>下段(下砂板岩互层段)</td><td>下段</td></tr>
<tr><td>中统</td><td colspan="2">中巴颜喀拉山群</td><td colspan="2" rowspan="2"></td><td colspan="2">巴颜喀拉山中亚群</td><td colspan="2" rowspan="2"></td><td colspan="2">巴颜喀拉山中亚群</td><td colspan="3">巴颜喀拉山中亚群</td><td colspan="2">甘德组</td><td colspan="2">中部砂岩组</td><td colspan="3" rowspan="2"></td></tr>
<tr><td>下统</td><td colspan="2">下巴颜喀拉山群</td><td colspan="2">巴颜喀拉山下亚群</td><td>巴颜喀拉山下亚群</td><td>上部砂板岩互层组
下部砂岩夹板岩组</td><td colspan="3"></td><td colspan="2">昌马河群</td><td colspan="2">下部砂岩板岩组</td></tr>
</table>

2. 岩性组合

仅见板岩组(TB_3)和砂岩夹板岩组(TB_4)。

1) 板岩组(TB_3)　　2 137.95～4 385.14m

以板岩的大量出现和消失为底、顶界的划分标志，据岩性组合特征可划分为3个段。

(1) 下段(TB_3^a)　　885.53～1 504.19m

相当于青海区调综合地质大队(1993a，1993b)的巴颜喀拉山群上亚群的下砂岩夹板岩组、青海区调队(1993c)巴颜喀拉山群上亚群的下砂岩板岩互层组。以灰色、深灰色变质砂岩与板岩互层为特征，岩性组合为灰色薄—中层状变质细粒岩屑石英砂岩、青灰色块状变质中—细粒岩屑石英砂岩与深灰色板岩互层，砂岩底层面见槽模构造，多见扁平椭圆状的板岩砾屑，发育块状层理、包卷层理、平行层理、沙纹层理，板岩水平层理、沙纹层理发育，砂、板岩组成鲍马序列，砂、板岩均可见晶形较好的黄铁矿或星点状黄铁矿，见丰富的虫迹化石。该段为深海浊积扇的中扇至外扇沉积。

据青海区调综合地质大队资料(1993a,1993b,1993c)，在安姑岗产遗迹化石 *Arthrophycus* sp.，东那色窝产珊瑚? *Stylophyllopsis* sp.，孢粉 *Neoraistrickia*, *Annulispora*, *Credopites*, *Pinites*, 疑源类 *Leiofuse*, *Trematosphaeridium*；在日阿让涌产孢粉 *Dictyophyllidites*, *Reiusotriletes*, *Alisporites*, *Pinaceae*, *Cycadopites*, 零星见疑源类 *Leiopsophosphaera*, *Dictyosphaera*, *Baltisphaeridium*, *Quadratimorpha*, *Trachysphaeridium*, *Michystridium*, *Anguloplanina*, *Leiofusa*, *Lignum*, *Triangumorpha*, *Monotromatosphaeridium* 等；加巧曲产植物 *Neocalamites* sp.。在本次地质路线中尚采有植物 *Neocalamites* sp.，遗迹化石 *Helminthopsis yushuensis* Yang, *Chondrites furcatus* (Brongniart)；在毗邻测区东部的东风乡布考一带产双壳类 *Plagiostoma niutoense* Vukhuc, *Unionites trapezoidalis* Mansuy, *Palaeocardita rhomboidalis* Wen et Lan, *Halobia* sp.。本次工作中在聂恰曲、冬特考采获植物 *Neocalamites* sp.，在聂恰曲采获双壳类 *Halobia yunnanensis* Reed。

在治多县聂恰曲产遗迹化石 *Archaeichnus*? *xizangensis* Yang, *A. xizangensis* Yang, *A.* ichno sp., *Arthrophycus* ichno sp., *Chondrites maqianensis* Yang, *C.* ichno sp., *Circulichnis montans* Vyalov, *Didymaulichnus* ichno sp., *Helminthoida* cf. *tenuis*, *H. yushuensis* Yang, *H.* ichno sp., *Helminthopsis* ichno sp., *Helminthorhaphe* cf. *flexuosa*, *Mammillichnis aggeris* Chamberlain, *Megagrapton irregulare* Ksiazkiewicz, *Neonereites biserialis* Seilacher, *Nereites* ichno sp., *Palaeophycus striatus* Hall, *P. tubularis* Hall, *P.* ichno sp., *Paleodictyon* cf. *imperfactum* Seilacher, *P. minimum* Sacco, *P.* ichno sp., *Parahelicorhaphe* ichno sp., *Phycodes* ichno sp., *Phycosiphon incertum* Fischer-Ooster, *Planolites montanus* Richter, *P.* ichno sp., *Spirophycus* ichno sp., *Xiangquanheichnus gigantus* Yang et Song；在曲麻莱县冬特考产遗迹化石?*Archaeichnus xizangensis* Yang, *Asterichnus* ichno sp., ?*Gordia molassica* Heer, *Scalarituba missouriensis* Weller, *Chondrites* ichno sp., *Cosmorhaphe* ichno sp., *Didymanlichnus* ichno sp., *Helminthoida yushuensis* Yang, *H.* ichno sp., *Helminthoidichnites* cf. *tenuis*, *Helminthopsis* ichno sp., *Helminthorhaphe* ichno sp., *Megagrapton irregulare* Ksiazkiewicz, *Monomorphichnus linearis* Crimes, *Neonereites biserialis* Seilacher, *N. uniserialis* Seilacher, *N.* ichno sp., *Palaeophycus tubularis* Hall, *P.* ichno sp., ?*P.* ichno sp., *Paleodictyon miocenicum* Sacco, *P.* ichno sp., *Pelecypodichnus amygdaloides* Seilacher, *P. elongates* Yang, *Phycodes* ichno sp., *Phycosiphon incertum* Fischer-Ooster, *Planolites montanus* Richter, *P.* ichno sp., ?*P.* ichno sp., *Skolithos* ichno sp., ?*S.* ichno sp., *Squamodictyon* ichno sp., *Thalassinoides* ichno sp., ?*Zhadichnus* ichno sp., *Zoophycus* ichno sp. 等。

(2) 中段(TB_3^b)　　715.55～1 303.22m

相当于青海区调综合地质大队(1993a)的巴颜喀拉山群上亚群的中部板岩组下段、青海区调综合地质大队(1993b)的巴颜喀拉山群上亚群的板岩夹砂岩组、青海区调队(1993c)的巴颜喀拉山群上亚群的中砂岩板岩互层组下部层位。以板岩的大量出现为特征，岩性组合为灰色块状、薄层状粉砂质板岩、板岩，夹透镜状、薄层状变质细粒岩屑石英砂岩、变质粉砂岩，局部层位二者互层。本段的主要特征是深灰色厚层状含砾板岩较为常见，砾石成分单一，均为砂质，磨圆中等，长轴平行于层面，板岩层面偶可见虫迹，水平层理、沙纹层理发育，变质(粉)砂岩沙纹层理发育，砂、板岩均可见晶形较好的星点状黄铁矿。该段主体以海底扇的外扇沉积为主，间夹有少量中扇沉积，其中的含砾板岩为斜坡水道沉积。

本次工作在曲麻莱县冬特考剖面采获双壳类 *Halobia convexa* Chen, *H.* cf. *convexa* Chen, *H. yunnanensis* Reed, *H.* cf. *yunnanensis* Reed, *H.* cf. *superbescens* Kittl, *H.* sp. cf. *yunnanensis* Reed，古植物 *Neocalamites* sp. 等，遗迹化石 *Asterichnus* ichno sp., *Chondrites arbuscula* Fischer-Ooster, *C.* ichno sp.,?*C*. ichno sp.,?*Squamodictyon* ichno sp.,*Circulichnis montanus* Vyalov,*Cosmorhaphe* ichno sp.,*Didymaulichnus* ichno sp.,*Gordia* ichno sp.,*Helminthoida labyrinthica* Heer,*H*. ichno sp.,*Helminthopsis* ichno sp.,*Helminthorhaphe* ichno sp.,*Lophoctenium* ichno sp.,*Lorenzinia* ichno sp.,*Megagrapton irregulare* Ksiazkiewicz,*Neonereites uniserialis* Seilacher,*Oldhamia* ichno sp.,*Palaeophycus striatus*,*Palaeophycus* ichno sp.,*Phycosiphon incertum* Fischer-Ooster,*Plaeodictyon* ichno sp.,*Scalarituba missouriensis* Weller,*S*. ichno sp.,*Zoophycos* ichno sp.;曲麻莱县东风乡一带产*Helminthoida* ichno sp.,*Asterichnus sinensis* Yang,*Arthrophycus* ichno sp.。

据青海区调综合地质大队资料(1993a),在秋智乡东那色窝产珊瑚? *Stylophyllopsis* sp.,孢粉*Neoraistrickia*,*Annulispora*,*Cycadopites*,*Pinites*,*Trematosphaeridium* 等;在贡果玛陇产珊瑚*Procyclolites*? sp.,海百合茎:*Encrinus* sp.,孢粉组合:蕨类孢子占50%,裸子植物花粉占32.6%,疑源类占17.3%(详细名单见后述),称之为*Limatulasporites-Cycadopites-Leiopsophosphaera* 组合;在陇玛岗采获双壳类*Halobia pluriradiata* Reed等。

青海区调综合地质大队(1993b)在冬特考采获双壳类*Halobia yunnanensis* Reed,植物*Neocalamites* cf. *meriani* (Brongniart),遗迹化石*Helminthopsis yushuensis* Yang,*Megagrapton irregulare* Ksiazkiewicz,*Chondrites furcatus* (Brongniart);在阿俄口采获双壳类*Halobia pluriradiata* Reed,遗迹化石:*Gyrochortes* sp.;在地质路线中采获有珊瑚*Montlivaltia norica* French,*Montlivaltia* cf. *norica* French,*M*. sp.,*Stylophyllopsis*? sp.等,植物*Neocalamites* sp.;遗迹化石*Helminthopsis yushuensis* Yang,*Megagrapton irregulare* Ksiazkiewicz,*Chondrites furcatus* (Brongniart),*Helminthoida maqinensis* Yang,海百合*Traumatocrinus* cf. *hsui* Mu等。

(3) 上段(TB_3^c) 365.13~1 577.73m

相当于青海区调综合地质大队(1993a)的巴颜喀拉山群上亚群的中部板岩组上段上部层位、青海区调队(1993b)的巴颜喀拉山群上亚群的上砂板岩互层组、青海区调综合地质大队(1993c)的巴颜喀拉山群上亚群的中砂板岩互层组上部层位。以灰色、深灰色变质砂岩与板岩互层为特征,岩性组合为灰色薄—中层状夹厚层状中—细粒变岩屑石英砂岩与灰色薄层状粉砂质板岩、板岩,偶可见含砾板岩,板岩中砾石成分单一,均为细砂质,磨圆好,分选性差,一般为0.5~25cm,最大者长轴可达数米,局部层位以变砂岩为主,砂岩块状层理、平行层理发育,底层面见槽模构造,板岩中水平层理、沙纹层理发育,砂、板岩均见虫迹化石及可见晶形较好的或星点状黄铁矿,局部地区如治多县聂恰曲(图幅外)可见少量不稳定的玄武岩夹层。该段以海底扇的中扇沉积为主,间夹少量外扇沉积。

青海区调综合地质大队(1993b)在该段中采获植物*Neocalamites* sp.,*Hyrcanopteris* sp.,*Pseudodaneopsis* sp.等,海百合*Cyclocyclicus* cf. *laevigatus* Mu et Wu,孢粉:蕨类孢子占6.69%,裸子植物花粉占4.39%,疑源类占88.91%,称之为*Cycadoptes-Leiopsophaeridius-Trachysphaeridium* 组合。在曲麻莱县冬特考产遗迹化石*Neonereites biserialis* Seilacher,*N*. ichno sp.,*Helminthoida yushuensis* Yang,*H*. ichno sp.。总体来看,该组的地质时代为晚三叠世卡尼期—诺利期。

该组基本层序有3种类型:①块状砂岩(A)→平行层理砂岩(B)→包卷层理砂岩(C)→沙纹层理砂岩或板岩(D)→水平层理板岩(E),构成典型的鲍马序列,单个层序厚约20~150cm,以具包卷层理砂岩的出现为划分标志,该类型产于下段的下部、中上部层位,为该段重要标志[图2-22(a)];②以板岩为主,随机性地出现砂岩的非韵律性层序,主要见于下段中部层位、中段、上段的下部层位[图2-22(b)];③砂岩→板岩(或板岩夹砂岩)的反复叠置型,组合呈进积型或退积型。产于下段的底部、中部层位、上段的上部层位[图2-22(c)]。总体来看,该组属海底扇的中—外扇相沉积。

2) 砂岩夹板岩组(TB_4) >1 053.94m

相当于青海区调综合地质大队(1993a)的巴颜喀拉山群上亚群的上砂岩夹板岩组下、上段、青海区调队(1993b)的巴颜喀拉山群上亚群的砂岩夹板岩组、青海区调综合地质大队(1993c)的巴颜喀拉山群上亚群的上砂岩夹板岩组。以灰色、深灰色变砂岩大量出现为特征,岩性组合为灰—深灰色厚层-块状夹薄—中层状细粒变岩屑石英砂岩夹灰—深灰色页片状粉砂质板岩、板岩,砂岩块状层理、平行层理发育,

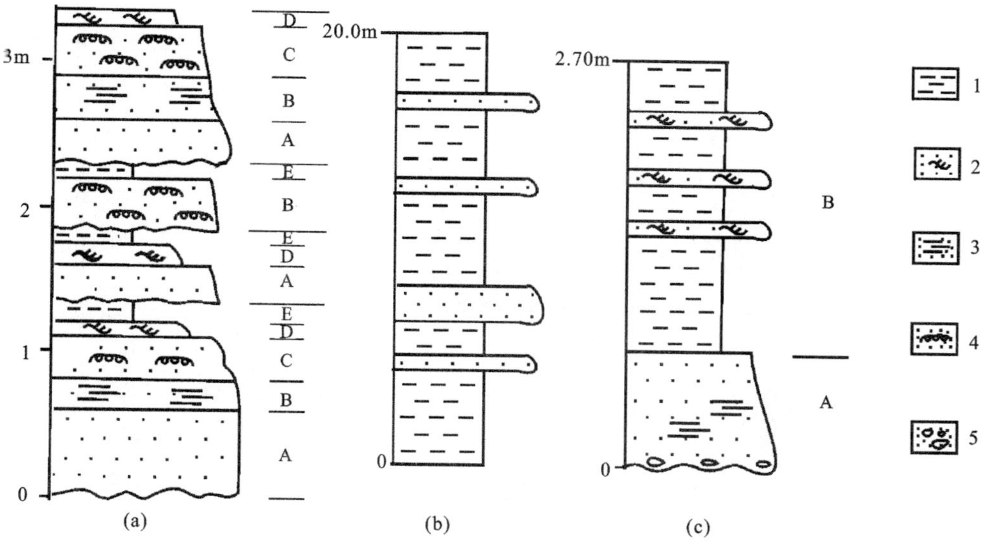

图 2-22 巴颜喀拉山群板岩组基本层序图

1. 水平层理泥岩；2. 沙纹层理砂岩；3. 平行层理砂岩；4. 包卷层理砂岩；5. 正粒序层理砂岩

底层面具重荷模构造及浅灰色扁平椭圆状的板岩砾屑，局部见植物化石碎片，板岩中见水平层理、沙纹层理，水平虫迹，砂、板岩中普遍见黄铁矿晶体。与下伏层位相比，该组沉积水体渐浅，为内扇—中扇相沉积。

青海区调综合地质大队(1993a,1993b)报道该组中产海百合茎 *Encrinus* sp.，*Cyclocyclicus* sp.；遗迹化石 *Helminthoida labyrinthica*，*Stipsellum* sp.，*Parachelicorhaphe* sp.，*Megagrapton irregulare* Ksiazkiewicz，*Chondrites furcatus* (Brongniart)；植物 *Neocalamites* (cf. *N. meriani* Brongniart)等。孢粉：蕨类孢子占 17.73%，疑源类占 82.26%，称之为 *Stereisporites-Leiopsophaeridius-Trachysphaeridium* 组合。地质时代为晚三叠世诺利期。

本次工作，在治多县多日老龙一带采集到遗迹化石：*Planolites montanus* Richter，*Palaeophycus* ichno sp.，? *Palaeophycus* ichno sp.，*Didymaulichnus* ichno sp.，? *Helminthorhaphe* ichno sp.，*Helminthoidichnites* cf. *tenuis*，*Phycosiphon incertum* Fischer-Ooster，*Archaeichnium xizangensis* Yang 等。

3. 区域对比(图 2-23)

1) 板岩组

(1) 下段(TB_3^a)

该段在测区岩性差别不大，其相同点是砂岩中均可见板岩的砾石，底面具重荷模构造、槽模构造等，以包卷层理为特征的鲍马序列发育是该段的典型特征。砂岩中普遍见晶形较好的黄铁矿，所不同的是各地的砂岩在横向上变化较大，主要体现在砂岩单层厚度、成分、粒度及与板岩的比例等方面。该段的砂岩在中下部层位较多，向上则逐渐减少，至顶部层位又有所增加。从区域上看，岩石粒度在测区有自北西向南东变细、砂岩层渐少的特点。

(2) 中段(TB_3^b)

在测区内岩性差别不大，总体上是以板岩为主，但板岩成分有粉砂质板岩、泥钙质板岩、粘土板岩等区别，水平层理发育，板岩多风化为页片状，但其中的特殊岩性层各地则略有不同。

首先是含砾板岩层。在孔阿陇窝玛、曲玛热合拉麦、曲麻河北等地见于该段的下部层位，曲玛热合拉麦还可见两套含砾板岩层，但东那色窝一带则见于该段的上部层位，为厚达 406.52m 的灰色含砾千枚状板岩，产出层位明显偏高。但含砾板岩层中砾石的组成、结构、构造和形态等均表现出一致性，即为砂质成分，横向分布不稳定，层位亦不稳定。1:20 万错钦巴昂日东幅中记述的板岩中见的硅质团块，值得今后工作中注意。

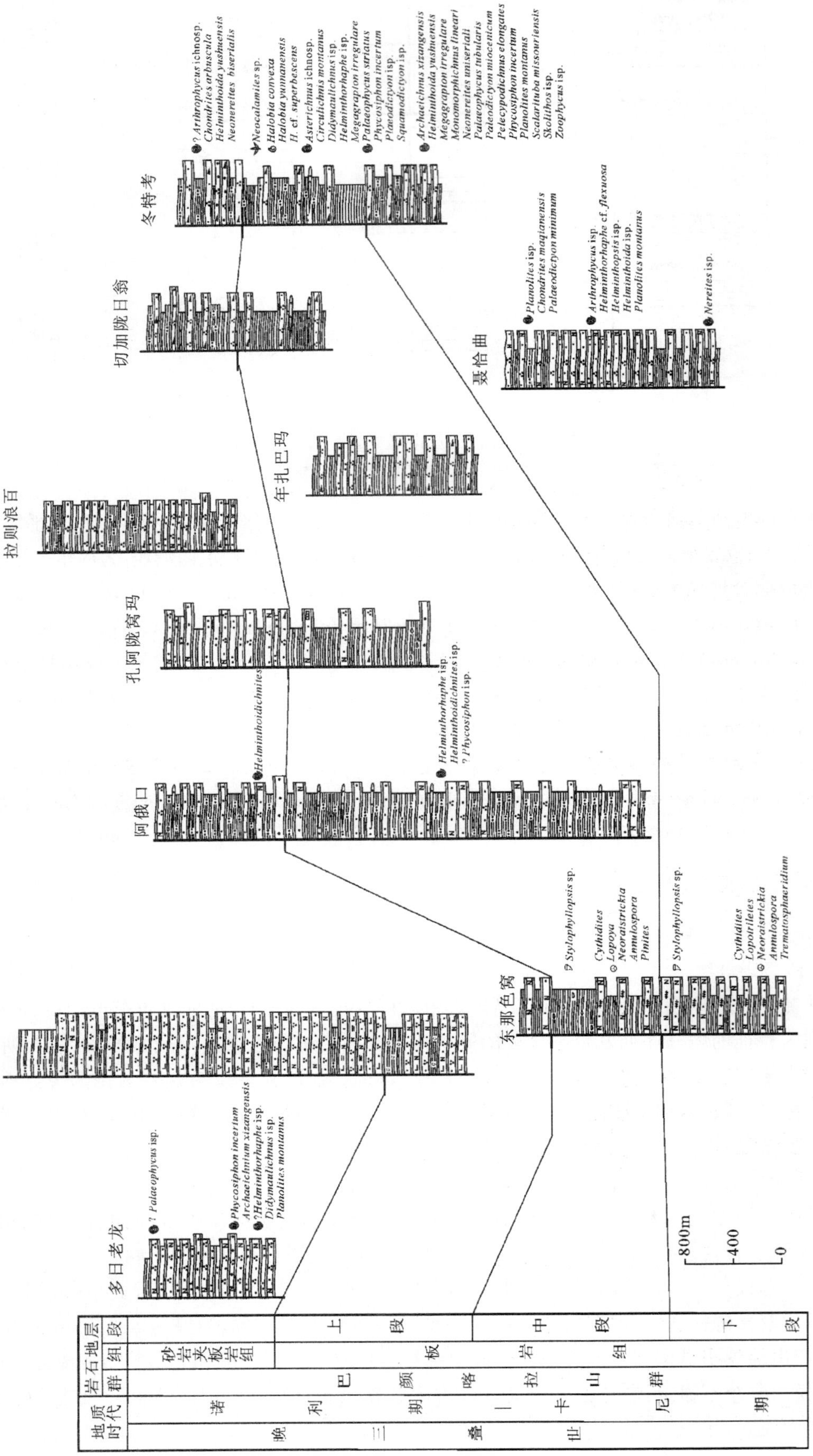

图2-23　测区巴颜喀拉山群与邻区柱状对比图

其次是砂岩，亦主要体现于粒度、成分、单层厚度等方面，相对来看，测区南部的冬特考一带砂岩单层厚度小，夹层少，另在中、北部的切加陇日翁等地砂岩单层厚度薄，且多为薄层状、透镜状，而在北部的年扎巴玛、阿俄口、东那色窝、曲玛热合拉麦等地的砂岩单层厚度可达中—厚层状，甚至为块状，底层面多见不规则的重荷模构造，在上层面平行层理发育。总体来看，砂体存在着自南西向北东渐变厚的趋势。

(3) 上段(TB_3^c)

与中段相比，上段砂体明显增多，在切加陇日翁等地均为薄层—中层状，以中层状者居多，块状层理、平行层理发育，仅在中上部见一层厚层状细—中粒变岩屑石英砂岩，砂岩顶、底面不甚平直。与其邻近的曲玛热合拉麦剖面中粉砂岩层较多，层底面局部可见冲刷构造，发育沙纹层理、平行层理。在下部层位的板岩中多见薄砂岩透镜体，砂、板岩比例为1:3，向上砂岩层逐渐增厚。

向南西至阿俄口一带岩性仍是以砂、板岩互层为特征，但是砂岩层底面多具槽模构造，砂岩中多见板岩“砾屑”，平行层理发育，在顶部层位出现含砾板岩，砾石成分以砂岩为主，个体大小混杂，磨圆度好，这是测区产出层位最高的含砾板岩层。与其邻近的孔阿陇窝玛剖面，砂体多为厚层状－块状，单层最厚可达2m，多为块状层理，偶可见平行层理，普遍见星点状黄铁矿晶体。

在测区南部的冬特考剖面，该段砂体主要出现于下部层位，且以中厚层状为主，层位多平直，而在中上部层位表现为砂、板岩互层。

然而在测区北西曲麻河一带的TB_3^c层位，在中下部层位，砂体明显变厚，多为厚层状的中—细粒变质岩屑石英砂岩，块状层理、平行层理发育，岩层底面多平直。而至上部层位，砂体相对减少，且以中层状者较为多见。总体来看，测区TB_3^c层位在中下部层位，砂体相对较多，且以中部地区砂体厚度较小，而向两侧单层厚度明显变厚，最厚者可达1m以上，而中上部层位则各地区明显趋于稳定，砂体变薄，以砂岩、板岩互层为特征，仅是各地砂、板岩的比例有所差异。

2) 砂岩夹板岩组(TB_4)

分布于测区南西部阿拉亚美至多日老龙、北东部巴颜喀拉山一带，岩性总体变化不大，以灰—深灰色厚层块状变质细粒岩屑石英砂岩为主，夹薄—中层状岩屑石英砂岩、灰—深灰色页片状粉砂质板岩、板岩，砂岩块状层理、平行层理发育，底层面具重荷模构造及浅灰色扁平椭圆状的板岩砾屑，局部见植物化石碎片。

(三) 玉树-中甸地层分区

1. 划分与沿革

南水北调队(1959)将这套地层命名为通天河群，存在时代归属早古生代、泥盆纪及石炭纪等不同看法。青海省地层表编写小组(1980)称其为二叠系通天河群(叶松龄等，1987)。克南群系青海第二区调队(1983)建立，并根据地层、古生物和地质构造等资料将原通天河群划归为晚三叠世，并命名为克南群，代表分布于通天河两岸的中—浅变质岩系。青海省地矿局(1991)沿用这一方案，并将这套地层向西延伸至治多县扎河地区。青海省区调综合地质大队(1993b)在区域地质调查时采用克南群一名，代表测区内西金乌兰湖-歇武断裂带与乌兰乌拉湖-玉树断裂带之间的一套具复理石建造特征的浅变质岩系。青海省地质矿产局(1997)地层清理时，认为“将克南群中变质程度较深的地层划归通天河蛇绿混杂岩，而所余大部分变质很浅的地层在岩性特征、层序、古生物面貌等方面与巴塘群一致，归入巴塘群”。本书将通天河蛇绿混杂岩带中以复理石建造为特征的地层体作为克南群单独列出，归入蛇绿混杂岩带的“原地系统”，同时将新发现的变质火山岩地块作为一个新岩石地层。

2. 克南群岩性组合

因第四系掩盖、岩体侵入破坏、断层错切而残缺不全。在口前兵果一带岩性以粉砂质板岩、炭质板岩为主，夹灰色中层状变质细粒岩屑石英砂岩，在扎河一带下部为灰、浅灰色中厚层状(含砾)不等粒石英砂岩、不等粒石英杂砂岩与深灰色含粉砂质板岩不等厚互层，中上部为灰色中—厚层状变质细粒岩屑石英砂岩、粗中粒石英砂岩夹粘土板岩、粉砂质板岩、含炭板岩；岩屑主要为绢云母板岩和灰岩，粒间充填物为绢云母、方解石及少量绿泥石、雏晶黑云母，表明岩石经历了轻微变质作用。此外，在砂岩中偶见菱铁矿充填于粒间孔隙中。砂岩中发育平行层理，板岩中板劈理发育，且与层理大致平行，粉砂质板岩中常见扁平状深灰色板岩砾石，砂岩中亦可见有安山岩、石英、板岩砾石。部分岩石发育粒序层理、沙纹层理、水平层理和底面印模，显示鲍马序列特点。厚度大于 2 745.76m。

基本层序为块状、厚层状含砾中粗粒石英砂岩（A）→中薄层状中细粒岩屑石英砂岩（B）→粉灰质板岩（C），单个层序厚约 2～3m，显示出向上变细的序列（图 2-24），在扎河剖面，上部层位板岩明显增多，构成砂岩、板岩互层，上部板岩中产植物化石 *Ctenis* sp. 和箭石化石，地质时代为晚三叠世。

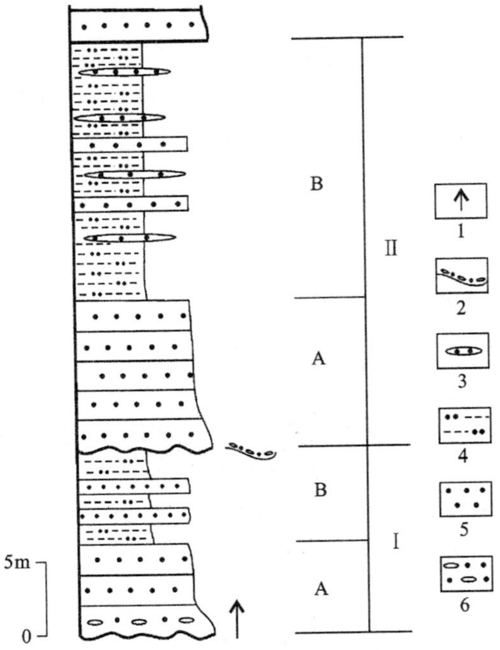

图 2-24　克南群层序图（治多县扎河）

1. 正粒序层理；2. 冲刷构造；3. 砂岩透镜体；4. 粉砂质板岩；5. 砂岩；6. 含砾砂岩

3. 变质火山岩岩性特征

仅见于曲日青日群一带，出露面积小，其南侧为口前宾果韧性断裂带，其北部被古近纪地层覆盖。岩石类型主要有变酸性火山岩类、变中性火山岩类和变基性火山岩类。变基性火山岩类（阳起片岩类和斜长变粒岩）与超基性-基性岩岩块处在同一构造带上，且在空间上相距不远，受断裂构造控制明显，属构造岩块。其地球化学特征和构造背景显示为岛弧上的拉张环境（见第四章第一节），与超基性-基性岩岩块（$WT_2\Sigma$）的形成环境明显有别，暂时划归晚三叠世。

三、生物地层及年代地层

（一）西金乌兰-金沙江地层分区

巴塘群的生物化石主要产于中组下段及上段层位，在下组尚未见化石，在上组中下部层位采获珊瑚？*Pinacophyllum* sp.，海百合 *Cyclocyclius* sp. 等（青海区调综合地质大队，1993b），但本次工作将其中一部分层位重新划入中组中段，对于其中所产的珊瑚是属于中组还是上组无法详细辨别。

巴塘群灰岩层位中的生物化石计有 6 个门类，其中以腕足类、珊瑚和双壳类为主，个体较为稀少，主要特征如下。

1. 腕足类 *Rhaetinopsis pentagonalis-Yidunella pentagona-Oxycolpella robinsoni* 组合

主要分子有 *Rhaetinopsis pentagonalis* Ching, Sun et Ye, *R. zadoensis* Ching, Sun et Ye, *Arcosarina pentagona* Ching, Sun et Ye, *Rhaetina elliptica* Dagys, *Oxycolpella robinsoni* Dagys, *O. elongata* Ching et Fang, "*O.*" *zhidoensis* Sun, Ching et Ye, *Koninckina gigantea* Sun, Ching et Ye, *Amphiclina* cf. *ungulina* Bittner, *A.* sp.，?*Sacothyris* sp.，*Yidunella pentagona* Ching, Sun et Ye 等。计有 5 科 8 属 12 种（含未定种、相似种），两板贝科（3 属）、康尼贝科（2 属）、小嘴贝科（1 属）、无窗贝科（1 属）和采勒贝科（1 属）几乎绝大多数为三叠纪腕足动物类群，生物群分异度高，属种丰富，既有地方性属种，又有世界广布性分子，尤其是多见特提斯区属种，可见该生物组合应属于特提斯生物区系。

Sacothyris 属在青藏高原晚三叠世地层中分布广泛，*Yidunella* 属为我国青、藏、川、滇一带上三叠统最常见的腕足化石之一，*Y. pentagona* Ching, Sun et Ye 首见于青海杂多县俄涌曲上游倒查纳赛、治

多县扎河以南的上三叠统结扎群，在四川巴塘县拉纳山的上三叠统中部诺利期拉纳山组也有见及（金玉玕等，1979）。*R. pentagonalis* Ching，Sun et Ye 首见于青海杂多县着晓乡班尕涌达日陇巴上三叠统结扎群（金玉玕等，1979），在江达县青尼洞区玉龙沟波里拉组下灰岩段也有见及。*Oxycolpella* 属见于亚洲、欧洲晚三叠世地层，在青藏高原见于西藏察雅县巴贡、达龙纳、觉勒拉的波里拉组，聂拉木县土隆村土隆群上组下部。*O. robinsoni* Dagys 在青海见于杂多县格玛煤矿西 2km 上三叠统结扎群，也见于西北高加索的诺利阶，*O. elongata* Ching et Fang 在青海见于囊谦县囊谦卡以北、治多县扎河以南上三叠统结扎群，"*O.*" *zhidoensis* Sun，Ching et Ye 见于治多县扎河以南 45km 及 50km 的上三叠统结扎群（金玉玕等，1979）。*Koninckina* 为世界性广泛分布的分子，一些种见于贡觉县东孝波里拉组，吉隆县北部、萨噶县加加一带吉隆群下部、青海囊谦县囊谦卡大羽羊、查里寺它哈布沟、杂多县扎曲上游等地结扎群中。*K. gigantea* Sun，Ching et Ye 首现于青海玉树县那龙多东崇寺、西藏江达县玛曲郭伦多以东的上三叠统。*Amphiclina* 属广泛见于亚洲、欧洲等地中至晚三叠世，*A.* cf. *ungulina* Bittner 在青海产于杂多县俄涌曲复马窝上三叠统结扎群。*Acosarina* 属产于我国青海、西藏晚三叠世诺利期地层中，*A. pentagona* Ching，Sun et Ye 首现于西藏江达县字呷区上三叠统。*R. elliptica* Dagys 在青海产于治多县扎河以南 50km。

总体来看，测区巴塘群腕足类生物组合以晚三叠世诺利期分子相对较多，与南部的结扎群地层中有诸多共同分子，表明二者地质时代相近。在治多—杂多一带的诺利期结扎群波里拉组腕足类 *Sacothyris sinosa*-*Timorhynchia nimassica*-*Rhaetiopsis* cf. *pentagonalis* 组合，其与测区共同的分子有 *Sacothyris*，*Oxycolpella robinsoni* Dagys，*Koninckina*，*Rhaetiopsis* cf. *pentagonalis* Ching，Sun et Ye，*Yidunella* 等，二者可很好地对比。与测区巴塘群腕足类组合大体相当的还有青海玉树地区晚三叠世诺利期 *Omolonella cephaloformis*-*Septamphiclina qinghaiensis*-*Yulongella bolilaensis*-*Mentzelioides zadoensis* 组合（孙东立，1990）、"三江"地区的晚三叠世诺利期腕足类 *Rhaetina caucasica*-*Sacothyris sinosa* 组合（饶荣标等，1987）。

2. 双壳类

与腕足类相比，属种相对较少，计有 *Pteria angusta*（Saurin），*Chlamys* cf. *desiderii*（Bittner），*Neomegalodon*（*Neomegalodon*）*boeckhi maerquensis* Chen et Zhang，*N.*（*N.*）cf. *damesi*（Hornes），*Unionites griesbachi*（Bittner）等。

P. angusta（Saurin）在青海产于囊谦县上拉秀上三叠统结扎群，*C.* cf. *desiderii*（Bittner）见于玉树县巴塘见前沟上三叠统结扎群，*U. griesbachi*（Bittner）产于治多县治渠乡上三叠统结扎群，*N.*（*N.*）*boeckhi maerquensis* Chen et Zhang 首见于格尔木可可西里祖尔肯乌拉山玛尔曲上游上三叠统结扎群，*N.*（*N.*）cf. *damesi*（Hornes）则产于治多县新乡上三叠统结扎群（张作铭等，1979）。总体来看，测区的几个分子均产于上三叠统结扎群，反映了二者产出层位应大体相当，但前人记述部分地区层位上可能有误，如治多县治渠乡上三叠统应为巴颜喀拉山群层位，玉树县巴塘见前沟的上三叠统为巴塘群层位。

3. 珊瑚

仅见 3 个种：*Montlivaltia norica* French，*Thecosmilia sinensis* Liao et Li，*Pinacophyllum* cf. *parallelum* French。*P.* cf. *parallelum* French 在青海见于杂多县扎青乡东角涌的上三叠统结扎群（李璋荣和廖卫华，1979），*T. sinensis* Liao et Li 首见于杂多县扎青乡东角涌，在囊谦县下日那东卡寺南 15km 也有见及，*M. norica* French 在青海南部广泛分布，见于杂多县夏玛窝曲、囊谦县下日那东卡寺、玉树县结古乡巴塘滩、格尔木唐古拉区马洞怎阿、沱沱河南 10km 地区的上三叠统层位中。

4. 其他

另见有腹足类 *Zygopleura*（*Allocosmia*）cf. *furricula*（Assmann），*Neritaria* cf. *involuta* Koken，*N.* sp.，菊石 *Paratibetites* sp.，海百合 *Cyclocyclicus* sp.，*Traumatocrinus* cf. *hsui* Mu 等。菊石

Paratibetites 属西藏菊石科，该科主要见于特提斯区，尤其是喜马拉雅地区相当繁盛。在西藏南部珠峰分区晚三叠世土隆组上部共发现有西藏菊石科的化石 7 属 22 种，时代全限于诺利阶。在世界其他地方，西藏菊石科的分布也是比较广泛的。一般认为，西藏菊石科虽然在卡尼期已经出现，但其高峰期主要在诺利期，至诺利晚期又开始衰退。*P. timorensis* 见于西藏定日县龙江东山曲龙贡组中部（王义刚等，1976），该属亦见于西藏聂拉木县土隆、定日县龙江西山、苏热山，在青海见于杂多县庭曲东岸 13km 的晚三叠世地层中，其亦为格尔木市唐古拉山乡雀莫错地区结扎群巴贡组中上部 *Nodotibetites* cf. *nodosus*-*Paratibetites* cf. *wheeleri* 组合的重要分子（牛志军等，2003）。海百合 *T. hsui* Mu 是贵州关岭生物群典型的分子，层位为卡尼期（Mu A T，1949；俞羡艺等，2000；王传尚等，2003），测区所见的比较种，产出层位可能略高。

（二）玛多-马尔康地层分区曲麻莱小区

1. 孢粉及疑源类

本次工作在该地区巴颜喀拉山群中所采集的 53 件样品未见孢粉，补送的样品也未见生物化石，现据 1∶20 万区调成果整理如下。

（1）板岩组下段

该段中孢粉及疑源类化石在测区内相对较少，青海区调综合地质大队（1993a，1993b）在东那色窝采获孢粉 4 属，疑源类 2 属；在日阿让涌采获孢粉 5 属，零星见疑源类 11 属等（具体名单见前述地层部分）。从化石名单来看，二者的孢粉并无相同的属种，疑源类仅 *Leiofuse* 属相同，因而对于二者的对比较为困难，现据属种分布特征暂称之为 *Annulispora*-*Dictyophyllidites*-*Leiofuse* 组合。

（2）板岩组中段

该段中孢粉及疑源类化石在测区内相对较多，青海区调综合地质大队（1993a）在秋智乡东那色窝采获孢粉 *Neoraistrickia*，*Annulispora*，*Cycadopites*，*Pinites*，*Trematosphaeridium* 等；在贡果玛陇采获的蕨类孢子占 50%，主要有 *Limatulasporites*（13.4%），*Retusotriletes*（8.96%），*Aratrisporites*（2.17%），少量 *Stereisporites*，*Leiotriletes*，*Cyathidites*，*Maculatasporites*，*Converrucosisportea*，*Polycingulatisporites*，*Lacvigatosporites*，*Assertosporites*；裸子植物花粉占 32.6%；疑源类占 17.3%。因存在相同的属，二者相对易于相比。现据组合中化石属的丰富度特征称之为 *Limatulasporites*-*Cycadopites*-*Leiopsophosphaera* 组合。

（3）板岩组上段

青海区调综合地质大队（1993b）报道在该段中产：蕨类孢子占 6.69%，裸子植物花粉占 4.39%，疑源类占 88.91%。与下伏中段不同的是该组合中以疑源类为主，现据组合中化石属的丰富度特征称之为 *Cycadoptes*-*Leiopsophaeridius*-*Trachysphaeridium* 组合。

（4）砂岩夹板岩组

青海区调综合地质大队（1993b）报道在该段中产：蕨类孢子占 17.73%，疑源类占 82.26%。与下伏的板岩组上段相同的是以疑源类为主，而且特征分子相似，但未见裸子植物花粉，现据组合中化石属的丰富度特征称之为 *Stereisporites*-*Leiopsophaeridius*-*Trachysphaeridium* 组合。

青海区调综合地质大队（1993a）据孢粉及疑源类组合的鉴定结果，将上统巴颜喀拉山群上亚群总体称之为 *Punctatisporites*-*Kyvtomisporis*-*Alisporites*-*Acritachs* 组合带，认为组合中蕨类孢子含量略高于裸子花粉，孢子以大量的 *Osmundacidites*，*Alisporites* 的存在和 *Zebrasporites*，*Oralipollis* 的出现为标志，可与南方区第三组合对比。同时，特征分子 *Punctatisporites*，*Calamospora*，*Osmundacidites*，*Verrucosisporites*，*Pinites* 含量高，可与北方区第三组合对比。青海区调综合地质大队（1993a）也认为巴颜喀拉山群的孢粉与疑源类组合可与我国北方区第三组合对比，地质时代为晚三叠世。

2. 双壳类

化石较为零星，主要有 *Halobia* 属及其他属的少数分子（图版 4），计有 *Plagiostoma niutoense*

Vukhuc，*Unionites trapezoidalis* Mansuy，*Palaeocardita rhomboidalis* Wen et Lan，*Halobia* sp.（东风乡布考），*Halobia convexa* Chen，*H.* cf. *convexa* Chen，*H. yunnanensis* Reed，*H.* cf. *yunnanensis* Reed，*H.* cf. *superbescens* Kittl，*H.* sp. cf. *yunnanensis* Reed（冬特考），*H. pluriradiata* Reed（陇玛岗，阿俄口），*Halobia yunnanensis* Reed（聂恰曲）。

Halobia 属是青海省晚三叠世卡尼晚期组合带中的重要分子，*H. yunnanensis* Reed 曾见于四川壤塘县木朗沟巴颜喀拉山群，*H. pluriradiata* Reed 见于玉树县结古镇西 20km 的结扎群、四川壤塘县木朗沟巴颜喀拉山群，为藏东、滇东南及贵州卡尼期地层中的重要或常见分子，也见于川西、藏东卡尼期金古组、哇曲组和下逆松多组（张作铭等，1979）。*P. rhomboidalis* Wen et Lan 见于囊谦县小黄莽—子曲河等地上三叠统结扎群，多见于诺利期地层。

3. 植物

化石较为零星，主要有 *Neocalamites* 属及其他属的少数分子 *Neocalamites* cf. *meriani* (Brongniart)（冬特考，TB_3^b），*Hyrcanopteris* sp.，*Pseudodaneopsis* sp.（TB_3^c），另外，未鉴定至种的 *Neocalamites* sp. 广见于测区巴颜喀拉山群的各层位中。本次工作中在聂恰曲、冬特考采获植物 *Neocalamites* sp. 等。*N.* cf. *meriani* (Brongniart)在青海见于刚察县达日格上三叠统默勒群下岩组（何元良等，1979），该种在国外亦见于晚三叠世早期层位中，也是青海南营儿群卡尼期植物群组合中的重要分子及南祁连山上三叠统下部的特征属种。*Pseudodaneopsis* 属见于青海省都兰县超木超河上游三叠纪八宝山群，是中国、北美晚三叠世的标准分子（何元良等，1979）。*Hyrcanopteris* 属产于格尔木乌丽地区上三叠统结扎群，亦为中国、俄罗斯地区晚三叠世的常见分子。

4. 遗迹化石

青海区调综合地质大队（1993b）采获少量遗迹化石；杨式溥（1988）在玉树、称多、玛多等地相当层位对遗迹化石作过初步研究。在本次工作中，系统采集了巴颜喀拉山群的遗迹化石，通过遗迹化石组合和遗迹相来探讨宿主岩系巴颜喀拉山群的沉积环境。主要属的分布如下。

（1）板岩组

上段采获遗迹化石有 *Helminthoida*，*Neonereites* 等；中段有 *Arthrophycus*，*Asterichnus*，*Chondrites*，*Circulichnis*，*Cosmorhaphe*，*Didymaulichnus*，*Gordia*，*Helminthoida*，*Helminthopsis*，*Lophoctenium*，*Lorenzinia*，*Megagrapton*，*Oldhamia*，*Palaeodictyon*，*Phycosiphon*，*Scalarituba*，*Squamodictyon*，*Zoophycos* 等；下段有 *Asterichnus*，*Archaeichnium*，*Arthrophycus*，*Chondrites*，*Cosmorhaphe*，*Circulichnis*，*Gordia*，*Didymaulichnus*，*Helminthoida*，*Helminthopsis*，*Megagrapton*，*Mammillichnis*，*Neonereites*，*Nereites*，*Phycodes*，*Monomorphichnus*，*Palaeodictyon*，*Palaeophycus*，*Parahelicorhaphe*，*Planolites*，*Phycosiphon*，*Pelecypodichnus*，*Scalarituba*，*Skolithos*，*Spirophycus*，*Squamodictyon*，*Thalassinoides*，*Zhadichnus*，*Xiangquanheichnus*，*Zoophycos* 等。

（2）砂岩夹板岩组

采获有 *Archaeichnium*，*Didymaulichnus*，*Helminthopsis*，*Palaeophycus*，*Phycosiphon*，*Planolites* 等。

测区内已采获的遗迹化石目前鉴定的有 33 属 54 种，其中有 16 个可鉴定到遗迹种、两个比较种，15 个只鉴定到遗迹属，未定种，所有的遗迹化石属、种在深海复理石相内均发现过。根据遗迹化石的形态、习性、水深等环境成因特征可划分为两类组合：一类组合以 *Cosmorhaphe*，*Helminthopsis*，*Helminthoida*，*Megagrapton*，*Palaeodictyon* 等为主，代表了浊流事件前产生的高度分异的遗迹化石组合；另一类组合以 *Chondrites*，*Neonereites*，*Palaeophycus*，*Planolites*，*Phycosiphon*，*Zoophycos* 等为主，代表了浊流事件后的遗迹化石组合，两者均为深海 *Nereites* 遗迹相的典型代表，反映了研究区应为浊流沉积成因的复理石相沉积，其沉积水深应为半深海—深海环境。

遗迹化石的形态特征与古生态环境有密切关系，遗迹化石具有“异物同迹”的功能，更显示着生态环境对遗迹形态类型的控制作用。目前形态分类没有一个共同遵循的方案，结合研究区具体情况，依据大同小异的原则，将研究区已发现的33个遗迹属划分为7个形态类型(赵小明等，2006a)：直或略弯曲形、圆或椭圆形、分枝形、星射形、弯曲—蛇曲形、网状形、具蹼状构造。目前，一致认为遗迹化石复杂的几何图案和纹饰，尤其是规则复杂的形态特征，是半深海—深海环境遗迹化石的标志。据此可以认为，研究区发现的具有规则图案的遗迹化石形成于半深海—深海环境中。

从已发现的遗迹化石来看，按 Seilacher(1967)划分方案，本区遗迹化石行为习性除了逃逸迹外，其余6种类型均有发现。从遗迹化石丰度来看，测区以牧食迹、觅食迹、耕作迹等深水型遗迹为主，伴有少量代表过渡型、浅水型的遗迹类型，如爬行迹、停息迹和居住迹，这种深水型和过渡型、浅水型遗迹组合共生于一个沉积剖面，正是鉴别古代深海浊积岩系的古遗迹学标志。

根据水深分布状况，可将遗迹化石分为浅水、深水和穿相3种类型，这种分类可以更具体、形象地反映出遗迹化石的水深分布特征。巴颜喀拉山群所采获的两百多件标本中以 *Helminthoida*，*Helminthopsis*，*Megagrapton*，*Palaeophycus*，*Paleodictyon*，*Planolites*，*Phycosiphon* 占绝对优势，次为 *Chondrites*，*Neonereites*，*Nereites*，*Xiangquanheichnus* 等，其他属种占较少比例。由此认为研究区晚三叠世水深多在600～4 500m 海域，属半深海—深海环境(赵小明等，2007a，2007b，2008)。

总体来看，巴颜喀拉山群的地质时代为晚三叠世早、中期，与测区南部的巴塘群、结扎群地质时代大体相当，其所产双壳类属种存在有相同分子，彼此间可很好地对比，即其所对应的年代地层单位为上三叠统卡尼阶—诺利阶，但是否能很好地划分出二者的界线，目前来看，困难较大。

(三) 玉树-中甸地层分区

区内分布的克南群岩性组合特征与青海省第二区调队(1986)命名的晚三叠世克南群大致可以对比。克南群采获的古生物化石很少。青海区调综合地质大队(1993b)将其划归晚三叠世，本次工作在扎河剖面采获植物化石 *Ctenis* sp. 和箭石化石(不能鉴定)，据此，将克南群的时代定为晚三叠世，代表通天河蛇绿混杂岩中基质部分(原地系统)的时代。

四、测区及相邻地区晚三叠世地层对比及构造背景

测区及相邻的1∶25万直根尕卡幅(段其发等，2011)跨越了青海南部华南地层大区，晚三叠世地层分布广，4种不同的沉积类型在研究区均有广泛出露，自南而北为结扎群、巴塘群、克南群和巴颜喀拉山群，现以本次工作及近年来项目组在长江源区实测的剖面资料为基础，结合相邻地区三叠系的研究，从以下几方面对上述4种沉积类型进行初步对比。

1. 岩性组合

(1) 结扎群的3个组划分方案是以藏东昌都地区三叠系的研究为基础。在长江源区实测了11条剖面，下部甲丕拉组为一套红色碎屑岩建造，划分为3段，下部砂砾岩段，中部火山岩段，上部灰、泥岩段，厚度大于2 500m。中部波里拉组划分为2段，下部为灰色薄中层状灰岩段，上部为浅灰色厚层灰岩段，厚度大于700m；上部巴贡组为一套碎屑岩，最大厚度大于1 200m。

(2) 巴塘群目前也划分为3个组(赵小明，2006b)，但未正式命名。实测4条剖面，下组为灰绿色、暗红色中细粒岩屑石英杂砂岩夹砾岩及少量玄武岩，最大厚度大于729.60m。中组可分为3段，下段为深灰色中薄层灰岩，中段为火山岩，上段为浅灰色厚层-块状灰岩，厚度大于1 634.61m。上组为一套碎屑岩，分为2段，下段为泥板岩夹砂岩，上段为砂岩夹泥板岩，厚度大于2 022.34m。

(3) 克南群分布零星，仅见于玉树-中甸地层分区，岩性以浅变质岩屑石英砂岩为主，夹少量板岩，厚度大于2 418m。

(4) 巴颜喀拉山群厚度巨大，可划分为4个组，在测区仅见上部的两个组，即板岩组和砂岩夹板岩组，实测了9条剖面，岩性主要为灰色板岩、变质砂岩夹灰岩、火山岩，厚度大于4 400m。

从上述4群的岩性组成来看，位于金沙江缝合带以南的结扎群和巴塘群在岩性组合上易于对比，二

者在下部均可见砂砾岩组合,但甲丕拉组中见有多层泻湖相膏盐沉积,中部由于火山活动发育,形成复杂的火山-沉积地貌,二者在岩性对比上略有不同,表现为结扎群的火山岩出现层位相对较低,在雀莫错、苟纳稍宋一带直接覆于砂砾岩之上,俄撒金南、玛日几真一带岩性略复杂,火山岩覆于泥岩、砂岩及灰岩层位之上,部分地区如直梗罗拉一带火山岩不发育,而巴塘群的火山岩层位则明显偏高,多稳定地覆于缓坡相的灰岩(中组下段)之上,其上则为较为稳定的台地相块状碳酸盐岩。结扎群中部的波里拉组与巴塘群中组上段岩性组合相近,从层位上二者可很好地对比。上部的巴贡组与巴塘群上段、克南群均为一套碎屑岩,巴颜喀拉山群以砂、板岩为主,与前述3组岩性差别明显,但它们在岩性组合上较为相似,均表现为下部泥岩、上部砂岩的组合。有一点需说明的是在各拉丹冬一带结扎群之上可见一套火山岩组合,同位素U-Pb年龄为212±1.7Ma,表明其为晚三叠世(白云山等,2005),该套地层在其他地区尚未有见及。

2. 生物组合

羌北-昌都-思茅地层区的生物化石丰富,研究的也较为详细,而在巴颜喀拉地层区化石较少,研究程度较低。

结扎群的生物化石主要有双壳类,另见腕足类、头足类、珊瑚、古植物、孢粉等,在各拉丹冬北部雀莫错一带,甲丕拉组产个体较大的双壳类 *Quemocuomegalodon orientus*, *Neomegalodon boeckhi* 组合,在直梗罗拉一带相当层位中以 *Myophoria* (*Costatoria*), *Chlamys*, *Bakevellia*, *Cassianella*, *Schafhaeutlia* 属为主,波里拉组的双壳类相对较少,在雀莫错一带及上覆的巴贡组下部以深水相个体相对较小的 *Halobia superbescens*-*H. disperseinsecta* 组合为特征,显示出陆棚相的生物组合特征,在治多及杂多一带则以双壳类为主,仍可见 *Halobia*,但同时亦可见其他属种,如 *Prosogyrotrigonia*, *Cardium* (*Tulongocardium*), *Costatoria*, *Myophoria* (*Costatoria*), *Veteranella* (*Ledoides*)及个体较大的 *Quemocuomeglodon* 属,反映沉积水体相对较浅的台地相沉积。巴贡组上部的双壳类在雀莫错一带为 *Amonotis togtonheensis*-*Cardium* (*Tulongocardium*) *xizhangensis* 组合,土门格拉则为 *Cardium* (*Tulongcardium*) *martini*-*Trigonia* (*Kumatrigonia*) *kukxilensis* 组合,属种数量多达25属,沉积环境为浅海陆棚至三角洲。结扎群的头足类见于台地相的波里拉组 *Placites postsymmetricus*-*Cladiscites striatissimus*-*Metaganides qinghaiensis* 组合(治多县扎根额钦曲)和陆棚相的巴贡组 *Nodotibetites* cf. *nodosus*-*Paratibetites* cf. *wheeleri* 组合(雀莫错)。

巴塘群的生物化石主要有腕足类、珊瑚和双壳类,化石主要产于中组上部,在测区以腕足类为主,称为 *Rhaetinopsis pentagonalis*-*Yidunella pentagona*-*Oxycolpella robinsoni* 组合,总体来看,与治多—杂多一带结扎群波里拉组腕足类 *Sacothyris sinosa*-*Timorhynchia nimassica*-*Rhaetiopsis* cf. *pentagonalis* 组合生物群面貌相近,有较多相同的属,产出层位相当,双壳类属种相对较少,计有 *Pteria*, *Chlamys*, *Neomegalodon* (*Neomegalodon*), *Unionites* 等。总体来看,结扎群和巴塘群的双壳类化石在属种上各地有所不同,但彼此间尚可很好地对比,其间的差异更多的与沉积环境有关,而腕足类组合在藏东、青南地区相当层位上属种面貌差别相对较小。

克南群的化石较为稀少,目前仅见少量的箭石、植物 *Ctenis* sp. 等,与前述羌北-昌都-思茅地层区差别明显。

巴颜喀拉山群则以遗迹化石最为丰富,另见少量单调的双壳类 *Halobia*、孢粉和疑源类化石。双壳类化石反映沉积水体相对较深,与前述相当层位生物群面貌差别明显。

3. 火山岩地层对比

晚三叠世火山岩在羌北-昌都-思茅地层区较为发育,而在测区范围内的巴颜喀拉地层区则较少。结扎群与巴塘群的火山岩有较多的共性,结扎群火山岩主要是由钙碱性玄武岩、粗面安山岩组成的一套中基性岩石,岩石化学上表现为低Ti,高Al,轻稀土元素富集,轻重稀土呈现较强的分馏并具有轻微的负Eu异常;富集大离子亲石元素,亏损高场强元素,属岛弧构造环境(段其发等,2011)。巴塘群火山岩是由钙碱性玄武岩、粗面安山岩、流纹岩等组成的一套基性—中性—酸性岩石，岩石化学表现为低 Ti，轻稀土元素富集，富集大离子亲石元素，亏损高场强元素，属岛弧环境。测区及相邻地区巴塘群尚未有同位素年龄的报道，根据生物化石及层序对比来判断，应与结扎群层位相当或略晚。在巴塘群中组上段及上组底部层位采吾曲一带可见有凝灰岩层，表明区域上此时期相邻地区有火山活动，然而在结扎群该层位中未有火山活动的报道。总体上来看，晚三叠世结扎群与巴塘群火山岩均形成于岛弧环境。

4. 晚三叠世砂岩物源区构造背景判别

（1）碎屑岩常量元素

陆源碎屑成分是板块构造背景下的物源区与沉积盆地有机结合配置的产物，因而是揭示构造环境的有效标志（蔚远江，2000）。碎屑岩常量元素可用来追溯盆地和物源区的大地构造背景。砂岩的常量元素分析结果见表 2-4。

表 2-4　测区及邻区晚三叠世砂岩常量元素化学组成表

样品号	岩性	SiO_2	TiO_2	Al_2O_3	Fe_2O_3	FeO	MnO	MgO	CaO	Na_2O	K_2O	P_2O_5	灼失量
E-6b1	石英砂岩	77.12	0.539	10.11	0.617	1.34	0.018	0.756	1.21	1.78	4.24	0.148	2.19
E-11b3	粉砂岩	68.82	0.567	10.61	3.62	1.06	0.05	1.26	4.45	0.281	2.80	0.108	6.18
E-23b1	砂岩	75.80	0.434	9.05	1.88	1.42	0.06	0.792	2.30	2.61	1.89	0.083	2.93
E-24b1	砂岩	75.66	0.377	10.04	0.653	1.64	0.057	1.08	2.59	3.60	1.21	0.072	3.08
E-25b1	粉砂岩	72.73	0.682	12.18	2.82	1.16	0.036	1.44	0.84	1.94	3.34	0.174	2.62
E-26b1	砂岩	72.20	0.477	10.32	2.20	0.93	0.104	1.88	2.24	3.22	1.78	0.094	3.64
E-26b2	砂岩	56.38	0.53	10.55	2.47	0.915	0.478	4.31	8.10	1.77	2.83	0.106	11.18
CW-15g1	岩屑石英砂岩	73.34	0.638	11.90	1.67	2.26	0.044	1.18	1.01	2.94	1.83	0.129	2.22
CW-18g	岩屑石英砂岩	77.74	0.474	9.34	2.66	1.19	0.029	1.06	0.731	3.45	0.735	0.079	1.68
CW-16g1	岩屑石英杂砂岩	69.52	0.666	13.70	0.649	3.26	0.049	1.63	1.62	2.42	2.36	0.158	3.48
QJ-19g1	钙质粉砂岩	48.12	1.49	14.53	2.78	8.24	0.163	8.49	8.31	2.78	0.439	0.179	3.62
DR-1g1	石英砂岩	50.15	0.345	14.97	1.48	4.08	0.142	11.07	12.00	2.30	0.212	0.026	2.59
DR-3g1	石英砂岩	50.40	1.52	14.55	2.37	6.97	0.16	6.62	8.73	3.54	0.573	0.161	2.96
DT-25g	石英砂岩	52.16	0.92	14.96	1.70	7.33	0.146	7.19	8.04	1.94	1.70	0.170	2.70
NQ-34g	粉砂岩	47.46	1.55	14.02	2.67	7.78	0.159	6.92	10.6	3.73	0.347	0.173	3.42
NZ-7g1	石英砂岩	68.64	0.298	15.51	1.04	2.44	0.062	1.52	4.56	3.42	0.824	0.106	0.78

注：样品号 E 为治多县俄撒金南部结扎群，CW 为治多县采吾曲巴塘群，DR、DT、NZ 分别为治多县多日老龙、曲麻莱县冬特考、曲麻莱县年扎巴玛巴颜喀拉山群。

（2）结扎群和巴塘群砂岩构造环境判别

将结扎群和巴塘群的砂岩化学分析结果，利用 Bhatia（1983）的判别公式（表 2-5）计算出各判别函数值（表 2-6），并进行构造背景函数判别。从图 2-25 和图 2-26 上可见，10 个样品点中 5 个落入大陆岛弧区，1 个落入被动大陆边缘区，1 个落入活动大陆边缘区，3 个落入大洋岛弧区，总体来看较为分散，但以大陆岛弧区为主。前人研究表明，巴颜喀拉山群砂岩物源区也主要为大陆岛弧及其附近的被动大陆边缘和大洋岛弧区（青海区调综合地质大队，1993a；杜德勋等，1999）。因此，晚三叠世巴颜喀拉地块和北羌塘地块的沉积物可能来自统一的物源区，推测可能为昆仑造山带。

表 2-5　砂岩构造环境判别函数的变量及其系数表

（据 Bhatia，1983）

变量	SiO_2	TiO_2	Al_2O_3	Fe_2O_3	FeO	MnO	MgO	CaO	Na_2O	K_2O	P_2O_5	常数
判别函数 F_1	−0.044 7	0.008	−0.267	0.208	−3.08	0.14	0.195	1.719	0.719	−0.032	7.51	0.303
判别函数 F_2	−0.421	1.988	−0.526	−0.551	−1.61	2.72	0.881	−0.907	−0.177	−1.84	7.224	43.57

注：判别公式 $F=a_1x_1+a_2x_2+a_3x_3+\cdots+a_nx_n+C$，$x_1\sim x_n$ 为 n 个判别变量，$a_1\sim a_n$ 为其相应系数，C 为常数。

表 2-6　砂岩判别函数值表

样品号	判别函数 F_1	判别函数 F_2	样品号	判别函数 F_1	判别函数 F_2
E-6b1	−0.93	−3.07	E-26b1	−0.36	2.73
E-11b3	−2.17	−0.77	E-26b2	−0.43	5.50
E-23b1	−0.83	−0.12	CW-15g1	−0.23	0.43
E-24b1	0.37	0.60	CW-18g	−0.77	2.45
E-25b1	−1.18	−0.15	CW-16g1	0.41	−0.71

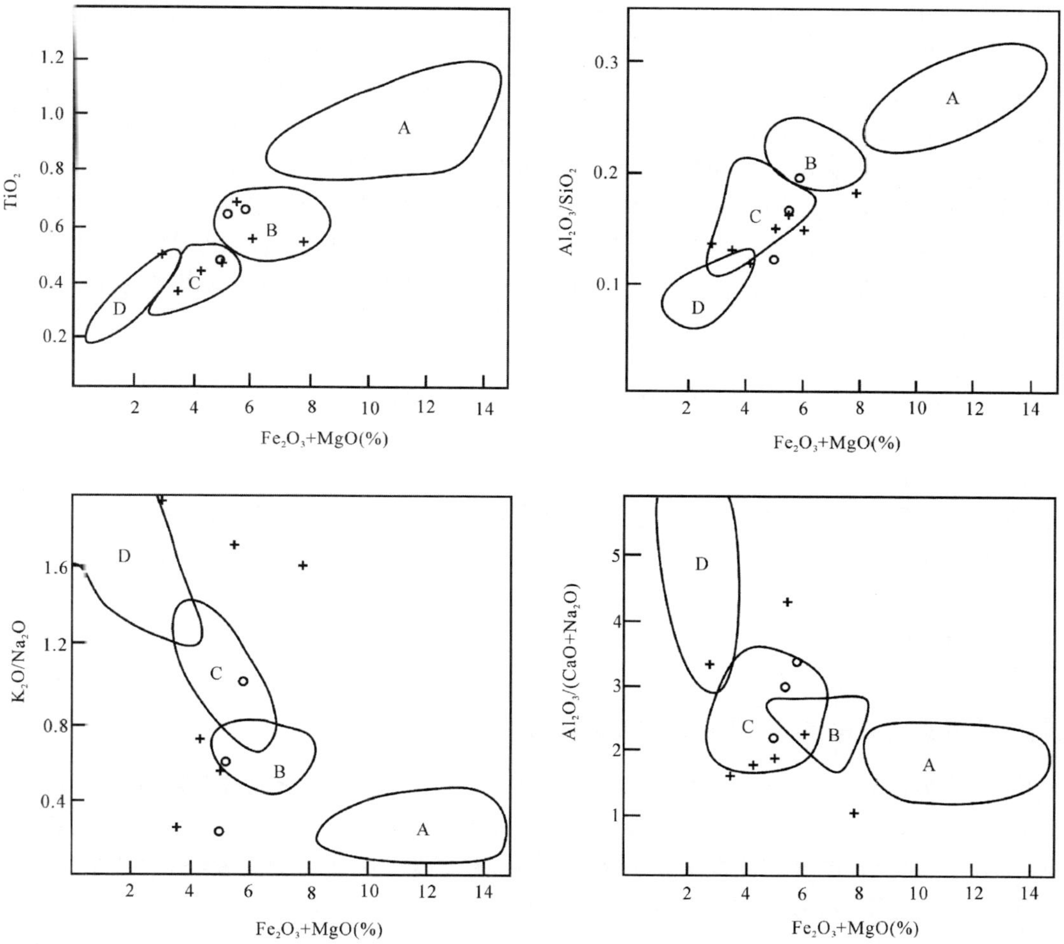

图 2-25　砂岩主量元素化学成分的构造环境判别图解

（据 Bhatia，1983）

A. 大洋岛弧；B. 大陆岛弧；C. 活动大陆边缘；D. 被动大陆边缘；Fe_2O_3 代表全铁；+. 结扎群；o. 巴塘群

综合上述判别结果表明，结扎群与巴塘群沉积盆地物源区主要属于大陆岛弧和活动大陆边缘构造性质（赵小明等，2007a，2007b），而巴颜喀拉盆地物源区则相对较为复杂，但以大陆岛弧构造性质为主（赵小明等，2006c，2008）。

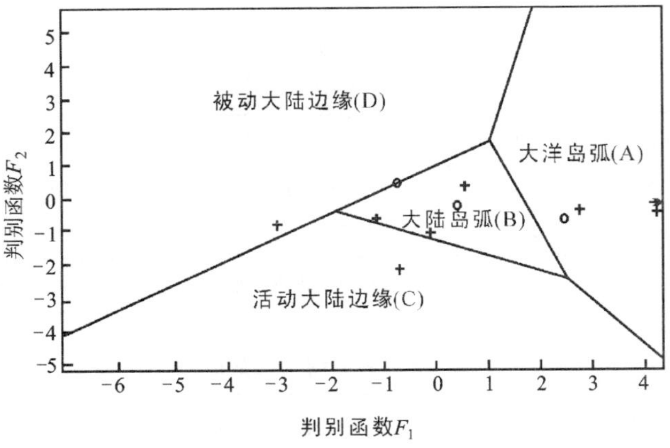

图 2-26　砂岩 F_1—F_2 构造环境判别图

(据 Bhatia,1983)

+. 结扎群;o. 巴塘群

5. 晚三叠世构造背景

岩性组合、沉积背景、生物群面貌实际上显示出晚三叠世的结扎群、巴塘群、克南群及巴颜喀拉山群所处的大地构造背景的差异。结扎群自下往上为磨拉石碎屑岩建造→浅海碳酸盐岩建造→含煤碎屑岩建造,总体上显示出北厚南薄的沉积特点,为弧后前陆盆地沉积产物;巴塘群出露于北羌塘盆地的北缘,紧邻金沙江缝合带南缘分布,沉积环境明显受金沙江缝合带裂解和闭合的制约(李勇等,2002a,2002b;黄继钧,2001),经历了以火山岛弧为特征的晚三叠世阶段,形成了碎屑岩—碳酸盐岩夹火山岩—碎屑岩的地层序列;巴颜喀拉盆地于晚二叠世—中三叠世进入残留洋阶段,晚三叠世转化为周缘前陆盆地,三叠纪末完全闭合,盆地自形成到消亡为一个连续的沉积和地质构造演化过程(张雪亭等,2005)。从测区的实际资料来看,结扎群、巴塘群、巴颜喀拉山群及克南群顶部都经历了相同的海退过程。

第六节　侏罗纪地层

测区侏罗纪地层仅见于玉树-中甸地层分区的治多县扎河乡一带,出露面积约 1.5km²,系本次工作新厘定的岩石地层单位。

一、剖面描述

青海省治多县扎河侏罗纪扎河砂岩实测剖面(Z)

该剖面最早为青海区调队(1993b)测制,位于南部治多县扎河乡北部绞保托斗沟谷,地层出露较好,起点坐标:N34°17′54″,E94°55′36″,海拔 4 683m,终点坐标:N34°17′00″,E94°54′43″,海拔4 714m,全长 3 054m(图 2-27)。青海区调综合地质大队(1993b)认为该套地层属上三叠统,本次工作重新厘定为侏罗系。层序特征如下(层号续接第二章三叠纪克南群剖面,见图 2-15)。

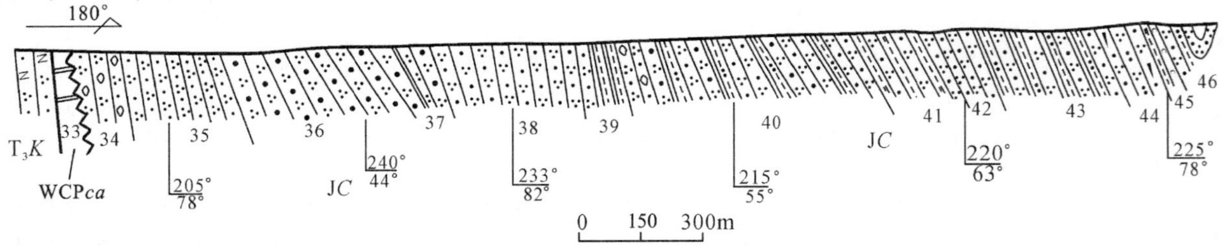

图 2-27　青海省治多县扎河侏罗纪扎河砂岩实测剖面图

侏罗纪扎河砂岩(*JC*)	(未见顶)	**>1 761.59m**
40. 灰色厚层状中细粒、中粗粒石英砂岩夹深灰色含粉砂质板岩，底部砂岩中见小砾石		469.17m
39. 底部3.5m为灰色中层状细粒石英砂岩，其上为灰、灰黑色粘土板岩		73.04m
38. 灰、浅灰绿色中层状细中粒石英砂岩		410.88m
37. 灰、灰绿色中厚层状粗中粒石英砂岩夹黑色粉砂质板岩		149.78m
36. 灰色厚层状粗中粒石英砂岩，发育平行层理		327.39m
35. 红色厚层状夹灰色中层状细粒石英砂岩，平行层理发育		226.33m
34. 红色中厚层状含砾粗中粒石英砂岩夹红色厚层状砂质石英细砾岩，砂岩平行层理发育		105.00m

～～～～～～ 角度不整合 ～～～～～～

下伏层位：通天河蛇绿混杂岩中的碳酸盐岩块(WCP*ca*)　灰白色巨厚层状微—细粒大理岩

二、岩性组合及地质时代

该套地层总体为灰、深灰色中—厚层状细粒石英砂岩、粉砂岩、中粗粒石英砂岩夹少量灰绿色板岩、粉砂质板岩、千枚状粉砂质板岩，暂命名为扎河砂岩，本组底部产红色厚层状石英砂砾岩，与石炭纪—二叠纪大理岩直接接触，二者界面不平整，呈角度不整合接触，剖面中上部石英砂岩发生明显重结晶，具分选性好、成熟度高的特征，可能形成于高能海滩环境。本次工作中未采获化石，因其覆于晚三叠世克南群之上，且岩石区域变质作用弱，暂定地质时代为侏罗纪，为区内时代最新的海相沉积。厚度大于1 761.6m。

第七节　古近纪地层

测区古近纪地层主要分布于测区西南部的西金乌兰-金沙江地层分区和巴颜喀拉地层区玉树-中甸地层分区的口前曲、崩曲、傲玛涌一带，总体呈北西-南东向展布。出露面积约336km^2，占测区总面积的2.2%。

一、剖面描述

测区内地层剖面无顶底，且露头差，故参考毗邻测区西部的青海省治多县郡钦贝木敖沟剖面(青海区调综合地质大队，1993b)测制，描述如下：

雅西措组(E_3y)	(未见顶)	**>517.40m**
11. 灰黄色中厚层状亮晶内碎屑灰岩		>188.47m
10. 黄灰色复成分砂砾岩夹含砾砂岩透镜体		23.27m
9. 灰色中粗粒岩屑砂岩		5.65m
8. 灰黄色含内碎屑泥晶灰岩		14.04m
7. 灰黄色含粗砂钙质岩屑砂岩夹复成分砂砾岩		74.50m
6. 灰黄色豆粒状灰岩		17.89m
5. 灰黄色薄—厚层状内碎屑泥晶灰岩		63.52m
4. 灰色薄层状含粗砂中细粒长石岩屑砂岩		10.52m
3. 灰色复成分砂砾岩夹含砾岩屑砂岩		23.84m
2. 浅灰白色不纯泥晶灰岩夹少量钙质砂岩		99.70m

———— 整　合 ————

沱沱河组($E_{2\text{-}3}t$)	**499.15m**
1. 灰紫色厚层-块状灰岩砾岩	499.15m

～～～～～～ 角度不整合 ～～～～～～

下伏地层：三叠纪巴塘群　灰白色块状泥晶生物碎屑灰岩

二、岩石地层

1. 沱沱河组($E_{2-3}t$)

由"沱沱河群"演变而来(青海区调综合地质大队,1989),下部岩性为紫红色厚层块状砾岩夹含砾岩屑粗砂岩、紫红色中层状泥质粉砂岩,上部为紫红色泥岩夹岩屑砂岩。砾岩中砾石成分以砂岩、板岩为主,少见石英等,砾石分选性差,磨圆一般,多呈次棱—次圆状。砂岩具有不等粒结构,碎屑成分主要为岩屑、石英,接触—孔隙式胶结,为冲洪积扇—河流相沉积,与下伏地层呈角度不整合接触,厚度不稳定,变化大。厚度大于 499.15m。

2. 雅西措组(E_3y)

由"雅西措群"演变而来(青海区调综合地质大队,1989),岩性以灰白色、青灰色中—厚层状泥灰岩、钙质泥岩为主,夹紫红色薄—中层状细砂岩、粉砂岩、泥岩。向上泥岩逐渐增多增厚,产孢粉化石,为湖相沉积。与下伏沱沱河组呈整合接触,或与下伏前古近纪地层呈角度不整合接触。厚度大于 517.40m。

三、地质时代讨论

本次工作在雅西措组中发现少量的孢粉化石,其中以裸子植物花粉在组合中占绝对优势,主要有 *Pinuspollenites*, *Abietineaepollenites*, *Piceapollis*, *Abiespollenites*, *Podocarpidites*, *Cedripites* 等,蕨类植物孢子有 *Pterisisporites*, *Pyrrosia*, *Polypodiisporites*, *Lygodiumsporites*, *Lygodioisporites*, *Onychiumsporites*;被子植物花粉有 *Fupingopollenites*, *Chenopodipollis*, *Nitrariadites*, *Ostryoipollenites*, *Betulaceoipollenites*, *Alnipollenites*, *Lonicerapollis*, *Cupuliferoipollenites*, *Ulmipollenites*, *Plicapollis*, *Aceripollenites*, *Quercoidites*, *Salixipollenites* 等。当前组合中,蕨类植物孢子和被子植物花粉都很贫乏,这可能与针叶林茂盛有关,反映的古气候为暖温带—亚热带型;其总体特征与唐古拉山中段赤布张错地区渐新世雅西措组的孢粉组合大致可以对比(段其发等,2008),其下伏地层沱沱河组的岩性组合及层序特征与赤布张错地区的同名地层也可以对比,后者的时代为始新世—渐新世(段其发等,2007)。据此,将测区沱沱河组的地质时代定为始新世—渐新世,雅西措组的时代定为渐新世。

第八节　新近纪地层

测区新近纪地层主要分布于曲麻莱小区,总体呈北西-南东向展布,为一套冲洪积扇—河流相沉积。出露面积约 870km^2,占测区总面积的 5.7%。

一、剖面描述

共实测两条剖面,修测一条剖面。实测剖面地层特征描述如下。

1. 青海省曲麻莱县龙玛新近纪曲果组实测剖面(LM)

剖面位于青海省曲麻莱县城龙玛北西约 1.5km 处,起点坐标:N34°12′07″,E95°47′37″,海拔 4 458m,剖面全长 1 403m。剖面上地层出露较好,与下伏巴颜喀拉山群板岩组呈角度不整合接触(图 2-28)。

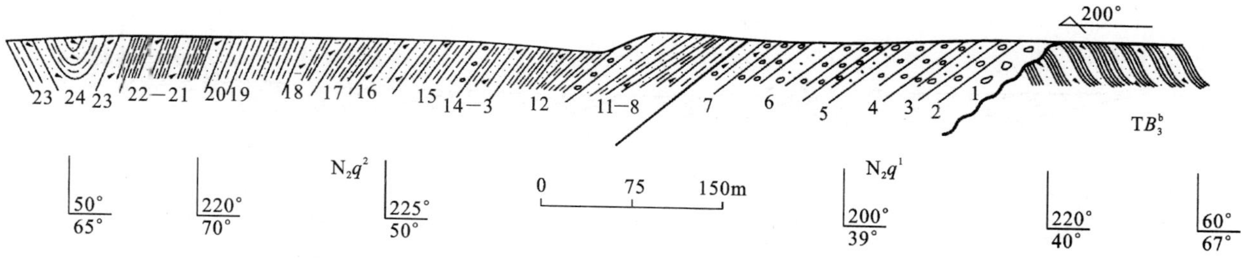

图 2-28　青海省曲麻莱县龙玛新近纪曲果组实测剖面图

新近纪曲果组(N_2q)　　（未见顶）　　**>850.22m**

24. 紫红色中层状细粒岩屑砂岩夹紫红色厚层状泥岩　>35.30m
23. 青灰色中层状细粒岩屑砂岩夹紫红色厚层状泥岩，劈理发育　16.43m
22. 紫红色中薄层状泥岩夹紫红色中薄层状细粒岩屑砂岩，局部二者互层，砂岩中可见生物遗迹　63.00m
21. 灰—紫灰色细粒岩屑砂岩夹薄层状泥岩　11.87m
20. 紫红色厚层状泥岩与中薄层状细粒岩屑砂岩互层，砂岩中发育沙纹层理，互层比为 5∶1　24.43m
19. 紫红色泥岩夹薄层状砂岩，发育小型槽状交错层理　47.92m
18. 紫红色中层状细粒长石岩屑砂岩夹薄层状泥岩，可见钙泥质结核　31.53m
17. 紫红色厚层状泥岩偶夹紫红色中薄层状细粒岩屑砂岩，泥岩多掩盖，向上砂岩逐渐增多　33.58m
16. 紫红色中层状细粒岩屑砂岩，单层厚约 20cm，发育平行层理　32.81m
15. 底部为紫红色中层状细粒岩屑砂岩、向上为泥岩夹砂岩，砂岩沙纹层理发育　63.1m
14. 紫红色中层状泥岩夹细粒岩屑砂岩　11.14m
13. 紫红色中层状细粒岩屑砂岩夹泥岩　13.4m
12. 底部为紫红色中层状砾岩、向上为紫红色泥岩偶夹细粒岩屑砂岩，砂岩平行层理发育　116.7m
11. 浅紫红色厚层状中细粒岩屑砂岩　13.43m
10. 紫红色薄层状泥岩夹细粒岩屑砂岩　20.15m
9. 紫红色厚层状细粒岩屑砂岩夹粉砂岩，砂岩发育平行层理，偶见生物钻孔　31.13m
8. 紫红色厚层状泥岩夹紫红色中层状细粒岩屑砂岩　8.30m
7. 紫红色厚层状含砾粗粒岩屑砂岩，平行层理发育　29.32m
6. 紫红色中层状砾岩夹厚层状含砾不等粒砂岩　99.61m
5. 紫红色厚层状含砾粗砂岩夹紫红色厚层状细粒岩屑砂岩，发育巨型槽状交错层理　23.45m
4. 紫红色块状中砾岩　40.27m
3. 紫红色厚层状含砾粗砂岩夹砾岩，发育平行层理　28.00m
2. 紫红色厚层状粗砾岩　19.50m
1. 紫红色块状砾岩，夹砂岩条带，颗粒支撑　35.85m

～～～～～～～　角度不整合　～～～～～～～

下伏地层：三叠纪巴颜喀拉山群板岩组中段(TB_3^b)　青灰色板岩与变质细粒岩屑砂岩互层

2. 青海省曲麻莱县普涌日啊霍新近纪曲果组实测地层剖面(PY)

剖面位于青海省曲麻莱县普涌日啊霍以南约 1.1km，起点坐标：N34°08′15″，E95°35′48″，海拔4 326m，剖面全长 2 870m。剖面上地层出露较好，与下伏巴颜喀拉山群板岩组呈角度不整合接触(图 2-29)。

新近纪曲果组(N_2q)　　（未见顶）　　**>849.73m**

27. 紫红色薄—中层状泥岩，水平层理发育　>16.16m
26. 紫红色薄层状泥岩夹紫红色中层状细粒岩屑砂岩，砂岩平行层理发育　61.09m
25. 底部为暗红色薄层状细粒岩屑砂岩、向上为紫红色厚层状泥岩　37.11m
24. 底部 50cm 为暗红色中层状细粒岩屑砂岩、向上为紫红色薄层状泥岩夹粉砂岩　42.47m
23. 紫红色中层状泥岩夹薄层状细粒岩屑砂岩，砂岩平行层理发育　71.55m
22. 紫红色中—厚层状泥岩，水平层理发育　28.59m

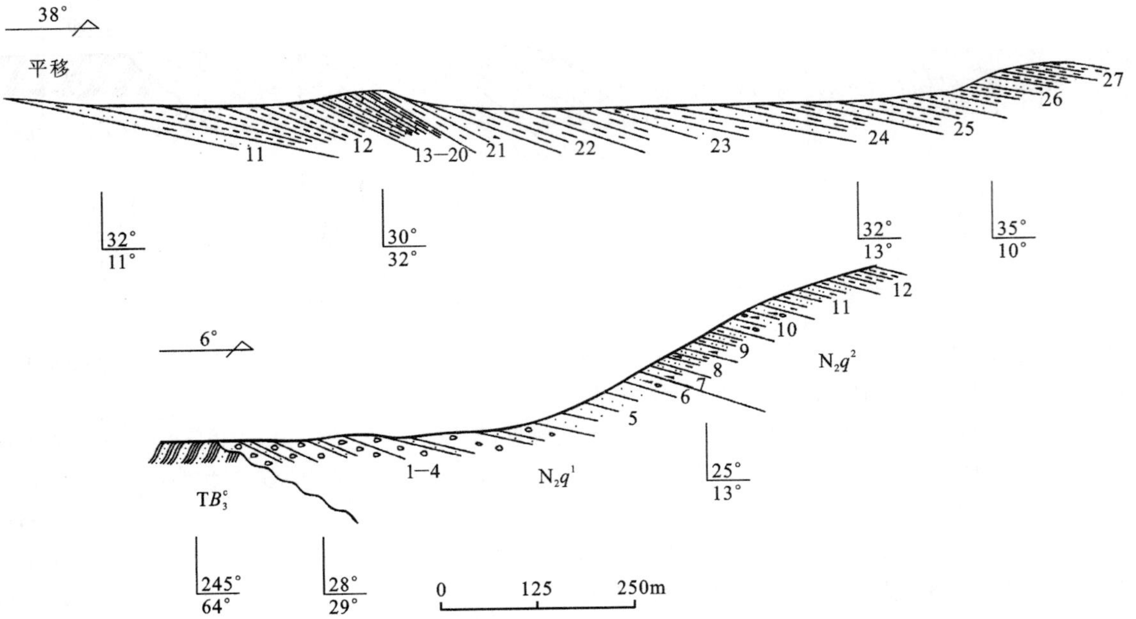

图 2-29　青海省曲麻莱县普涌日啊霍新近纪曲果组实测剖面图

21. 紫红色泥岩与灰色薄层状细粒岩屑砂岩不等厚互层	4.28m
20. 紫红色薄层状泥岩夹灰绿色钙质泥岩，底部见一层厚约 5m 的灰色泥晶灰岩	1.97m
19. 紫红色薄层状泥岩夹薄—中层状细粒岩屑砂岩	3.84m
18. 底部为暗红色薄层状泥岩，向上为灰绿色薄层状泥晶灰岩，平行层理发育	2.63m
17. 底部为紫红色薄层状泥岩，向上夹 30cm 紫红色细粒岩屑砂岩	1.76m
16. 暗红色薄层状泥岩与浅灰绿色泥晶灰岩互层，泥岩与灰岩之比为 2∶1	2.35m
15. 暗红色中层状泥岩夹薄—中层状细粒岩屑砂岩，局部偶夹浅灰绿色泥晶灰岩	11.16m
14. 灰色中层状钙质泥岩夹灰色薄层状泥晶灰岩，灰岩风化成叶片状，水平层理发育，产孢粉化石	4.70m
13. 紫红色厚层状泥岩与紫红色中层状粉砂岩不等厚互层，砂岩平行层理发育	17.63m
12. 紫红色厚层状泥岩	56.96m
11. 紫红色厚层状泥质粉砂岩偶夹细粒岩屑砂岩	46.50m
10. 紫红色厚层状含砾细粒岩屑砂岩，局部见石英砾石和膏盐假晶	39.04m
9. 底部 2m 为紫红色中层状细粒岩屑砂岩，砂岩平行层理发育，向上为紫红色中层状泥质粉砂岩	44.47m
8. 紫红色中层状泥质粉砂岩夹薄层状细粒岩屑砂岩	25.82m
7. 暗红色厚层状细粒岩屑砂岩夹中层状粉砂岩	18.44m
6. 紫红色含砾细粒岩屑砂岩	16.69m
5. 紫红色块状细粒岩屑砂岩，平行层理发育	75.82m
4. 暗红色块状中粗砾岩夹透镜体状粗粒岩屑砂岩	59.83m
3. 底部 2m 为紫红色块状巨砾岩，向上为中粗砾岩夹粗砂岩条带	27.63m
2. 紫红色中粗砾岩夹薄层状—透镜状砂岩	75.68m
1. 暗红色块状粗砾岩，颗粒支撑	55.46m

~~~~~~~~ 角度不整合 ~~~~~~~~

下伏地层：三叠纪巴颜喀拉山群板岩组（TB_3）　青灰色中层状变砂岩夹青灰色板岩

二、岩石地层

曲果组系苟金(1993)命名，指一套由紫红、灰紫、灰—灰白色砾岩、含砾砂岩、砂岩、砂岩夹粉砂岩、泥岩局部夹菱铁矿组合成的地层序列，下与渐新世—中新世查保马组或始新世—渐新世雅西措组不整合接触，地质时代为上新世(?)或新第三纪(黄学诗等，1999；青海省地质矿产局，1997)。本次工作沿用
~~~~~~~~

青海省地矿局(1997)和《中国地层典——第三系》的划分方案。测区的曲果组按岩性组合可以分为两段。

(1) 下段(N_2q^1)

紫红色、暗红色厚层至块状中粗粒砾岩、中—厚层状细粒岩屑砂岩、粉砂岩夹含砾粗粒岩屑砂岩、岩屑细粒砂岩。自下而上砾岩减少、砂岩增多,砾岩中砾石成分以板岩、砂岩为主,分选性差,排列略具定向性,磨圆度中等,多呈次棱—次圆状;砂岩中发育槽状交错层理、平行层理,属洪冲积扇相。

(2) 上段(N_2q^2)

紫红色、暗红色薄—厚层状泥岩夹紫红色薄—中层状细粒岩屑砂岩、粉砂岩,局部夹灰绿色薄层泥晶灰岩。泥岩中水平层理发育,细砂岩中发育沙纹层理、平行层理,属较干旱的浅湖相沉积。

基本层序有两种类型:①砾岩(A)→具平行层理粗砂岩(B)→具沙纹层理细砂岩(C)→泥岩(D),为向上粒度变细的层序结构,单个层序厚 2～30m[图 2-30(a)],在下段中下部层位以 A—B 组合最为常见,而下段中上部层位及上段则以 B—C—D 组合为主;②以泥岩为主体,随机性地出现薄层状砂岩、页片状泥晶灰岩的非韵律性层序[图 2-30(b)],该类型多见于上段。

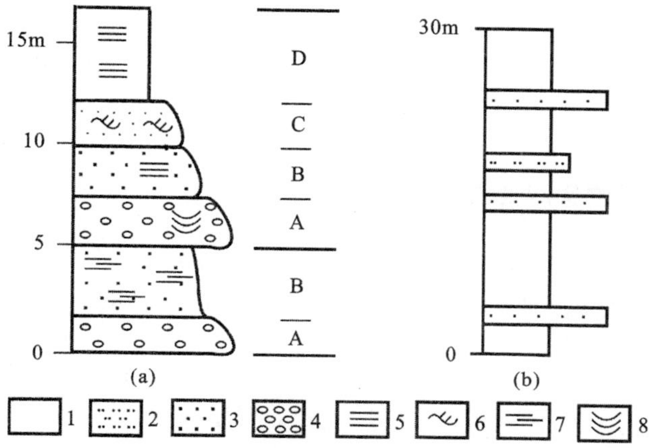

图 2-30 曲果组基本层序图

(曲麻莱县龙玛)

1. 泥岩;2. 粉砂岩;3. 砂岩;4. 砾岩;5. 水平层理;6. 沙纹层理;7. 平行层理;8. 槽状交错层理

三、地质时代讨论

测区内新近纪地层在普涌日啊霍剖面第 14 层的泥晶灰岩及钙质泥岩中见少量孢粉化石,从岩性特征来看,与 1:25 万直根尕卡幅区调报告上新世曲果组相近,且与 1:20 万东风幅区调报告(青海区调综合地质大队,1993c)中上新统下砂砾岩组亦相近,综合对比后认为测区内曲果组地质时代应归属到上新世。

第九节 第四纪地层

测区第四纪地层主要分布在测区东南部和通天河沿岸,约占整个图幅面积的 20%,据时代可将其划分为中更新统、晚更新统和全新统。本次工作在测年结果的基础上,采用地貌地层学和成因类型划分相结合的方法,划分为中更新世冲积层、晚更新世冰水沉积层、洪冲积层及全新世洪冲积层、冲积层、湖相沉积层、沼泽堆积层、风沙堆积层 8 种成因类型(表 2-7)。各成因类型分述如下。

表 2-7　测区第四系成因类型划分表

年代地层		成因类型/填图单位	岩性	代号	厚度(m)
系	统				
第四系	全新世	冲积层	卵石、砂、亚砂土	Qh^{al}	>9.5
		沼泽堆积层	细粉砂、淤泥	Qh^{f}	0.5～3
		湖相沉积层	细粉砂、粉砂质粘土	Qh^{l}	1.1～5.7
		风沙堆积	粉砂、石英砂	Qh^{eol}	0.3～4
		洪冲积层	砂、砾石、粘土	Qh^{pal}	0.5～3
	晚更新世	洪冲积层	砂、砾石、粘土	$Qp_3{}^{pal}$	0.4～6.5
		冰水沉积	砂、砾石	$Qp_3{}^{fgl}$	5～60
	中更新世	冲积层	卵石、砂、亚砂土	$Qp_2{}^{al}$	0.3～5.8

一、剖面描述

1. 中更新世冲积相沉积物实测剖面(QG—B)

剖面位于青海省曲麻莱县通天河北岸,地理坐标:N34°01′58″,E95°49′33″,海拔 4 096m,剖面为天然河岸陡坎,露头较好(图 2-31)。岩性特征自上而下描述如下:

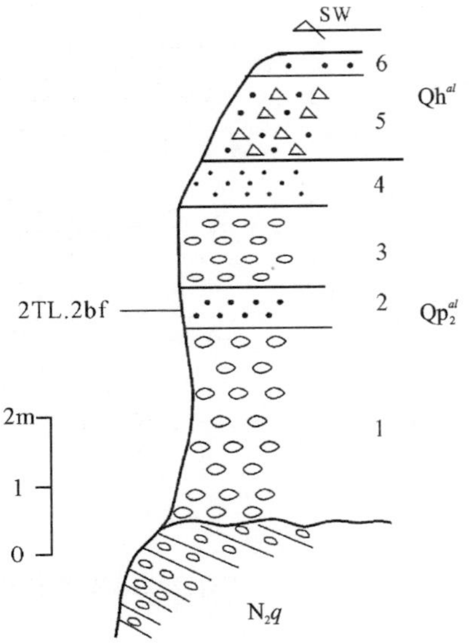

图 2-31　中更新统沉积物实测剖面图
(曲麻莱县通天河北岸)

全新世冲积沉积物(Qh^{al})　**95cm**

6. 黑色根系层　15cm

5. 暗紫色冲积物,杂乱堆积,砾石无分选性　80cm

中更新世冲积沉积物(Qp_2^{al})　**343cm**

4. 土黄色粗细砂相间　43cm

3. 土黄色中粗砾石层,砾石成分以砂岩、板岩为主,磨圆度较好,分选性一般,砾石多呈次圆状,砾径集中在 1.2～6.0cm　77cm

2. 土黄色细砂层,中间 10cm 为粉细砂,上下为粗砂,热释光年龄为 225.81±19.19kaBP　3cm

1. 土黄色粗砾石层,砾石成分以砂岩、板岩为主,砾石分选性差,磨圆较差,砾石多扁平,呈叠瓦状排列,砾径最大 25cm,一般集中在 0.5～8.0cm 之间,局部见透镜状含砾粗砂　220cm

～～～～～～～～　角度不整合　～～～～～～～～

下伏地层:新近纪曲果组(N_2q)　红色块状砾岩

2. 晚更新世—全新世冲积相沉积物实测剖面(QG—A)

剖面位于青海省曲麻莱县通天河北岸,地理坐标:N34°01′58″,E95°49′33″,海拔 4 085m,剖面为天然河岸陡坎,露头较好(图 2-32)。岩性特征自上而下描述如下:

全新世冲积相沉积物(Qh^{al})　**690cm**

13. 黄黑色现代根系层,上生小草　40cm

12. 土黄色细砂层,热释光年龄为 9.94±0.84kaBP　400cm

11. 灰黄色中粗砾石层,砾石成分以砂岩、板岩为主,分选性较好、磨圆度一般,砾石多呈次棱状,砾径最大可达 14cm,大多集中在 1.5～8.0cm　250cm

晚更新世洪冲积相沉积物(Qp_3^{pal}) **454cm**

10. 土黄色细砾石层，砾石成分以砂岩、板岩为主，偶见石英粒，砾石分选性好、磨圆度好，多呈次圆至圆状，砾石砾径多集中在 0.5～4.0cm，热释光年龄为 33.33±2.83kaBP 52cm

9. 灰黄色中砾石层，砾石成分以砂岩、板岩为主，分选性好、磨圆度好，多呈次圆至圆状，砾石排列略具定向性，砾径集中在 1.0～7.0cm 23cm

8. 土黄色含砾细砂层，砾石成分以砂岩、板岩为主，分选性好、磨圆度好，沙体呈透镜状，逐渐向两侧尖灭 34cm

7. 土黄色粗砾石层，砾石成分以砂岩、板岩为主，磨圆度中等，多呈次棱至次圆状，分选性一般，排列具有定向性，砾径多集中在 0.5～9.0cm，偶见直径 40cm 左右的卵石 120cm

6. 土黄色中砾石层，砾石成分以板岩、砂岩为主，砾石分选性好、磨圆度好，排列具有定向性，砾径多集中在 1.2～6.0cm 95cm

5. 土黄色粗砾石层，砾石成分以砂岩、板岩为主，偶见石英粒，砾石分选差、磨圆度好，排列不具定向性，砾径最大为 30cm，最小为 0.3cm，多集中在 2.0～10cm 67cm

4. 灰黄色含砂细砾石层，砾石成分以板岩、砂岩为主，砾石磨圆度好，分选性一般；可见细砂透镜体，长约 50cm，高约 7cm 10cm

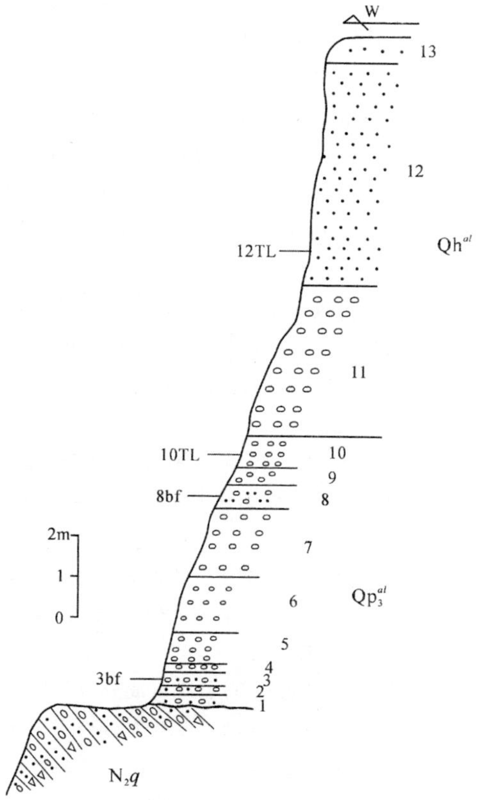

图 2-32 晚更新世—全新世统冲积相沉积物剖面图
(曲麻莱县通天河北岸)

3. 灰黄色含砂中砾石层，砾石成分以板岩、砂岩、石英为主，磨圆较好，多呈扁平状，排列具有定向性，呈叠瓦状，砾石 *ab* 面产状为 343°∠17° 20cm

2. 灰黄色含砂细砂层，砾石成分以板岩、砂岩、石英为主，砾石磨圆度好，分选性一般，砾石多呈扁平状，排列具有定向性，*ab* 面与层面平行，砾径多集中在 0.2～0.7cm 13cm

1. 灰黄色砂砾石层，砾石成分以砂岩、板岩、石英为主，磨圆一般，分选性差，多呈次棱状到次圆状，砾径最大 9cm，最小 0.2cm，80%砾石砾径集中在 0.5～3.0cm，基质为砂屑 20cm

~~~~~~~~~~~~ 角度不整合 ~~~~~~~~~~~~

下伏地层：新近纪曲果组 紫红色中—厚层状含砾粗粒岩屑砂岩

3. 晚更新世冲积相沉积物实测剖面(NA)

剖面位于青海省曲麻莱县曲麻河乡那曲下游，地理坐标：N34°43′17″，E94°48′43″，海拔4 256m，剖面为那曲河岸，露头良好(图 2-33)，岩性特征描述如下：

全新世风沙堆积(Qh^{eol}) **14cm**

18. 土黄色细砂层，上部有稀疏小草，为风沙堆积 14cm

晚更新世冲积相沉积物(Qp_3^{al}) **>1 023cm**

17. 青灰色粗砾石层，砾石成分以板岩、砂岩为主，磨圆度较好，分选性一般，砾径最大达 8.0cm 30cm

16. 土黄色含砾细砂层，砾石成分以砂岩、板岩为主，磨圆度较好，多呈次圆到圆状，砾径从 0.2～1.0cm 不等 21cm

15. 青灰色中砾石层，砾石多呈扁平状，成分以砂岩、板岩为主，磨圆度较好，砾径 0.5～2.5cm 不等 26cm

14. 土黄色含砾细砂层夹细砾石透镜体，砾石成分以砂岩、板岩为主，分选性好，磨圆度好，砾径从 0.5～3.0cm 不等。透镜体 *a* 轴长约 48cm，*b* 轴长约 14cm 24cm
~~~~~~~~~~~~

13. 青灰色粗砾石层，砾石成分以砂岩、板岩为主，分选性较差，磨圆度较差，多呈次棱角状，砾径最大可达 30cm	40cm
12. 土黄色含砾细砂层，下部砾石较多，向上逐渐减少。砾石成分以板岩、砂岩为主，磨圆度较好，分选性一般，多呈扁平状，沙纹层理发育	42cm
11. 青灰色中砾石层，砾石成分以砂岩、板岩为主，分选性较好，磨圆度较好，砾石多呈次棱到次圆状	23cm
10. 土黄色细砂层	70cm
9. 青灰色中砾石层，砾石成分以砂岩、板岩为主，磨圆度较好，砾石排列具定向性，多呈扁平状	32cm
8. 土黄色细砂层	37cm
7. 灰色中砾石层，砾石成分以砂岩、板岩为主，磨圆度一般，砾径多集中在 3～10cm	12cm
6. 土黄色细砂层	14cm
5. 灰色细砾石层与土黄色含砾细砂层互层，可见 6 个层序。砾石成分以砂岩、板岩为主，分选性、磨圆度好	55cm
4. 土黄色细砂层	22cm
3. 灰色含砂粗砾石层，砾石成分以砂岩、板岩为主，磨圆度一般，砾径最大达 20cm，多集中在 6～17cm	25cm
2. 土黄色含砾细砂层，砾石成分以砂岩，板岩为主，磨圆度好，多呈次圆到圆状，沙纹层理发育	50cm
1. 青灰色粗砾石与细砾石互层，夹土黄色细砂透镜体	＞500cm

（未见底）

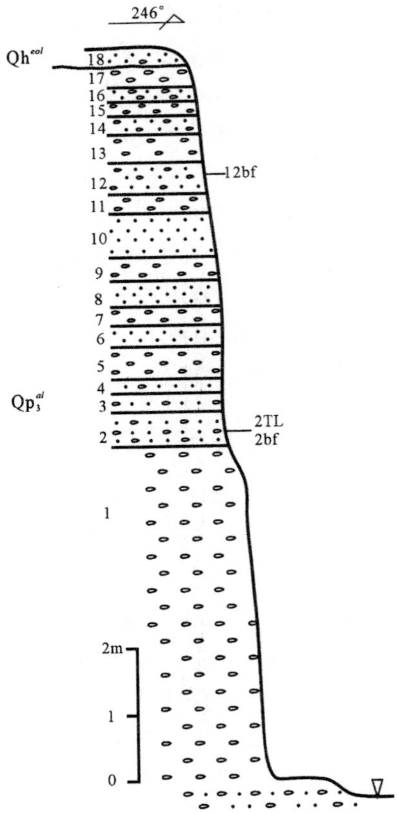

图 2-33　晚更新世冲积相沉积物剖面图

（曲麻莱县那曲下游）

4. 晚更新世河流阶地剖面（QZ）

剖面位于青海省曲麻莱县秋智乡昂日曲下游，地理坐标：N34°42′34″，E95°36′13″，海拔 4 318m。本剖面最早由青海区调队（1992b）测制，剖面露头较好（图 2-34），本次工作对剖面重新进行观察，岩性特征自下而上描述如下：

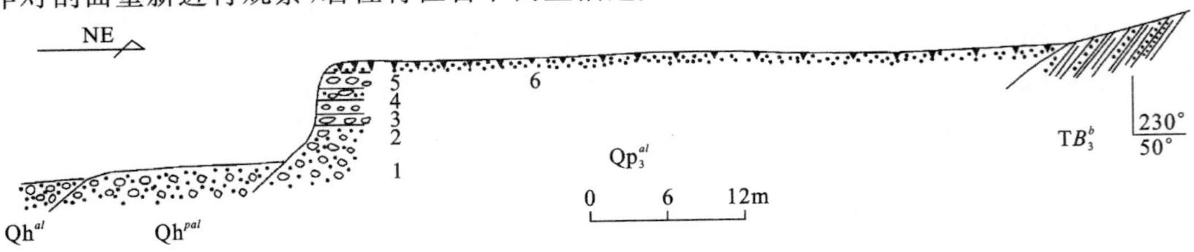

图 2-34　晚更新世河流阶地剖面

（曲麻莱县昂日曲下游）

晚更新世河流阶地沉积（Qp_3^{al}）	**＞10.56m**
6. 灰黑色腐殖亚砂土层	4.98m
5. 灰色巨砾石层	1.67m
4. 黄灰色中粗粒砂层夹灰色细砾石透镜体	1.08m
3. 灰色中砾石层夹黄灰色含砾粗砂层	0.87m
2. 灰色中薄层状中—粗砾石层与黄灰色含砾砂互层	0.98m
1. 灰色中—粗粒砂砾石层	＞0.98m

（未见底）

5. 全新世冲积相沉积物实测剖面（DY）

剖面位于青海省曲麻莱县登恩涌北岸，地理坐标：N34°15′33″，E95°45′20″，海拔 4 283m，剖面为天然河岸陡坎，露头较好（图 2-35）。岩性特征自上而下描述如下：

全新世冲积相沉积物（Qh^{al}）　**1 193**cm

12. 灰黄色细砂层与青—青灰色细砾石层互层，上生小草　75cm

11. 灰—青灰色砾石层，中间夹砂质条带透镜体和细砾石透镜体；砾石成分复杂，以砂岩、板岩为主，分选性差、磨圆度差，砾径最大 15cm，一般集中在 0.5～4cm　65cm

10. 底部 3cm 为青灰色含砂砾石层，砾石成分以砂岩、板岩为主，分选性差，磨圆度一般，砾径最大 5cm，多集中在 0.5～2.5cm 之间；向上 6cm 为土黄色粉砂层，向两边渐灭，沙纹层理发育　14cm

9. 底部 19cm 为砾石、砂、粘土的混杂层，弱固结，砾石含量 40%，成分复杂，以砂岩、板岩、石英为主，无分选，磨圆度差，多呈次棱状；顶部 4cm 为土黄色细砂层，沙纹层理发育，热释光年龄为 7.89±0.67kaBP　23cm

8. 青灰色砾石层，砾石成分以砂岩、板岩为主，分选性差，磨圆度差，多呈次棱状，砾石砾径最大 13cm，大多集中在 0.5～4cm，砾石排列定向性不明显　35cm

7. 灰黄色砂土层　18cm

6. 灰黄色砂砾石层，呈长透镜状，向两侧尖灭；砾石以砂岩为主，分选性差，磨圆度一般，多呈次棱状，砾石砾径为 0.5～6cm　47cm

5. 灰黄色粘土质粉砂层　30cm

4. 灰—青灰色砾石层，砾石成分以变砂岩、板岩、石英为主，分选性一般，磨圆度差，砾石多呈扁平状，有定向性，砾石扁平面指向河流上游，砾石砾径最大 15cm，多集中在 0.3～4cm　36cm

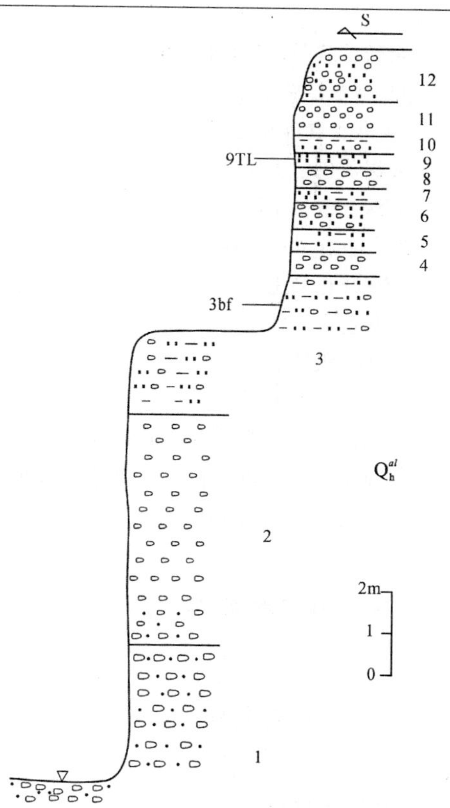

图 2-35　晚更新世冲积相沉积物剖面图
（曲麻莱县登恩涌北岸）

3. 灰黄色含砾细砂土，沙纹层理发育，砾石成分以砂岩、板岩为主，砾石砾径多集中在 0.1～3.5cm　250cm

2. 灰黄色砂砾石层，砾石成分以砂岩、板岩为主，无分选性，磨圆度一般，呈次棱—次圆状分布，砾石砾径多集中在 0.3～3cm　380cm

1. 灰黄色砂砾石层，砾石成分以砂岩、板岩为主，无分选性，磨圆度一般，多呈次棱—次圆状；砾石多呈扁平状排列，略具定向性，指向河流上游。砾径最大 21cm，多集中在 1.5～6.0cm　220cm

6. 全新世滨湖相沉积物实测剖面（GM—A）

剖面位于青海省曲麻莱县叶格乡高玛陇北岸，地理坐标：N34°47′14″，E95°04′17″，海拔4 345m，剖面出露良好（图 2-36），岩性特征自上而下描述如下：

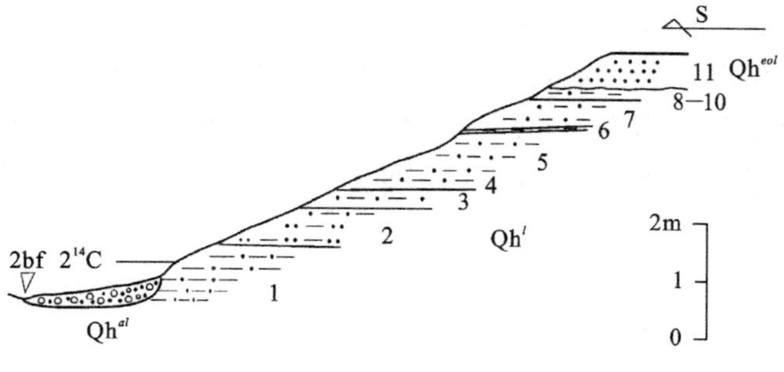

图 2-36　全新世湖相沉积物剖面
（曲麻莱县高玛陇北岸）

全新世风沙堆积物（Qh^{eol}）　**>40**cm

11. 灰黄色细砂层，上生小草　>40cm

全新世滨湖相沉积物(Qh^{l}) ＞247cm

11.深灰色粘土层 3cm

10.灰色含砂粘土层 5cm

9.深灰色粘土层 4cm

8.深灰色粘土层 4cm

7.灰色含砂粘土层 34cm

6.深灰色粘土层 7cm

5.灰色含砂粘土层 67cm

4.灰色粗砂层 3cm

3.灰色含砂土层 20cm

2.底部1cm为褐黄色砂土层,向上为灰色含土砂层,发育水平条纹,产腹足类,个体保存完好 44cm

1.浅灰绿色含砂粘土层,发育水平纹理,产腹足类,个体保存完好,冻融褶皱发育,^{14}C年龄为7.02±0.125kaBP ＞60cm

二、沉积物特征

(一)中更新统

冲积相(Qp_2^{al}) 0.3～5.8m

分布于曲麻莱县通天河大桥北岸,出露面积不足1km²,主要是土黄色的砂、亚砂土,灰色的砾石、卵石,砾石成分以砂岩、板岩为主,次有石英;砾石磨圆度较好,多呈次圆状,分选性一般。该层热释光(TL)年龄为225.81±19.19kaBP,时代属于中更新世晚期。

(二)上更新统

1. 冰水沉积(Qp_3^{fgl}) 5～60m

分布于图幅东北角的安姑岗、陇玛岗及测区西南部的索岗公俄一带,其他地方零星分布,多组成山前扇形地貌。岩性为灰色、灰黄色砂砾石组成,砾石砾径一般5～10cm,最大可达20cm,磨圆度一般,分选性差。

2. 洪冲积层(Qp_3^{pal}) 0.4～6.5m

上更新统冲洪积层是测区第四系中分布最广的一种成因类型,它主要分布于山前地带,构成山前缓倾斜平原,或在沟谷出口处形成小型扇形地貌,部分地区扇体相连形成洪冲积扇群。地表多有现代浮土覆盖,且有植被生长。沉积物主要由松散的灰、灰黄色砂、砾和粘土组成,不同的粒级混杂堆积,无分选,砾石棱角明显,表明其搬运不远,局部地段可见砾石表面发育褐色、黑色铁质薄膜,证明其经历过较长时间的湿热风化作用,在曲麻莱县通天河大桥北岸剖面的年龄为33.33±2.83kaBP,属晚更新世晚期。

(三)全新统

1. 洪冲积层(Qh^{pal}) 0.5～3.0m

全新统冲洪积层在测区分布较少,主要集中在昂日曲等现代河谷中,地貌上组成河床、河漫滩及Ⅰ级阶地。沉积物主要由松散的灰、灰黄色砂、砾和粘土组成,砾石成分以砂岩、板岩为主,其次有少量脉石英、花岗岩等,砾石磨圆度较好,分选性差。

2. 冲积层(Qh^{al}) >9.5m

全新统冲积层在测区分布较广，多呈狭窄带状分布于现代河流中，早期沉积物形成河流阶地，在曲麻莱县登恩涌北岸，冲积物年龄为7.89±0.67kaBP。晚期沉积物地貌上构成现代河床、河漫滩，通常在丰水期被淹没，枯水期出露于水面，目前，沉积作用尚处在动态之中，测区内的主要河流如通天河、楚玛尔河、色吾曲等河漫滩发育，具辫状河特征，河流下切作用弱。测区内的冲洪积相沉积与现代河流关系密切，是现代河流搬运的产物，其堆积物主要为灰色的砂、砾石、卵石和亚砂土，顺流方向，沉积物粒度变细，砂、砾成分以砂岩、板岩为主，其次为石英等，磨圆度较好，分选性一般。

3. 风沙堆积(Qh^{eol}) 0.3～4.0m

全新统风沙堆积在测区主要分布于通天河沿岸、测区西南部、中部等地区，出露较好的地段常构成移动的新月形沙丘、沙陇和风沙陡坎、洼地。主要由中细粒长石、石英、粉砂组成，见风沙波痕。在图幅西北部通天河边和东南部通天河边取两个风沙TL样品，经测定年龄为7.09±0.60kaBP和9.94±0.84kaBP，时代属于全新世早期。

4. 湖相沉积层(Qh^{l}) 0.3～4.0m

分布于测区西南部高玛陇边缘，出露较好。沉积物主要是灰色、浅灰绿色细粉砂、含粉砂质粘土。曲麻莱县高玛陇北岸^{14}C年龄为7.02±0.125kaBP，为全新世早期。

5. 沼泽堆积(Qh^{f}) 0.5～3m

全新统沼泽堆积分布较广泛，主要分布在测区西南部山间地形低洼部位及河流边缘，地势平坦，呈带状、片状分布。沉积物主要为黑色淤泥、粘土、亚砂土及腐殖层，下为蓝灰、灰黑色淤泥、粘土、亚砂土，上有积水、植被的双层结构体系，局部地段发育泥炭层，时代为全新世中—晚期。

第三章　岩浆岩

随着地壳深熔、底侵、拆沉、伸展垮塌作用和岩浆混合等造山带岩浆作用新理论的提出，造山带岩浆的起源及其侵位机制的认识也逐渐深入。因此，在造山带地质填图过程中对岩浆岩类的划分和研究，必须紧密围绕造山带的形成演化这一主线进行，才能更深刻地揭示构造环境与岩浆作用的内在联系及岩浆形成的机制，合理地反映岩浆作用特征。

依据岩体产出的构造单元及其大地构造背景，将测区岩浆岩划分为巴颜喀拉构造-岩浆岩带和扎河构造-岩浆带。在各岩带中，以侵入岩野外地质产状和岩石组合为基础，以构造-岩浆事件为主线，建立区内花岗岩的构造-岩浆演化序列。将空间上相对集中的具有成因和演化联系的一套岩石组合，归并为同一个构造-岩浆演化序列，用“地理名称＋序列”称之，然后对同一序列中不同的侵入体分别建立填图单位，对侵入体用“侵入体附近的地理名称＋岩性”称之，其代号采用“时代＋岩性代号＋序列地理名称的第一个大写字母作下标”表示，将岩性单一的侵入体划分为独立侵入体，名称采用“地理名称＋岩性”，代号用“时代＋岩性”表示。

测区内岩浆岩主要分布于测区南部通天河蛇绿混杂岩带及其附近，北部较少（图 3-1）。较强的岩浆活动集中于中生代中晚期，时间跨度自印支晚期至燕山晚期。深成侵入岩以中小型中—酸性岩体为主，仅在兵果达龙出露面积约 0.4km^2 的基性—超基性侵入岩，呈构造岩块产出，其特征在第六章论述；火山岩主要分布于测区西南部角章果茶首、杂龙尕切雅赛等地的上三叠统巴塘群中，属巴塘陆缘弧。通天河蛇绿混杂岩带也产少量火山岩。

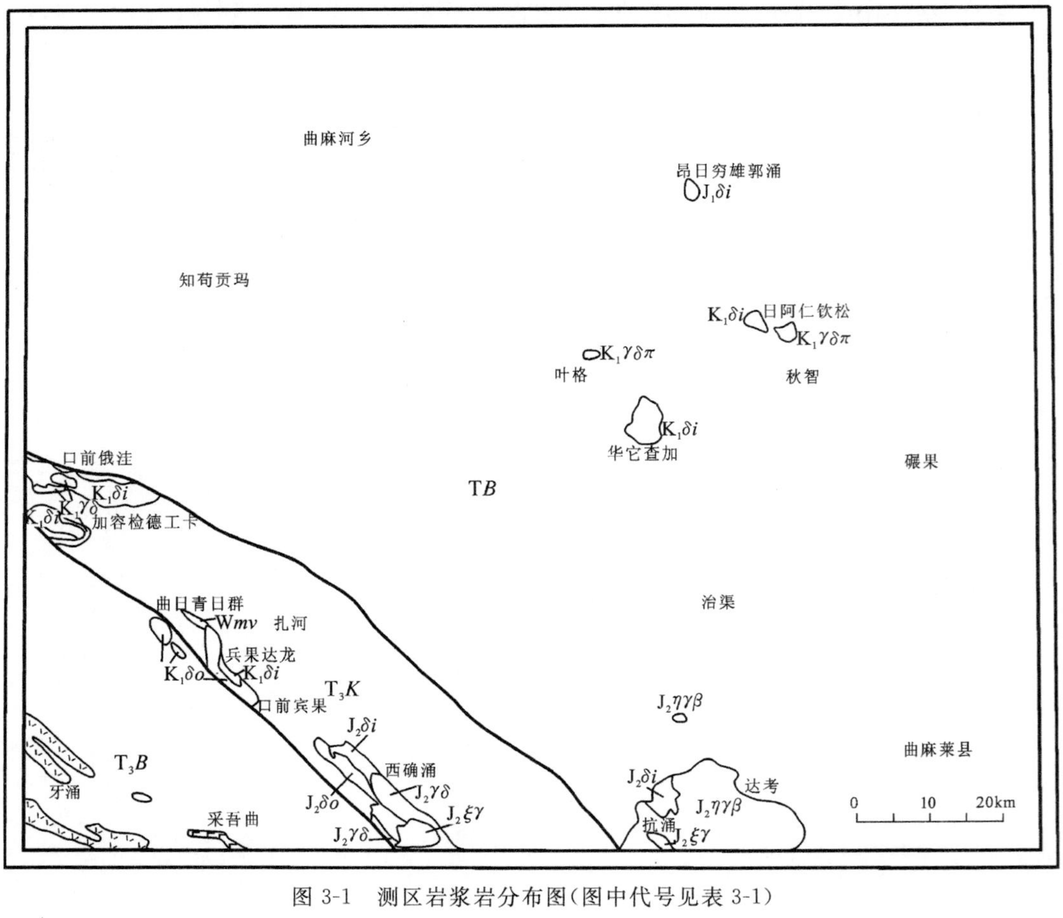

图 3-1　测区岩浆岩分布图（图中代号见表 3-1）

第一节　侵入岩

测区内侵入岩较发育，总面积约 308.15km^2，约占测区总面积的 2%；全为深成岩，岩性为石英闪长岩、英云闪长岩、花岗闪长岩、黑云母二长花岗岩、黑云母二长花岗斑岩和正长花岗岩等，形成时代为侏罗纪—白垩纪，属燕山期构造-岩浆旋回。按构造单元将侵入岩划分为巴颜喀拉构造-岩浆岩带和扎河构造-岩浆岩带。侵入岩划分见表 3-1。

表 3-1　测区侵入岩岩石序列表

构造-岩浆岩带	地质年代	序列名称	侵入体名称	代号	面积(km^2)	产状	同位素年龄(Ma)
扎河构造-岩浆岩带	白垩纪	兵果达龙序列	口前宾果英云闪长岩体	$K_1\delta i_B$	3.9	岩株	130(U-Pb)
			果龙俄玛石英闪长岩体	$K_1\delta o_B$	12.0	岩株	
		加容检德工卡序列	俄哇西德陇巴花岗闪长岩体	$K_1\gamma\delta_G$	8.9	岩株	
			阿西涌英云闪长岩体	$K_1\delta i_G$	54.0	岩株	132(U-Pb)
			俄哇日俄石英闪长岩体	$K_1\delta o_G$	0.9	岩株	
	侏罗纪	扎河序列	格仁龙正长花岗岩体	$J_2\xi_Z$	20.0	岩株	
			西确涌花岗闪长岩体	$J_2\gamma\delta_Z$	26.5	岩株	
			松龙能英云闪长岩体	$J_2\delta i_Z$	11.7	岩株	169(U-Pb)
			西确松龙果石英闪长岩体	$J_2\delta o_Z$	24.5	岩株	
巴颜喀拉构造-岩浆岩带	白垩纪	叶格序列	钦松花岗闪长斑岩体	$K_1\gamma\delta\pi_Y$	3.15	岩株	
			华它查加英云闪长岩体	$K_1\delta i_Y$	17.2	岩株	137(K-Ar)
	侏罗纪	达考序列	抗涌正长花岗岩体	$J_2\xi\gamma_D$	3.5	岩株	
			杂乃玛下黑云母二长花岗岩体	$J_2\eta\gamma\beta_D$	90.0	岩株	169(U-Pb)
			查肖叉得英云闪长岩	$J_2\delta i_D$	10.4	岩株	
			昂日穷雄郭果英云闪长岩体	$J_1\delta i$	2.0	岩株	186(K-Ar)

一、巴颜喀拉构造-岩浆岩带

在巴颜喀拉周缘前陆盆地，仅出露 6 个岩体，分属昂日穷雄郭果英云闪长岩体、达考序列岩体和叶格序列岩体，面积约 126.21km^2。

（一）昂日穷雄郭果英云闪长岩体

1. 地质特征

位于测区北部穷雄郭果一带，面积约 2km^2，呈椭圆状，长轴北北西—北北东向延伸，呈岩株状产出，侵入巴颜喀拉山群板岩组中。内接触带围岩捕虏体多见，大者长 10～30cm，小者亦在 5～8cm 之间。外接触带岩石普遍角岩化，形成堇青石角岩和绿帘石角岩。同时因受混染及交代作用，岩石具明显的斑状变晶结构和微粒变晶结构。侵入体年龄为 186.3±2.2Ma(K-Ar 法)，表明其时代为早侏罗世，属燕山早期。

2. 岩石类型

岩石类型简单，为灰白色英云闪长岩，主要由斜长石（40%～42%）、石英（20%～22%）、角闪石（15%～18%）、黑云母（13%～15%）和钾长石（2%～3%）及少量锆石、磷灰石等副矿物组成。斜长石核部绿帘石化和绢云母化，黑云母和角闪石均具绿泥石化。石英与钾长石呈他形晶，石英具波状消光，结晶粒度小于 2mm，构成细粒花岗结构，具块状构造。

3. 岩石地球化学特征

（1）常量元素特征

从表 3-2 可以看出，昂日穷雄郭果英云闪长岩的 SiO_2 含量较高，为 61.84%～69.17%，属中酸性（平均 65.32%），Na_2O 含量为 2.15%～3.03%（平均 2.62%），K_2O 含量为 1.80%～2.64%（平均 2.10%），$Na_2O>K_2O$，全碱（Na_2O+K_2O）含量为 4.48%～5.06%；Al_2O_3 含量为 14.67%～15.37%（平均 15.15%）；TiO_2 含量为 0.38%～0.58%（平均 0.505%）；CaO 平均含量为 5.49%，MgO 平均含量为 2.40%。在 CIPW 标准矿物分子中，Qz 平均 25.43%，最高达 28.51%；Or 较低，Ab 与 An 相当。岩石分异指数(DI)平均为 60.58，最高为 64.56；铝饱和指数(A/CNK)为 0.85～0.95，为准铝质，CIPW 标准矿物中不出现刚玉分子，与典型的强过铝 S 型花岗岩类（A/CNK>1.10，CIPW 标准矿物中刚玉分子含量>1%）明显有别。里特曼指数 σ 为 0.89～1.06，属钙碱性岩。在 SiO_2-K_2O 图解中（图 3-2），样品均落入钙碱性系列。

表 3-2　昂日穷雄郭果英云闪长岩体常量元素含量表(%)

样品	GS6-1	GS7-9	GS8-1	GS9-1
SiO_2	67.18	63.12	69.17	61.84
TiO_2	0.38	0.54	0.52	0.58
Al_2O_3	15.37	15.28	14.67	15.36
Fe_2O_3	0.75	0.68	0.97	0.78
FeO	3.40	3.36	3.78	4.69
MnO	0.08	0.10	0.08	0.11
MgO	2.03	2.09	2.46	3.03
CaO	4.92	5.31	6.01	5.73
Na_2O	3.03	2.68	2.15	2.62
K_2O	2.03	1.80	2.64	1.93
P_2O_5	0.11	0.11	0.10	0.11
H_2O^-	0.08	0.16	0.15	0.18
灼失量	1.08	3.17	1.03	3.64
DI	64.56	60.80	61.46	55.49
SI	18.06	19.70	20.50	23.22
σ43	1.05	0.95	0.89	1.06
AR	1.66	1.56	1.60	1.55

（2）稀土元素特征

该英云闪长岩的稀土元素总量（ΣREE，不含 Y，下同）为 102.12×10^{-6}，La 含量为 18×10^{-6}，$(La/Yb)_N$ 值为 7.12，轻稀土元素（LREE）与重稀土元素（HREE）的比值（LREE/HREE）为 7.64，表明 LREE 较

HREE 富集，而 HREE 无明显分异，分布呈平坦型，稀土配分曲线总体呈铲状右倾型(图 3-3)，δEu 为 0.86，表现为弱负铕异常。Yb 含量(0.28×10^{-6})和 Y 含量(18×10^{-6})较低，类似于类埃达克岩。

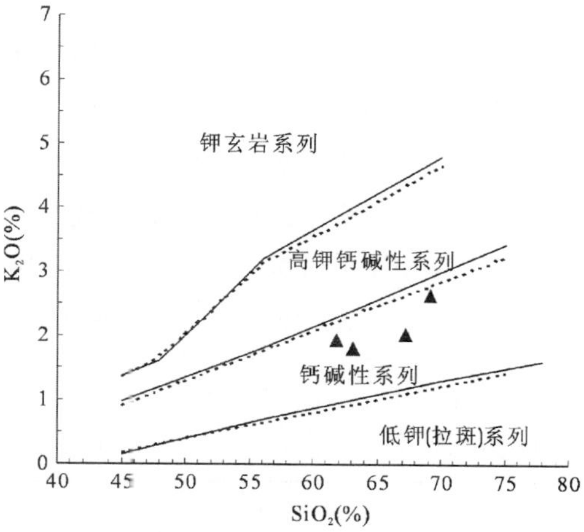

图 3-2 昂日穷雄郭果英云闪长岩 SiO_2-K_2O 图

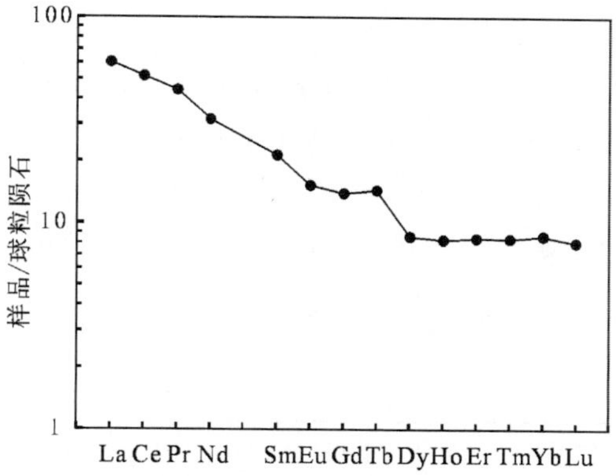

图 3-3 昂日穷雄郭果英云闪长岩稀土元素配分曲线

(3) 微量元素特征

该英云闪长岩体微量元素含量与维格拉多夫(1962)的岩浆岩元素丰度值相比，Cr 高 2.6～5.3 倍，V 高 1.8～2.3 倍，Sr 低 1.6～4.1 倍，Cu 低 3.3～5.3 倍。只有 Co、Pb、Ga 略高于维氏值，Be、Ni、Ti、Mn 与维氏值相当。

(二) 叶格序列侵入岩

1. 地质特征

分布于测区中部叶格乡一带，分属为华它查加英云闪长岩体和钦松花岗闪长斑岩体，其中华它查加英云闪长岩体由 3 个侵入体组成，出露面积较大，为 17.16km²。钦松花岗闪长斑岩体仅由一个侵入体组成，出露面积仅 3.15km²。花岗闪长斑岩与英云闪长岩地表上未见接触关系。

华它查加英云闪长岩的各岩体侵入上三叠统巴颜喀拉山群板岩组中，侵入体呈浑圆状，侵入界线清楚，呈不规则状、港湾状，接触面外倾，倾角约 40°，内接触带含有砂岩、板岩包体，外接触带岩石普遍硅化、角岩化，形成各种角岩，角岩化带最宽约 50m；钦松花岗闪长斑岩也侵入巴颜喀拉山群板岩组中，岩体与围岩界线清楚，呈不规则状、港湾状，内接触带可见 10～15cm，最大可达 50cm 的砂岩包体；外接触带具角岩化和硅化蚀变现象。

2. 岩石学特征

(1) 华它查加英云闪长岩

岩性为灰白色细粒英云闪长岩，由中更长石(60%～64%)、石英(20%～22%)、钾长石(2%～3%)、黑云母(5%～9%)和角闪石(2%～3%)组成，见少量磷灰石和帘石等副矿物。细粒花岗结构，块状构造。斜长石呈板条状，正环带结构，中心具有帘石化和绢云母化。该岩体 K-Ar 法同位素年龄为 137Ma，时代为早白垩世，属燕山晚期产物(青海省区调综合地质大队，1993a)。

(2) 钦松花岗闪长斑岩

岩性为灰白色花岗闪长斑岩，变余斑状结构，基质具微粒结构和块状构造。岩石由斑晶(20%～23%)和基质(75%～77%)组成。斑晶为斜长石(11%～13%)、石英(5%～8%)和黑云母(1%～2%)。基质为石英(22%～24%)、长石(35%～38%)、次生绢云母(10%～12%)、白云母(≤1%)和绿泥石(1%～2%)及微量副矿物磷灰石和帘石等。

3. 岩石地球化学特征

(1) 常量元素特征

叶格序列各岩体岩石化学分析结果见表 3-3。从表中可看出，华它查加英云闪长岩体 SiO_2 含量为 56.76%～62.98%(平均 60.81%)，Na_2O+K_2O 为 3.38%～4.78%(平均 4.08%)，$Na_2O>K_2O$，里特曼指数 σ 为 0.70～1.15，属钙碱性岩，Al_2O_3 含量均大于 15%(15.03%～16.75%)，A/CNK 为 0.82～0.98，属准铝质岩石；TiO_2 含量变化不大(0.420%～0.580%)，而且含量较低。钦松花岗闪长斑岩 SiO_2 含量为 62.51%，Na_2O+K_2O 为 4.56%，$Na_2O>K_2O$，σ 为 0.01，Al_2O_3 含量为 15.50%，A/CNK 为 0.89，属准铝质。在 SiO_2-(Na_2O+K_2O)图上(图 3-4)样品点落入闪长岩区，在 SiO_2-K_2O 图解中(图 3-5)，样品均落入钙碱性系列区域。

表 3-3 叶格序列岩石常量元素含量(%)

序号	样品号	岩性	SiO_2	TiO_2	Al_2O_3	Fe_2O_3	FeO	MnO	MgO	CaO	Na_2O	K_2O	P_2O_5	灼失量	总量
1	QD706	英云闪长岩	62.98	0.451	15.58	0.76	4.92	0.11	4.28	5.68	2.48	2.00	0.070	0.78	100.08
2	QD707-1		61.90	0.452	15.69	0.57	4.83	0.11	4.42	5.61	2.62	2.01	0.066	0.98	99.258
3	QD707-2		61.76	0.466	15.60	0.73	4.88	0.12	4.47	5.96	2.48	1.89	0.069	0.64	99.049
4	QD707-3		56.76	0.566	16.75	0.87	6.16	0.14	5.05	7.58	2.38	1.00	0.068	1.10	98.425
5	QD707-4		62.46	0.472	16.46	0.82	4.59	0.10	2.81	5.61	2.59	2.19	0.075	1.34	99.516
6	QD707-5		61.81	0.451	15.78	0.70	4.54	0.10	4.24	6.00	2.52	1.41	0.071	1.28	98.924
7	18GS1221-1		61.41	0.420	16.48	0.34	4.90	0.12	3.43	6.16	2.64	1.22	0.070	1.3	98.49
8	18GS1463-1		59.64	0.490	16.44	0.47	5.25	0.12	4.46	6.76	2.52	1.42	0.060	2.36	99.99
9	18GS1468-1		58.56	0.580	15.03	1.18	5.80	0.12	5.54	7.41	2.18	1.18	0.140	2.11	99.83
10	17GS1		62.51	0.410	15.50	0.14	3.85	0.10	2.03	6.04	2.56	2.00	0.100	4.60	99.84

注：17GS1 为花岗闪长斑岩；"GS"编号的样品为 1∶20 万治多县幅区域地质调查报告资料，下同。

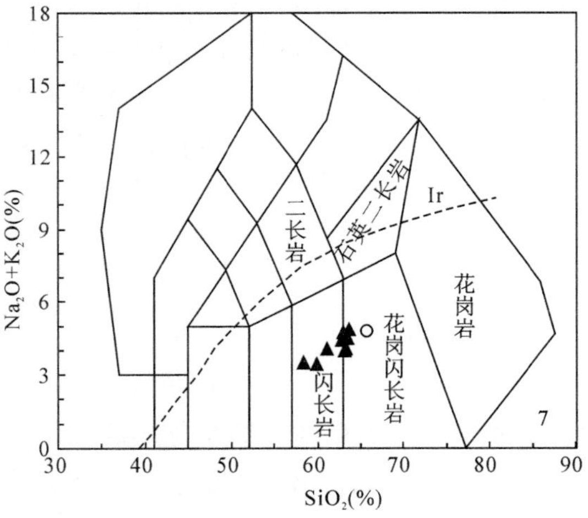

图 3-4 叶格序列岩石 SiO_2-(Na_2O+K_2O)图解

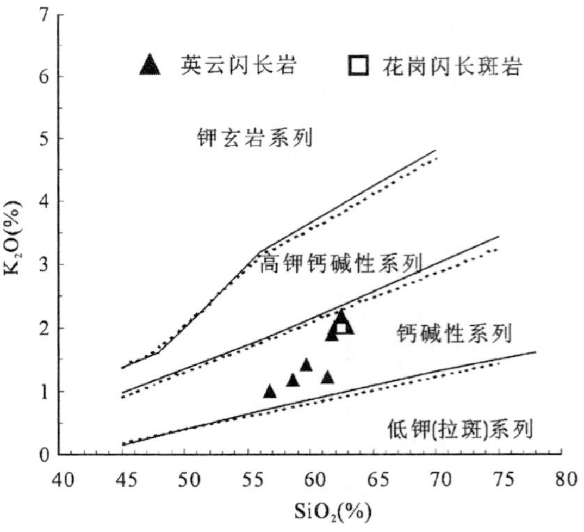

图 3-5 叶格序列岩石 SiO_2-K_2O 图解

(2) 稀土元素特征

该序列稀土元素含量分析结果见表 3-4。各侵入体 ΣREE 较低，为(65.68～125.78)$\times10^{-6}$，从英云闪长岩到花岗闪长斑岩，ΣREE 有增高的趋势；LREE 含量远大于 HREE 含量，LREE/HREE 为 5.93～11.75，远高于一般花岗岩的 LREE/HREE 值(为 1.0～1.2)，$(La/Yb)_N$=6.49～14.91(平均 8.88)，

具有明显的 LREE 富集特征，为 LREE 中等富集型，$(La/Sm)_N$为 3.20～4.40，指示 LREE 分馏较好，接近一般花岗岩的比值，$(Gd/Yb)_N$为 1.29～2.06，与壳型花岗岩[$(Gd/Yb)_N \approx 1$]相当，表明其重稀土分馏明显偏低，δEu＝0.81～0.98，为弱负铕异常，暗示在岩浆作用过程中，斜长石的分离结晶作用不明显。该序列的 5 个闪长岩样品在地球化学特征上全部表现为低 HREE 含量$(6.12\sim13.28)\times10^{-6}$、Yb 含量$(1.38\sim1.84)\times10^{-6}$和 Y 含量$(11.1\sim15.2)\times10^{-6}$，指示源可能有石榴石残留。稀土元素配分曲线为 LREE 富集、HREE 平坦型，具有 C-型埃达克质岩石的铲状右倾型特点(图 3-6)。

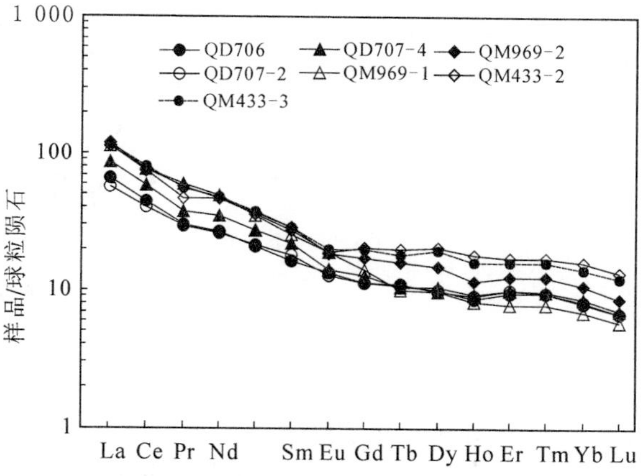

图 3-6　叶格序列岩石稀土元素配分曲线图

表 3-4　叶格序列岩石稀土元素含量($\times10^{-6}$)

样品号	岩性	La	Ce	Pr	Nd	Sm	Eu	Gd	Tb	Dy	Ho	Er	Tm	Yb	Lu	Y	ΣREE	LREE	δEu
QD706	英云闪长岩	15.6	27.4	2.85	12.4	2.48	0.78	2.35	0.40	2.54	0.49	1.58	0.24	1.39	0.17	11.1	70.67	61.51	0.98
QD707-2		13.6	24.6	2.80	12.0	2.74	0.75	2.35	0.41	2.49	0.51	1.64	0.24	1.38	0.17	11.2	65.68	56.49	0.89
QD707-4		20.5	35.4	3.55	16.2	3.31	0.82	2.64	0.39	2.69	0.52	1.66	0.25	1.45	0.18	14.8	89.56	79.78	0.83
QM969-1		26.5	46.4	5.62	22.7	3.89	1.09	2.92	0.37	2.46	0.47	1.30	0.20	1.17	0.15	10.5	115.24	106.20	0.96
QM969-2		27.8	46.4	5.41	21.9	4.34	1.06	3.50	0.59	3.76	0.66	2.05	0.32	1.84	0.22	15.2	119.85	106.91	0.81
QM433-2		26.5	45.7	4.43	21.7	4.13	1.09	4.18	0.75	5.18	1.02	2.86	0.44	2.69	0.34	21.7	121.01	103.55	0.80
QM433-3		27.4	49.0	5.25	22.3	4.43	1.14	4.05	0.68	4.92	0.90	2.62	0.41	2.37	0.31	19.2	125.78	109.52	0.82

注：QM433-2 和 QM433-3 为花岗闪长斑岩。

(3) 微量元素特征

该序列各岩体微量元素含量分析结果见表 3-5，过渡族元素含量中等或偏低，在原始地幔标准化的微量元素蛛网图中(图 3-7)，岩石富集大离子亲石元素(LILE)Rb、K、Th、和 LREE，亏损高场强元素(HFSE)Nb、Ta、Ti、P 和 HREE，与相邻元素相比，Ba、U 也表现为亏损，Zr、Hf 则明显富集。P 和 Ti 的亏损说明岩浆经历了磷灰石及榍石、角闪石、黑云母等矿物的分离结晶作用，Nb 和 Ta 的强烈亏损表明岩浆应为地壳来源。Rb/Sr 为 0.19～0.34，远低于 S 型花岗岩，Nb/Ta 为 4.61～25.75，Nb/Ta 为 4.61～25.75。总体显示后造山 I 型花岗岩的地球化学物质。

表 3-5　叶格序列岩石微量元素含量($\times10^{-6}$)

序号	样品号	岩性	Cr	Li	Rb	Cs	As	Sr	Ba	V	Sc	Nb	Ta	Zr	Hf	Be	Ga	U	Th
1	QD706	英云闪长岩	140	35.2	80.4	3.7	2.01	264	471	99.0	21.8	7.72	0.52	102	3.32	1.87	20.8	1.1	5.93
2	QD707-1		132	34.7	78.1	3.8	0.93	230	412	87.6	17.9	8.55	0.96	114	3.68	1.84	21.2	0.9	17.40
3	QD707-2		147	32.8	76.2	3.5	1.04	247	421	96.8	20.6	7.95	0.73	112	3.61	2.04	22.9	0.8	12.80
4	QD707-3		164	28.2	41.2	4.0	1.53	215	250	133.0	31.8	5.45	<0.5	98.8	3.23	1.67	22.1	1.2	7.93
5	QD707-4		33	38.1	77.6	4.0	2.34	256	488	80.6	19.2	8.18	<0.5	131	4.09	2.07	22.0	1.1	10.50
6	QD707-5		143	37.5	58.0	4.4	1.42	243	414	105.0	22.7	7.14	0.62	125	3.71	1.84	22.1	0.9	25.20

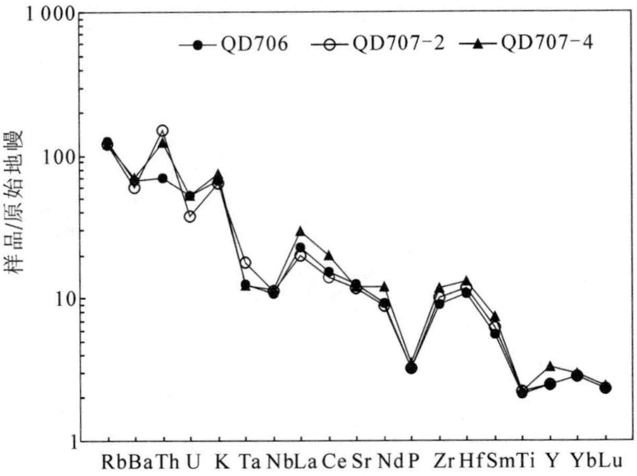

图 3-7 叶格序列岩石微量元素蛛网图

(4) Sr、Nd 同位素组成

叶格岩体全岩 Sr、Nd 同位素分析结果列于表 3-6，$^{87}Sr/^{86}Sr$ 为 0.709 94～0.711 16，($^{87}Sr/^{86}Sr$)i 为 0.707 84～0.708 10，远低于大陆地壳的平均值 0.719(Faure，1986)，$\varepsilon_{Sr}(t)$变化在 51.5～55.2 之间，与大陆地壳相似；Sm/Nd 为 0.17～0.23(表 3-4)，远低于原始地幔的 Sm/Nd 值(0.325)，而大于上地壳的比值 0.118，Rb/Sr 为 0.19～0.34(表 3-5)，平均为 0.28，位于上部陆壳(Rb/Sr 大约为 0.32)和大陆壳(平均值为 0.24)之间(Taylor et al，1985)，$\varepsilon_{Nd}(t)$变化在－6.0～－6.7 之间，为均一的负值。说明在岩浆形成过程中，或者源区有地壳物质的加入，或者岩浆上升过程中受到地壳一定程度的混染。在 $\varepsilon_{Nd}(t)$-$\varepsilon_{Sr}(t)$ 图解中，样品落入Ⅳ象限的中上部靠近北疆地壳区(图 3-8)。T_{2DM}变化不大，为 1.5Ga 左右，显示岩浆源区可能为中元古代的陆壳。

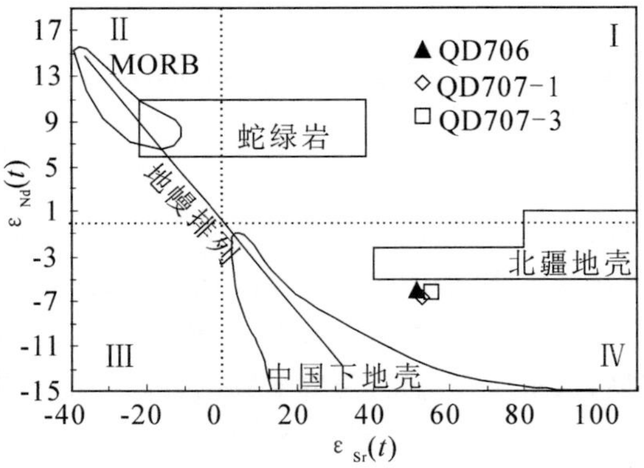

图 3-8 叶格序列 $\varepsilon_{Nd}(t)$-$\varepsilon_{Sr}(t)$ 图解

表 3-6 叶格序列 Sr、Nd 同位素组成

样品号	QD706	QD707-1	QD707-3	QD707-2
$^{147}Sm/^{144}Nd$	0.127 5	0.136 1	0.132 1	
$^{143}Nd/^{144}Nd$	0.512 219	0.512 198	0.512 218	
($^{143}Nd/^{144}Nd$)i	0.512 017	0.511 982	0.512 009	
$\varepsilon_{Nd}(t)$	－6.0	－6.7	－6.2	
$^{87}Rb/^{86}Sr$	0.963 3	0.927 9	0.533 4	0.906 9
$^{87}Sr/^{86}Sr$	0.711 16	0.711 14	0.709 94	0.711 09
($^{87}Sr/^{86}Sr$)i	0.707 84	0.707 95	0.708 10	0.707 97
$\varepsilon_{Sr}(t)$	51.5	53.0	55.2	53.3
T_{2DM}	1 507	1 562	1 520	

（三）达考序列岩体

1. 地质特征

达考序列位于测区东南部曲麻莱县城西达考一带，出露于通天河蛇绿混杂岩带以北地区，向南延出测区。该序列由英云闪长岩—黑云母二长花岗岩—正长花岗岩体组成。3个侵入岩体分别为查肖叉得英云闪长岩体、杂乃玛下黑云母二长花岗岩体和抗涌正长花岗岩体。各岩体之间为脉动侵入关系：抗涌正长花岗岩体脉动侵入于杂乃玛下黑云母二长花岗岩体，后者脉动侵入查肖叉得英云闪长岩体。

该序列岩体侵入于上三叠统巴颜喀拉山群板岩组中，岩体侵入界线清楚，呈不规则状、弯曲状，接触面外倾，倾角中等，围岩硅化、角岩化强烈，形成宽800～1 000m的角闪黑云母角岩、黑云母角岩和长英质角岩。内有几厘米至几米、最宽达10m，长近100m的花岗质岩脉穿插于角岩中。内接触带见有围岩包体，均受热形成角岩，呈椭圆状，一般为大小20～30cm左右，边部常见烘烤边，长轴平行于岩体边界。在查肖叉得英云闪长岩中及杂乃玛下黑云母二长花岗岩中见有暗色闪长质包体，含量约0.5%～1%，大小为2cm×5cm～3cm×8cm，与围岩界线清楚，呈扁豆状、圆状和不规则状赋存。

2. 岩石学特征

（1）查肖叉得英云闪长岩体

该英云闪长岩侵入体呈不规则状，被断层分割破坏，出露总面积10.4km^2，岩株状产出。岩性为灰白色细粒英云闪长岩，细粒花岗结构，块状构造。由中更长石（45%～49%）、石英（23%～26%）、钾长石（1%～2%）、角闪石（7%～9%）和黑云母（11%～13%）及少量副矿物锆石、磷灰石组成。斜长石板状，部分具环带结构，环带中心轻微绢云母化。

（2）杂乃玛下黑云母二长花岗岩体

该黑云母二长花岗岩体由2个侵入体组成，总体呈不规则圆状，向南延入1∶25治多县幅内，图幅内出露总面积为90km^2，岩株状产出。岩性为灰白色中细粒黑云母二长花岗岩，由斜长石（31%～42%）、石英（18%～28%）、钾长石（28%～38%）、黑云母（5%～12%）、角闪石（0～2%）和辉石（≤1%）及微量副矿物锆石、磷灰石、榍石和褐帘石组成。细粒—中细粒花岗结构、半自形粒状结构和二长结构，具块状构造。该侵入体单颗粒锆石U-Pb同位素年龄值为169Ma，时代应为中侏罗世，属燕山早期的产物。

（3）抗涌王长花岗岩体

该岩体由1个侵入体组成，呈椭圆状、岩株状，图幅内出露面积3.5km^2，向南延出测区。岩性为灰白色细粒正长花岗岩，由更长石（15%～18%）、钾长石（50%～52%）和石英（25%～28%）及少量黑云母、副矿物锆石和磷灰石等组成。细粒花岗结构，具块状构造。

3. 岩石地球化学特征

（1）常量元素特征

从该序列岩石化学分析结果（表3-7）可看出，SiO_2含量变化范围大，为61.06%～82.60%，反映了岩石从中性到酸性的演化。查肖叉得英云闪长岩体SiO_2含量为61.06%～69.12%（平均64.58%），Na_2O含量为2.52%～2.88%（平均2.69%），K_2O含量为1.84%～4.35%（平均3.08%），Na_2O+K_2O为4.70%～7.20%（平均5.76%），多数样品$K_2O>Na_2O$，里特曼指数σ为1.10～1.97（平均1.53），Al_2O_3含量为14.42%～16.30%（平均15.12%），A/CNK为0.84～1.02（平均0.93），为准铝质—弱过铝质，分异指数DI为51.41～76.42（平均61.91）；杂乃玛下黑云母二长花岗岩体SiO_2含量为64.54%～73.30%（平均67.35%），Na_2O含量为2.47%～3.79%（平均3.02%），K_2O含量为2.80%～5.35%（平均3.73%），Na_2O+K_2O为5.71%～8.15%（平均6.75%），绝大多数样品$K_2O>Na_2O$，里特曼指数σ为1.39～2.46（平均1.87），Al_2O_3含量为15.21%～15.71%（平均15.53），A/CNK为0.89～1.39（平均1.03），属准铝质—弱过铝质，分异指数DI为61.77～86.29（平均72.54）；抗涌正长花岗岩体SiO_2含量

为 73.86%～82.60%(平均 76.54%)，Na_2O 含量为 1.57%～3.26%(平均 2.45%)，K_2O 含量为 3.12%～6.06%(平均 4.95%)，Na_2O+K_2O 为 4.69%～8.70%(平均 7.39%)，$K_2O>Na_2O$，里特曼指数 σ 为 0.56～2.39，Al_2O_3 含量较低，为 7.93%～13.42%(平均 11.89%)，A/CNK 为 1.00～1.11，弱过铝质，分异指数 DI 为 87.34～90.51(平均 89.20)。可以看出以上各岩体按英云闪长岩—黑云母二长花岗岩—正长花岗岩的顺序，SiO_2 含量、碱含量、分异指数和 A/CNK 逐渐升高，反映岩浆向富硅、富碱方向演化，表明各岩体具有同源演化的特点。在 TAS 图解上(图 3-9)，全部样品落入亚碱性系列的闪长岩区至花岗岩区，主体为花岗闪长岩。该序列岩石的里特曼指数 σ 均小于 3.3，属钙碱性岩，在 SiO_2-K_2O 图解中(图 3-10)，大多数样品落入高钾钙碱性系列区，仅少量英云闪长岩样品落入钙碱性系列区。

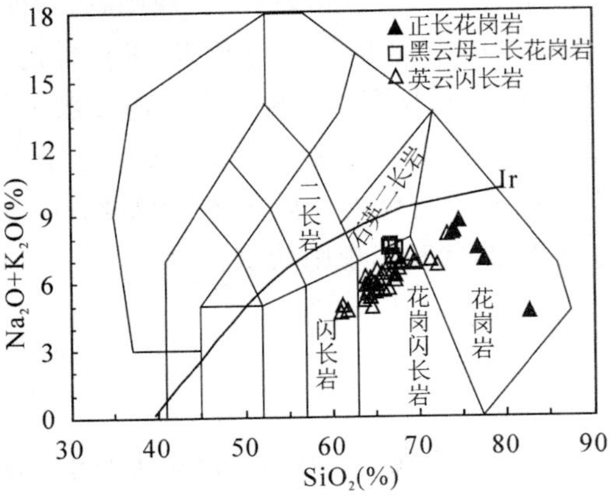

图 3-9　达考序列 TAS 图解

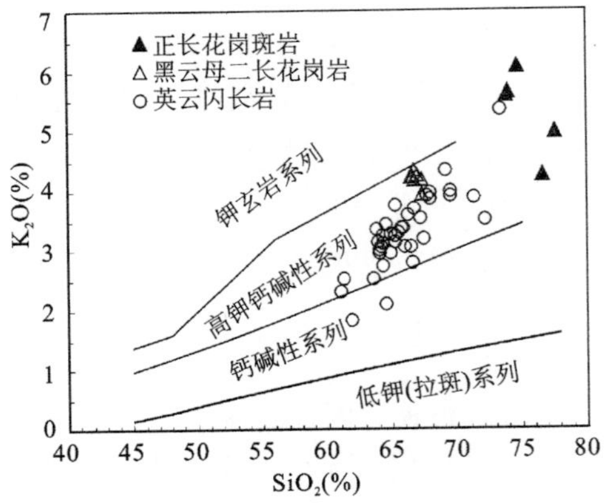

图 3-10　达考序列岩石 SiO_2-K_2O 图解

表 3-7　达考序列岩石常量元素含量(%)

序号	样品号	岩性	SiO_2	TiO_2	Al_2O_3	Fe_2O_3	FeO	MnO	MgO	CaO	Na_2O	K_2O	P_2O_5	灼失量	总量
1	QD711	正长花岗岩	73.96	0.16	13.42	0.32	1.53	0.03	0.57	1.49	2.63	5.65	0.08	0.20	100.04
2	QD711-1		73.86	0.17	13.19	0.13	1.68	0.03	0.61	1.60	2.58	5.60	0.08	0.18	99.71
3	QD711-3		74.64	0.10	13.24	0.21	1.24	0.02	0.35	1.24	2.64	6.06	0.06	0.36	100.14
4	QD711-4		77.54	0.33	10.72	0.07	2.08	0.05	0.68	0.89	2.00	4.99	0.11	0.28	99.73
5	QD711-5		82.60	0.36	7.93	0.22	2.23	0.05	0.75	0.66	1.57	3.12	0.04	0.18	99.71
6	18GS1545-1		76.64	0.20	12.86	0.10	0.53	0.20	0.64	1.26	3.26	4.26	0.03	0.86	100.84
7	QD708-1	黑云母二长花岗岩	66.52	0.50	15.45	0.40	3.43	0.07	1.00	2.87	3.41	4.22	0.14	2.38	100.38
8	QD708-2		67.34	0.50	15.71	0.56	3.46	0.07	1.06	1.63	3.35	4.18	0.13	1.86	99.85
9	QD708-3		66.72	0.48	15.63	0.66	3.10	0.09	0.91	2.61	3.51	4.18	0.14	1.60	99.61
10	QD708-4		66.67	0.49	15.56	0.64	2.92	0.06	0.92	2.58	3.18	4.35	0.13	2.49	99.99
11	QD708-5		66.56	0.49	15.59	0.63	3.40	0.08	0.90	2.89	3.29	4.24	0.14	1.98	100.19
12	QD708-6		66.90	0.47	15.21	0.69	2.62	0.06	0.86	2.72	2.90	4.26	0.13	3.06	99.88
13	QD708-7		67.32	0.45	15.26	0.54	3.46	0.07	0.91	2.79	3.10	3.95	0.12	1.46	99.43
14	QD708-8		66.46	0.50	15.58	0.42	3.51	0.07	1.10	2.22	3.79	3.06	0.13	2.34	99.17
15	QD705-1		66.72	0.45	15.00	0.44	3.69	0.08	2.00	4.11	2.67	3.69	0.10	0.44	99.38
16	QD705-2		64.93	0.54	15.22	0.50	4.13	0.09	2.96	4.87	2.64	2.96	0.10	0.63	99.58
17	QD705-3		65.24	0.55	14.73	0.42	4.20	0.09	3.06	4.47	2.47	3.24	0.10	0.52	99.09
18	QD705-4		65.86	0.45	15.31	0.16	3.80	0.08	2.07	4.72	3.05	3.37	0.08	0.52	99.47
19	QD705-5		65.76	0.54	15.04	0.29	4.24	0.09	2.37	4.43	3.00	3.37	0.10	0.64	99.87
20	QD705-6		66.54	0.59	14.74	0.40	4.04	0.08	2.11	4.46	2.94	2.80	0.10	0.83	99.66
21	QD705-7		66.20	0.46	14.83	0.22	3.84	0.08	2.34	4.32	2.92	3.59	0.09	0.60	99.49
22	QD709		64.54	0.55	15.25	0.31	4.32	0.09	2.93	4.76	2.74	3.43	0.10	0.62	99.63
23	QD709-1		65.30	0.54	15.12	0.20	4.38	0.09	2.74	4.84	2.77	3.13	0.10	0.66	99.86

续表 3-7

序号	样品号	岩性	SiO_2	TiO_2	Al_2O_3	Fe_2O_3	FeO	MnO	MgO	CaO	Na_2O	K_2O	P_2O_5	灼失量	总量
24	18GS1139-1		73.30	0.19	13.91	0.11	1.25	0.03	0.91	1.78	2.80	5.35	0.11	0.17	99.91
25	18GS1334-1		67.38	0.41	15.54	0.52	3.28	0.09	2.88	3.56	2.92	3.20	0.06	0.70	100.54
26	18GS1335		69.48	0.29	15.19	0.10	2.40	0.07	2.03	3.12	2.92	3.98	0.07	1.10	100.75
27	18GS1547-1		71.24	0.24	15.07	0.31	1.79	0.03	1.39	2.34	3.08	3.88	0.07	1.09	100.53
28	18GS1548		72.13	0.20	14.42	0.10	1.68	0.03	1.07	2.45	3.26	3.51	0.07	0.87	99.79
29	18GS1481		67.23	0.41	15.33	0.17	2.90	0.07	3.79	1.41	2.80	3.55	0.14	1.80	99.60
30	18GS1482		69.53	0.26	15.34	0.10	2.56	0.04	2.27	2.82	2.96	3.91	0.07	1.00	100.86
31	18GS1156-2		67.93	0.43	15.64	0.10	3.19	0.07	1.55	3.05	3.04	3.85	0.07	1.34	100.26
32	QD701-1		63.84	0.58	15.09	0.70	4.29	0.10	3.28	4.34	2.85	3.36	0.10	0.86	99.39
33	QD701-2		63.92	0.59	15.35	0.49	4.29	0.10	3.61	5.11	2.77	3.13	0.11	0.56	100.03
34	QD701-3		64.23	0.57	15.54	0.57	4.39	0.10	3.30	4.64	2.72	3.11	0.11	0.62	99.90
35	QD701-4		64.24	0.55	15.55	0.47	4.22	0.11	3.21	4.77	2.70	3.24	0.11	0.70	99.87
36	QD701-5		65.28	0.53	15.38	0.52	3.88	0.09	2.69	3.90	2.78	3.74	0.11	0.56	99.46
37	QD702-1	英云闪长岩	64.86	0.53	14.91	0.43	4.26	0.11	3.35	4.65	2.66	3.27	0.10	1.04	100.16
38	QD702-2		61.86	0.72	15.00	0.86	5.44	0.15	3.89	5.88	2.92	1.84	0.11	0.56	99.23
39	QD702-3		67.70	0.43	14.62	0.33	3.67	0.09	2.04	3.78	2.72	3.92	0.09	0.35	99.74
40	QD702-4		69.12	0.44	14.58	0.39	2.90	0.07	1.49	2.82	2.85	4.35	0.12	0.70	99.83
41	QD711-2		61.28	0.45	16.30	0.73	3.98	0.15	3.58	5.11	2.39	2.54	0.09	2.58	99.17
42	QD710-1		64.06	0.63	14.91	0.59	4.66	0.11	3.22	4.90	2.52	3.00	0.10	0.55	99.25
43	QD710-2		63.60	0.66	15.13	0.55	4.78	0.11	3.28	5.34	2.62	2.54	0.11	0.50	99.22
44	QD710-3		66.02	0.64	14.88	0.87	3.79	0.11	2.43	4.20	2.59	3.06	0.11	0.56	99.25
45	QD710-4		64.08	0.66	14.87	0.50	4.50	0.10	3.10	4.89	2.59	2.96	0.10	0.58	98.93
46	QD710-5		64.16	0.64	14.88	0.23	4.65	0.11	3.09	4.90	2.60	3.05	0.10	0.64	99.05
47	QD710-6		61.06	0.63	14.94	0.82	5.04	0.13	4.40	6.30	2.38	2.32	0.09	0.75	98.86
48	QD702-5		67.88	0.41	14.77	0.29	3.63	0.08	2.03	3.89	2.88	3.97	0.07	0.38	100.28
49	QD702-6		65.48	0.54	14.91	0.19	4.29	0.09	2.80	4.76	2.80	3.29	0.09	0.50	99.73
50	18GS1562-1		64.55	0.52	16.09	0.10	4.31	0.08	3.87	4.94	2.80	2.09	0.16	1.26	100.77
51	18GS1564-1		64.35	0.52	15.57	0.30	4.05	0.08	3.89	4.52	2.62	2.75	0.16	1.31	100.12

(2) 稀土元素特征

该序列稀土元素分析结果见表 3-8。查肖叉得英云闪长岩体 ΣREE 为(79.14～159.02)$\times 10^{-6}$(平均 135.12$\times 10^{-6}$)，大部分样品的 LREE 含量远大于 HREE，$(La/Sm)_N$为 2.61～5.18，$(Gd/Yb)_N$为 1.45～1.83，$(La/Yb)_N$为 9.54～15.85(平均 11.37)，δEu 为 0.53～0.63(平均 0.61)，中等异常；杂乃玛下黑云母二长花岗岩体 ΣREE 为(82.17～155.20)$\times 10^{-6}$(平均 129.31$\times 10^{-6}$)，同样显示 LREE 含量远大于 HREE，$(La/Sm)_N$为 3.45～5.09，$(Gd/Yb)_N$为 1.43～2.28，$(La/Yb)_N$为 7.11～16.50(平均 12.41)，δEu 为 0.58～0.79(平均 0.65)，为中等负 Eu 异常。抗涌正长花岗岩体 ΣREE 为(119.32～120.18)$\times 10^{-6}$(平均 119.75$\times 10^{-6}$)，$(La/Sm)_N$为 4.28～4.96，$(Gd/Yb)_N$为 1.26～1.36，$(La/Yb)_N$为 7.50～9.58(平均 8.54)。δEu 为 0.55～0.57(平均 0.56)，为较强负 Eu 异常。该序列岩石的 LREE 含

量远大于 HREE，而且 LREE 比 HREE 分异明显，轻重稀土分异显著，在 24 个样品中，有 11 个样品具有低的重稀土元素 Yb 含量[(1.30～1.90)×10^{-6}]和 Y 含量[(12.8～17.2)×10^{-6}]的埃达克岩特点。在稀土元素配分曲线图(图 3-11)中，均为 LREE 富集和 HREE 平坦型，显示了 S 型花岗岩和 C-型埃达克质岩的铲状右倾型特点。

表 3-8　达考序列稀土元素含量分析结果(×10^{-6})

序号	样品号	岩性	La	Ce	Pr	Nd	Sm	Eu	Gd	Tb	Dy	Ho	Er	Tm	Yb	Lu	Y	ΣREE	LREE	δEu
1	QD711	正长花岗岩	27.80	46.70	4.92	19.50	4.19	0.72	3.73	0.66	4.44	0.80	2.71	0.40	2.44	0.31	20.4	119.32	103.83	0.55
2	QD711-1		30.1	47.8	4.85	19.10	3.92	0.69	3.41	0.64	3.90	0.77	2.31	0.36	2.07	0.26	17.2	120.18	106.46	0.57
3	QD708-1	二长花岗岩	38.4	67.0	6.73	28.20	5.54	1.04	3.80	0.61	3.49	0.60	1.76	0.26	1.54	0.22	15.1	159.19	146.91	0.66
4	QD708-5		34.8	61.8	6.24	26.60	4.86	1.04	3.89	0.60	3.55	0.65	1.91	0.28	1.58	0.22	13.8	148.02	135.34	0.71
5	QD708-7		34.2	58.2	5.74	24.80	4.57	0.90	3.59	0.59	3.36	0.61	1.82	0.25	1.50	0.19	13.7	140.32	128.41	0.66
6	QD708-8		39.2	66.7	5.88	26.70	4.97	0.92	3.58	0.49	2.94	0.52	1.57	0.24	1.30	0.19	12.8	155.20	144.37	0.64
7	QD705-2		30.0	48.4	5.01	21.40	4.24	0.81	3.41	0.57	3.62	0.74	2.21	0.30	1.85	0.23	17.2	122.79	109.86	0.64
8	QD705-3		36.2	57.2	5.85	24.00	4.45	0.79	3.69	0.62	3.82	0.74	2.28	0.32	1.90	0.24	17.1	142.10	128.49	0.58
9	QD705-4		17.1	30.5	3.42	16.40	3.19	0.80	2.92	0.49	3.10	0.57	1.58	0.25	1.64	0.21	14.5	82.17	71.41	0.79
10	QD705-5		27.6	48.9	5.61	22.20	4.96	0.88	4.17	0.74	4.56	0.88	2.52	0.38	2.29	0.33	18.9	126.02	110.15	0.58
11	QD705-7		21.6	38.0	4.14	17.80	4.04	0.80	3.46	0.58	3.85	0.74	2.21	0.34	2.00	0.26	17.6	99.82	86.38	0.64
12	QD709		31.2	52.2	4.99	23.90	4.28	0.80	3.40	0.52	3.28	0.57	1.59	0.24	1.51	0.19	14.3	128.67	117.37	0.63
13	QD709-1		28.7	45.9	4.63	22.70	4.03	0.79	3.47	0.48	2.99	0.59	1.75	0.26	1.60	0.20	15.2	118.09	106.75	0.64
14	QD701-1	英云闪长岩	32.9	52.9	5.72	23.60	4.63	0.85	3.76	0.66	3.80	0.73	2.18	0.30	1.80	0.22	15.9	134.05	120.60	0.61
15	QD701-3		38.2	63.6	6.69	26.60	5.38	0.90	4.01	0.64	3.96	0.76	2.32	0.34	1.97	0.24	17.2	155.61	141.37	0.57
16	QD702-6		33.3	53.3	5.58	25.40	5.06	0.87	3.94	0.60	3.75	0.78	2.50	0.37	2.21	0.26	19.9	137.92	123.51	0.58
17	QD701-5		40.5	66.3	6.47	26.70	5.05	0.88	3.72	0.60	3.66	0.70	2.07	0.30	1.68	0.20	15	158.83	145.90	0.60
18	QD702-1		36.8	59.7	6.18	25.00	4.65	0.78	3.87	0.62	4.00	0.79	2.52	0.36	2.02	0.25	17.2	147.54	133.11	0.55
19	QD702-3		15.0	27.9	3.42	14.4	3.71	0.71	3.36	0.57	3.80	0.79	2.42	0.33	1.99	0.24	19.4	79.14	65.14	0.61
20	QD702-4		39.8	65.4	6.40	28.0	5.42	0.82	3.81	0.62	3.67	0.73	2.07	0.30	1.76	0.22	18.2	159.02	145.84	0.53
21	QD711-2		22.6	37.6	3.74	16.1	3.27	0.81	2.74	0.47	2.94	0.61	1.82	0.25	1.56	0.19	12.8	94.70	84.12	0.81
22	QD710-1		30.6	52.1	6.04	22.2	5.14	0.94	4.10	0.66	4.32	0.78	2.46	0.34	2.06	0.28	17.8	132.02	117.02	0.61
23	QD710-3		36.3	62.7	6.06	25.3	5.03	0.90	4.01	0.61	4.10	0.79	2.39	0.38	1.95	0.26	16.9	150.78	136.29	0.60
24	QD710-5		32.4	55.0	5.89	23.8	4.51	0.87	3.90	0.58	4.03	0.77	2.37	0.34	1.96	0.27	16.5	136.69	122.47	0.63

(3) 微量元素特征

该序列微量元素分析结果见表 3-9。从微量元素原始地幔标准化蛛网图上可看出大离子亲石元素 Rb、K、Ba、Th 富集，相对于其他相邻元素而言，Sr、Nb、Ta 略显亏损，Ti、P 较强亏损(图 3-12)。Rb/Sr 为 0.37～1.80(平均 0.75)，La/Nb 为 1.32～3.45(平均 2.59)和 Nb/Ta 为 4.65～36(平均 14.17)。

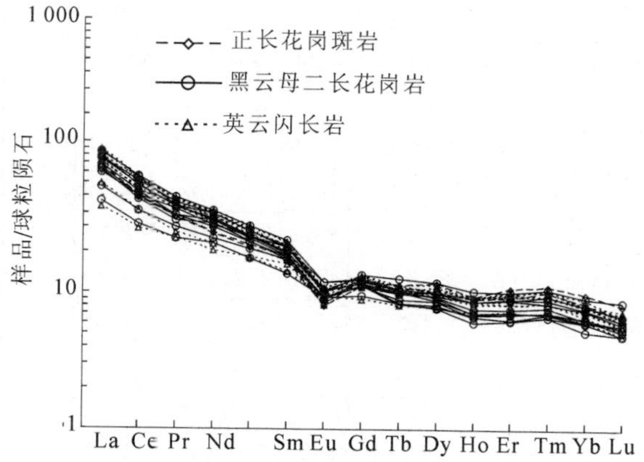

图 3-11 达考序列岩石稀土元素配分曲线图

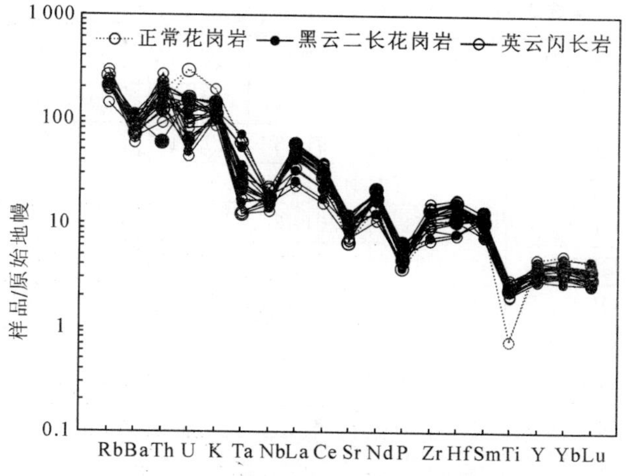

图 3-12 达考序列岩石微量元素蛛网图

(4) Sr、Nd 同位素组成

该序列 Sr、Nd 同位素分析结果见表 3-10。$\varepsilon_{Nd}(t)$值变化于$-7.6\sim-8.1$之间，$\varepsilon_{Sr}(t)$为 76.5～95.7之间。在 $\varepsilon_{Nd}(t)$-$\varepsilon_{Sr}(t)$图解中，样品落入Ⅳ象限的中部靠右(图 3-13)，T_{2DM}变化不大，为 1.6Ga 左右，暗示岩浆源区可能为中元古代的陆壳。

表 3-9 达考序列岩石微量元素含量($\times10^{-6}$)

样品号	岩性	Cr	Li	Rb	Cs	As	Sr	Ba	V	Sc	Nb	Ta	Zr	Hf	Be	Ga	U	Th
QD711	正长花岗岩	6.12	21.5	162	7.2	1.19	137	453	7.61	3.9	14.8	2.44	90.1	3.71	5.24	13.9	6.13	9.92
QD711-1		9.72	22.5	162	7.5	1.12	135	447	14	4.9	15.1	2.41	133.0	4.47	5.73	14.5	6.02	15.70
QD711-3		4.22	15.8	162	7.4	1.18	90	392	1.75	2.3	6.0	<0.5	58.0	2.06	3.52	12.2	848	18.20
QD711-5		27.8	20.6	102	6.7	4.00	182	667	35.6	6.4	6.5	0.69	168.0	5.15	1.43	9.58	2.08	14.00
QD708-1	黑云二长花岗岩	5.12	39.3	158	9.4	4.99	224	696	31.3	8.2	12.0	0.95	114.0	3.27	3.13	19.8	3.08	5.01
QD708-2		6.32	34.1	144	5.2	12.20	217	1290	34.2	7.62	11.5	1.22	90.8	2.61	3.48	20.5	3.08	14.30
QD708-4		7.1	41.2	168	9.7	19.40	248	822	31.5	8.4	13.2	1.32	134.0	3.86	3.71	23.3	3.24	19.00
QD708-5		7.62	31.4	151	5.9	20.50	259	779	30.8	7.1	11.8	1.22	107.0	3.25	3.09	22.6	2.28	12.40
QD708-6		10.6	31.8	175	8.0	26.10	192	673	28.6	7.7	12.0	<0.5	105.0	3.23	3.26	22.8	2.18	14.30
QD708-7		12.8	35.7	153	6.6	7.15	251	747	29.3	7.9	9.9	0.82	80.0	2.43	3.16	22.2	3.19	17.40
QD708-8		7.8	47.3	121	6.0	6.39	244	643	37.8	7.7	11.8	1.00	95.8	2.44	3.35	23.4	3.08	17.60
QD705-2		84.2	36.8	126	7.5	1.70	193	726	90	16.5	11.4	0.9	124.0	3.67	2.42	18.6	1.34	10.80
QD705-3		84.8	38.7	136	7.6	2.28	195	522	91.3	17.9	12.0	0.64	145.0	4.67	2.32	18.3	2.58	13.40
QD705-4		34.0	40.0	132	7.7	1.71	197	495	61.9	12.7	13.0	1.43	131.0	4.6	2.51	24.1	1.19	9.51
QD705-5		37.4	48.1	139	10.8	4.08	182	480	70.4	16.0	12.6	2.16	135.0	4.28	2.57	22.2	2.88	13.20
QD705-6		27.5	29.4	134	10.3	2.6	171	439	67.4	9.9	13.9	2.02	142.0	4.69	2.54	23.2	3.4	8.10
QD705-7		43.6	54.3	153	11.2	2.54	177	480	68.4	14.6	13.3	2.86	153.0	5.01	2.31	18.4	2.88	9.930
QD709		66.7	36.7	133	7.7	1.32	217	595	86.9	17.1	12.3	2.13	130.0	4.04	2.38	26	1.00	11.70
QD709-1		34.4	40.6	128	7.0	1.05	196	529	81.0	15.8	13.0	2.16	144.0	4.62	2.60	21.6	2.18	11.10

续表 3-9

样品号	岩性	Cr	Li	Rb	Cs	As	Sr	Ba	V	Sc	Nb	Ta	Zr	Hf	Be	Ga	U	Th
QD701-1	英云闪长岩	76.5	37.9	131	6.2	2.33	194	500	90.8	15.8	13.0	<0.5	151.0	4.88	2.30	18.3	3.29	10.40
QD701-2		75.8	37.6	130	6.2	1.51	194	523	94.0	18.1	12.4	0.96	155.0	4.93	2.37	18.3	2.08	16.70
QD701-3		67.2	31.8	128	8.7	3.26	175	493	81.6	15.1	11.4	0.69	76.5	2.39	2.29	17.4	2.08	16.30
QD701-4		71.5	34.0	124	4.5	1.31	200	480	84.1	15.9	11.6	<0.5	138.0	4.31	2.59	22.3	1.19	20.50
QD701-5		48.8	36.5	141	5.4	1.27	192	627	62.8	14.6	11.3	0.53	156.0	4.76	2.82	25.6	1.88	13.00
QD702-1		81.9	36.4	134	6.4	2.88	145	410	73.3	14.1	11.6	0.85	158.0	4.82	2.75	19.4	1.88	16.80
QD702-2		122.0	47.9	107	7.2	1.88	152	393	74.3	15.3	14.4	<0.5	202.0	5.78	3.15	30.4	1.39	8.24
QD702-3		46.3	33.3	152	7.5	1.97	153	451	63.2	13.5	11.0	0.98	154.0	4.66	3.00	22.8	2.63	7.67
QD702-4		40.3	53.9	187	9.8	3.72	145	610	42.7	8.7	15.1	1.12	176.0	5.24	4.32	26.5	3.19	15.70
QD711-2		101.0	29.9	89.5	2.2	5.41	241	534	83.0	21.2	9.27	<0.5	108.0	3.23	2.05	18.6	1.68	15.80
QD710-1		114.0	40.8	126	7.8	1.68	203	574	109.0	20.0	12.8	1.38	124.0	3.92	2.7	23.6	1.24	17.20
QD710-2		95.7	41.0	113	6.8	0.99	218	512	108.0	20.0	12.7	0.93	160.0	4.55	2.83	21.3	1.00	19.80
QD710-3		51.6	43.9	120	7.1	1.16	212	618	85.6	16.3	10.7	<0.5	102.0	3.18	2.8	24.2	1.39	22.40
QD710-4		101.0	40.4	123	7.4	1.50	209	585	102.0	15.9	11.7	0.77	105.0	3.05	2.81	23.4	1.10	13.40
QD710-5		106.0	41.2	128	7.3	1.70	221	630	109.0	19.6	12.7	1.35	136.0	3.81	3.00	23.9	0.90	19.30
QD710-6		20.02	30.0	102	5.4	2.40	215	486	125.0	25.6	10.6	0.80	163.0	4.60	1.70	20.2	0.80	16.20
QD702-6		45.7	43.4	130	6.4	1.64	182	458	80.8	16.0	13.8	1.28	162.0	4.98	2.61	22.2	4.32	14.20

表 3-10　达考序列岩石 Nd、Sr 同位素组成

样品号	QD702	QD702-1	QD702-6	QD709	QD709-1	QD708-2
$^{147}Sm/^{144}Nd$	0.108 3	0.114 2	0.125 0	0.112 9	0.108 3	0.112 9
$^{143}Nd/^{144}Nd$	0.512 129	0.5121 580	0.5121 580	0.512 132	0.512 153	0.512 147
$(^{143}Nd/^{144}Nd)i$	0.512 009	0.512 032	0.512 020	0.512 007	0.512 022	0.512 026
$\varepsilon_{Nd}(t)$	−8.0	−7.6	−7.8	−8.1	−7.8	−7.7
$^{87}Rb/^{86}Sr$	2.170 0	2.327 0	2.071 0	1.870 0	1.870 0	2.585 0
$^{87}Sr/^{86}Sr$	0.715 09	0.715 83	0.714 67	0.714 31	0.714 18	0.717 25
$(^{87}Sr/^{86}Sr)i$	0.709 88	0.710 24	0.709 69	0.709 82	0.709 69	0.711 04
$\varepsilon_{Sr}(t)$	79.2	84.3	76.6	78.3	76.5	95.7
T_{2DM}	1 609	1 573	1 592	1 612	1 588	1 582

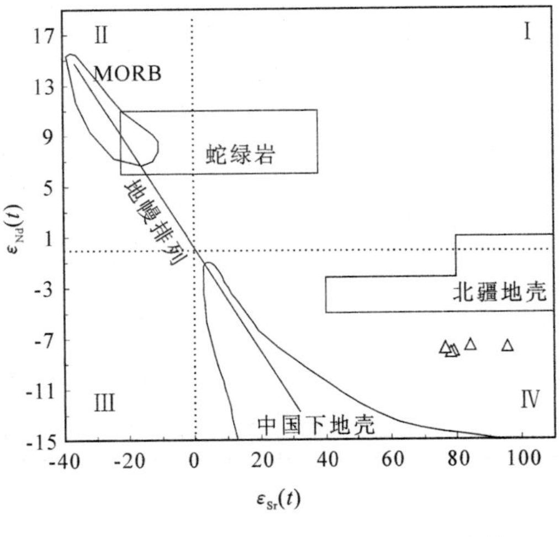

图 3-13　达考序列岩石 $\varepsilon_{Nd}(t)$-$\varepsilon_{Sr}(t)$图解

二、扎河构造-岩浆岩带侵入岩

扎河构造-岩浆岩带侵入岩较为发育，位于甘孜—理塘缝合带西南侧，受西金乌兰—金沙江断裂带控制，呈北西-南东向展布。由扎河序列、兵果达龙序列和加容检德工卡序列组成，出露面积为162.4km²。

（一）扎河序列

1. 地质特征

位于治多县扎河乡东南西确涌一带，由4个岩体组成，分别为西确松龙果石英闪长岩体、松龙能英云闪长岩体、西确涌花岗闪长岩体及格仁龙正长花岗岩体，构成石英闪长岩—英云闪长岩—花岗闪长岩—正长花岗岩旋回。各岩体间为脉动侵入关系：格仁龙正长花岗岩体脉动侵入于西确涌花岗闪长岩体，而后者再侵入于松龙能英云闪长岩体；西确松龙果石英闪长岩体被松龙能英云闪长岩体、西确涌花岗闪长岩体和格仁龙正长花岗岩体脉动侵入。扎河序列西南边部被断层限制，侵入于晚三叠世克南群，外接触带200～300m范围内岩石普遍角岩化和硅化。

2. 岩石学特征

（1）西确松龙果石英闪长岩体

石英闪长岩体侵入体呈北西-南东向不规则长条状，出露面积24.5km²，岩株状产出。岩性为灰—深灰色细粒石英闪长岩，细粒半自形粒状结构，块状构造。由斜长石（An＝44）（62%～64%）、石英（14%～16%）、钾长石（1%～2%）、角闪石（12%～14%）、黑云母（2%～3%）及少量副矿物锆石、磷灰石、石榴石和磁铁矿组成。

（2）松龙能英云闪长岩体

侵入体呈北西-南东向不规则条带状，面积11.7km²。岩性为灰白色中细粒英云闪长岩。中细粒半自形粒状结构，块状构造，由斜长石（An＝32）（60%～63%）、石英（23%～26%）、钾长石（1%～3%）、黑云母（5%～8%）及少量副矿物磷灰石、锆石和绿帘石组成。该岩体的锆石U-Pb同位素年龄为169Ma（表3-11），时代应为中侏罗世，属燕山早期产物。

表3-11　松龙能英云闪长岩体锆石U-Pb同位素分析结果

样品号	含量（10^{-6}）		普通铅含量（ng）	同位素原子比及误差（2σ）				表面年龄（Ma）		
	U	Pb		$^{206}Pb/^{204}Pb$	$^{206}Pb/^{238}U$	$^{207}Pb/^{235}U$	$^{207}Pb/^{206}Pb$	$^{206}Pb/^{238}U$	$^{207}Pb/^{235}U$	$^{207}Pb/^{206}Pb$
QD714	10 115.9	762.3	4.769	52.6	0.026 56	0.183 64	0.050 13	169	171	201
					0.001 19	0.145 71	0.039 84	7	135	159

（3）西确涌花岗闪长岩体

侵入体呈北西-南东向长条状，面积26.5km²。岩性为灰白色细粒花岗闪长岩。变余细粒花岗结构，块状构造。由斜长石（An＝26）（45%～49%）、钾长石（12%～14%）、石英（18%～20%）、黑云母（3%～5%）、白云母（0～1%）、次生石英（5%～7%）、次生白云母（1%～3%）及微量副矿物磷灰石和锆石组成。

（4）格仁龙正长花岗岩体

侵入体呈北西-南东向不规则椭圆状，向南延出测区，图幅内出露面积为20km²。岩性为灰白色细粒花岗岩。细粒花岗结构，块状构造。由斜长石（13%～15%）、钾长石（29%～31%）、石英（43%～46%）、黑云母（5%～7%）及微量副矿物榍石、帘石、磷灰石和锆石组成。斜长石呈板状，帘石化和绢云母化；钾长石属条纹长石，粘土化。

3. 岩石地球化学特征

（1）常量元素特征

该序列岩石化学分析结果见表 3-12。从表中可看出，SiO_2含量为 57.36％～75.44％，变化范围大，反映了岩石从中基性到酸性的演化。西确松龙果石英闪长岩体 SiO_2含量为 57.36％～60.51％（平均 59.43％），Na_2O 含量为 2.24％～2.64％，K_2O 含量为 0.75％～1.32％，Na_2O+K_2O 为 3.03％～3.86％（平均 3.52％），$Na_2O>K_2O$，里特曼指数 σ 为 0.52～0.85，Al_2O_3含量为 14.34％～16.46％，A/CNK为 0.71～0.87，为准铝质；松龙能英云闪长岩体 SiO_2含量为 65.52％～69.10％（平均 67.43％），Na_2O 含量为 2.64％～2.79％，K_2O 含量为 1.43％～2.33％，Na_2O+K_2O 为 4.07％～5.01％（平均 4.44％），$Na_2O>K_2O$，里特曼指数 σ 为 0.65～1.10，A/CNK 为 0.87～0.94，属准铝质；西确涌花岗闪长岩体 SiO_2含量为 62.64％～67.12％（平均 65.65％），Na_2O 含量为 2.34％～3.07％，K_2O 含量为 1.00％～2.53％，Na_2O+K_2O 为 3.51％～5.60％（平均 4.68％），$Na_2O>K_2O$，里特曼指数 σ 为 0.62～1.42，Al_2O_3含量为 14.94％～16.58％，A/CNK 为 0.86～1.04，为准铝质—弱过铝质；格仁龙正长花岗岩体 SiO_2含量为 68.88％～75.44％（平均 72.01％），Na_2O 含量为 1.60％～3.55％，K_2O 含量为 2.38％～6.85％，Na_2O+K_2O 为 5.48％～8.45％（平均 6.55％），$K_2O>Na_2O$，里特曼指数 σ 为 1.09～2.23，Al_2O_3含量为 14.94％～16.58％，A/CNK 为 1～1.42，属准铝质—强过铝质。按石英闪长岩—英云闪长岩—花岗闪长岩—正长花岗岩的顺序，各岩体的 SiO_2和碱含量总体逐渐升高，反映岩浆向富硅、富碱方向演化。在 TAS 图解中（图 3-14），样品点主要分布在闪长岩区和花岗闪长岩区，少量分布在花岗岩区，在 SiO_2-K_2O 图解中（图 3-15），各岩体样品几乎均落入钙碱性系列区，仅一个正长花岗岩样品落入高钾钙碱性系列区，另一个石英闪长岩样品落入低钾系列区内。

表 3-12　扎河序列岩石常量元素含量（％）

序号	样品号	岩性	SiO_2	TiO_2	Al_2O_3	Fe_2O_3	FeO	MnO	MgO	CaO	Na_2O	K_2O	P_2O_5	灼失量	总量
1	QD715-1	石英闪长岩	58.26	0.758	14.34	1.280	7.20	0.171	5.68	6.76	2.33	1.32	0.116	1.04	99.26
2	QD715-2		57.36	0.783	14.79	1.370	7.28	0.171	5.58	7.03	2.24	1.31	0.124	1.06	99.10
3	17GS422-1		61.59	0.460	16.46	1.200	4.53	0.100	3.23	7.33	2.64	1.22	0.100	1.22	100.08
4	17GS422-5		60.51	0.320	14.42	1.250	6.00	0.200	4.38	8.62	2.28	0.75	0.07	1.14	99.94
5	QD714-1	英云闪长岩	65.52	0.456	14.66	0.143	4.50	0.105	3.02	5.46	2.68	2.33	0.067	0.60	99.54
6	QD714-2		69.10	0.406	14.34	0.349	3.55	0.075	2.15	4.80	2.79	1.73	0.077	0.42	99.79
7	QD714-3		67.88	0.40	14.54	0.146	4.16	0.086	2.24	5.20	2.68	1.48	0.078	0.72	99.61
8	QD714-4		68.42	0.402	14.38	0.139	3.82	0.084	2.30	5.24	2.64	1.43	0.066	0.68	99.60
9	QD712-1	花岗闪长岩	66.88	0.485	14.94	0.455	4.00	0.093	2.14	4.74	2.56	2.31	0.084	0.24	98.93
10	QD712-2		64.84	0.421	16.58	0.458	3.79	0.095	1.84	4.96	3.07	2.53	0.089	0.24	98.91
11	QD712-3		66.78	0.480	15.07	0.344	3.83	0.083	2.10	4.46	2.52	2.06	0.088	0.94	98.76
12	QD712-4		62.64	0.446	15.00	0.811	5.38	0.164	3.88	6.72	2.52	1.00	0.062	0.42	99.03
13	18GS519-1		67.12	0.370	14.96	0.380	3.63	0.100	2.30	4.97	2.34	2.48	0.09	1.42	100.16
14	QD713-3	正长花岗岩	68.88	0.502	15.59	1.880	1.21	0.041	0.42	1.48	2.66	3.63	0.081	2.64	99.02
15	QD713		70.65	0.301	13.91	1.580	1.74	0.040	0.76	3.00	3.46	2.60	0.054	1.82	99.92
16	QD713-1		75.44	0.136	12.40	0.726	1.74	0.035	0.16	1.86	3.55	2.92	0.028	0.32	99.31
17	QD713-2		74.86	0.127	12.41	0.626	1.20	0.014	0.58	0.147	1.60	6.85	0.03	0.8	99.24
18	18GS314-1		70.22	0.230	14.87	0.520	2.55	0.060	0.73	3.43	3.10	2.38	0.09	2.0	100.18

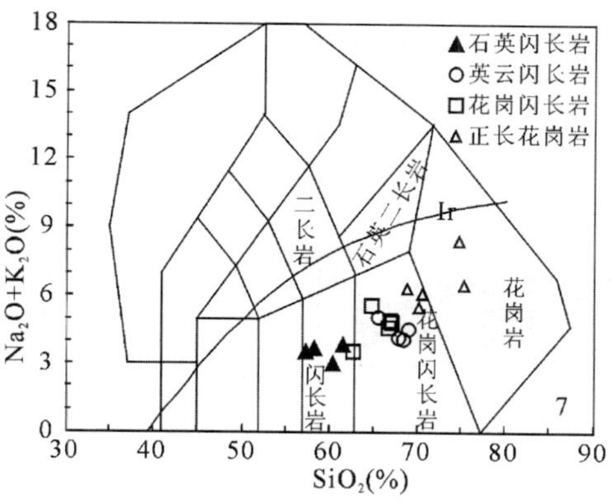

图 3-14　扎河岩序列岩石 TAS 图解

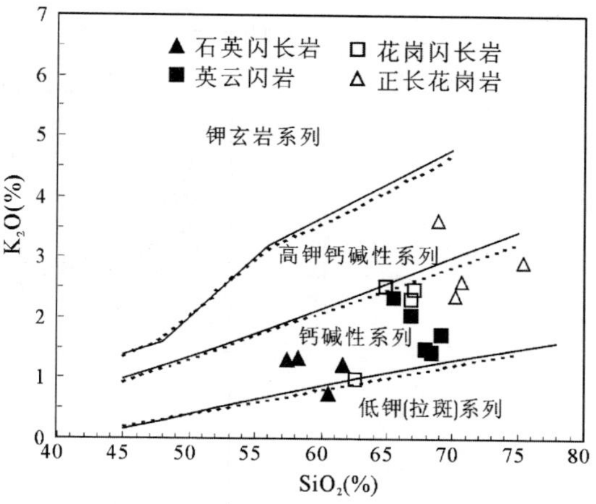

图 3-15　扎河岩序列岩石 SiO_2-K_2O 图解

(2) 稀土元素特征

该序列稀土元素分析结果见表 3-13。西确松龙果石英闪长岩体的 ΣREE 较低，为(83.26～85.02)×10^{-6}，LREE 含量远高于 HREE，$(La/Sm)_N$ 为 2.15～2.37，$(Gd/Yb)_N$ 为 1.30～1.38，$(La/Yb)_N$ 为 3.50～3.84(平均 3.67)，显示 REE 有一定分异，HREE 分异较弱，δEu 为 0.64～0.66，为中等负 Eu 异常；松龙能英云闪长岩体的 ΣREE 为(47.04～114.69)×10^{-6}(平均 76.23×10^{-6})，$(La/Sm)_N$为 2.04～5.25，$(Gd/Yb)_N$为 1.16～1.22，$(La/Yb)_N$为 2.95～9.75(平均 5.43)，δEu 为 0.71～0.97，为 Eu 弱—中等负异常；西确涌花岗闪长岩体的 ΣREE 为(86.99～96.76)×10^{-6}(平均 91.20×10^{-6})，$(La/Sm)_N$为 1.83～4.12，$(Gd/Yb)_N$为 1.29～1.35，$(La/Yb)_N$为 3.20～7.69(平均 5.65)，δEu 为 0.48～0.71，为中等一较强负 Eu 异常；格仁龙正长花岗岩体的 ΣREE 为(62.26～124.84)×10^{-6}(平均 100.46×10^{-6})，$(La/Sm)_N$为 4.52～6.76，$(Gd/Yb)_N$为 1.11～1.74，$(La/Yb)_N$为 5.52～19.36(平均 11.54)，δEu 为 0.54～0.92，为弱一较强负 Eu 异常；该序列岩石的 ΣREE 较低，且随着的 SiO_2 含量增加，ΣREE 有增大的趋势，稀土元素配分曲线均为轻稀土元素富集和重稀土元素平坦型(图 3-16)，其中正长花岗岩的轻重稀土元素分馏较其他三类明显。在图 3-16 中大多数样品的曲线呈平行排列，暗示各岩石可能具有相似的起源。该序列 12 个样品中，有 6 个表现为低重稀土含量、低 Yb 含量[(1.48～1.67)×10^{-6}]和低 Y 含量[(11.2～15.1)×10^{-6}]特征。

表 3-13　扎河序列稀土元素含量(×10^{-6})

样品号	岩性	La	Ce	Pr	Nd	Sm	Eu	Gd	Tb	Dy	Ho	Er	Tm	Yb	Lu	Y	ΣREE	LREE	δEu
QD715-1	石英闪长岩	13.4	30.4	3.51	17.1	4.02	0.84	3.93	0.68	4.41	0.90	2.61	0.41	2.51	0.30	22.2	85.02	69.27	0.64
QD715-2		14.4	26.2	3.68	17.7	3.93	0.87	4.11	0.73	4.74	0.97	2.76	0.41	2.47	0.29	22.3	83.26	66.78	0.66
QD714-1	英云闪长岩	10.7	19.9	2.93	14.20	3.38	0.80	3.50	0.63	4.19	0.93	2.66	0.40	2.39	0.35	23.2	66.96	51.96	0.71
QD714-3		29.6	45.2	4.65	19.2	3.64	0.79	2.94	0.47	3.06	0.64	1.92	0.32	2.00	0.26	15.8	114.69	103.08	0.72
QD714-4		8.8	14.6	2.27	9.0	2.18	0.70	2.26	0.39	2.52	0.53	1.68	0.25	1.61	0.25	14.6	47.04	37.55	0.97
QD712-1	花岗闪长岩	17.9	33.0	3.33	15.3	3.61	0.80	3.19	0.52	3.72	0.75	2.34	0.32	1.95	0.26	16.5	86.99	73.94	0.71
QD712-3		21.6	38.6	3.78	16.3	3.38	0.81	3.03	0.51	3.44	0.70	2.22	0.32	1.85	0.22	15.1	96.76	84.47	0.77
QD712-4		13.9	28.6	4.07	18.4	4.91	1.06	4.46	0.79	5.54	1.08	3.32	0.48	2.86	0.37	24	89.84	70.94	0.69
QD713-3	正长花岗岩	30.9	49.4	1.70	19.5	3.08	0.43	2.21	0.32	1.94	0.36	1.10	0.17	1.05	0.16	8.35	112.32	105.01	0.48
QD713		12.4	26.6	2.16	10.2	1.77	0.58	2.15	0.34	2.28	0.42	1.43	0.23	1.48	0.22	11.2	62.26	53.71	0.92
QD713-1		24.3	42.5	3.88	16.2	3.05	0.63	2.97	0.44	3.00	0.58	2.01	0.29	2.22	0.35	14.5	102.42	90.56	0.64
QD713-2		35.7	51.5	4.57	18.7	3.41	0.55	2.67	0.45	2.94	0.59	1.63	0.26	1.67	0.20	13.7	124.84	114.43	0.54

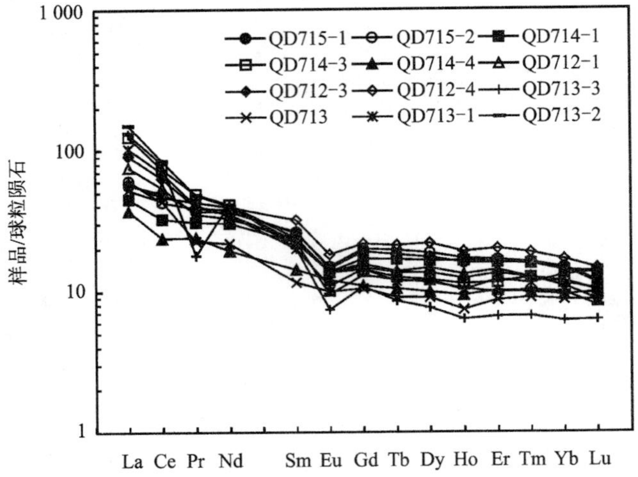

图 3-16　扎河系列岩石稀土元素配分曲线图

(3) 微量元素特征

该序列微量元素分析结果见表 3-14。该序列岩石普遍具有低 Sr 含量[(31～177)×10^{-6}]、低 Ta 含量[(<0.5～1.21)×10^{-6}],由石英闪长岩向正长花岗岩,即随着 SiO_2 含量的增加,过渡族元素、Rb、Ba 含量有降低的趋势;Rb/Sr 为 0.37～4.06,Nb/Ta 为 7.17～25.75(平均 13.68),La/Nb 值,除 1 个样品较高(5.75)外,其余 14 个样品平均为 2.1,Sr/Y 为 3.14～10.50。微量元素原始地幔标准化蛛网图表现为右倾型式(图 3-17),总体显示弧岩浆岩的特点。扎河序列岩石富集大离子亲石元素 Rb、K、Ba、Th,相对于其他相邻元素而言,Sr、Nb、Ta、Ti、P 强烈亏损。

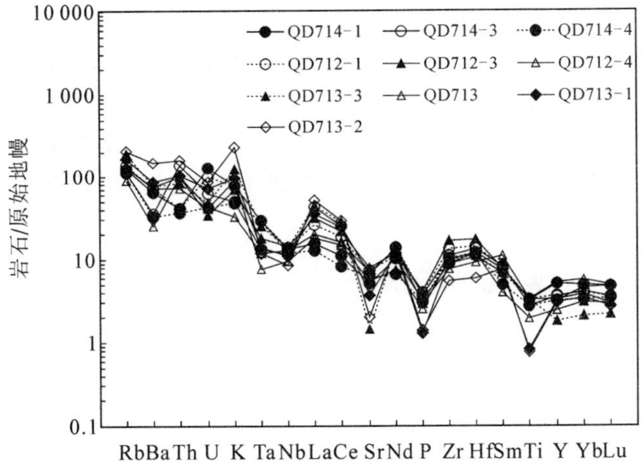

图 3-17　扎河序列岩石微量元素蛛网图

表 3-14　扎河序列岩石微量元素含量(×10^{-6})

样品号	岩性	Cr	Li	Rb	Cs	As	Sr	Ba	V	Sc	Nb	Ta	Zr	Hf	Be	Ga	U	Th
QD715-1	石英闪长岩	99.2	23.0	55.4	5.2	0.95	129	292	245.0	44	6.78	0.55	84.3	2.61	2.14	28.7	0.90	6.38
QD715-2		96.2	23.4	54.3	4.8	0.84	134	300	248.0	44.6	6.9	0.76	98.5	3.33	2.08	24.3	0.90	6.23
QD714-1	英云闪长岩	45.0	22.5	80.0	6.5	6.36	110	450	89.2	21.2	9.6	1.21	100.0	3.76	2.24	20.3	2.68	3.47
QD714-2		36.6	25.9	73.7	5.2	1.41	102	281	58.1	12.0	8.3	1.11	99.9	3.11	2.11	19.8	1.88	10.6
QD714-3		24.0	22.5	69.8	7.1	6.64	140	250	54.7	11.5	8.4	0.55	125.0	4.16	2.28	19.8	1.29	11.8
QD714-4		22.0	22.6	70.0	7.0	2.44	128	230	55.7	12.2	8.6	1.20	118.0	3.79	2.22	20.1	0.90	3.16

续表 3-14

样品号	岩性	Cr	Li	Rb	Cs	As	Sr	Ba	V	Sc	Nb	Ta	Zr	Hf	Be	Ga	U	Th
QD712-1	花岗闪长岩	46.9	27.5	88.7	5.0	2.22	154	498	60.6	18.6	10.1	1.21	153.0	4.49	2.47	16.7	2.08	3.43
QD712-2		53.7	26.3	90.3	4.9	1.49	177	456	52.9	17.2	10.3	<0.5	169.0	5.17	2.04	19.6	0.71	14.20
QD712-3		52.7	25.7	82.0	4.2	3.32	167	521	65.8	21.1	10.3	0.73	185.0	5.43	2.37	20.3	0.71	8.54
QD712-4		115.0	26.9	56.0	3.9	4.56	151	179	98.2	28.1	9.4	<0.5	87.5	2.89	2.29	19.3	0.90	8.49
QD713-3	二长花岗岩	35.8	14.2	126.0	5.5	19.8	31	538	48.1	11.9	9.9	1.04	113.0	3.46	1.62	14.9	10.00	6.94
QD713		9.31	13.4	84.6	3.2	5.88	118	502	37.6	9.5	7.0	0.32	110.0	3.70	2.14	16.6	0.85	6.10
QD713-1		7.12	13.3	106.0	4.1	3.63	78	593	21.7	7.2	7.9	0.57	99.7	3.37	1.65	13.2	1.49	8.66
QD713-2		6.32	7.7	132.0	2.9	2.09	43	1040	4.3	3.9	6.2	<0.5	61.7	1.87	1.32	10.4	1.78	13.60

（4）Sr、Nd 同位素组成

该序列 Sr、Nd 同位素分析结果列于表 3-15。各侵入体均显示高放射成因（$^{87}Sr/^{86}Sr$）i 值和低放射成因 $\varepsilon_{Nd}(t)$ 值的岩石圈地幔特点，（$^{87}Sr/^{86}Sr$）i 为 0.715 16～0.716 13，$\varepsilon_{Nd}(t)$ 变化在 −9.9～−10.6 之间，$\varepsilon_{Sr}(t)$ 变化在 154.2～167.9 之间，在 $\varepsilon_{Nd}(t)$-（$^{87}Sr/^{86}Sr$）i 相关图上（图略），样品点投在第Ⅳ象限，具有壳源同位素组成特征。T_{2DM} 变化于 1.76～1.82Ga 之间，反映岩浆源区属古元古代末期的陆壳。

表 3-15　扎河序列岩石 Nd、Sr 同位素组成

样品号	QD712	QD712-1	QD712-3	QD714	QD714-1	QD714-4
$^{147}Sm/^{144}Nd$	0.118 6	0.129 8	0.124 5	0.152 8	0.169 0	0.160 7
$^{143}Nd/^{144}Nd$	0.512 044	0.512 022	0.512 034	0.512 044	0.512 096	0.512 070
($^{143}Nd/^{144}Nd$)i	0.511 913	0.511 878	0.511 896	0.511 875	0.511 909	0.511 892
$\varepsilon_{Nd}(t)$	−9.9	−10.6	−10.2	−10.6	−10.0	−10.3
$^{87}Rb/^{86}Sr$	1.727 0	1.882 0	1.594 0	1.479 0	1.834 0	1.421 0
$^{87}Sr/^{86}Sr$	0.719 32	0.719 68	0.719 19	0.719 68	0.719 66	0.719 37
($^{87}Sr/^{86}Sr$)i	0.715 17	0.715 16	0.715 36	0.716 13	0.715 25	0.715 96
$\varepsilon_{Sr}(t)$	154.3	154.2	157.0	167.9	155.5	165.5
T_{2DM}	1 761	1 816	1 788	1 821	1 767	1 794

（二）兵果达龙序列

1. 地质特征

该序列位于治多县扎河乡西口前宾果一带，由石英闪长岩和英云闪长岩组成，2 个岩体分别为果龙俄玛石英闪长岩体和口前宾果英云闪长岩体。果龙俄玛石英闪长岩体由 3 个侵入体组成，口前宾果英云闪长岩体由 1 个侵入体组成。口前兵果英云闪长岩体脉动侵入果龙俄玛石英闪长岩体中。

该序列西南端被韧性断层破坏，果龙俄玛石英闪长岩体边部形成糜棱岩，可见到明显的糜棱条带。东北部被古近纪沱沱河组红色复成分砾岩沉积覆盖，东南部被第四纪冲洪积物覆盖，西北端侵入上三叠统克南群。外接触带岩石强烈角岩化、片理化，接触面外倾，倾角 30°～50°不等。内接触带岩石具明显的同化混染现象，暗色闪长质包体常见，呈椭圆—浑圆状，大者 3～5cm，小者 2～3cm，约占岩体的 3%～5%。侵入体内部节理和裂隙十分发育，石英闪长岩中贯有花岗质岩脉。

2. 岩石学特征

(1) 口前兵果英云闪长岩体

侵入体呈北西-南东向椭圆状，出露面积 3.90km²。岩性为灰白色英云闪长岩，由斜长石(59%～61%)、石英(25%～27%)及角闪石(5%～7%)组成。变余半自形粒状结构，具块状构造。该岩体的单颗粒锆石 U-Pb 同位素年龄为 130Ma(表 3-16)，时代为早白垩世，属燕山晚期的产物。

表 3-16　口前兵果云闪长岩体锆石 U-Pb 同位素分析结果

样品号	含量(10^{-6})		普通铅含量(ng)	同位素原子比及误差(2σ)				表面年龄(Ma)		
	U	Pb		$^{206}Pb/^{204}Pb$	$^{206}Pb/^{238}U$	$^{207}Pb/^{235}U$	$^{207}Pb/^{206}Pb$	$^{206}Pb/^{238}U$	$^{207}Pb/^{235}U$	$^{207}Pb/^{206}Pb$
QD716	15 195.7	517.3	1.757	125.5	0.020 38	0.077 35	0.027 52	130	75	0
					0.000 19	0.022 88	0.008 14	1	22	0

(2) 果龙俄玛石英闪长岩体

侵入体呈北西-南东向不规则长条状，出露面积 12km²。岩性为灰—深灰色中细粒石英闪长岩，由石英(13%～15%)、中长石(70%～72%)、角闪石(10%～12%)、少量黑云母和榍石组成。中细粒半自形粒状结构，具块状构造。

3. 岩石地球化学特征

(1) 常量元素特征

兵果达龙序列岩石化学分析结果见表 3-17。从表中可看出，SiO_2 含量为 55.14%～73.66%，变化范围大，反映了岩石从中基性到酸性的演化。果龙俄玛石英闪长岩体 SiO_2 含量为 55.14%～65.03%(平均 59.90%)，Na_2O 含量为 2.07%～4.91%，K_2O 含量为 0.56%～2.05%，Na_2O+K_2O 为 2.82%～5.76%(平均 4.58%)，$Na_2O>K_2O$，里特曼指数 σ 为 0.49～2.30，Al_2O_3 含量较高，为 15.07%～18.98%(平均 16.64%)，A/CNK 为 0.68～1.08，为准铝质—弱过铝质；口前宾果英云闪长岩体 SiO_2 含量为 69.16%～73.66%(平均 71.56%)，Na_2O 含量为 3.14%～4.38%，K_2O 含量为 0.14%～2.02%，Na_2O+K_2O 为 4.34%～6.02%(平均 5.37%)，$Na_2O>K_2O$，里特曼指数 σ 为 0.71～1.20，Al_2O_3 含量偏低，为 13.70%～14.38%(平均 13.91%<15%)，A/CNK 为 0.90～1.02，属准铝质—弱过铝质；按石英闪长岩—英云闪长岩的顺序，SiO_2 含量和碱含量总体逐渐升高，反映岩浆向富硅和富碱方向演化。在 TAS 图解中(图 3-18)，样品点主要分布在闪长岩—花岗岩区，在 SiO_2-K_2O 图解中(图 3-19)，大多数样品落入钙碱性系列区，仅 1 个英云闪长岩样品及 2 个石英闪长岩样品落入低钾系列区内。

表 3-17　兵果达龙序列岩石主量元素含量(%)

序号	样品号	岩性	SiO_2	TiO_2	Al_2O_3	Fe_2O_3	FeO	MnO	MgO	CaO	Na_2O	K_2O	P_2O_5	灼失量	总量
1	QD716-2	石英闪长岩	55.14	0.414	18.98	1.00	4.03	0.108	4.36	9.95	2.85	1.00	0.066	1.76	99.65
2	QD716-3		55.30	0.431	16.31	1.06	5.26	0.126	5.47	9.42	2.73	0.92	0.058	1.82	98.91
3	RL395-1		55.25	0.454	16.21	0.864	5.14	0.094	5.64	8.36	4.91	0.56	0.048	1.78	99.31
4	QD732-1		64.06	0.326	17.03	0.323	3.75	0.090	1.42	4.55	3.71	2.05	0.080	1.80	99.19
5	QD732-2		61.26	0.529	17.20	1.37	4.60	0.119	2.43	6.09	3.32	1.44	0.120	0.50	98.98
6	QD732-3		64.50	0.374	16.91	0.32	4.59	0.122	1.46	4.62	3.47	1.42	0.091	1.24	99.12
7	17GS566-2		65.03	0.570	15.44	0.64	2.9	0.060	2.10	5.76	4.00	1.43	0.100	1.62	99.65
8	17GS658-2		58.64	0.420	15.07	1.29	3.85	0.140	5.84	9.36	2.07	0.75	0.070	2.00	99.50

续表 3-17

序号	样品号	岩性	SiO_2	TiO_2	Al_2O_3	Fe_2O_3	FeO	MnO	MgO	CaO	Na_2O	K_2O	P_2O_5	灼失量	总量
9	QD716-2	英云闪长岩	73.66	0.308	13.82	0.60	1.45	0.027	0.38	2.93	4.24	1.78	0.094	0.17	99.46
10	QD716-3		72.06	0.334	13.70	0.44	3.00	0.051	0.71	2.9	3.92	1.74	0.102	0.60	99.55
11	QD716-4		72.86	0.301	13.81	0.85	2.34	0.053	0.64	2.67	3.98	2.02	0.097	0.20	99.83
12	QD716-5		71.58	0.365	13.77	0.56	2.37	0.043	0.68	3.70	4.26	1.44	0.058	0.34	99.17
13	QD732-2		70.06	0.481	14.38	2.03	2.12	0.038	0.72	4.19	4.38	0.14	0.106	0.86	99.50
14	GS-2		69.16	0.460	14.00	1.22	2.60	0.110	1.83	4.21	3.14	1.20	0.080	1.76	99.77

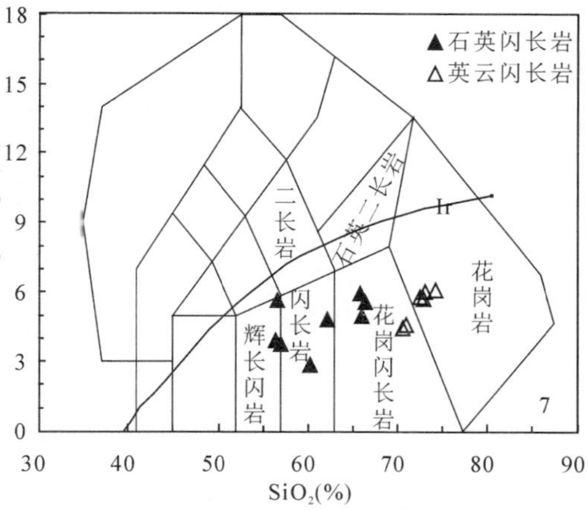

图 3-18　兵果达龙序列岩石 TAS 图

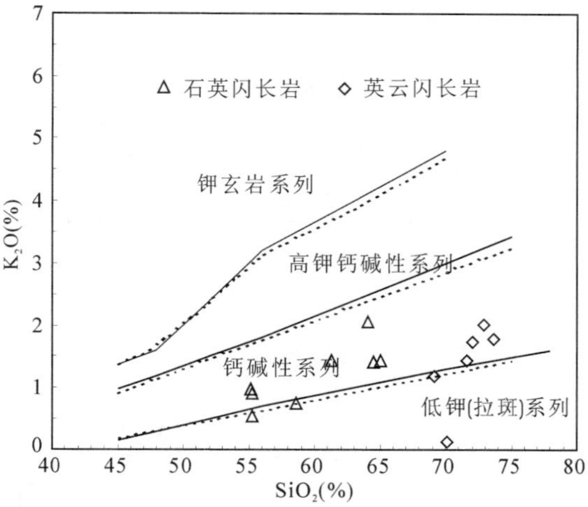

图 3-19　兵果达龙序列岩石 SiO_2-K_2O 图

(2) 稀土元素特征

该序列稀土元素分析结果见表 3-18。果龙俄玛石英闪长岩体的 ΣREE 为$(80.89\sim88.06)\times10^{-6}$(平均 83.94×10^{-6}),LREE 弱分异,$(La/Sm)_N$ 为 2.80～3.67,HREE 无分异,$(Gd/Yb)_N$ 为 1.00～1.06,轻重稀土弱分异,$(La/Yb)_N$ 为 3.39～4.41(平均 3.83),δEu 为 0.69～0.88,平均 0.79,为中等负 Eu 异常;口前宾果英云闪长岩体的 ΣREE 为$(81.84\sim92.55)\times10^{-6}$(平均 85.67×10^{-6}),$(La/Sm)_N$ 为 3.24～4.41,$(Gd/Yb)_N$ 为 0.91～1.12,$(La/Yb)_N$ 为 3.85～5.19(平均 4.52),δEu 为 0.70～0.79,为中等负 Eu 异常。该序列岩石的 ΣREE 较低,显示 REE 亏损的特征,而且 LREE 弱分异,HREE 无分异,轻重稀土弱分异。稀土元素配分曲线为 LREE 弱富集和 HREE 平坦的右倾型(图 3-20),具有 I 型花岗岩和埃达克岩的特点。

表 3-18　兵果达龙序列岩石稀土元素含量($\times10^{-6}$)

样品号	QD716-3	QD732-1	QD732-2	QD732-3	QD716-2	QD716-5
岩性	石英闪长岩			英云闪长岩		
La	18.0	17.0	15.5	16.5	18.6	18.2
Ce	31.2	28.0	26.8	27.7	30.4	32.7
Pr	3.34	3.49	3.61	3.07	2.99	3.76
Nd	15.1	14.0	15.4	13.8	14.1	15.7
Sm	3.29	2.99	3.58	2.96	2.72	3.63
Eu	0.78	0.87	0.95	0.89	0.76	0.86
Gd	3.67	3.06	3.64	3.51	3.20	3.97
Tb	0.62	0.58	0.60	0.62	0.50	0.72

续表 3-18

样品号	QD716-3	QD732-1	QD732-2	QD732-3	QD716-2	QD716-5
岩性	石英闪长岩			英云闪长岩		
Dy	4.34	3.95	4.87	4.59	3.39	4.88
Ho	0.95	0.88	1.08	0.93	0.69	0.97
Er	2.91	2.82	3.19	3.13	2.24	3.14
Tm	0.44	0.40	0.44	0.48	0.32	0.48
Yb	3.01	2.53	2.85	3.20	2.36	3.11
Lu	0.41	0.32	0.35	0.46	0.34	0.43
Y	22.9	18.8	22.1	22.9	16.5	27.0
ΣREE	88.06	80.89	82.86	81.84	82.61	92.55
LREE	7 171	66.35	65.84	64.92	69.57	74.85
δEu	0.69	0.88	0.80	0.85	0.79	0.70

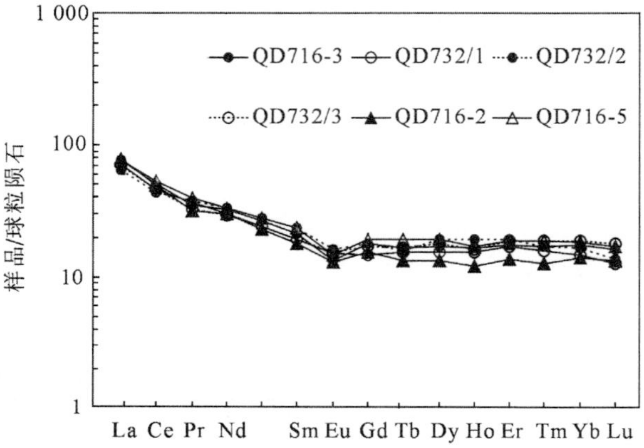

图 3-20　兵果达龙序列岩石稀土元素配分曲线图

(3) 微量元素特征

该序列微量元素分析结果见表 3-19。微量元素原始地幔标准化蛛网图见图 3-21，该序列富集大离子亲石元素 Rb、Ba、Th、U、K，高场强元素 Nb、Ta、P、Ti 强烈亏损；Sr 弱亏损与中等负铕异常，表明岩浆形成过程中发生了斜长石的分离结晶作用；同时具有相对低的 Nb/La 值(0.21～0.34)和低的 Rb/Nb 值(0.94～15.88)，显示弧岩浆岩的特点。

表 3-19　兵果达龙序列微量元素含量($\times10^{-6}$)

样品号	岩性	Cr	Li	Rb	Cs	As	Sr	Ba	V	Sc	Nb	Ta	Zr	Hf	Be	Ga	U	Th
QD716-2	石英闪长岩	128	6.5	31.5	1.9	0.70	298	370	160	33.4	2.64	<0.5	63.6	1.94	1.54	24.8	0.71	2.10
QD716-3		9.22	8.1	56.0	1.0	1.03	142	546	49	12.8	5.64	<0.5	135	4.14	1.42	16.2	1.78	4.06
RL395-1		62.1	5.6	22.4	1.8	0.67	221	186	226	42.4	2.92	<0.5	67.8	2.08	1.91	29.0	0.71	2.14
QD732-1		5.02	6.3	71.3	1.7	1.61	229	703	65	12.5	4.49	0.71	165	5.06	0.80	14.7	0.80	2.07
QD732-2		8.72	12.5	49.8	2.2	0.62	235	510	126	22.6	4.67	<0.5	138	4.24	0.86	19.1	0.71	13.1
QD732-3		9.92	7.0	50.9	1.8	2.66	223	639	70.4	13.5	4.5	<0.5	135	4.12	1.16	20.3	0.71	11.00

续表 3-19

样品号	岩性	Cr	Li	Rb	Cs	As	Sr	Ba	V	Sc	Nb	Ta	Zr	Hf	Be	Ga	U	Th
QD716-2	英云闪长岩	7.57	4.9	32.4	0.8	1.10	137	720	39.3	9.64	5.26	<0.5	128	3.95	1.41	15.6	1.34	4.30
QD716-3		54.9	8.5	32.7	2.3	0.69	202	232	198	38	2.71	<0.5	76.5	2.67	1.79	22.6	0.71	3.27
QD716-4		9.82	14.6	61.6	1.7	1.01	126	598	34	11.2	6.33	0.64	147	4.76	1.75	18.6	1.00	7.93
QD716-5		5.42	5.2	29.6	1.2	1.42	146	456	44	13.3	6.19	<0.5	148	4.68	1.56	18.8	0.71	5.62
QD732-2		2.72	1.6	3.2	0.5	1.44	196	113	25	18.4	3.41	<0.5	113	3.53	1.10	21.2	1.39	2.99

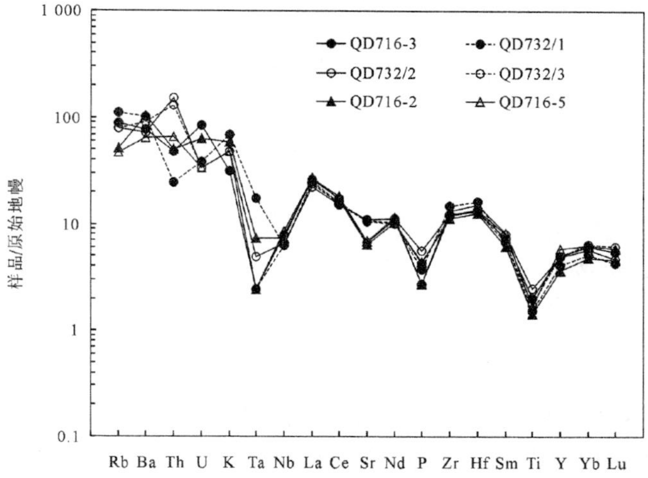

图 3-21 兵果达龙序列岩石微量元素蛛网图

(4) Sr、Nd 同位素组成

该序列 Sr、Nd 同位素分析结果列于表 3-20，($^{87}Sr/^{86}Sr$)i 为 705 24～0.707 47，$\varepsilon_{Sr}(t)$变化于 12.7～44.4 之间，$\varepsilon_{Nd}(t)$变化于－2.4～－5.2 之间。在 $\varepsilon_{Nd}(t)$-$\varepsilon_{Sr}(t)$图解中(图 3-22)，样品集中落入Ⅳ象限的中上部，靠近北疆地壳区，显示壳源同位素组成的特征。T_{2DM}为 1.12～1.35Ga，反映岩浆可能为中元古代晚期陆壳重形成的产物。

表 3-20 兵果达龙序列 Nd、Sr 同位素组成

样品号	QD716-1	QD716-2	QD716-3	QD716
$^{147}Sm/^{144}Nd$	0.160 7	0.126 5	0.133 2	0.130 6
$^{143}Nd/^{144}Nd$	0.512 440	0.512 310	0.512 356	0.512 460
($^{143}Nd/^{144}Nd$)i	0.512 303	0.512 202	0.512 243	0.512 349
$\varepsilon_{Nd}(t)$	－3.3	－5.2	－4.4	－2.4
$^{87}Rb/^{86}Sr$	0.062 6	0.572 4	1.016 0	0.258 7
$^{87}Sr/^{86}Sr$	0.707 27	0.707 79	0.709 35	0.705 72
($^{87}Sr/^{86}Sr$)i	0.707 15	0.706 73	0.707 47	0.705 24
$\varepsilon_{Sr}(t)$	39.9	33.9	44.4	12.7
T_{2DM}	1 191	1 351	1 287	1 118

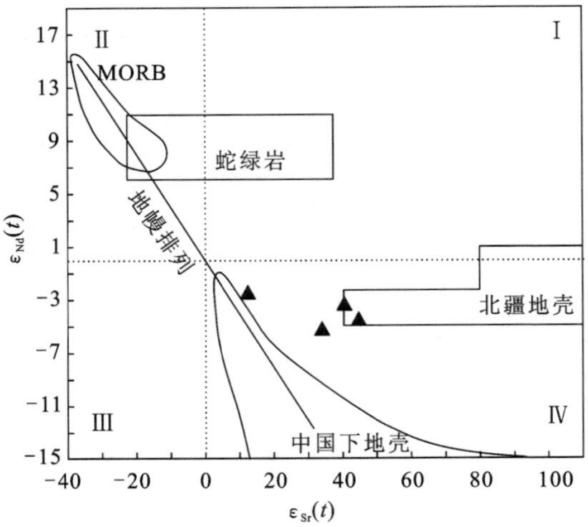

图 3-22　兵果达龙序列岩石 $\varepsilon_{Nd}(t)$-$\varepsilon_{Sr}(t)$图解

（三）加容检德工卡序列

1. 地质特征

位于测区西部口前俄哇—俄哇日俄一带，由石英闪长岩—英云闪长岩—花岗闪长岩—正长花岗岩组成，向西延出图幅。测区内出露了 3 个岩体，分别为俄哇日俄石英闪长岩体、阿西涌英云闪长岩体和俄哇西德陇巴花岗闪长岩体，正长花岗岩体出露在西邻图幅。俄哇日俄石英闪长岩体由 3 个侵入体组成，1 个侵入体出露在图外；阿西涌英云闪长岩体由 2 个侵入体组成；俄哇西德陇巴花岗闪长岩体由 4 个侵入体组成。各岩体间为脉动侵入关系，俄哇日俄石英闪长岩体被阿西涌英云闪长岩体和俄哇西德陇巴花岗闪长岩体脉动侵入，而后者脉动侵入于阿西涌英云闪长岩体中。

该序列侵入于上三叠统克南群中，侵入界线清楚，接触面外倾，倾角 40°～50°，侵入界线呈不规则状，内接触带见有围岩包体，成分为砂岩、变砂岩等，以 2cm×5cm 者居多，最大可达 15cm×30cm，包体边部可见 10～20mm 的冷凝边，外接触带宽 100～200m，普遍角岩化、硅化，形成各类角岩。岩体外貌球状风化明显，表层形成糖粒状坡积物。

在阿西涌英云闪长岩及俄哇西德陇巴花岗闪长岩中见有暗色闪长质包体，大小为 2cm×5cm～3cm×8cm，与围岩界线清楚，呈扁豆状、圆状和不规则状，含量为 0.5%～1%。

2. 岩石学特征

(1) 俄哇西德陇巴花岗闪长岩体

该闪长岩体分为南、中和北 3 个侵入体，均呈岩株状产出。南部和中部侵入体均呈近东西向长条状，面积分别为 4.5km^2及 1.0km^2，北部侵入体呈北西-南东向椭圆状，出露面积 3.4km^2。岩性为灰白色中细粒花岗闪长岩，由斜长石(An=29～30，为中更长石)(55%～59%)、钾长石(7%～9%)、石英(20%～23%)、黑云母(5%～7%)、角闪石(3%～4%)组成。中细粒半自形粒状结构，块状构造。斜长石呈半自形板柱状，具不显的环带结构，内部帘石化、绢云母化；钾长石晶体粗大。常包含较自形的斜长石柱状晶体和少量角闪石、黑云母构成包含结构；二长石晶体接触处出现蠕英结构，黑云母自形片状；角闪石呈长柱状。副矿物常作为暗色矿物中的包体出现。

(2) 阿西涌英云闪长岩体

该闪长岩体出露南北 2 个侵入体，向西延出图幅，侵入体均呈北西-南东向不规则长条状，出露面积分别为 34.5km^2及 36.5km^2，测区内出露面积分别为 18.5km^2和 35.5km^2。岩性为灰白色中细粒英云闪长岩，由斜长石(An=28～33，为中长石)(60%～63%)、石英(15%～18%)、钾长石(0～1%)、黑云母

(8%～10%)和角闪石(5%～8%)及少量副矿物磷灰石、锆石和绿帘石组成。中细粒半自形粒状结构，块状构造。中长石呈板柱状，发育环带，环带中心常发生蚀变而混浊不清；黑云母呈片状，红褐色、黄褐色；角闪石呈柱状，浅绿一黄绿色；副矿物常呈自形晶包含于暗色矿物中，系早期结晶的产物。其单颗粒锆石 U-Pb 法同位素年龄值为 132Ma(表 3-21)，其时代应为早白垩世，属燕山晚期的产物。

表 3-21 阿西涌石英闪长岩锆石 U-Pb 同位素分析结果

样品号	含量(10^{-6})		普通铅含量(ng)	同位素原子比及误差(2σ)				表面年龄(Ma)		
	U	Pb		$^{206}Pb/^{204}Pb$	$^{206}Pb/^{238}U$	$^{207}Pb/^{235}U$	$^{207}Pb/^{206}Pb$	$^{206}Pb/^{238}U$	$^{207}Pb/^{235}U$	$^{207}Pb/^{206}Pb$
QD736	10 770.4	420.7	2.015	85.8	0.020 72	0.087 7	0.030 68	132	85	0
					0.000 53	0.070 95	0.024 83	2	69	0

(3) 俄哇日俄石英闪长岩体

该闪长岩有南北 2 个侵入体，南部侵入体呈北西-南东向细长条状，出露面积 0.9km²，岩株状产出，北部侵入体呈近东西向细长条状，面积 0.4km²，岩株状产出。岩性为灰—深灰色中细粒石英闪长岩，由斜长石(An=32，为中长石)(65%～69%)、石英(5%～10%)、角闪石(5%～12%)、黑云母(8%～10%)及少量副矿物锆石、磷灰石和榍石组成。中细粒半自形粒状结构，具块状构造。

3. 岩石地球化学特征

(1) 常量元素特征

该序列岩石化学分析结果见表 3-22。SiO_2 含量为 59.26%～68.19%，变化范围大，反映了岩石从中性到酸性的演化。俄哇日俄石英闪长岩体 SiO_2 含量为 59.26%～61.58%(平均 60.30%)，Na_2O 含量为 2.34%～2.64%，K_2O 含量为 1.50%～1.71%，Na_2O+K_2O 为 3.96%～4.29%(平均 4.12%)，$Na_2O>K_2O$，里特曼指数 σ 为 0.86～1.01，Al_2O_3 含量较高，为 15.05%～17.14%(平均 16.32%>15%)，A/CNK 为 0.84～0.98，为准铝质；阿西涌英云闪长岩体 SiO_2 含量为 56.20%～65.92%(平均 62.62%)，Na_2O 含量变化不大，为 2.10%～2.94%(平均 2.61%)，K_2O 含量为 1.54%～2.62%，Na_2O+K_2O 为 3.90%～5.49%(平均 4.79%)，$Na_2O>K_2O$，里特曼指数 σ 为 0.87～1.45，Al_2O_3 含量偏低，为 15.31%～17.02%(平均 15.96%)，A/CNK 为 0.85～1.02，属准铝质—弱过铝质；俄哇西德陇巴花岗闪长岩体 SiO_2 含量为 64.12%～68.19%(平均 65.51%)，Na_2O 含量为 2.76%～3.02%，K_2O 含量为 1.54%～2.55%，Na_2O+K_2O 为 4.56%～5.49%(平均 5.22%)，$Na_2O>K_2O$，里特曼指数 σ 为 0.82～1.40，Al_2O_3 为 14.95%～16.19%(平均 15.62%)，A/CNK 为 0.93～0.99，为准铝质；按石英闪长岩—英云闪长岩—花岗闪长岩的顺序，SiO_2 总体逐渐升高，碱含量也逐渐升高，反映岩浆向富硅、富碱方向演化。在 TAS 图解上(图 3-23)，全部样品属亚碱性系列，在 SiO_2-K_2O 图解中(图 3-24)，各岩体样品大多数落入钙碱性系列区，仅少量英云闪长岩样品落入高钾钙碱性系列与钙碱性系列分界线附近。

表 3-22 加容检德工卡序列岩石常量元素含量(%)

序号	样品号	岩性	SiO_2	TiO_2	Al_2O_3	Fe_2O_3	FeO	MnO	MgO	CaO	Na_2O	K_2O	P_2O_5	灼失量	总量
1	QD734	花岗闪长岩	64.12	0.49	15.81	0.39	4.24	0.10	2.60	5.04	2.94	2.55	0.09	0.42	98.78
2	QD734-1		64.40	0.46	15.46	0.44	4.18	0.10	2.73	5.04	2.77	2.55	0.09	0.84	99.05
3	QD734-2		64.06	0.47	15.67	0.39	4.29	0.10	2.70	5.08	2.80	2.48	0.09	0.55	98.67
4	17P5GS6-1		66.25	0.35	16.19	0.33	3.58	0.07	1.88	5.06	2.88	2.44	0.08	1.10	100.21
5	17P5GS7-1		65.65	0.38	15.93	1.07	3.30	0.07	2.42	4.79	2.83	2.54	0.08	0.36	99.42
6	17P5GS3-1		65.93	0.36	15.42	0.63	3.38	0.10	2.97	5.17	2.76	2.44	0.06	1.03	100.25
7	17P3GS4-1		68.19	0.33	14.95	0.39	3.43	0.06	2.39	4.95	3.02	1.54	0.06	0.65	99.96

续表 3-22

序号	样品号	岩性	SiO_2	TiO_2	Al_2O_3	Fe_2O_3	FeO	MnO	MgO	CaO	Na_2O	K_2O	P_2O_5	灼失量	总量
8	QD735	英云闪长岩	64.24	0.47	15.58	0.44	4.29	0.10	2.54	5.22	2.84	2.58	0.08	0.60	98.98
9	QD735-2		61.02	0.53	15.91	0.35	4.83	0.12	3.98	6.20	2.50	2.38	0.08	1.00	98.91
10	QD735-3		64.28	0.47	15.56	0.62	3.91	0.10	2.68	5.12	2.82	2.41	0.09	0.82	98.86
11	QD735-4		63.94	0.51	15.90	0.43	4.35	0.10	2.46	5.00	2.84	2.47	0.10	0.10	98.20
12	QD735-5		63.41	0.51	16.39	0.63	4.23	0.11	2.34	4.97	2.94	2.55	0.10	0.74	98.91
13	QD735-6		63.78	0.50	16.27	0.39	4.47	0.11	2.32	4.83	2.85	2.62	0.09	1.00	99.23
14	QD735-7		64.28	0.59	16.21	0.29	4.49	0.10	2.00	4.80	2.84	2.44	0.10	0.78	98.93
15	QD735-8		64.24	0.49	16.44	0.41	4.39	0.10	1.91	4.79	2.92	2.48	0.10	0.68	98.95
16	QD735-9		64.14	0.44	15.39	0.38	4.30	0.10	3.26	5.15	2.69	2.45	0.07	0.72	99.10
17	QD737		62.16	0.60	15.95	0.46	4.92	0.12	3.62	6.04	2.54	1.88	0.10	1.22	99.60
18	QD737-1		61.14	0.61	15.86	0.30	5.21	0.11	3.98	6.32	2.30	1.98	0.09	0.94	98.84
19	QD737-2		61.91	0.57	15.73	0.40	5.16	0.11	3.70	6.25	2.50	1.98	0.08	0.66	99.04
20	QD737-3		58.78	0.66	16.33	0.54	5.82	0.13	4.39	7.22	2.42	1.64	0.10	0.82	98.85
21	QD737-4		60.44	0.13	16.38	0.29	5.60	0.13	3.98	6.08	2.10	1.87	0.14	1.02	98.16
22	QD737-5		61.80	0.60	16.24	0.49	4.89	0.11	3.81	6.12	2.44	1.98	0.09	0.90	99.47
23	QD737-6		62.98	0.57	15.33	0.10	4.85	0.11	3.57	5.80	2.49	1.96	0.08	1.50	99.33
24	QD737-7		64.88	0.50	15.55	0.13	4.43	0.10	2.92	5.55	2.67	1.92	0.08	0.76	99.49
25	QD737-8		59.58	0.58	16.32	0.08	5.46	0.11	3.96	5.60	2.54	2.22	0.09	2.12	98.67
26	QD737-9		59.56	0.59	15.87	0.10	5.65	0.12	4.15	6.76	2.37	1.70	0.10	1.74	98.71
27	17GS152-1		65.92	0.42	15.57	0.68	3.28	0.06	2.89	4.73	2.66	2.48	0.07	1.46	100.22
28	17GS462-2		65.56	0.38	15.31	0.50	3.50	0.08	2.85	5.06	2.74	2.54	0.06	1.59	100.17
29	17P5GS4-1		65.49	0.41	15.98	0.57	3.58	0.10	2.54	5.17	2.83	2.54	0.06	0.88	100.15
30	17P5DS5-1		64.83	0.45	16.71	0.86	3.88	0.08	1.96	5.06	2.88	2.30	0.09	0.92	100.02
31	17GS247-2		56.20	0.59	17.02	0.96	6.20	0.14	5.20	8.13	2.36	1.54	0.09	2.45	100.88
32	17GS352-1		61.26	0.49	15.83	0.38	4.83	0.12	4.38	6.66	2.42	1.92	0.07	1.91	100.27
33	17P3GS5-9		62.40	0.46	15.37	0.32	4.85	0.12	4.38	6.66	2.40	1.78	0.08	1.18	100.00
34	QD736-1	石英闪长岩	60.40	0.56	16.39	0.41	5.29	0.11	4.04	6.38	2.56	1.64	0.08	0.96	98.83
35	QD736-2		59.34	0.60	16.18	0.47	5.83	0.13	4.25	6.71	2.34	1.71	0.10	1.29	98.95
36	QD736-3		60.90	0.59	16.51	0.44	5.33	0.11	3.80	6.36	2.60	1.69	0.09	0.98	99.40
37	QD736-4		60.34	0.56	17.14	0.41	4.72	0.10	3.53	6.36	2.64	1.54	0.08	1.20	98.61
38	17GS6-1		59.26	0.59	16.66	0.76	5.40	0.14	4.81	7.21	2.36	1.60	0.09	1.31	100.19
39	17GS3-1		61.58	0.47	15.05	0.60	5.08	0.12	4.22	6.60	2.56	1.50	0.09	1.77	99.64

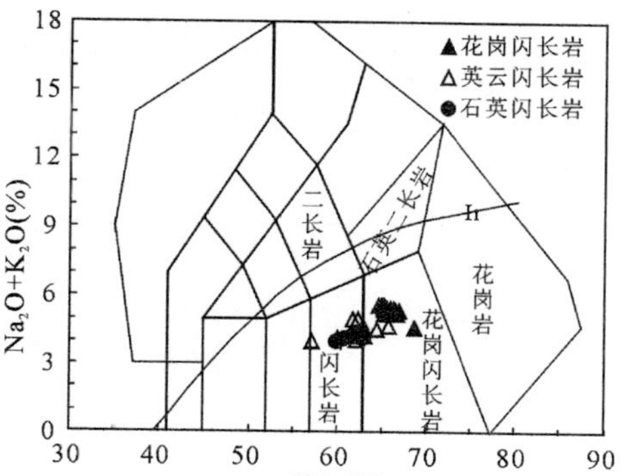

图 3-23　加容检德工卡序列岩石 TAS 图解

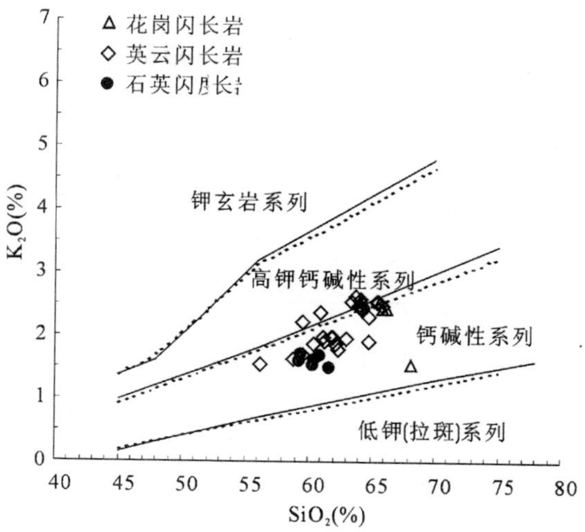

图 3-24　加容检德工卡序列岩石 SiO_2-K_2O 图解

(2) 稀土元素特征

该序列稀土元素分析结果见表 3-23。俄哇日俄石英闪长岩体的 ΣREE 为(78.57～116.27)$\times 10^{-6}$(平均 99.66$\times 10^{-6}$),$(La/Sm)_N$为 3.32～4.24,$(Gd/Yb)_N$为 1.28～1.42,$(La/Yb)_N$为 5.47～7.33(平均 6.44),δEu 为 0.73～1.03(平均 0.84),为弱负 Eu 异常—无 Eu 异常;阿西涌英云闪长岩体的 ΣREE 为(73.34～114.40)$\times 10^{-6}$(平均 94.78$\times 10^{-6}$),$(La/Sm)_N$为 2.83～5.02,$(Gd/Yb)_N$为 1.21～1.65,$(La/Yb)_N$为 4.90～10.05(平均 6.93),δEu 仅 1 个样品为正异常(1.16),其余样品 δEu 值为 0.64～0.86,为中等负 Eu 异常;俄哇西德陇巴花岗闪长岩体的 ΣREE 为(62.26～124.84)$\times 10^{-6}$(平均 100.46$\times 10^{-6}$),$(La/Sm)_N$为 3.25～4.58,$(Gd/Yb)_N$为 1.29～1.38,$(La/Yb)_N$为 4.99～7.50 (平均 6.18),δEu 为 0.81～0.92,呈弱负 Eu 异常。该序列岩石的所有样品 LREE 含量远大于 HREE,17 个岩石样品中有 9 个表现为低的重稀土元素 Yb 含量[(1.62～1.89)$\times 10^{-6}$]和 Y 含量[(12.6～15.8)$\times 10^{-6}$],稀土元素配分曲线均为 LREE 富集、HREE 平坦型(图 3-25)。

表 3-23　加容检德工卡序列岩石稀土元素含量($\times 10^{-6}$)

样品号	岩性	La	Ce	Pr	Nd	Sm	Eu	Gd	Tb	Dy	Ho	Er	Tm	Yb	Lu	Y	ΣREE	LREE	δEu
QD734	花岗闪长岩	15.8	29.5	2.74	12.1	2.69	0.82	2.87	0.45	2.89	0.51	1.67	0.25	1.72	0.24	13.9	74.25	63.65	0.91
QD734-1		20.5	35.3	3.32	14.7	2.89	0.78	2.98	0.47	3.03	0.60	1.79	0.28	1.80	0.26	14.4	88.70	77.49	0.81
QD734-2		13.2	24.3	2.54	12.2	2.62	0.80	2.72	0.45	2.98	0.58	1.82	0.28	1.74	0.23	14.7	66.46	55.66	0.92
QD735	英云闪长岩	16.2	27.2	2.91	12.6	2.68	0.77	2.82	0.45	2.95	0.58	1.81	0.27	1.84	0.26	15.0	73.34	62.36	0.86
QD735-2		21.4	37.7	3.78	16.8	3.24	0.82	3.40	0.57	3.59	0.71	2.21	0.34	2.18	0.29	17.9	97.03	83.74	0.76
QD735-4		27.6	46.5	4.40	18.3	3.58	0.93	3.52	0.53	3.57	0.68	2.07	0.32	2.10	0.30	17.2	114.40	101.31	0.80
QD735-6		27.8	45.5	4.30	18.4	3.62	0.94	3.12	0.48	3.20	0.60	1.97	0.29	1.82	0.24	15.4	112.28	100.56	0.84
QD735-8		24.3	42.4	4.19	18.7	3.70	0.94	3.35	0.51	3.22	0.65	1.69	0.27	1.68	0.24	14.7	105.84	94.23	0.81
QD737-1		16.2	28.8	3.02	14.6	3.16	0.85	3.13	0.54	3.32	0.63	1.96	0.30	1.89	0.26	15.8	78.66	66.63	0.82
QD737-3		20.0	37.9	4.66	20.4	4.56	0.94	4.44	0.76	4.96	1.01	3.00	0.44	2.68	0.33	22.8	106.08	88.46	0.64
QD737-5		20.2	36.9	3.92	18.1	3.54	0.90	3.81	0.62	4.14	0.78	2.45	0.34	2.17	0.28	19.0	98.15	83.56	0.75
QD737-7		17.10	30.0	2.67	11.8	2.20	0.86	2.37	0.40	2.53	0.47	1.55	0.24	1.62	0.23	12.6	74.04	64.63	1.16
QD737-9		17.6	32.1	3.71	16.0	3.30	0.89	3.63	0.58	4.02	0.78	2.43	0.36	2.24	0.30	19.0	87.94	73.60	0.79

续表 3-23

样品号	岩性	La	Ce	Pr	Nd	Sm	Eu	Gd	Tb	Dy	Ho	Er	Tm	Yb	Lu	Y	ΣREE	LREE	δEu
QD736-1	石英闪长岩	25.5	44.4	4.80	20.2	4.21	1.00	4.10	0.68	4.36	0.88	2.70	0.43	2.66	0.35	22.4	116.27	100.11	0.73
QD736-2		20.6	37.5	4.49	19.2	4.00	0.96	3.88	0.66	4.38	0.84	2.70	0.41	2.48	0.32	20.6	102.42	86.75	0.74
QD736-3		22.8	40.2	3.81	16.9	3.47	0.98	3.52	0.57	3.63	0.70	2.14	0.32	2.05	0.29	17.2	101.38	88.16	0.86
QD736-4		17.2	29.6	2.97	14.2	2.69	0.93	2.82	0.50	2.95	0.63	1.79	0.28	1.76	0.25	14.8	78.57	67.59	1.03

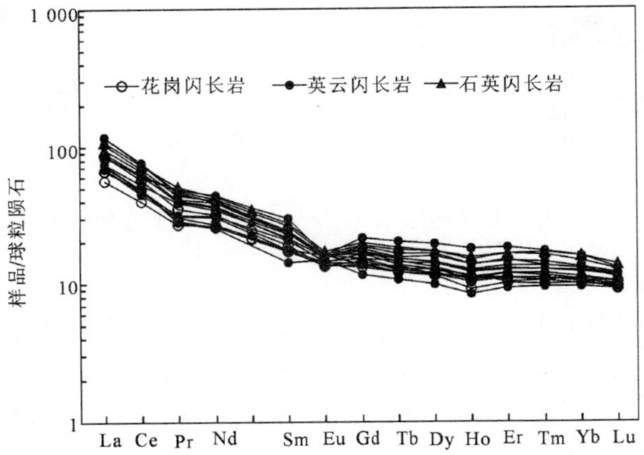

图 3-25 加容检德工卡序列岩石稀土元素配分曲线图

(3) 微量元素特征

加容检德工卡序列微量元素分析结果见表 3-24。微量元素原始地幔标准化蛛网图见图 3-26。从表和图上可看出，该序列富集大离子亲石元素 Rb、K、Ba、Th，略显亏损 Sr、Nb 和 Ta，较强亏损 Ti 和 P。Rb/Sr 平均为 0.48，Nb/Ta 为 6.04～25.05(平均 13.56)和 La/Nb 为 1.39～7.01，除 1 个样品较高，为 7.01 外，其余 16 个样品平均为 2.31。

表 3-24 加容检德工卡序列岩石微量元素含量($\times10^{-6}$)

序号	样品号	岩性	Cr	Li	Rb	Cs	As	Sr	Ba	V	Sc	Nb	Ta	Zr	Hf	Be	Ga	U	Th
1	QD734	花岗闪长岩	45.9	38.4	94.1	7.2	0.87	169	409	64.3	16.4	8.85	0.72	138	4.18	1.94	19.2	0.9	5.89
2	QD734-1		52.9	37.2	91.9	5.7	1.39	167	405	64.8	16.9	10.5	0.68	131	3.85	1.77	20.1	1.49	8.72
3	QD734-2		44.7	38.4	88.8	7.1	1.28	170	424	64.4	16.8	9.52	0.38	103	3.26	1.95	17.5	1.39	5.15
4	QD735	英云闪长岩	47.2	38.3	95	7.9	1.29	159	426	61.6	16.5	8.70	<0.5	99.4	3.02	1.8	15.2	1.19	7.39
5	QD735-2		108.0	32.4	81.6	6.8	1.35	147	392	89.9	23.5	7.62	0.51	92.3	2.81	1.7	18	1.1	7.49
6	QD735-3		42.9	35	90.8	7.0	1.58	163	380	61.7	16.2	9.51	0.62	129	3.7	1.71	16.1	1.1	7.75
7	QD735-4		20.1	41.3	93.8	9.0	1.60	177	417	60.9	15.2	3.94	0.65	106	3.31	1.84	15.5	1.49	8.78
8	QD735-5		20.6	32.8	92.2	4.7	0.90	192	448	63.1	17.1	9.47	<0.5	104	3.24	1.78	16	2.43	8.82
9	QD735-6		24.6	36.5	95.9	6.7	0.77	202	445	61.2	15.4	9.71	0.95	105	3.36	2.21	20.2	1.88	8.08
10	QD735-7		7.52	38.7	91.9	7.7	0.56	242	477	51.2	13.7	10.70	1.55	122	3.73	2.33	22.2	1.49	7.23
11	QD735-8		13.1	37.8	91.9	7.7	1.44	229	485	50	14	10.40	1.43	128	4.01	2.31	23.5	3.7	9.09
12	QD735-9		73	32.0	92.2	6.8	1.15	140	381	76	21.1	8.93	1.40	104	3.3	2.2	20	1.29	8.52
13	QD737		104	23.9	82.5	4.9	1.43	178	459	118	22.1	8.94	1.48	150	4.08	1.67	20.4	1.78	10.5

续表 3-24

序号	样品号	岩性	Cr	Li	Rb	Cs	As	Sr	Ba	V	Sc	Nb	Ta	Zr	Hf	Be	Ga	U	Th
14	QD737-1		101.0	26.4	78.9	5.5	1.86	138	361	105	21.7	8.32	0.51	115	4.03	1.46	18.9	1	3.29
15	QD737-2		95.2	24.2	74.4	5.45	1.61	141	426	107	20.6	7.52	0.42	118	3.68	1.42	16	1.63	5.26
16	QD737-3		100.0	21.0	58.2	4.6	2.02	152	276	132	28.6	8.98	0.78	176	5.04	1.41	17.9	1.1	5.32
17	QD737-4		113.0	25.7	73.1	5.2	1.78	145	412	106	14.1	6.60	0.73	98.6	2.96	1.31	16.6	1.1	5.95
18	QD737-5		92.3	22.9	77.5	5.4	1.47	147	384	116	25.1	8.45	0.58	110	3.23	1.62	17.2	1.29	5.81
19	QD737-6		88.2	21.9	75.1	3.9	0.95	142	424	110	23.5	7.36	0.57	117	3.67	1.39	15.9	1	5.46
20	QD737-7		57.4	21.5	68.5	4.2	1.46	136	398	81	18.6	7.34	0.79	128	4.12	1.5	16.6	1.44	5.88
21	QD737-8		110.0	29.6	82.0	4.6	2.53	150	410	118	25.6	7.89	0.71	113	3.57	1.26	16.1	1.58	2.51
22	QD737-9		105.0	25.1	58.1	3.7	2.28	146	306	125	27.7	7.72	<0.5	105	3.39	1.34	14.3	1.29	4.28
23	QD736-1	石英闪长岩	117.0	19.1	61.2	4.5	1.45	173	298	122	25.1	10.2	1.24	152	4.92	2.14	23.5	1.29	6.64
24	QD736-2		125.0	23.7	60.2	4.3	2.44	162	320	120	25.6	7.84	0.5	136	4.14	1.94	25.2	1.34	4.3
25	QD736-3		115.0	22.4	61.1	3.9	2.28	188	335	112	23.7	7.43	<0.5	153	4.54	1.78	24.5	1.78	4.06
26	QD736-4		104.0	21.1	51.9	3.2	1.71	176	305	103	20.5	6.71	<0.5	175	5.09	1.80	22.0	1.68	4.39

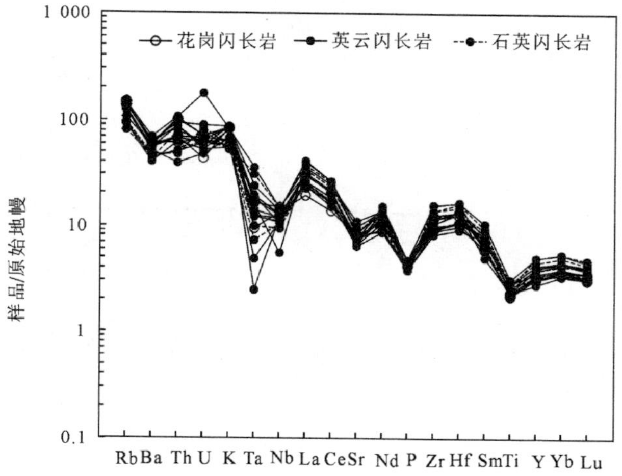

图 3-26　加容检德工卡序列岩石微量元素蛛网图

（4）Sr、Nd 同位素特征

该复式岩体 Sr、Nd 同位素分析结果列于表 3-25。$\varepsilon_{Nd}(t)$变化在−8.4～−9.2之间，$\varepsilon_{Sr}(t)$变化在100.5～122.7之间。在$\varepsilon_{Nd}(t)$-$\varepsilon_{Sr}(t)$图解中，样品落入Ⅳ象限的中部靠右（图 3-27），具有壳源同位素组成特征。T_{2DM}在1.61～1.68Ga之间，显示岩浆起源于中元古代陆壳基底。

表 3-25　加容检德工卡序列岩石 Sr、Nd 同位素组成

样品号	QD735	QD735-1	QD735-2	QD736	QD736-1	QD736-3
$^{147}Sm/^{144}Nd$	0.127 5	0.134 7	0.120 1	0.131 4	0.126 7	0.125 7
$^{143}Nd/^{144}Nd$	0.512 118	0.512 119	0.512 098	0.512 152	0.512 110	0.512 134
$(^{143}Nd/^{144}Nd)i$	0.512 008	0.512 003	0.511 994	0.512 039	0.512 001	0.512 025
$\varepsilon_{Nd}(t)$	−9.0	−9.1	−9.2	−8.4	−9.1	−8.6
$^{87}Rb/^{86}Sr$	1.699 0	0.552 2	1.574 0	1.147 0	0.992 3	0.928 6

续表 3-25

样品号	QD735	QD735-1	QD735-2	QD736	QD736-1	QD736-3
$^{87}Sr/^{86}Sr$	0.714 89	0.712 46	0.715 94	0.714 66	0.714 02	0.713 97
$(^{87}Sr/^{86}Sr)i$	0.711 70	0.711 42	0.712 99	0.712 51	0.712 16	0.712 23
$\varepsilon_{Sr}(t)$	104.5	100.5	122.7	115.9	110.9	111.9
T_{2DM}(Ma)	1 656	1 665	1 678	1 608	1 668	1 629

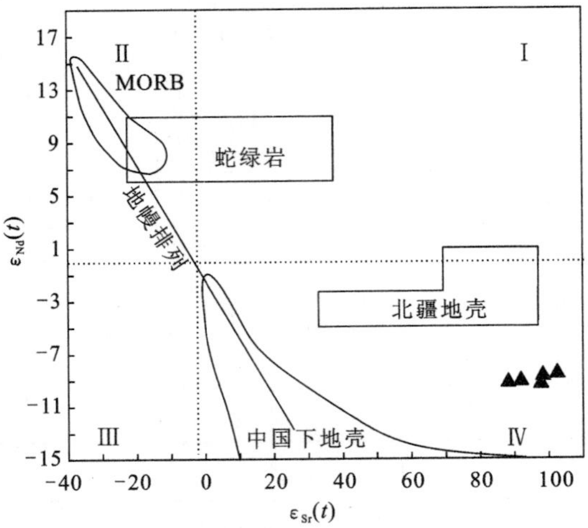

图 3-27　加容检德工卡序列岩石 $\varepsilon_{Nd}(t)$-$\varepsilon_{Sr}(t)$图解

第二节　火山岩

测区火山活动较弱，主要发育于上三叠统巴塘群和克南群中。另外，还发现有前三叠纪变质火山岩块，将在变质岩章节中详细叙述。

一、巴塘群火山岩

1. 地质特征

巴塘群火山岩位于东特提斯构造域北部，处在拉竹龙-金沙江板块缝合带与班公湖-怒江板块缝合带之间的羌塘陆块东部，时代为晚三叠世。分布于测区西南角章果茶首、杂龙尕切雅赛一带，向北西、南东方向延入邻幅。该火山岩在测区内较发育，出露最大厚度约 400m，产于该群的中组中段层位，呈层状和似层状产出。火山岩总体向西增厚，向东逐渐减少，主要岩性为玄武岩、钾玄岩、橄榄粗安岩、安粗岩、玄武安山岩、安山岩、流纹岩、安粗质角砾熔岩、凝灰熔岩、凝灰岩和沉凝灰岩，属海相喷发类型。

2. 旋回和韵律划分

在西邻图幅日阿玛康作一带巴塘群火山岩出露厚度较大，较完整，可以划为 1 个旋回，8 个韵律(表 3-26)，Ⅰ韵律以凝灰岩、沉凝灰岩到灰岩重复多次，表现为爆发—沉积—间歇的韵律特征；Ⅱ韵律为凝灰岩—沉凝灰岩—凝灰岩，表现为爆发—沉积—爆发的韵律特征；Ⅲ韵律表现为中基性溢流—酸性溢流的韵律特征；Ⅳ韵律—Ⅴ韵律表现为爆发—间歇韵律特征；Ⅵ韵律表现为中基性溢流的韵律特征；

Ⅶ韵律表现为爆发—间歇韵律特征；Ⅷ韵律表现为溢流—爆发—溢流的韵律特征。可以看出，巴塘群火山岩下部以爆发—沉积相为主，中上部以溢流相为主。

表 3-26　巴塘群火山岩旋回、韵律划分一览表

旋回	韵律	层号	岩性	厚度(m)
巴塘群火山岩	Ⅷ	21—22	下部为深灰色安粗岩，上部为灰绿色安粗质火山角砾凝灰熔岩、灰色钾玄岩	84.43
	Ⅶ	20	灰色中厚层状含粉砂细晶、粉晶灰岩	3.94
		19	灰—深灰色安山质火山角砾岩	91.61
	Ⅵ	17—18	下部为灰色橄榄安粗岩，上部为灰色钾玄岩	52.46
	Ⅴ	15—16	下部为灰绿色玻屑凝灰岩、沉凝灰岩，上部为灰岩、砂岩	56.82
	Ⅳ	13—14	下部为灰色、灰绿色蚀变玻屑凝灰岩夹灰岩，上部为灰色泥晶灰岩	106.23
	Ⅲ	12	肉红色碎裂流纹岩	5.92
		10—11	下部为灰绿色、灰色钾玄岩，上部为安粗岩	91.36
	Ⅱ	8—9	灰色、灰绿色沉凝灰岩夹中酸性凝岩、中酸性凝灰熔岩	83.10
		7	灰绿色玻屑凝灰岩	29.44
	Ⅰ	6	灰绿色蚀变沉凝灰岩夹亮晶内碎屑灰岩	126.80
		4—5	灰—灰绿色中酸性晶屑凝灰岩、玻屑凝灰岩夹灰岩	88.72
		1—3	灰—灰绿色中酸性沉凝灰岩夹灰岩	>162.76

在测区阿日群增涌一带，巴塘群火山岩为溢流相与正常沉积频繁交替，反映出火山活动有多次间歇的特点，每次均以流纹质凝灰岩开始，间歇期间形成海相砂岩。

3. 岩石学特征

巴塘群火山岩蚀变较强，普遍可见到明显的绿泥石化和绿帘石化现象。中基性岩石颜色总体较深，呈暗绿色、灰绿色和灰色，酸性岩呈灰白色。岩石特征如下。

(1) 碱性玄武岩

岩石呈灰绿色，由更长石(59%～62%)、辉石(11%～13%)、绿泥石(25%～28%)、方解石(0～1%)和榍石(0～1%)组成。辉石、绿泥石、方解石充填在更长石组成的格架中，形成辉绿结构和填间结构，粒度在 0.15～1.0mm 之间。更长石呈板状，具粘土化。

(2) 钾玄岩

岩石呈灰绿色，变余斑状结构，斑晶由斜长石(5%～7%)、辉石(2%～5%)和角闪石(9%)组成。斜长石强烈帘石化和粘土化；普通角闪石略具暗色铁质反应边，绿泥石化，伴有纤闪石化。基质由斜长石(61%～65%)、辉石(3%～6%)、绿泥石(5%～7%)和钾长石(2%～4%)及少量金属矿物组成，为交织结构，具气孔构造。

(3) 橄榄粗安岩

岩石呈灰白色，变余斑状结构，斑晶由斜长石(23%～25%)和暗色矿物(1%～3%)组成。斜长石具卡氏双晶，帘石化。基质由斜长石(51%～55%)、暗色矿物(15%～19%)和钛铁矿(1%～2%)组成，具交织结构。

(4) 安粗岩

岩石呈灰色，变余斑状结构，斑晶由斜长石(5%～9%)和暗色矿物(2%～4%)组成。斜长石强烈帘石化。基质由斜长石(55%～57%)和玻璃及隐晶质(26%～30%)组成，为玻晶交织结构。岩石中少许气孔和杏仁体，杏仁体由方解石和绿泥石组成。

(5) 玄武安山岩

岩石呈灰色,变余斑状结构,斑晶由斜长石(18%)、角闪石(13%)、辉石(2%)组成。斜长石强烈帘石化。基质由斜长石(31%)、暗色矿物(5%)、磁铁矿(1%)和隐晶质(30%)组成,微晶隐晶结构。岩石中少许杏仁体,中心为绿泥石,边缘为绿帘石集合体。

(6) 安山岩

岩石呈浅褐黄色,变余斑状结构,斑晶由斜长石(31%~35%)和暗色矿物(1%~2%)组成。基质由斜长石(50%~53%)、石英(4%~6%)和暗色矿物(2%~4%)组成,其中斜长石平行排列,暗色矿物分布于其间隙中形成交织结构,局部与石英一起构成微粒结构。

(7) 流纹岩

岩石呈灰白色,无斑结构,由长英质(85%~89%)、绢云母(5%~9%)和氧化铁(1%~2%)组成。矿物颗粒大小在0.076~0.02mm之间,长石和石英微晶二者之间不能截然分开,局部可见长英质构成的显微微球粒,其间有绢云母和氧化铁分布。

(8) 安粗质角砾熔岩

熔岩呈灰绿色,具砾状结构,杂斑结构,由火山碎屑(84%~88%)和熔岩胶结物(10%~12%)组成。火山碎屑呈棱角状和次棱角状,大小为0.80mm×1.86mm ~2.25mm×22mm,由玄武安山岩、铁质安山岩、铁质杏仁玄武岩及少量粉晶灰岩岩屑组成。熔岩胶结物的斑晶由斜长石、普通辉石、角闪石组成,大小为0.12~0.56mm;基质由斜长石微粒组成。

(9) 凝灰熔岩

熔岩种类有安粗质火山角砾凝灰熔岩、流纹质含角砾凝灰熔岩、流纹质凝灰熔岩和流纹质玻屑晶屑凝灰熔岩等。其中常见者为流纹质凝灰熔岩和流纹质玻屑晶屑凝灰熔岩。岩石呈灰绿色,变余凝灰熔岩结构,由火山碎屑(20%~24%)和熔岩物质(76%)组成。火山碎屑为玻屑、晶屑和少量岩屑,大小为0.08~0.45mm;玻屑呈"Y"字型、弓型,脱玻重结晶为长英质微晶集合体;晶屑呈棱角状,由石英、斜长石组成,岩屑为具球粒结构的流纹岩。熔岩物质的斑晶(1%~2%)由斜长石、钾长石和石英组成,基质(73%~76%)由显微隐晶的长英质和次生绢云母组成。

(10) 凝灰岩

凝灰岩种类有安粗质岩屑凝灰岩、流纹质晶屑玻屑凝灰岩、流纹质岩屑晶屑凝灰岩和流纹质晶屑凝灰岩等亚类型。其中以流纹质凝灰岩最为常见,岩石呈灰色,变余晶屑玻屑凝灰结构,由晶屑(10%~13%)、玻屑(17%~20%)和火山灰(65%~67%)组成。晶屑呈棱角状,以石英为主。玻屑呈管状、弧面棱角状,已被石英取代。

(11) 沉凝灰岩

岩石呈灰绿色,沉凝灰结构,火山物质由火山灰(48%~51%)、玻屑(8%~11%)和晶屑(1%~2%)组成。胶结物由钙质(35%~38%)和生物碎屑(1%~2%)组成。火山灰蚀变后被绿泥石和显微隐晶石英集合体取代。玻屑呈弧形棱角状、"Y"字型和管状,脱玻化后由微粒石英集合体取代。晶屑由棱角状石英组成。

4. 岩石地球化学特征

(1) 常量元素特征

巴塘群火山岩常量元素分析结果见表3-27。岩石中SiO_2含量为42.42%~78.28%,TiO_2含量均较低(平均0.57%),Al_2O_3含量变化较大,在10.08%~20.81%之间;K_2O+Na_2O含量较高,为3.05%~11.26%(平均7.30%),多数样品$Na_2O>K_2O$。中基性岩σ为1.17~8.07(平均5.00),属钙碱性岩—碱性岩;酸性岩σ为0.86~1.96(平均1.40),为钙碱性岩系。在TAS分类图上(图3-28),样品主要落入粗面玄武岩、玄武质粗面安山岩、粗面安山岩及流纹岩区,说明巴塘群火山岩从基性岩到中性岩、中酸性岩到酸性岩,具有较完整的岩浆演化序列。

表 3-27　巴塘群火山岩常量元素含量(%)

序号	样品号	SiO_2	TiO_2	Al_2O_3	Fe_2O_3	FeO	MnO	MgO	CaO	Na_2O	K_2O	P_2O_5	灼失量	总量
1	17GS633-1	42.42	0.51	15.97	0.51	4.42	0.18	6.76	15.55	2.95	0.10	0.090	6.76	96.22
2	QD752-1	45.22	0.95	16.33	4.85	4.06	0.17	5.57	8.70	2.11	3.30	0.543	7.50	99.30
3	QD741	47.16	0.99	17.24	4.72	3.88	0.17	4.82	8.49	2.77	3.72	0.586	5.82	100.37
4	17P10GS30-1	48.34	1.18	17.92	3.23	4.4	0.17	5.50	7.13	2.43	3.35	0.400	5.70	99.75
5	QD743	50.76	1.02	20.60	2.37	5.02	0.13	3.24	4.63	4.51	3.94	0.571	3.40	100.19
6	QD755	50.24	0.85	17.22	3.05	5.91	0.13	4.63	6.03	3.39	4.29	0.550	2.86	99.16
7	17P10GS25-1	50.64	0.94	20.81	2.81	4.95	0.02	3.29	4.78	4.44	3.75	0.54	2.89	99.86
8	QD748	51.14	0.62	10.11	1.41	2.37	0.19	1.64	14.32	4.35	1.54	0.187	12.50	100.38
9	17P10GS14-1	51.24	0.79	18.04	3.66	4.92	0.15	3.97	5.73	3.58	4.63	0.510	3.10	100.32
10	QD754	52.84	0.69	17.44	2.58	4.71	0.10	4.10	4.4	3.91	4.51	0.460	3.58	99.36
11	17P10GS24-1	52.25	0.92	20.47	2.31	3.62	0.08	2.86	7.03	5.65	1.37	0.560	3.32	100.44
12	17GS603-1	53.62	0.75	18.11	2.76	2.95	0.09	3.48	6.01	4.90	3.08	0.520	3.44	99.71
13	17GS876-2	53.67	0.79	16.59	7.65	0.70	0.15	1.90	3.88	3.58	1.2	0.120	9.46	99.69
14	QD744	53.88	0.90	20.34	2.37	3.75	0.10	2.44	4.96	6.37	1.48	0.550	2.72	99.858
15	17GS876-1	54.88	0.54	18.68	2.03	4.32	0.15	3.37	7.59	3.96	1.51	0.450	2.06	99.54
16	QD752-3	54.82	0.40	18.7	2.50	4.29	0.06	2.52	2.28	5.87	4.28	0.352	2.98	99.06
17	17GS602-1	55.96	0.50	17.98	1.78	4.40	0.10	3.48	4.07	3.61	4.19	0.390	3.00	99.46
18	QD753	56.24	0.51	17.55	2.18	4.04	0.09	3.30	2.48	4.34	5.25	0.400	3.02	99.404
19	QD747	57.08	0.57	12.08	1.74	3.48	0.20	2.00	8.27	4.85	1.22	0.170	7.44	99.10
20	17P10GS28-1	57.25	0.31	17.32	3.89	3.38	0.02	2.90	2.25	5.05	4.63	0.330	2.77	100.10
21	QD752-2	58.08	0.39	18.02	2.71	3.10	0.06	2.00	1.94	5.80	4.03	0.336	2.55	99.014
22	17P10GS29-1	58.14	0.39	17.75	2.18	3.85	0.09	2.17	2.69	4.33	4.05	0.310	3.37	99.32
23	QD751-1	59.78	0.35	17.15	3.28	1.58	0.11	1.00	2.38	4.14	7.12	0.303	2.76	99.92
24	QD745	60.06	0.78	12.50	2.28	4.74	0.11	2.92	5.83	4.26	0.38	0.230	5.42	99.51
25	QD751-3	61.00	0.35	16.71	2.04	2.96	0.08	1.76	1.88	4.87	6.33	0.324	2.16	100.47
26	17GS640-1	61.66	0.37	17.17	1.33	3.58	0.20	1.83	4.09	4.00	2.77	0.250	2.08	99.33
27	QD746	64.52	0.50	11.78	1.54	3.02	0.12	1.42	5.45	4.18	1.26	0.139	5.36	99.29
28	QD750	73.21	0.17	11.92	0.62	0.92	0.04	0.92	2.68	3.23	2.55	0.040	3.59	99.88
29	QD749	76.42	0.15	11.87	0.72	0.9	0.03	0.59	0.87	4.71	2.02	0.046	1.20	99.53
30	QD751	76.42	0.33	12.10	0.22	0.75	0.01	0.067	0.327	5.08	3.04	0.057	1.14	99.53
31	17P10GS16-1	76.88	0.27	12.08	1.39	0.22	0.02	0.49	0.50	4.55	2.84	0.040	1.26	100.54
32	17GS57-2	76.23	0.18	11.35	0.46	1.15	0.02	1.51	0.78	3.17	2.61	0.020	0.68	98.16
33	17P10GS15-2	77.69	0.15	12.38	0.84	0.15	0.02	0.52	0.28	4.44	3.02	0.140	0.68	100.31
34	17P12GS3-15	78.28	0.20	10.08	0.87	1.42	0.01	1.43	0.35	3.26	2.26	0.020	1.42	99.60

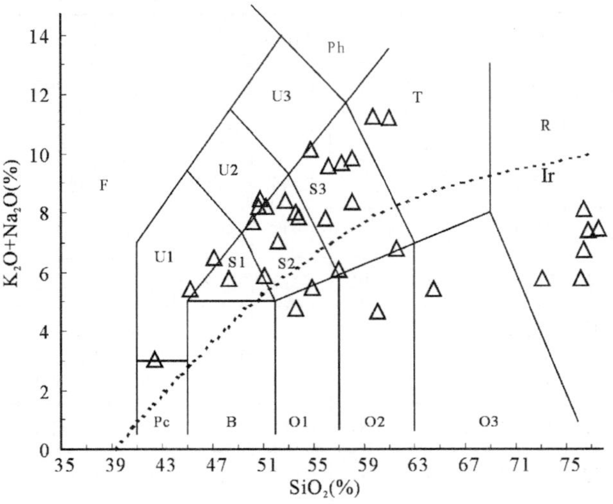

图 3-28 巴塘群火山岩 TAS 分类图

Pc. 苦橄玄武岩；B. 玄武岩；O1. 玄武安山岩；O2. 安山岩；O3. 英安岩；R. 流纹岩；S1. 粗面玄武岩；S2. 玄武质粗面安山岩；S3. 粗面安山岩；T. 粗面岩、粗面英安岩；F. 副长石岩；U1. 碱玄岩、碧玄岩；U2. 响岩质碱玄岩；U3. 碱玄质响岩；Ph. 响岩；Ir. Irvine 分界线，上方为碱性，下方为亚碱性

（2）稀土元素特征

巴塘群火山岩稀土元素分析结果见表 3-28。ΣREE 为(80.39～193.60)×10^{-6}(平均 134.59×10^{-6})，LREE/HREE 为 2.76～12.51(平均 7.16)，$(La/Yb)_N$ 为 1.95～14.92(平均 8.01)，反映轻稀土富集，轻重稀土分异由弱到强，Yb 含量均大于 2.12×10^{-6}。稀土配分曲线为平缓右倾型(图 3-29)，轻稀土元素和重稀土配分曲线相对平坦。岩石中 Eu 的亏损从基性岩到酸性岩逐渐增强，δEu 为 0.34～0.91，为较强负 Eu 异常到弱负 Eu 异常。

（3）微量元素特征

微量元素分析结果见表 3-29。岩石的原始地幔标准化微量元素分布图(图 3-30)表现为富集 LILE，高场强元素 Ta、Nb、Zr、P 亏损，Ti 显著亏损，反映了活动大陆边缘的特征。该火山岩 La/Nb 比值为 1.37～4.31(平均 2.15)；Ba/La 比值变化于 5.56～92.37 之间(平均 36.30)。

表 3-28 巴塘群火山岩稀土元素含量(×10^{-6})

样品号	La	Ce	Pr	Nd	Sm	Eu	Gd	Tb	Dy	Ho	Er	Tm	Yb	Lu	Y	ΣREE	LREE	δEu
QD741-1	27.9	47.7	5.60	25.1	5.24	1.37	4.25	0.69	4.51	0.88	2.57	0.37	2.31	0.30	19.6	128.79	112.91	0.87
QD743	26.2	45.5	5.70	24.8	5.92	1.64	4.93	0.82	5.06	0.96	3.00	0.44	2.57	0.36	21.7	127.90	109.76	0.91
QD745	15.6	26.1	3.73	15.3	3.94	1.18	4.50	0.81	5.70	1.22	3.94	0.56	3.34	0.41	28.8	86.33	65.85	0.86
QD747	16.3	28.9	4.11	17.5	4.27	1.22	4.80	0.85	6.25	1.27	4.02	0.60	3.67	0.49	31.3	94.25	72.30	0.83
QD752-1	33.6	58.7	6.72	30.2	6.15	1.53	4.83	0.80	4.92	0.90	2.96	0.41	2.69	0.38	21.9	154.79	136.90	0.84
QD753	38.9	63.4	6.63	26.8	5.19	1.25	3.75	0.66	3.73	0.74	2.21	0.34	2.21	0.32	16.1	156.13	142.17	0.83
QD754	46.8	80.2	8.24	33.6	6.51	1.51	4.72	0.78	4.56	0.86	2.66	0.42	2.46	0.28	19.4	193.60	176.86	0.80
QD755	36.4	60.6	6.95	30.3	6.10	1.60	4.40	0.75	4.49	0.85	2.64	0.38	2.23	0.32	18.9	158.01	141.95	0.91
QD751-3	48.0	72.0	6.77	27.1	4.99	1.15	3.38	0.57	3.36	0.66	2.06	0.32	2.12	0.32	15.6	172.80	160.01	0.82
QD749	28.9	45.6	4.63	18.6	3.84	0.41	3.42	0.62	4.41	0.89	3.09	0.48	3.00	0.39	20.7	118.28	101.98	0.34
QD751-1	34.1	55.0	6.16	25.3	5.01	1.14	4.20	0.74	4.89	0.96	2.99	0.44	2.49	0.33	22.9	143.75	126.71	0.75
QD751	14.7	26.8	2.99	11.0	2.97	0.55	2.93	0.71	5.49	1.26	4.63	0.70	4.95	0.71	30.1	80.39	59.01	0.57

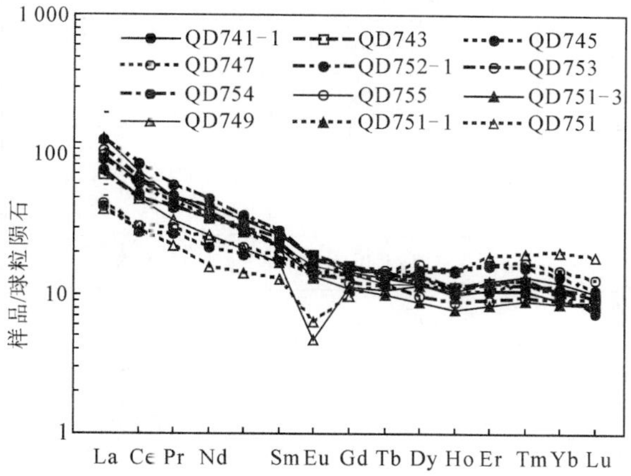

图 3-29　巴塘群火山岩稀土元素配分曲线

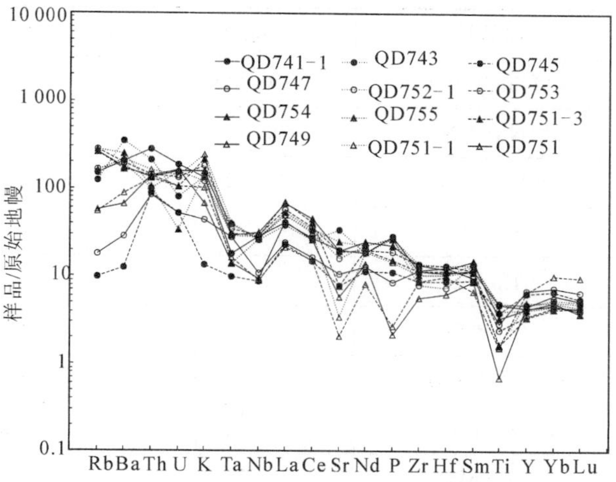

图 3-30　巴塘群火山岩微量元素蛛网图

表 3-29　巴塘群火山岩微量元素含量(×10^{-6})

序号	样品号	Cr	Li	Rb	Cs	As	Sr	Ba	V	Sc	Nb	Ta	Zr	Hf	Be	Ga	U	Th
1	QD741	11.80	57.1	93.9	4.3	1.57	421	1 430	194	16.60	20.30	0.74	127	3.32	1.63	13.8	3.91	23.8
2	QD743	7.02	70.8	77.4	5.6	1.94	714	2 420	150	10.80	18.40	1.58	153	4.11	2.00	29.4	1.68	17.7
3	QD744	5.32	36.6	47.9	2.2	2.08	485	533	158	11.10	19.00	1.55	149	3.90	1.77	24.5	1.10	7.56
4	QD745	5.07	28.8	6.3	1.8	4.59	164	87	92	24.30	6.28	0.40	99	2.73	1.66	26.2	1.10	7.4
5	QD747	9.22	18.4	11.3	1.9	2.84	222	200	40	20.70	7.73	1.13	132	3.84	1.53	23.5	1.1	7.14
6	QD748	9.12	14.8	14.1	1.7	2.63	192	302	69	19.20	4.99	<0.5	95	2.69	0.88	16.8	0.80	11.6
7	QD752-1	23.4	66.5	104.0	5.0	1.25	334	1 330	179	16.40	19.60	1.20	88	2.26	2.24	24.7	3.19	8.48
8	QD752-2	3.95	20.6	132.0	3.7	2.55	366	1 700	23.80	3.50	23.00	1.54	163	4.70	2.83	25.2	2.03	13.3
9	QD752-3	2.75	22.1	130.0	301	1.56	377	1 470	25	3.78	24.60	2.13	176	4.37	2.27	26.1	1.10	14.0
10	QD753	10.60	23.2	178.0	5.3	1.32	397	1 360	82	9.39	20.70	1.41	152	4.06	2.48	25.1	2.78	12.2
11	QD754	24.80	28.4	165.0	4.2	2.44	409	1 210	130	15.60	22.30	1.20	151	3.65	2.56	30.1	3.29	11.3
12	QD755	42.40	37.5	178.0	5.0	2.81	524	1 740	183	20.70	18.80	0.56	117	3.17	2.37	32.4	0.71	8.88
13	QD751-3	<1	16.9	164.0	4.5	1.73	163	1 150	42	4.55	20.40	1.24	129	3.51	2.13	21.2	2.18	11.9
14	QD746	14.7	19.9	16.8	1.5	4.70	88	332	41	17.60	7.47	1.13	127	3.73	1.44	22.1	1.00	9.24
15	QD750	6.47	26.1	77.6	4.2	1.92	126	421	8	5.39	4.78	<0.5	89.8	2.75	1.60	14.6	1.88	6.84
16	QD749	20.20	10.0	35.9	2.0	1.74	122	462	7	6.26	6.71	0.58	64	1.94	1.64	13.6	3.39	11.9
17	QD751-1	4.42	8.8	101	4.2	6.44	73	1 510	35	2.87	18.70	1.61	115	3.23	2.03	19.9	2.88	13.7
18	QD751	4.65	8.2	34.3	2.0	4.76	44	613	10	6.82	6.37	0.67	98	3.07	1.33	16.3	2.18	11.0

(4) Sr、Nd 同位素组成

巴塘群火山岩 Sr、Nd 同位素分析结果见表 3-30。$\varepsilon_{Nd}(t)$变化在－0.3～2.9 之间，$\varepsilon_{Sr}(t)$变化在14.4～39.2 之间，在 $\varepsilon_{Nd}(t)$-$\varepsilon_{Sr}(t)$图解中(图 3-31)，样品落入Ⅳ象限的上部及Ⅰ象限中部，处在壳幔源区之间，呈线状排列，可能由于样品受到海水蚀变的影响。

表 3-30 巴塘群火山岩 Nd、Sr 同位素组成

样品号	QD751	QD751-1	QD751-3	QD751-2
$^{147}Sm/^{144}Nd$	0.148 5	0.114 4	0.096 5	
$^{143}Nd/^{144}Nd$	0.512 719	0.512 525	0.512 478	
$(^{143}Nd/^{144}Nd)i$	0.512 505	0.512 360	0.512 339	
$\varepsilon_{Nd}(t)$	2.9	0.1	−0.3	
$^{87}Rb/^{86}Sr$	1.638 0	4.291 0	3.121 0	1.649 0
$^{87}Sr/^{86}Sr$	0.712 13	0.719 36	0.715 02	0.712 09
$(^{87}Sr/^{86}Sr)i$	0.707 00	0.705 93	0.705 25	0.706 93
$\varepsilon_{Sr}(t)$	39.2	24.0	14.4	38.2
T_{2DM}(Ma)	759	990	1 023	

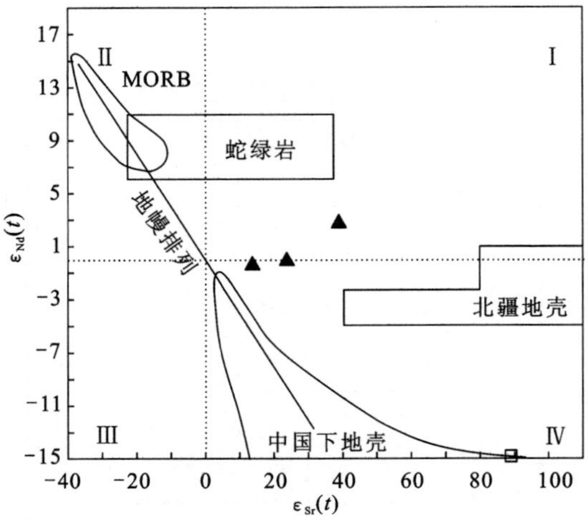

图 3-31 巴塘群火山岩 $\varepsilon_{Nd}(t)$-$\varepsilon_{Sr}(t)$图解

二、克南群火山岩

1. 地质特征

主要分布于测区西南部扎河乡西北它色克涌一带，与砂岩、板岩和灰岩呈互层状，尤以与灰岩紧密伴生为产出特征。火山岩在测区西部外围若候涌一带厚度较大，出现 3 层，总厚达 1 520m，在向东至测区厚度渐薄，仅几十米厚，以中基性火山熔岩和火山碎屑岩为主，反映出火山活动西强东弱的变化规律。岩性主要有玄武安山岩、玄武质凝灰熔岩、英安质凝灰熔岩、安山质角砾岩及沉凝灰岩，属海相火山活动的产物。

2. 火山喷发旋回、韵律的划分

该群火山岩的旋回特点是各地变化大和不稳定。每一韵律由溢流相(局部伴有爆发相及爆发沉积相)和正常沉积相频繁交替，反映火山活动有多次间歇，间歇期间形成海相的砂板岩、灰岩。在若候涌一带综合路线地质剖面上，克南群火山岩出露较厚，可分为 1 个旋回，6 个韵律(表 3-31)，Ⅰ韵律为爆发—溢流—间歇的韵律特征，Ⅱ—Ⅵ韵律均为溢流—间歇的韵律特征。间歇期间形成灰岩、砂岩，沉积岩夹层灰岩向上渐变为砂板岩，反映火山喷发形成于水下浅水环境中。

表 3-31　克南群火山岩旋回、韵律划分一览表

旋回	韵律	层号	岩性	厚度(m)
克南群火山岩	Ⅵ	7	上部灰绿色长石石英砂岩夹灰黑色泥质板岩 下部深灰绿色安山岩	580
	Ⅴ	6	上部灰绿色长石石英砂岩夹灰黑色泥质板岩 下部深灰绿色安山岩	480
	Ⅳ	5	上部灰色长石石英砂岩夹灰黑色泥质板岩 下部深灰绿色安山岩	280
	Ⅲ	4	上部灰绿色长石石英砂岩夹灰黑色泥质板岩 下部深灰绿色安山岩	300
	Ⅱ	3	上部深灰色薄中层状灰岩 下部暗绿色中厚层-块状安山岩	290
	Ⅰ	2	上部为灰色薄层状灰岩 下部灰绿色安山岩	310
		1	灰白—白色流纹质凝灰岩	120

3. 岩石学特征

该群火山岩普遍蚀变较强，可见到明显的绿泥石化和绿帘石化现象。中基性岩石颜色总体较深，呈暗绿色、灰绿色、灰色，酸性岩呈灰白色。火山岩主要岩石特征如下。

(1) 玄武安山岩

岩石呈灰绿色，变余斑状结构，基质为变余交织结构，斑晶由蚀变暗色矿物(14%～15%)和少量石英组成。基质由斜长石(40%～41%)和石英(3%)组成。蚀变矿物绿泥石(20%)、绿帘石(11%)、碳酸盐类(10%)、钛铁矿少量。后期蚀变强烈，组构已发生一定程度变化。

(2) 玄武质凝灰熔岩

岩石呈灰绿色，变余凝灰熔岩结构，熔岩物质呈变余斑状结构，由火山碎屑(15%～18%)和熔岩(80%～82%)组成。火山碎屑物由玄武岩岩屑(12%～14%)和斜长石晶屑(4%)组成，棱角状，粒度0.55～1.88mm。熔岩由斑晶(20%～22%)和基质(57%～60%)组成。斑晶为自形晶，主要为斜长石和普通辉石，斜长石呈板状，绢云母化和碳酸盐化。基质由斜长石微晶及杏仁体组成，后者直径0.06～0.27mm，为方解石和绿泥石杏仁体。

(3) 英安质凝灰熔岩

岩石呈浅灰绿色，凝灰熔岩结构，斑状构造，由岩屑(5%)、晶屑(10%～13%)和熔岩(80%～82%)组成。岩屑呈棱角状，粒径0.55～1.68mm，成分为中酸性熔岩、碳酸盐化中酸性岩；晶屑为石英、斜长石，呈不规则状，粒径0.35～1.32mm。熔岩中斑晶为斜长石和熔蚀状石英；基质由微柱粒状和脱玻化玻璃质组成。

(4) 安山质角砾岩

岩石呈灰绿色，火山角砾结构，由火山角砾(82%～85%)和填隙物(13%～15%)组成。角砾大小不一，大者粒径5～16mm，小者粒径2～4mm，成分主要为安山岩、少量为酸性熔岩和泥质板岩，多数边缘较浑圆。填隙物由石英晶屑和火山灰重结晶而成的石英微粒组成。孔隙式胶结类型。后期碳酸盐岩分布其中。

(5) 沉凝灰岩

岩石呈深灰色，沉凝灰结构，由火山碎屑(55%～59%)和胶结物(39%～41%)组成。火山碎屑由岩屑(43%～45%)和晶屑(10%～13%)组成。岩屑多呈棱角状，少数呈浑圆状，成分为安山岩、玄武安山岩、玄武岩、基性熔岩和中酸性熔岩。晶屑呈棱角状，为斜长石、石英和钾长石。胶结物为他形粒状方解石。

4. 岩石地球化学特征

(1) 常量元素特征

克南群火山岩常量元素分析结果见表 3-32，可看出岩石中 SiO_2 含量为 37.99%～58.27%（平均 46.60%），属偏中基性。岩石的 TiO_2 含量为 0.41%～1.76%（平均 1.02%），属低钛，Al_2O_3 含量则变化较大，在 12.02%～21.11%之间（平均 15.12%），K_2O+Na_2O 为 0.39%～5.97%（平均 3.48%），仅有 1 个样品 $K_2O>Na_2O$，其余样品均为 $Na_2O>K_2O$，属富钠低钾火山岩。由于岩石受后期蚀变较强，烧失量高，在 TAS 分类图上（图 3-32），样品点分布较分散。镜下观察发现以蚀变与碳酸盐化为主，故利用在蚀变过程中不活泼元素比值的 Zr/TiO_2-Nb/Y 图解（图 3-33）进行岩石分类，样品落入亚碱性系列区域靠近碱性系列一侧。CIPW 标准矿物分子计算，普遍含 Di 和 Ol，部分样品含 Hy 和 Ne，少量样品含 Qz。

表 3-32　克南群火山岩常量元素含量(%)

样品号	岩性	SiO_2	TiO_2	Al_2O_3	Fe_2O_3	FeO	MnO	MgO	CaO	Na_2O	K_2O	P_2O_5	灼失量	总量
QD731-1	杏仁玄武岩	37.99	1.21	12.02	4.14	5.31	0.15	8.36	16.72	2.43	0.374	0.158	10.09	98.96
QD731-2	杏仁玄武岩	40.46	1.34	12.32	6.37	4.6	0.154	8.64	14.17	2.33	0.75	0.178	7.58	98.89
QD731-3	杏仁玄武岩	44.3	1.47	13.48	3.93	7.58	0.16	11.86	8.32	2.31	0.33	0.188	4.38	98.30
QD731-4	杏仁玄武岩	39.46	1.21	12.42	5.43	4.72	0.15	8.09	15.3	2.81	0.774	0.156	9.16	99.68
QD731-5	玄武质角砾熔岩	42.68	1.54	15.00	3.64	6.91	0.17	7.76	10.29	3.36	0.933	0.158	6.36	98.80
QD731-6	杏仁玄武岩	44.45	1.57	12.60	4.85	6.82	0.149	6.16	9.88	4.79	1.18	0.182	6.59	99.22
QD731-7	杏仁玄武岩	40.46	1.76	12.35	4.07	6.05	0.17	9.05	12.90	3.07	0.205	0.173	8.58	98.84
QD731-8	杏仁玄武岩	37.46	1.25	12.58	4.64	5.98	0.16	8.71	15.35	2.32	1.02	0.168	9.94	99.58
17GS48-5	蚀变玄武安山岩	48.72	0.68	17.02	1.15	5.75	0.14	7.59	7.49	2.78	0.66	0.160	5.42	97.56
17GS159-2	玄武安山岩	55.01	0.35	17.23	1.04	5.60	0.12	5.28	10.80	2.07	0.17	0.010	1.9	99.58
17GS467-2	蚀变玄武安山岩	55.04	0.58	21.11	0.85	5.08	0.06	1.59	8.75	3.11	1.05	0.100	2.65	99.97
17GS653-1	玄武安山岩	51.24	0.72	17.38	1.31	5.95	0.20	5.67	10.05	2.38	0.65	0.110	3.84	99.50
17GS622-1	玄武质凝灰熔岩	45.36	0.57	19.84	0.95	8.05	0.2	6.76	6.24	2.52	1.73	0.040	7.26	99.52
17GS49-1	含角砾凝灰熔岩	58.27	0.63	16.24	0.97	5.88	0.14	3.36	3.14	4.80	0.94	0.110	1.80	96.28
17GS635-1	英安质凝灰熔岩	58.08	0.41	15.14	0.33	5.28	0.19	4.10	4.95	0.04	0.35	0.010	6.38	95.26

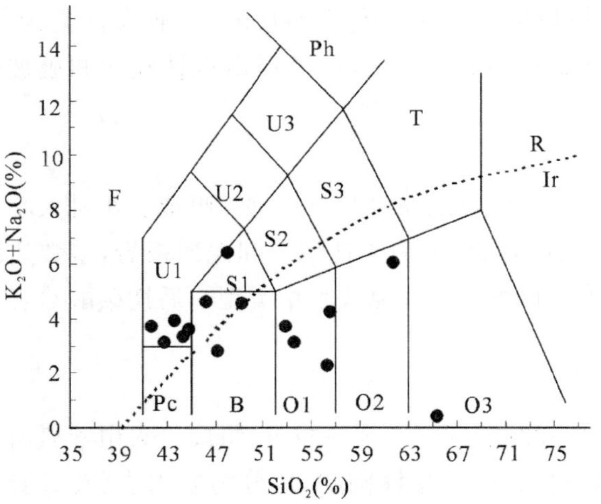

图 3-32　克南群火山岩 TAS 分类图

图中代号说明见图 3-28

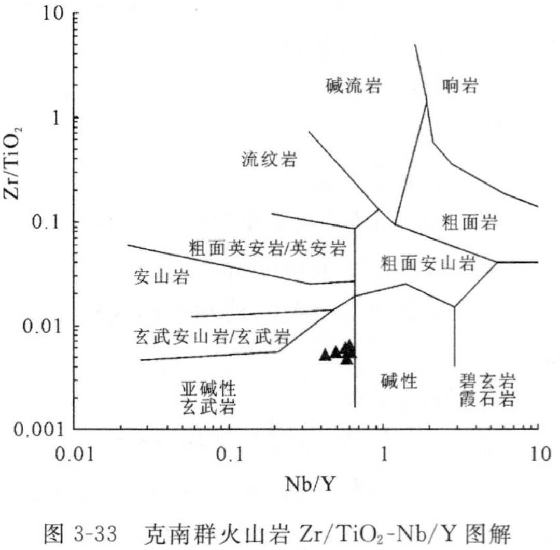

图 3-33　克南群火山岩 Zr/TiO_2-Nb/Y 图解

（2）稀土元素特征

该群火山岩稀土元素分析结果见表 3-33。ΣREE 较低，为$(57.92\sim72.90)\times10^{-6}$（平均 66.35×10^{-6}），LREE/HREE 为 2.90～3.68（平均 3.36），$(La/Yb)_N$为 2.62～3.77（平均 3.27）。在 8 个火山岩石样品中，有 2 个样品在地球化学特征上表现为低的重稀土元素 Yb 含量$[(1.72\sim1.85)\times10^{-6}]$和低的 Y 含量$[(16.7\sim17.8)\times10^{-6}]$，Sr/Y 为 19.21～21.70。稀土元素配分曲线为平缓右倾型（图 3-34），反映轻稀土弱富集。δEu 为 0.98～1.09，为弱负 Eu 异常到正异常。

表 3-33　克南群火山岩稀土元素和微量元素含量（$\times10^{-6}$）

样品号	La	Ce	Pr	Nd	Sm	Eu	Gd	Tb	Dy	Ho	Er	Tm	Yb	Lu	ΣREE	LREE	δEu
QD731-1	9.02	16.70	2.50	12.7	3.14	1.10	3.44	0.61	3.72	0.72	2.04	0.30	1.72	0.21	57.92	45.16	1.03
QD731-2	10.60	19.40	2.63	13.9	3.34	1.21	3.78	0.66	4.11	0.81	2.20	0.32	1.85	0.22	65.03	51.08	1.05
QD731-3	12.00	21.40	3.23	15.7	3.63	1.36	4.24	0.74	4.50	0.88	2.46	0.36	2.14	0.26	72.90	57.32	1.07
QD731-5	10.50	18.50	2.97	14.1	3.54	1.38	4.28	0.75	5.06	0.97	2.80	0.41	2.33	0.28	67.87	50.99	1.09
QD731-6	10.80	19.40	3.05	14.8	4.13	1.40	4.63	0.82	5.36	1.10	3.07	0.45	2.71	0.33	72.05	53.58	0.98
QD731-7	10.30	19.40	3.13	15.1	3.64	1.27	4.19	0.73	4.68	0.91	2.62	0.38	2.17	0.27	68.79	52.84	1.00
QD731-8	9.38	17.10	2.52	13.1	3.05	1.12	3.57	0.62	3.99	0.80	2.23	0.32	1.90	0.22	59.92	46.27	1.05

样品号	Cr	Li	Rb	Cs	As	Sr	Ba	V	Sc	Nb	Ta	Zr	Hf	Be	Ga	U	Th	Y
QD731-1	754	23.7	8.7	2.25	1.00	362	126	224	34.0	9.84	1.14	76.6	2.35	1.53	22.0	0.85	1.46	16.7
QD731-2	732	28.9	16	4.3	1.34	342	153	252	38.4	11.00	0.51	81.7	2.66	1.94	23.9	0.80	2.21	17.8
QD731-3	851	42.7	6.5	3.3	0.95	343	673	271	41.6	11.90	1.04	95	2.94	2.15	30.2	0.61	1.53	20.8
QD731-4	616	27.5	16.4	5.7	1.00	243	330	232	35.8	9.99	0.92	87.5	3.70	1.8	22.9	0.61	2.17	
QD731-5	151	35.1	14.3	3.6	0.64	389	205	265	44.8	11.10	1.08	91.4	2.99	2.04	28.0	0.61	2.31	22.3
QD731-6	194	21	29.8	10.8	0.74	240	304	314	41.1	10.40	1.5	89.4	3.15	2.60	32.2	0.71	1.24	24.8
QD731-7	621	28.1	2.8	2.5	0.65	188	128	245	37.3	12.00	2.06	92.6	3.17	2.20	32.6	0.90	2.94	20.8
QD731-8	675	29.5	21.3	5.5	0.70	271	171	250	35.7	11.20	0.4	90.4	3.11	2.10	31.1	0.71	1.41	18.6

（3）微量元素特征

微量元素分析结果见表 3-33。Ti/V 比值在 29.97～43.27 之间（平均 33.25）；Th/Ta 值为 0.83～4.33（平均 2.17）；La/Ta 值为 5～23.45（平均 12.23），La/Nb 值为 0.84～1.04（平均 0.94），与 MORB 的相应比值比较接近。Th 含量为$(1.24\sim2.94)\times10^{-6}$（平均 1.91）。另外，Zr/Y 值较高，为 3.6～4.86（平均 4.39）。微量元素原始地幔标准化蛛网图（图 3-35），表现为富集大离子亲石元素 Rb、Ba、U 和高场强元素 Ta、Hf、Sm、Ti、Sr，类似于板内玄武岩。该群火山岩的 Nb 含量较高，介于 $9.84\times10^{-6}\sim12\times10^{-6}$之间（平均 10.93×10^{-6}）。Zr/Nb 比值低，为 7.43～8.60（平均 8.07）。Sr 的正异常与无铕异常的特征表明，岩石形成过程中，无明显的斜长石分离结晶作用发生。

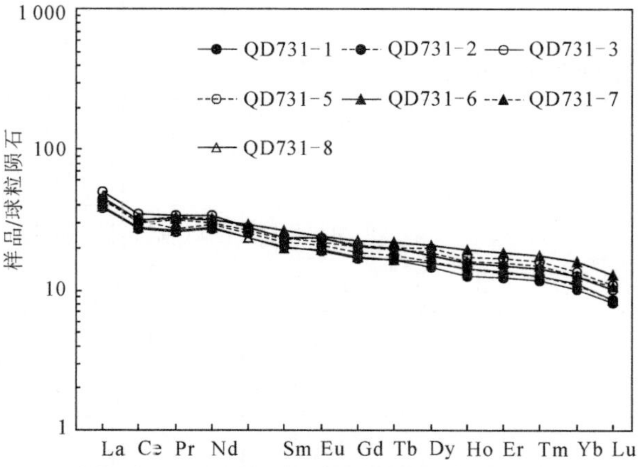

图 3-34　克南群火山岩稀土元素配分曲线

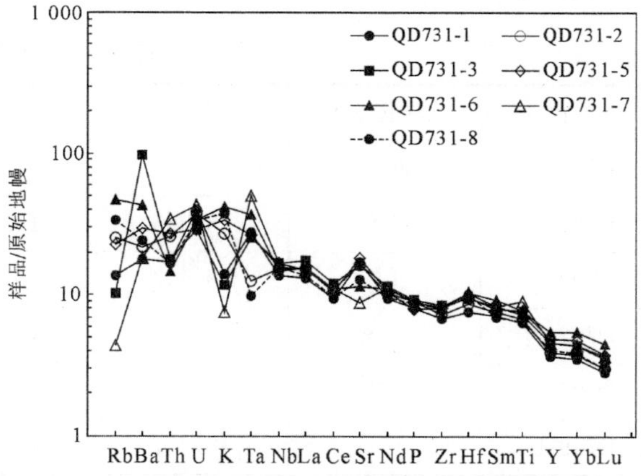

图 3-35　克南群火山岩微量元素蛛网图

第三节　岩浆岩成因及构造环境探讨

一、侵入岩成因及构造环境

（一）巴颜喀拉构造-岩浆岩带

1. 侵入岩成因

（1）昂日穷雄郭果英云闪长岩体

该闪长岩体岩石主元素表现为富钠（$Na_2O>K_2O$），高铝（$Al_2O_3>15\%$），低钛（$TiO_2<1\%$），属钙碱系列，具有岛弧型花岗岩特点。A/CNK 为 0.85～0.95，小于 1.1。稀土元素特征为轻稀土元素富集，重稀土元素平坦型，标准矿物中均含有透辉石分子，显示了 I 型花岗岩的特点。由此认为，该岩体应为壳幔混合源的 I 型花岗岩。

（2）叶格序列侵入岩

该序列属钙碱性系列。微量元素特征表现大离子亲石元素 Rb、K、Ba、Th 富集，而 Sr、Nb、Ta 略显亏损，为活动大陆边缘岩浆的特征，是板块俯冲环境中喷发岩浆的典型特征（Gill，1981）；P 和 Ti 较强亏损则表明岩石受到了磷灰石、钛铁矿的分离结晶作用影响，表明是因板块俯冲作用而改造的岩石圈地幔参与了岩浆的形成过程。Rb/Sr 值低于 0.37，显示了幔源的特征（壳源 Rb/Sr>0.5）；Nb/Ta 值平均为 12.62，低于原始地幔值（17.5），但高于大陆地壳平均值（11～12）（Green，1995）；La/Nb 值平均为 2.65，高于原始地幔值（0.94），与地壳平均值（2.2）接近，说明其物质来源中壳幔混合物质较多。

该序列在地球化学特征上属于埃达克质的中酸性岩浆岩。在稀土元素配分曲线图上，具有 C-型埃达克岩的铲状右倾型特点，表明岩浆岩源为板块俯冲和下地壳部分熔融的产物（Gutscher et al，2000；Richards and Kerrich，2007）。

该序列的 $\varepsilon_{Nd}(t)$ 值变化在 $-6.0\sim-6.7$ 之间，表明源区具有明显的壳幔混合源区特征。另外，与华南不同成因花岗岩的（$^{87}Sr/^{86}Sr$）i 比值（徐克勤等，1982）对比，该序列（$^{87}Sr/^{86}Sr$）i 值较高（0.707 84～0.708 10），接近壳源花岗岩的（$^{87}Sr/^{86}Sr$）i 值（0.706～0.719），表明岩浆来源是壳源，受到幔源物质的混染，具同熔型花岗岩特征。

该序列铅同位素分析结果见表 3-34。Pb 同位素 $\Delta\beta$-$\Delta\gamma$ 图解（图 3-36）中，样品落入地幔源区（1 区）和地壳与地幔混合作用俯冲带岩浆作用区（3a 区），说明源区发生过壳幔混合作用。在（Y+Nb）-Rb 图解及 Y-Nb 图解（图 3-37）上，样品点均落入火山弧花岗岩区，具弧花岗岩的特点，说明源区受到了俯冲组分影响。

表 3-34　测区岩浆岩 Pb 同位素组成

样品号	地质体名称	$^{206}Pb/^{204}Pb$	$^{207}Pb/^{204}Pb$	$^{208}Pb/^{204}Pb$	$^{207}Pb/^{206}Pb$	$\Delta\beta$	$\Delta\gamma$
D706	叶格序列	18.109	15.575	38.249	0.860 1	15.98	20.79
D707-1		18.066	15.551	38.154	0.860 8	14.42	18.25
D702	达考序列	18.507	15.632	38.872	0.844 7	19.70	37.42
D702-1		18.518	15.628	38.78	0.843 9	19.44	34.96
D709		18.511	15.631	38.827	0.844 4	19.63	36.22
D709-1		18.341	15.591	38.507	0.850 1	17.03	27.68

续表 3-34

样品号	地质体名称	$^{206}Pb/^{204}Pb$	$^{207}Pb/^{204}Pb$	$^{208}Pb/^{204}Pb$	$^{207}Pb/^{206}Pb$	Δβ	Δγ
D712	扎河序列	18.313	15.606	38.573	0.852 2	18.00	29. 44
D712-1		18.435	15.611	38.685	0.846 8	18.33	32.43
D714		18.457	15.648	38.595	0.847 8	20.74	30.02
D714-2		18.966	15.687	39.165	0.827 1	23.29	45.24
D716-1	兵果达龙序列	17.785	15.507	38.006	0.871 9	11.55	14.30
D716-2		17.883	15.581	38.285	0.871 3	16.37	21.75
D716		17.806	15.508	37.953	0.870 9	11.61	12.89
D716-3		18.234	15.606	38.534	0.855 9	18.00	28.40
735	加容检德工卡序列	18.346	15.62	38.574	0.851 4	18.92	29.46
735-2		18.402	15.641	38.671	0.850 0	20.29	32.05
736		18.208	15.581	38.404	0.855 7	16.37	24.93
736-2		18.426	15.612	38.626	0.847 3	18.40	30.85
D751	巴塘群火山岩	17.787	15.484	37.953	0.870 5	10.05	12.89
D751-2		17.666	15.478	37.815	0.876 1	9.65	9.21
D 739		17.74	15.508	37.857	0.874 2	11.61	10.33
D739-1		18.016	15.545	38.136	0.862 8	14.02	17.77

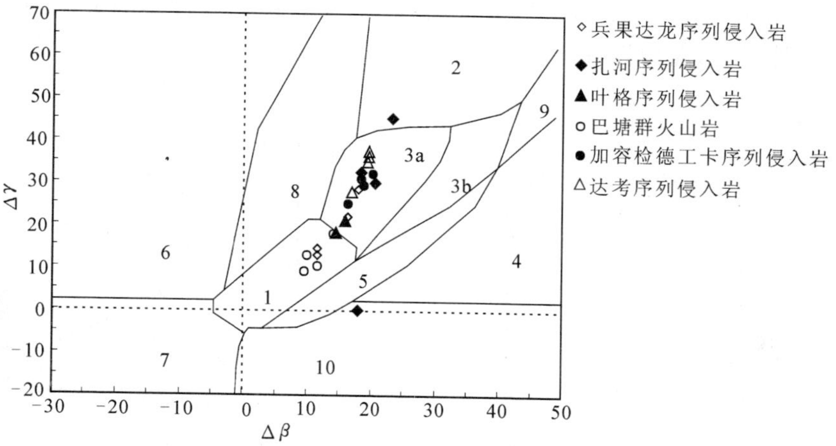

图 3-36　测区侵入岩 Pb 同位素 Δβ-Δγ 图解

1. 地幔源铅；2. 上地壳铅；3. 上地壳与地幔混合的俯冲带铅(3a. 岩浆作用，3b. 沉积作用)；4. 化学沉积型铅；5. 海底热水作用铅；6. 中深变质作用铅；7. 深变质下地壳铅；8. 造山带铅；9. 古老页岩上地壳铅；10. 退变质铅

(3) 达考序列侵入岩

该序列侵入岩 SiO_2 含量变化范围大(61.06%～82.60%)。按英云闪长岩—黑云母二长花岗岩—正长花岗岩从中酸性到酸性的变化系列，SiO_2 含量、碱含量、分异指数、A/CNK 逐渐升高，反映岩浆向富硅、富碱、富铝方向演化，表明各岩体具有同源分异演化特点。各岩体稀土元素显示 C-型埃达克岩铲状右倾型特点，表明岩浆岩源为板块俯冲和下地壳部分熔融的产物。

该序列微量元素特征为大离子亲石元素 Rb、K、Ba 和 Th 富集，P 和 Ti 亏损，显示活动大陆边缘岩浆的特征。Rb/Sr 值平均为 0.75，显示了以壳源为主的特征(壳源 Rb/Sr>0.5)；Nb/Ta 值(平均为 14.17)低于原始地幔值，但高于大陆地壳平均值(Green，1995)。La/Nb 值(平均为 2.59)接近于地壳平均值，

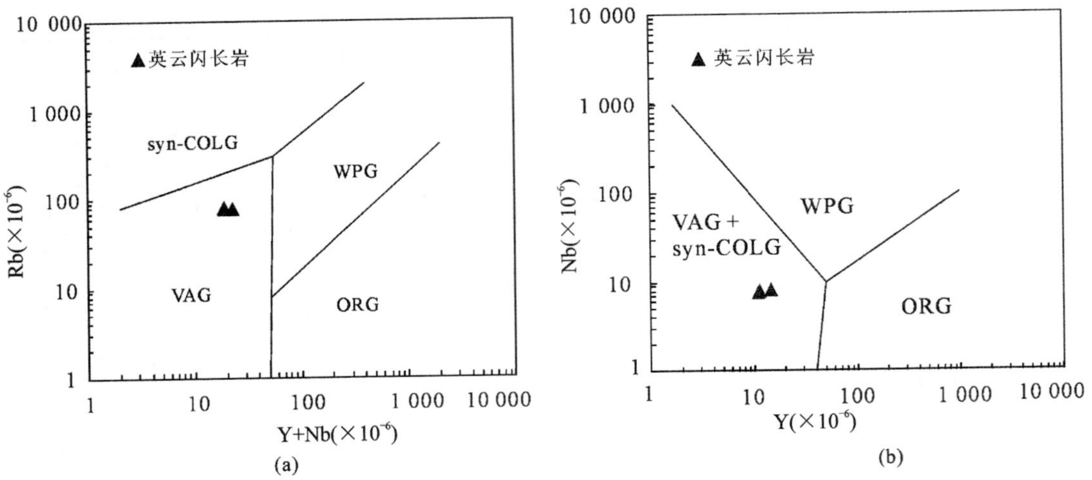

图 3-37　叶格序列岩石(Y+Nb)-Rb 图解(a)及 Y-Nb 图解(b)

VAG. 火山弧花岗岩；WPG. 板内花岗岩；syn-COLG. 同碰撞花岗岩；ORG. 洋中脊花岗岩

说明其物质来源为壳幔混合物质，且地壳物质贡献较多。

该序列在 $\varepsilon_{Nd}(t)$-$\varepsilon_{Sr}(t)$图解中(图 3-13)，$\varepsilon_{Nd}(t)$变化在－7.6～－8.1 之间。$(^{87}Sr/^{86}Sr)i$ 值较高，变化于 0.709 69～0.711 04 之间，说明壳源岩浆来源受到幔源物质混染。

铅同位素分析结果见表 3-34。在 Pb 同位素 $\Delta\beta$-$\Delta\gamma$ 图解(图 3-36)中，该序列样品点落入 3a 区，说明铅来源于上地壳与地幔混合的俯冲带岩浆作用，暗示源区发生过壳幔混合作用。在(Y+Nb)-Rb 图解上(图 3-38)，样品点均落入火山弧花岗岩区，说明该源区受到了俯冲组分影响。在 R_1-R_2 图解上(图 3-39)，英云闪长岩主要投影在活动板块边缘花岗岩区，显示 I 型花岗岩特征，黑云母二长花岗岩则投影在碰撞后上升花岗岩区靠近同造山深熔花岗岩区，显示了 I—S 过渡型的特征，而正长花岗岩样品点较分散，具同碰撞型(S 型)花岗岩特征。

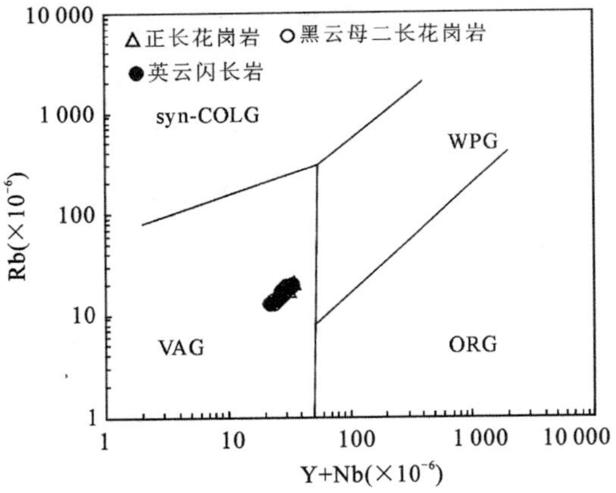

图 3-38　达考序列侵入岩(Y+Nb)-Rb 图解

图中代号说明见图 3-37

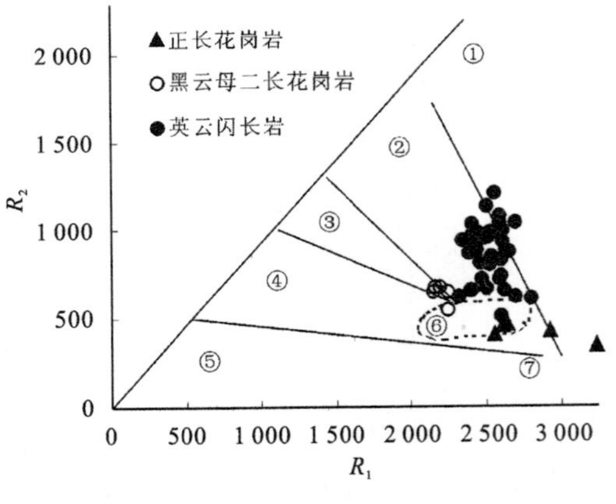

图 3-39　达考序列侵入岩 R_1-R_2 图解

(据 Batchelor 等，1985)

①地幔斜长花岗岩；②板块碰撞前、活动板块边缘花岗岩；③碰撞后上升花岗岩；④造山晚期花岗；⑤造山后花岗岩；⑥同造山深熔花岗岩；⑦同碰撞期地壳熔体

2. 巴颜喀拉侵入岩的构造环境

巴颜喀拉构造-岩浆岩带的昂日穷雄郭果英云闪长岩体(I 型花岗岩)、叶格序列(英云闪长岩—花岗闪长斑岩体)和达考序列(云英闪长岩—黑云母二长花岗岩—正长花岗岩体)中发现有类埃达克岩的存在。普遍认为，埃达克岩(Yb 含量≤1.9，Y 含量≥18 和 Sr/Y 比值≥20)是海洋板块俯冲的产物(朱弟成等，2002)，由基性(包括富 Nb 碱性玄武岩)逐渐转变为中酸性岩的过渡岩石系列。最新研究结果表明，C-型埃达克岩是现代环太平洋带活动大陆边缘火山弧和大陆边缘造山带常见的岩石类型。

研究结果表明，侏罗纪—白垩纪时随着班公湖-怒江洋盆向北府冲消减和闭合，在班公湖-怒江缝合带以北形成了大量的带有岛弧性质的岩浆岩。巴颜喀拉周缘前陆盆地中的火山弧花岗岩的形成可能与班公湖-怒江海洋板块向北俯冲消减有关。因此，巴颜喀拉岩浆岩带出现类埃达克岩表明其构造环境为陆缘火山弧环境，与现今的环太平洋带构造环境相似，是板块俯冲消减和地壳部分熔融的产物。

（二）扎河构造-岩浆岩带侵入岩成因及构造环境

1. 侵入岩成因

（1）扎河序列侵入岩

该序列在岩石化学成分上，SiO_2含量变化范围大（57.36%～75.44%），从石英闪长岩—英云闪长岩—花岗闪长岩—正长花岗岩序列，SiO_2含量和碱含量总体逐渐升高，反映岩浆向富硅、富碱方向演化。其微量元素表现为大离子亲石元素Rb、K、Ba、Th富集，而Sr、Nb、Ta略显亏损和Ti、P较强亏损，显示岛弧岩浆或活动大陆边缘岩浆的特征。Rb/Sr值具壳幔混合特征。Nb/Ta值（平均13.68）高于大陆地壳平均值。La/Nb值，除1个样品较高（5.75）外，其余14个样品平均为2.1，低于地壳平均值（2.2），说明其物质来源为壳幔混合物质。

该序列各侵入体从中酸性到酸性的演化，在稀土元素配分曲线图（图3-16）中，具有C-型埃达克岩的铲状右倾型特点，表明岩浆岩源为板块俯冲和下地壳部分熔融的产物。

该序列的$\varepsilon_{Nd}(t)$值低，变化在-9.9～-10.6之间，表明源区具有壳源性质。在Pb同位素$\Delta\beta$-$\Delta\gamma$图解中（图3-36），样品点落入3a区，为上地壳与地幔混合的俯冲带岩浆作用铅，说明源区发生过上地壳与地幔混合作用。在（Y+Nb）-Rb图解上（图3-40），样品点均落入火山弧花岗岩区，说明源区受到俯冲组分影响。

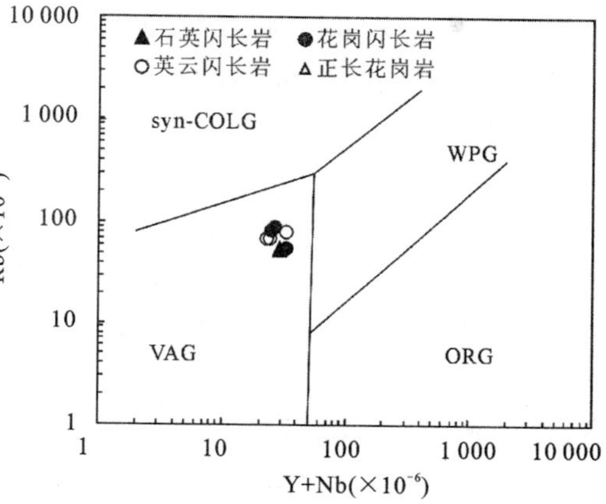

图3-40 扎河序列侵入岩（Y+Nb）-Rb图解

图中代号说明见图3-37

（2）兵果达龙序列

该序列岩石SiO_2含量变化范围大（55.14%～73.66%），反映了岩石从中性到酸性的演化。A/CNK为0.68～1.08，为准铝质—弱过铝质，K_2O+Na_2O为2.82%～6.02%，主要属钙碱性系列。稀土元素特征表现具有陆-陆碰撞的稀土元素配分曲线类型，为地壳部分熔融的产物，而缺少弧-陆碰撞所形成的类埃达克岩特征。

微量元素特征表现为富集大离子亲石元素Rb、Ba、Th，显示出活动大陆边缘岩浆的特征。同时具有相对低的Nb/La值和Rb/Nb值，具典型的I型花岗岩特征（Christansen and Keith，1996）和低的Nb/Ta平均值（12.97），说明其物质来源为壳幔混合物质（Green，1995）。

该序列在$\varepsilon_{Nd}(t)$-$\varepsilon_{Sr}(t)$图解上（图3-22）显示低$\varepsilon_{Nd}(t)$值，变化于-2.4～-5.2之间，表明源区具有明显的壳源性质或具壳幔混合源区特征。该序列的$(^{87}Sr/^{86}Sr)i$值较高，变化于0.705 24～0.707 47之间，与华南不同成因的Sr同位素$(^{87}Sr/^{86}Sr)i$值对比表明：其岩浆来源是壳源的，具同熔型花岗岩特征[$(^{87}Sr/^{86}Sr)i$为0.705～0.709，据徐克勤等，1982]，但受到幔源物质的混染。

在铅同位素$\Delta\beta$-$\Delta\gamma$图解（图3-36）中，样品点落入1区及3a区，表明铅来源于俯冲带的壳幔混合岩浆作用。在Y-Nb图解（图3-41）及（Y+Nb）-Rb图解（图3-42）中，样品点均落入火山弧花岗岩区，说明源区受到了俯冲组分影响。

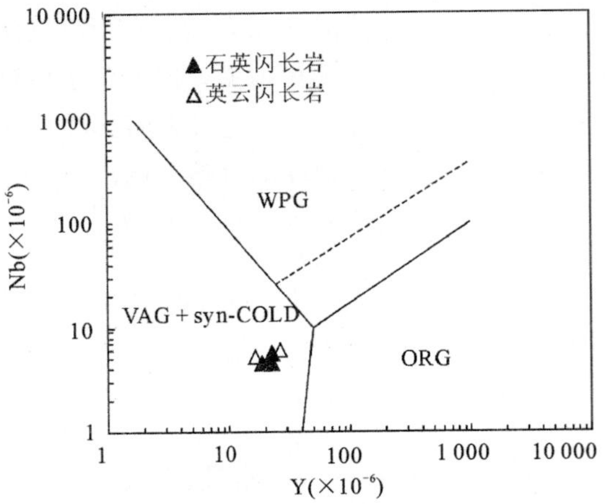

图 3-41　兵果达龙序列侵入岩 Y-Nb 图解

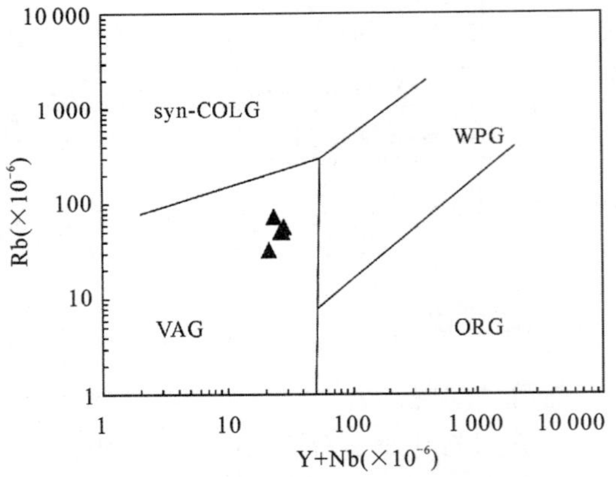

图 3-42　兵果达龙序列侵入岩(Y+Nb)-Rb 图解

图中代号说明见图 3-37

(3) 加容检德工卡序列侵入岩

该序列岩石化学特征表现为 SiO_2 含量变化范围大(59.26%～68.19%)。A/CNK 为 0.85～1.02，属准铝质—弱过铝质。K_2O+Na_2O 为 3.90%～5.49%，$Na_2O>K_2O$，总体属钙碱性系列。岩石从中酸性到酸性的演化，稀土元素特征具有 C-型埃达克岩的铲状右倾型特点，表明岩浆岩源为板块俯冲和弧-陆碰撞造山作用的产物。微量元素表现为大离子亲石元素 Rb、K、Ba、Th 富集，显示岛弧岩浆或活动大陆边缘岩浆的特征。Nb/Ta 值(平均 13.56)低于原始地幔值(Green，1995)。La/Nb 值(平均为 2.31)接近于地壳平均值(2.2)，显示其物质来源为壳幔混合物质，且地壳物质贡献较多。

在 $\varepsilon_{Nd}(t)$-$\varepsilon_{Sr}(t)$图解(图 3-27)中，该序列 $\varepsilon_{Nd}(t)$变化在 -8.4～-9.2 之间，($^{87}Sr/^{86}Sr)i$ 值较高，变化于 0.711 70～0.712 99 之间，说明岩浆来源是壳源的。

该序列在铅同位素 $\Delta\beta$-$\Delta\gamma$ 图解(图 3-36)中，样品落入 3a 区，为上地壳与地幔混合的俯冲带岩浆作用铅区域。在 Y-Nb 图解(图 3-43)和(Y+Nb)-Rb 图解(图 3-44)中，样品均落入火山弧花岗岩区，说明源区受到了俯冲组分影响。

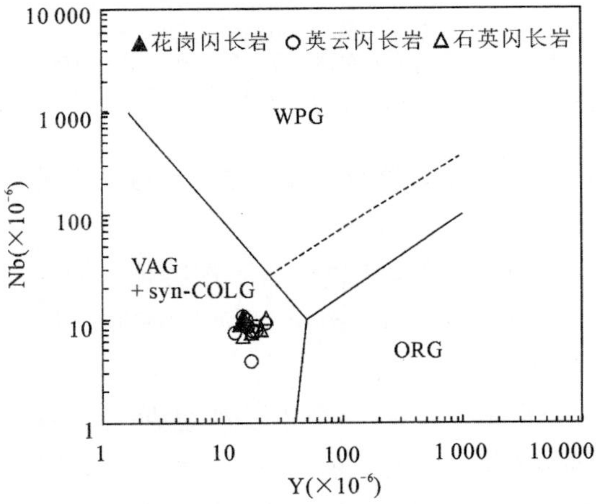

图 3-43　加容检德工卡序列侵入岩 Y-Nb 图解

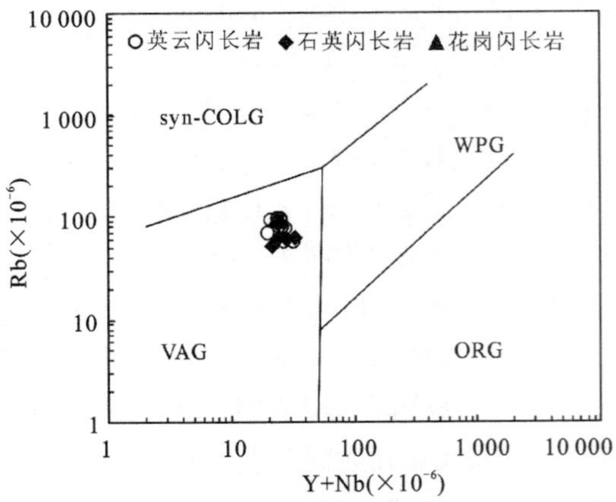

图 3-44　加容检德工卡序列侵入岩(Y+Nb)-Rb 图解

图中代号说明见图 3-37

2. 扎河侵入岩构造环境

扎河构造-岩浆岩带出露于通天河蛇绿混杂岩带西南侧，受西金乌兰—金沙江断裂带控制，呈北西-南东向展布，并伴有地壳挤压收缩和剪切应变形成的复杂变形构造。晚三叠世，甘孜-理塘海洋板块向南俯冲而消减—闭合；三叠世末期，俯冲和弧-陆碰撞造山作用结束，导致该构造-岩浆岩带于侏罗纪时被中酸性岩浆岩侵入。

白垩纪陆-陆碰撞造山作用开始，高密度洋壳拖拉着密度较轻的陆壳继续沿着俯冲带俯冲，导致陆壳缩短和弧-陆汇聚碰撞，沿俯冲带俯冲的陆壳因携带大量水圈物质，随向下的俯冲和 P-T 条件的改变，而发生大规模的脱水，一方面导致干莫霍面石重新水化，形成莫霍软化带，俯冲的陆壳沿软化带平行插入，造成碰撞带地壳双倍加厚(Bird,1978)；另一方面因矿物脱水而发生陆壳深熔作用，形成壳源为主的碰撞花岗岩。伴随陆壳巨型缩短和地壳加厚，碰撞带大幅度隆升。侯增谦等(2004)把义敦岛弧碰撞造山带中的花岗岩划分为 4 种成因类型，即印支期弧花岗岩，燕山早期同碰撞花岗岩，燕山晚期 A 型花岗岩和喜马拉雅期花岗岩。该构造-岩浆岩带中的侵入岩与其燕山早、中期同碰撞花岗岩相当。

总之，白垩纪加容检德工卡序列和兵果达龙序列的稀土配分型式和微量元素特征都与同碰撞花岗岩相似，缺少埃达克质中酸性岩浆岩，说明通天河蛇绿混杂岩带的侵入岩以壳源为主，属陆壳重熔型花岗岩，但是有地幔物质的加入。

二、火山岩构造环境

(一) 巴塘群火山岩构造环境

该火山岩在微量元素地球化学方面表现为大离子亲石元素富集和高场强元素亏损，均为弧火山岩所常见。稀土元素特征表现为 LREE 富集，与板块会聚边缘玄武岩稀土元素配分曲线相似。较强负铕异常到弱负铕异常，反映岩浆从基性到酸性的演化过程中，斜长石的分离作用愈来愈增强，说明地壳成熟度较高。该火山岩 La/Nb 比值为 1.37～4.31(平均 2.15)，比活动大陆边缘区 La/Nb 比值(>2)普遍偏高(Salter and Hart,1989)；Ba/La 比值变化于 5.56～92.37 之间(平均 36.30)，与板块俯冲作用有关的岛弧火山岩的Ba/La值(>30)相同或相近。板块会聚和离散区火山岩系的研究表明：两者之间的火山作用在 Th/Ta 值上有明显区别，板块构造会聚区火山岩系的 Th/Ta 值变化较大，且多大于 10。该火山岩 Th/Ta 值为4.88～32.16(平均 13.25)，明显具有板块会聚区的特点。

该火山岩 Sr、Nd 同位素特征表现为岩浆源区具有明显壳幔混合源区特征。在铅同位素 $\Delta\beta$-$\Delta\gamma$ 图解中(图 3-36)，该火山岩样品落入 1 区及 1 区向 3a 过渡区，说明铅的来源与地幔源及地壳幔混合的俯冲带岩浆作用有关。在微量元素 Ti/100-Zr-3Y 图解(图 3-45)及 Hf/3-Th-Nb/16 图解和 Hf/3-Th-Ta 图解上(图 3-46)，火山岩样品均为钙碱性玄武岩，形成于岛弧大地构造环境。

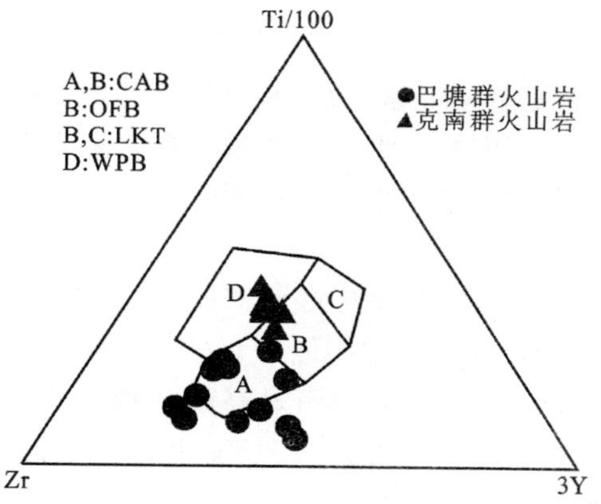

图 3-45 测区火山岩 Ti/100-Zr-3Y 图解

A. 岛弧拉斑玄武岩；B. 岛弧拉斑玄武岩、岛弧钙碱性玄武岩和 MORB；C. 岛弧钙碱性玄武岩；D. 板内玄武岩

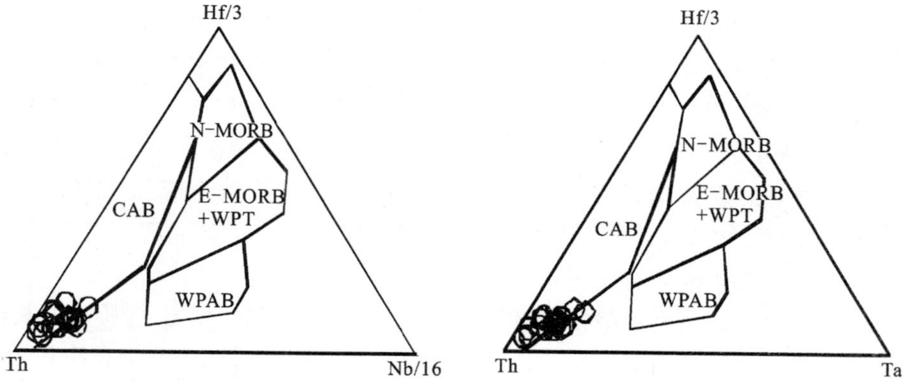

图 3-46 巴塘群火山岩 Hf/3-Th-Nb/16 图解及 Hf/3-Th-Ta 图解

N-MORB. 亏损洋中脊玄武岩；E-MORB+WPT. 富集洋中脊玄武岩和板内拉斑玄武岩；WPAB. 板内碱性玄武岩；CAB. 钙碱性玄武岩

（二）克南群火山岩构造环境分析

该群火山岩主要为大洋拉斑玄武岩，富铁、镁，贫钠、钾。Al_2O_3含量（平均15.12%）高于一般的大洋火山岩，而小于典型的岛弧钙碱性火山岩（平均17.8%）。在FAM图解（图3-47）中，除个别样品外，大多数样品落入钙碱性系列与拉斑系列的界线附近。在TFeO/MgO-TFeO图解（图3-48）和TFeO/MgO-TiO_2图解（图略，据吴根耀，2000）上，大部分样品点落在大洋拉斑玄武岩（OTH）区。

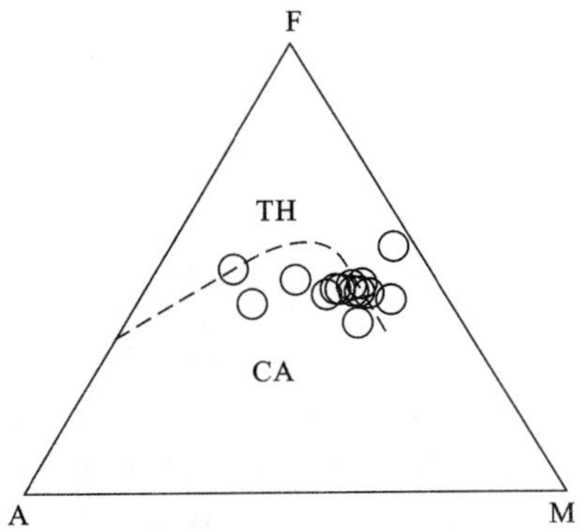

图3-47　克南群火山岩FAM图解

TH. 拉斑系列；CA. 钙碱性系列

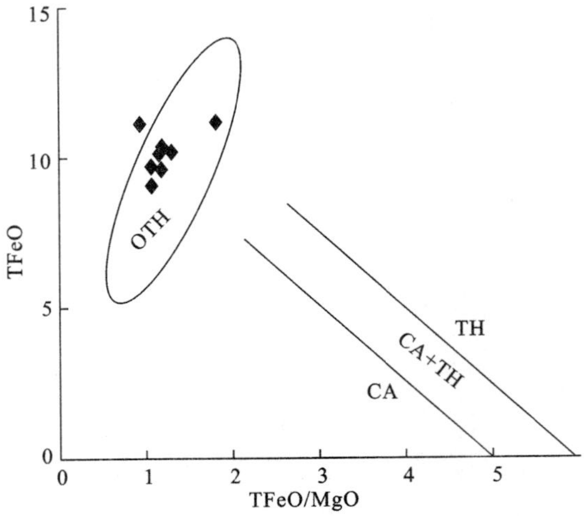

图3-48　克南群火山岩TFeO/MgO-TFeO图解

CA. 钙碱性系列；TH. 拉斑系列；OTH. 大洋拉斑系列

依据稀土元素特征（表3-33），发现克南群火山岩部分样品具埃达克质岩特征。该群火山岩稀土元素具弱负铕异常到正异常，说明在岩浆演化中斜长石分异作用并不明显，推测岩浆分异作用发生在较深的位置，很可能在源区深度附近。

该群火山岩的微量元素原始标准化蛛网图呈隆起型（图3-35），总体表现为富集大离子亲石元素Rb、Ba、Th和高场强元素Hf、Sm的分布特征，与板内拉斑玄武岩和印度Deccan大陆溢流玄武岩（Wilson，1989）非常相似。Ti/V比值（平均33.25）与洋底玄武岩（平均35）一致（Wilson，1989）。Th含量（平均1.91×10^{-6}）明显高出各种类型MORB的Th丰度值[$(0.2\sim0.8)\times10^{-6}$，Pearce，1982)]。Th/Ta比值平均2.17，La/Ta比值平均12.23和La/Nb比值平均0.94，与MORB的相应比值比较接近（MORB的La/Ta比值为10～20，Elthon，1990）。Zr/Nb比值平均8.07，明显不同于N-MORB。另外，Zr/Y比值（平均4.39）较高，在Zr/Y-Zr图解上，主要位于板内玄武岩区（图略）。克南群的Nb含量较高（平均10.93×10^{-6}），而Zr/Nb比值低（平均8.07），兼具E-MORB（Zr/Nb<16，据Le Roex et al，1989）与OIB（Zr/Nb<10，据Wilson，1989）源区特征。

该火山岩与大陆裂谷玄武岩的地球化学特征（富集LILE、LREE、HFSE，高Ti、Th及低Zr/Nb比值，据Hildreth et al，1991）相似，但又以碱性岩不发育和不具LREE与HREE强烈分离而不同于大陆裂谷（Wilson，1989），与大陆拉张减薄环境火山岩（如CFB，大多为拉斑质或碱性玄武岩，富LILE、HFSE，LREE略富集，通常Th＝Ta，部分Th>Ta，据王焰等，2000）相似。在微量元素Ti/100-Zr-3Y图解上（图3-45），该群火山岩样品落入岛弧拉斑玄武岩和板内玄武岩区。在Zr-Y-Ti和Ta-Th-Hf判别图解上（图略），该群火山岩位于正常大陆岩石圈玄武岩（A-WP）和变薄大陆岩石圈基性岩区（B-Wpi）。因此，该群火山岩的构造环境与巴塘群火山岩大不相同，形成于陆壳减薄拉张的构造环境，这与克南群火山岩中所夹的浅海碳酸盐岩相沉积背景一致。

本次工作未获得克南群火山岩年龄依据，但是考虑到它与二叠纪火山岩-硅质岩岩块同处在扎河北（脆）韧性剪切带的南侧，其野外产状具构造岩块属性和岩石地球化学特征，分析表明其为陆壳减薄拉张的构造环境，因此，推测它应是甘孜-理塘洋形成早期的陆缘初始裂谷环境产物，时代应早于晚三叠世，甚至可能早于硅质岩的形成时代。

第四节　脉　岩

测区内脉岩较发育，种类多，从深成—浅成和基性—酸性脉岩均有出露。最常见的有花岗闪长斑岩、石英闪长斑岩、辉绿玢岩和石英脉等类型，集中出露于上通天河蛇绿混杂岩带和巴颜喀拉山群中。脉岩基本特征及分布归纳如下。

一、脉岩主要特征

（一）基性岩脉

此类岩脉包括辉绿岩、辉绿玢岩、石英辉绿玢岩和煌斑岩等。侵入形态多为脉状，一般长 100～200m，宽 15～30m，个别长达 500～700m，宽约 100m。主要侵入于上三叠统克南群和巴颜喀拉山群。

1. 辉绿岩脉

岩石呈暗绿色，辉绿结构，块状构造，主要由斜长石（59%）和单斜辉石（38%）及少量金属矿物（3%）、榍石和磷灰石组成。斜长石呈板柱状自形晶，具强烈绢云母化，伴有帘石化。单斜辉石多数呈他形粒状充填于斜长石构成的格架中。

2. 辉绿玢岩脉

岩石呈浅灰绿色—灰绿色，斑晶（6%）为斜长石，斑状结构。斜长石斑晶呈板柱状自形晶，具卡钠双晶，帘石化、绢云母化。基质（94%）由斜长石（45%）、辉石（30%）、绿泥石（13%）和金属矿物（5%）及少量副矿物组成，为辉绿结构。偶见石英辉绿玢岩。

3. 斜长煌斑岩脉

测区仅见一条斜长煌斑岩脉，侵入于达考序列黑云母二长花岗岩中，长 100m，宽 20m。岩石呈深灰色，煌斑结构，斑晶为普通角闪石（28%）、透闪石（8%）和少量斜长石，斑晶中普通角闪石、透辉石具纤闪石化。基质由角闪石（28%）、辉石（5%）和斜长石（31%）及少量磷灰石和石英组成。具块状构造。

（二）中性岩脉

此类岩脉包括闪长玢岩、石英闪长岩、石英闪长玢岩和辉石石英闪长玢岩等。以石英闪长玢岩为主，集中出露于上三叠统克南群和通天河以北叶格乡一带的上三叠统巴颜喀拉山群中，呈脉状顺层或斜切围岩层理侵入，一般长 40～100 余米，宽 25～30m，个别长达 2 500m，宽 200m。岩石绝大多数发生蚀变。

1. 闪长玢岩岩脉

岩石呈浅灰绿色，变余斑状结构。斑晶为斜长石（14%）和石英（1%），其中斜长石具硅化、碳酸盐化。基质由斜长石（52%）、角闪石（20%）、绿泥石（10%）、石英（1%～2%）、褐铁矿、方解石（1%～2%）组成，具柱粒结构，其中斜长石发生帘石化，角闪石部分具绿泥石化。含石英多者为石英闪长玢岩脉；含辉石多者为辉石石英闪长玢岩脉。

2. 石英闪长岩脉

岩石呈灰色，细粒半自形粒状结构，主要由斜长石（69%）、石英（15%）、黑云母（8%）和角闪石（7%）

及少量磷灰石、帘石和榍石组成。

（三）中酸性岩脉

此类岩脉包括花岗闪长斑岩、花岗闪长岩、英云闪长岩等，其中以花岗闪长斑岩为主体。主要侵入于上三叠统巴颜喀拉山群中，以脉状顺层或斜切围岩层理侵入，走向290°～320°，多数倾向北东，一般宽3～10m，长100～200m。

1. 花岗闪长岩脉

岩石呈灰色，细粒花岗结构，主要由斜长石（55%）、钾长石（10%）石英（20%）和黑云母（15%）及少量角闪石、锆石和磷灰石组成。斜长石呈柱状，具不明显的环带，绢云母化。具块状构造。

2. 英云闪长岩脉

岩石呈灰绿色，变余细粒花岗结构，由斜长石（62%）、石英（20%）和黑云母（18%）及少量钾长石和角闪石组成，副矿物由锆石、磷灰石和帘石组成。

3. 花岗闪长斑岩脉

呈灰白—灰绿色，斑状结构，斑晶由斜长石（15%）、钾长石（2%）和暗色矿物（3%）组成。其中斜长石为更长石，钾长石为正长石（卡氏双晶），粘土化。基质由石英（28%）、斜长石（39%）、钾长石（6%）和绢云母（5%）及少量副矿物组成，显微粒状结构。

（四）酸性岩脉

此类岩脉包括二长花岗岩、花斑岩、花岗斑岩、二长花岗斑岩、斜面长花岗斑岩和石英脉等。其中石英脉最为发育，分布于测区上三叠统巴颜喀拉山群中；伟晶岩脉分布于克南群中。

1. 二长花岗岩脉

岩石呈浅灰色，变余半自形粒状结构和变余二长结构，由钾长石（40%）、斜长石（34%）、石英（22%）、黑云母（3%）、角闪石（1%）和白云母（1%）及微量褐帘石和磷灰石组成。斜长石为中长石，具帘石化，钾长石具轻微粘土化。测区见一条岩脉，长100m，宽1～2m。

2. 花岗斑岩脉

岩石呈灰白色，变余多斑结构，斑晶由石英（13%）、斜长石（22%）和钾长石（3%）组成，斑晶中斜长石为更长石，具卡钠双晶，具绢云化。基质由长石（30%）、石英（11%）、绢云母（17%）和绿泥石（3%）及微量锆石组成，微粒结构。岩脉宽5～10m，长100～200m。

3. 二长花斑岩脉

岩石呈灰绿色，由钾长石（20%）、斜长石（30%）、石英（18%）、黑云母（7%）和次生碳酸盐矿物（25%）及少量副矿物磷灰石和黄铁矿组成。细粒花岗结构，显微文象结构。岩石蚀变明显，具碳酸盐化、钠长石化。岩脉宽1.5～8m，长50～200m。

4. 石英脉

岩石总体呈白色，质地较纯，局部有褐铁矿化现象。广泛发育在测区巴颜喀拉山群中，常呈脉状、网脉状和透镜状产出。脉状者多顺层侵入，宽20～50cm，长百余米；透镜状者长轴一般长40～50cm，短轴长20～30cm；网脉状者呈网格状沿节理和裂隙穿插于围岩中。

二、主要脉岩岩石地球化学特征

1. 常量元素特征

各类岩脉 SiO_2 平均值与世界平均值接近；从基性—酸性，$FeO+Fe_2O_3$、MgO 含量降低，碱性组分 K_2O+Na_2O，含量有增加之趋势；绝大多数岩脉里特曼指数小于 3.3，属钙碱性岩石。$Na_2O>K_2O$，A/NKC 由基性—酸性逐渐增加，表明含陆壳组分增多。花岗质岩石从中性—酸性 F 值增加，表明它们形成深度从中性—酸性越来越浅。

2. 各类岩脉微量元素特征

各类脉岩微量元素有以下的趋势：从基性到酸性，铁族元素 Cr、Ni、V、Mn 含量降低，造岩元素 Ti 含量降低，Zn 含量降低，稀有金属元素族 Zr 含量降低，钨钼族含量有增加趋势。与维氏值相比，各类岩石中除 W 含量高、中性岩 Zn 含量高外，其余元素与维氏值（涂光炽等，1984）接近。

第四章　变质岩

测区变质岩分布较广,出露面积约占测区总面积的65%,按其形成机制,可分为区域变质岩、动力变质岩、接触变质岩和气液变质岩4种类型,其中以区域变质岩为主,沿断层及韧-脆性剪切带分布的动力变质岩亦很发育,接触变质岩仅出露于岩体边缘与围岩的接触带上,气液变质岩则多分布于岩体边缘,沿构造破碎带及岩脉边缘发育。

第一节　区域变质岩

一、典型区域变质矿物特征

测区变质矿物分布较广,除图幅西南角巴塘群未变质外,其他地层均有不同程度的变质,因而出现不同的变质矿物组合,但多以低级—极低级变质作用为主。低级—中级变质矿物仅见于通天河蛇绿混杂带中。常见的区域变质矿物有绢云母、(绢)白云母、黑云母、绿泥石、绿帘石、斜长石、阳起石和角闪石等。对典型的区域变质矿物作简要描述。

1.(绢)白云母

绢云母常见于巴颜喀拉山群地层中,部分构造岩中亦可见绢云母。绢云母在变质岩组合中可分为前进变质作用和退变质作用两种成因;白云母多见于巴颜喀拉山群千枚岩中,在变质岩组合中多为前进变质作用的产物。白云母在薄片中无色、干涉色鲜艳,近平行消光,正延性,具闪突起,其片径比绢云母大。变粒岩中的绢云母呈鳞片状,与长英质矿物呈断续相间排列。板岩中的新生矿物仅见少量的绢云母及雏晶黑云母。

2. 绿泥石

常见于斜长角闪岩中,属后期退变质作用的产物,镜下呈绿色及黄色,多色性明显,突起底,干涉色一级灰;常表现出异常干涉色,近平行消光,常见绿泥石交代角闪石或透闪石—阳起石,在韧性剪切带中,亦有黑云母退变为绿泥石。

3. 绿帘石

分布广泛,主要产于绿片岩相的各种变质火山岩及泥砂质沉积变质岩中。多为他形粒状,镜下呈黄绿色或无色,色调不均一。干涉色呈边缘低中心高的环带。

4. 黑云母

区内黑云母按片径大小及产出方式可分两种:一种是呈鳞片状集合体产出的雏晶黑云母,具多色性(Ng—深褐色,Np—浅黄色),广泛分布于巴颜喀拉群中的板岩、千枚岩等低级变质岩及通天河蛇绿混杂带的低级变质岩中,属前进变质作用的产物;另一种为片状或片状集合体形式,仅分布于宁多杂岩的角闪岩相变质岩中。

石英斜长角闪岩中黑云母的片径为0.3mm×0.5 mm～1.5mm×0.3mm,其晶体内含较多的石英等矿物包裹体。黑云角闪斜长片麻岩中的黑云母呈半自形片状，常与角闪石呈团块状，断续定向分布于长英质矿物间。

黑云角闪斜长片麻岩(样品 QD0129-b_7)中黑云母电子探针分析结果见表 4-1，晶体化学参数见表 4-2，应用黑云母 Mg-(Al+Fe^{3+}+Ti)-(Fe^{2+}+Mn)三角图解判别(图 4-1)，所测黑云母均为铁质黑云母。根据变质黑云母 TiO_2-100Fe/(Fe+Mg)与变质相关系图解(图 4-2)可知，区内黑云母变质程度为角闪岩相。

表 4-1　黑云母电子探针分析结果(%)

样品号	SiO_2	TiO_2	Al_2O_3	FeO^*	MnO	MgO	CaO	Na_2O	K_2O	Cr_2O_3	NiO	总和
Bi_1	36 054	2.787	17.997	26.088	0.167	5.671	0.000	0.000	9.941	0.000	0.000	98.71
Bi_2	35.350	3.340	16.482	26.335	0.373	5.359	0.000	0.000	9.466	0.000	0.000	96.71
Bi_3	35.559	2.560	17.233	26.332	0.362	5.337	0.000	0.000	9.924	0.111	0.000	97.42

表 4-2　黑云母晶体化学系数及有关参数一览表

点号	样品	Si	Al^{IV}	Al^{VI}	Ti	Cr	Fe^{2+}	Mg	Mn	K
D0129-b_7	Bi_1	2.738	1.262	0.348	0.159	0.000	1.657	0.642	0.011	0.963
D0129-b_7	Bi_2	2.753	1.247	0.266	0.196	0.000	1.715	0.622	0.025	0.941
D0129-b_7	Bi_3	2.751	1.249	0.322	0.149	0.007	1.704	0.616	0.024	0.980

样品号	M	MF	Al′	ti	Fe/(Fe+Mg)	Mg^*	R^{3+}	Fe^{2+}	Mg/(Mg+Fe+Mn)
Bi_1	22.791	27.928	23.627	2.335	72.072	22.791	18.010	59.198	0.278
Bi_2	22.033	26.619	22.171	2.867	73.381	22.033	16.358	61.610	0.263
Bi_3	21.872	26.541	23.059	2.186	73.459	21.819	16.949	61.232	0.263

注：表中数据以 11 个氧原子为基础计算；M′=100Mg/(Mg+Fe+Ti+Mn+Al^{VI})，MF=100Mg/(Mg+Fe)，Al′=100Al//(Al+Si+Ti+Fe+Mg+Mn)，ti=100Ti/(Al+Si+ Fe+Mg+Mn)。本章所有电子探针分析数据均由中国地质大学(武汉)测定。

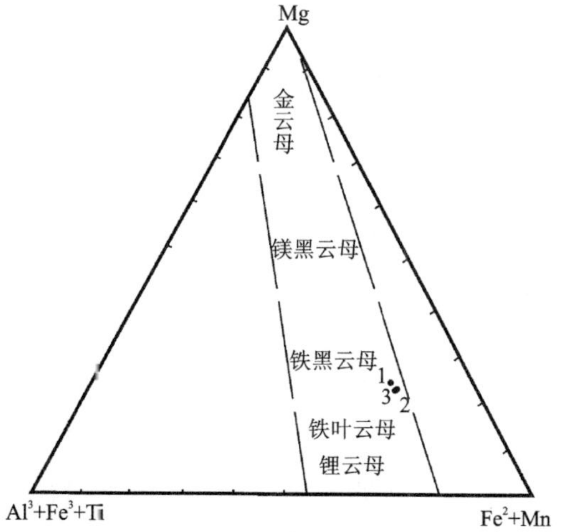

图 4-1　黑云母 Mg-(Al+Fe^{3+}+Ti)-(Fe^{2+}+Mn)三角图解(据 Guidotto et al,1976)

样品序号同表 4-1

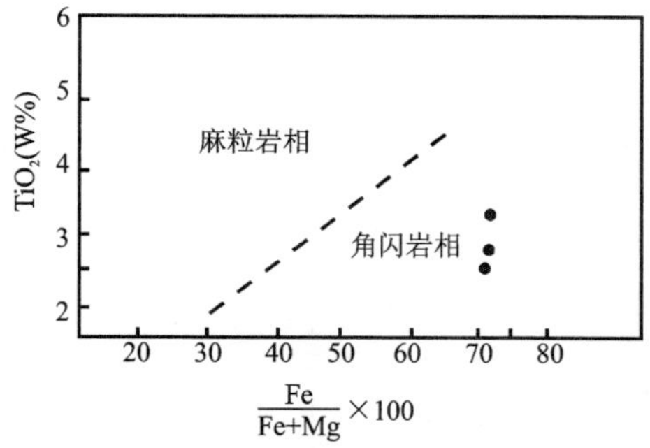

图 4-2　变质黑云母 TiO_2-100Fe/(Fe+Mg)图解(据特罗戈娃等,1965)；

样品序号同表 4-1

5. 长英质矿物

板岩中的长英矿物粒径为 0.03～0.04mm，石英呈他形粒状，粒径为 0.03～0.1mm，常与斜长石镶嵌或充填于角闪石间；变长石石英砂岩孔隙中充填微粒石英(具变质重结晶特征)；变质中酸性火山岩中的石英斑晶大小一般为 0.2～1.3mm，多数为定向排列；变粒岩中的石英常呈多晶集合体，镜下表现为不均匀镶嵌消光；黑云角闪斜长片麻岩中的石英主要为多晶集合体，充填于中长石之间，但仍保留原岩石英晶体的轮廓。

斜长石见于巴颜喀拉山群中的千枚岩及通天河蛇绿混杂带的铁镁质变质岩中，多呈他形粒状，半自形板状。聚片双晶发育。不同变质岩中的斜长石存在明显差异，斜长石牌号随变质程度加深而增大。在千枚岩中，斜长石多为钠长石，常发育钠长石双晶及卡钠复合双晶；变质中酸性火山岩基质中钠长石和石英呈微粒状，彼此紧密镶嵌。

斜长角闪变粒岩和斜长角闪片岩中的斜长石多为奥—中长石，可分为两种形态：一种为他形—半自形板状—自形板柱状，晶粒大小 0.8～1.5mm，均匀分布于岩石中，并与普通角闪石相互穿插，彼此分割组成两部分嵌晶，分别有各自的消光位，从而构成后成合晶，并显示交生变晶的特征；另一种晶体细小，粒径 0.1～0.2mm，晶体表面干净，与石英紧密镶嵌和嵌布于角闪石间。

变粒岩中的中长石呈半自形板柱状、板状，晶体大小 1～2mm，个别达 5mm，发育钠长石双晶和肖钠双晶。变粒岩的基质和变斑晶为钠长石，变斑晶呈他形板状；黑云角闪斜长片麻岩中的中长石呈半自形板柱状，粒径 0.8～1.3mm，常发育钠长石双晶、肖钠长石双晶和环带状构造，部分晶体中心分布较多的绿帘石、黝帘石和绢云母，边缘呈明净边，略具定向排列。

测区斜长石电子探针分析结果及晶体化学系数见表 4-3。由斜长石晶体化学式中 Ca 原子数可知：测区斜长角闪片岩及角闪斜长变粒岩中斜长石牌号 An=44～50，属中长石，变质相为角闪岩相。

表 4-3 斜长石电子探针分析结果(%)及晶体化学系数一览表

序号	1	2	3	4	5	6	7
样品号	$D0129-b_1$		$D0129-b_2$		$D0129-b_4$		$D0129-b_7$
岩性	斜长角闪片岩		角闪斜长变粒岩				角闪斜长片麻岩
矿物	Pl_1	Pl_2	Pl_1	Pl_2	Pl_1	Pl_2	Pl_1
SiO_2	55.009	54.404	56.764	56.682	55.191	55.863	59.38
Al_2O_3	28.978	29.402	27.069	26.818	28.545	28.74	25.99
FeO^*	0.089	0.028	0.017	0.059	0.139	0.128	0.06
CaO	9.809	9.736	9.505	9.015	10.388	10.535	7.99
Na_2O	6.116	6.183	5.559	5.596	5.775	5.649	6.77
K_2O	0	0.033	0.038	0.092	0	0.018	0.16
Σ	100.001	99.786	98.952	98.262	100.038	100.933	100.35
Si^{4+}	2.48	2.46	2.57	2.58	2.48	2.49	2.639
Ca^{2+}	0.47	0.47	0.46	0.44	0.50	0.50	0.381
Na^+	0.53	0.54	0.49	0.49	0.50	0.49	0.583
K^+	0.00	0.00	0.00	0.01	0.00	0.00	0.009
XAn	0.47	0.46	0.48	0.47	0.50	0.51	0.39

注：TiO_2、MnO、MgO、Cr_2O_3、NiO 分析值均为 0.000；表中数据以 8 个氧原子为基础计算。

6. 阳起石

阳起石呈半自形—他形柱状，粒径 0.1～0.35mm，少量 0.5～1.2mm，呈纤柱状、透镜状集合体产出，定向展布。

7. 角闪石

仅见于宁多杂岩。角闪石多为绿色、暗绿色，呈半自形柱状、细柱状，晶体大小不等，长轴 0.1～2mm，短轴 0.05～0.5mm；多色性明显：Ng—褐、淡褐、Nm—淡褐，Nm—黄褐色，$Ng \wedge C = 3° \sim 10°$，反映其变质程度为低—中高等，为绿片岩相—角闪岩相。石英斜长角闪岩中的角闪石呈半自形柱状、细柱状，部分与奥中长石相互穿插，且常成包裹体出现，另一部分则嵌布于奥—中长石之间；斜长角闪岩中角闪石呈定向排列；变粒岩中的普通角闪石呈他形—半自形柱状，断续平行定向排列，并与长英质矿物相间平行定向分布；斜长角闪片岩中的角闪石晶粒大小不等：在贫斜长石变余角砾中，其粒径较大，呈变余斑晶；在变余角砾外富斜长石部位则粒度较细。黑云角闪斜长片麻岩中普通角闪石呈半自形柱状。

角闪石化学成分见表 4-4，晶体化学系数及有关参数见表 4-5。所测样品的角闪石 $(Ca+Na)_B = 1.894 \sim 2 \geqslant 1.34$，$Na_B = 0.001 \sim 0.191 \leqslant 0.67$，均属钙质角闪石。通过钙质角闪石的分类图解（图 4-3）可知：斜长角闪片岩中所测两个角闪石样品均为镁普通角闪石，D0129-b_2 中的 Hb_1 样品为铁钙镁闪石，Hb_2 样品为铁角闪石。样品 D0129-b_4 的角闪石均为铁钙镁闪石。样品 D0129-b_7 中的 Hb_1 号样品为铁普通角闪石，Hb_2 和 Hb_3 号样品为铁角闪石。在 Ti-Si 变异图解上（图 4-4）和表 4-4 中角闪石化学成分可判定角闪斜长变粒岩（样品 D0129-b_4）与斜长角闪片岩（样品 D0129-b_1）为变质成因。利用角闪石成因矿物族三角图解（图 4-5）判别，斜长角闪片岩（样品 D0129-b_1）中的角闪石落于中酸性岩浆角闪石成因区与接触变质成因的重合部位，部分与区域副变质成因重叠，角闪斜长变粒岩中的角闪石则落于碱性岩浆角闪石区。鉴于区域变质成因角闪石的化学成分明显受原始岩石化学成分的控制，而所测样品与岩浆角闪石化学成分有相似性，故此，从另一个角度证实其原岩为火成岩。利用钙质角闪石成因判别 Ti-Si 图解（图 4-6），样品 D0129-b_1 中的角闪石属退变或蚀变成因。样品 D0129-b_7 中的 Hb_1 为酸性侵入岩中的火成角闪石，其余均为高级变质岩中的角闪石。利用角闪石 Al^{IV} 可计算其变质作用形成的压力，它与斜长石平衡共生组合可分析变质作用形成的温压环境。从角闪石的 Al^{IV}-Al^{VI} 变异图（图 4-7）和角闪石的 (K+Na)-Ti 变异图（图 4-8）上，可判定所测样品均为角闪岩相。

表 4-4 角闪石化学成分分析结果(%)

序号	1	2	3	4	5	6	7	8	9
样品号	D0129-b_1		D0129-b_2		D0129-b_4		D0129-b_7		
岩性	斜长角闪片岩		角闪斜长变粒岩				黑云角闪斜长片麻岩		
矿物	Hb_1	Hb_2	Hb_1	Hb_2	Hb_1	Hb_2	HB_1	HB_2	HB_3
SiO_2	44.96	45.06	40.88	40.63	39.30	39.96	43.28	40.58	39.97
TiO_2	0.69	0.73	1.35	1.38	0.40	0.37	1.10	1.08	0.93
Al_2O_3	11.06	9.35	13.10	12.99	17.37	17.92	8.37	11.95	11.79
FeO^*	18.40	19.26	23.72	23.11	23.95	22.87	24.37	24.97	24.18
MnO	0.19	0.37	0.17	0.18	0.16	0.18	0.58	0.51	0.49
MgO	9.30	10.10	4.64	4.76	3.60	3.48	5.75	4.57	4.64
CaO	11.68	11.26	11.51	11.36	10.81	11.14	11.52	11.97	11.78
Na_2O	1.07	1.14	1.10	1.20	1.38	1.28	1.05	1.06	1.02
K_2O	0.02	0.00	1.18	1.31	0.26	0.37	0.88	1.61	1.44
Cr_2O_3	0.00	0.00	0.17	0.09	0.00	0.00	0.00	0.00	0.00
总和	97.35	97.27	97.81	97.02	97.22	97.57	96.89	98.29	96.23

注：$FeO^* = FeO + Fe_2O_3$。

表 4-5　角闪石晶体化学系数(以 23 个氧原子为基础计算)及有关参数一览表

序号	1	2	3	4	5	6	7	8	9
Si	6.68	6.70	6.31	6.32	6.02	6.05	6.76	6.31	6.33
Al^{IV}	1.32	1.30	1.69	1.68	1.98	1.95	1.24	1.69	1.67
Al^{VI}	0.62	0.34	0.69	0.70	1.15	1.25	0.30	0.50	0.53
Cr	0.00	0.00	0.02	0.01	0.00	0.00	0.00	0.00	0.00
Fe^{3+}	0.39	0.69	0.26	0.21	0.52	0.55	0.26	0.30	0.32
Ti	0.08	0.08	0.16	0.16	0.05	0.04	0.13	0.13	0.11
Mg	2.06	2.24	1.07	1.10	0.82	0.79	1.34	1.06	1.09
Fe^{2+} C	1.86	1.65	2.81	2.80	2.46	2.35	2.93	2.95	2.88
Mn^{2+} C	0.00	0.00	0.00	0.01	0.00	0.02	0.04	0.06	0.07
Fe^{2+} B	0.04	0.05	0.00	0.00	0.09	0.00	0.00	0.00	0.00
Mn^{2+} B	0.02	0.05	0.02	0.01	0.02	0.00	0.03	0.00	0.00
CaB	1.86	1.79	1.90	1.89	1.77	1.81	1.93	2.00	2.00
NaB	0.08	0.11	0.08	0.10	0.12	0.19	0.04	0.00	0.00
CaA	0.00	0.00	0.00	0.00	0.00	0.00	0.00	0.00	0.00
NaA	0.23	0.22	0.25	0.27	0.29	0.19	0.28	0.32	0.31
KA	0.00	0.00	0.23	0.26	0.05	0.07	0.18	0.32	0.29
ΣMA	0.24	0.22	0.49	0.53	0.34	0.26	0.45	0.64	0.60
(Ca+Na)B	1.93	1.90	1.98	1.99	1.89	2.00	1.97	2.00	2.00
NaB(0.67)	0.08	0.11	0.08	0.10	0.12	0.19	0.04	0.00	0.00
Mg/(Mg+Fe+Mn)	0.52	0.56	0.27	0.28	0.24	0.25	0.31	0.26	0.27
$Mg/(Mg+Fe^{2+})$	0.52	0.57	0.28	0.28	0.24	0.25	0.31	0.27	0.28
Ca/(Ca+Na+k)	0.86	0.85	0.77	0.75	0.80	0.80	0.80	0.76	0.77
$P=-4.76+5.64^{*}Al^{IV}$	2.68	2.58	4.77	4.71	6.42	6.22	2.22	4.76	4.66
$P=-3.92+5.03^{*}Al^{IV}$	2.71	2.63	4.58	4.52	6.05	5.87	2.30	4.57	4.49
Al/Si	0.29	0.24	0.38	0.38	0.52	0.53	0.23	0.35	0.35
Na+K	0.31	0.33	0.56	0.62	0.46	0.45	0.49	0.64	0.60

注:序号同表 4-4。

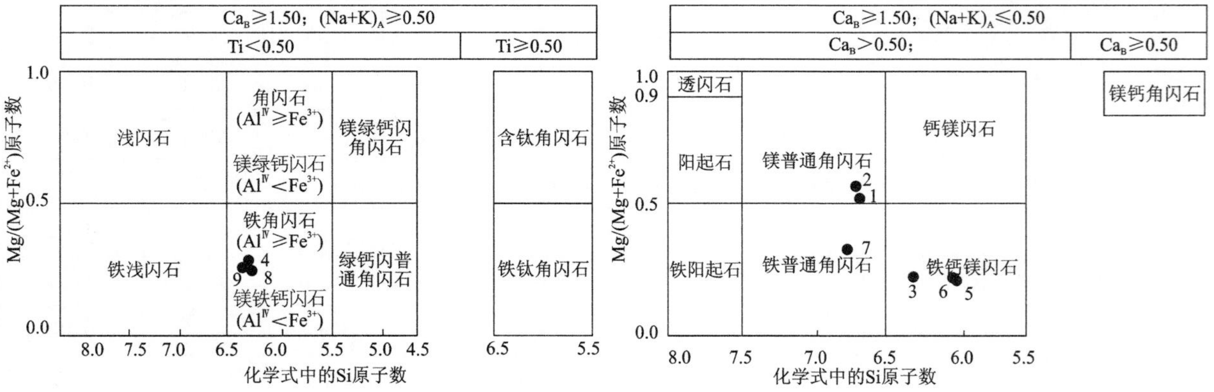

图 4-3　钙质角闪石的分类图

(据 Leake et al,1997)样品序号同表 4-4

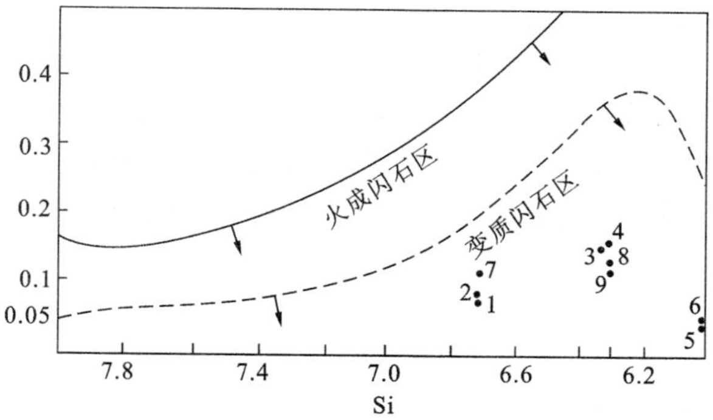

图 4-4　角闪石的 Ti-Si 变异图解

样品序号同表 4-4

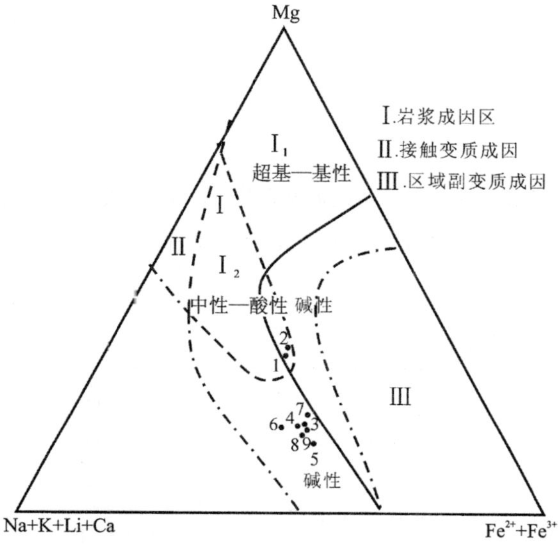

图 4-5　角闪石成因矿物族三角图解

（据陈光远和薛君治，1964，稍作修改）

样品序号同表 4-4

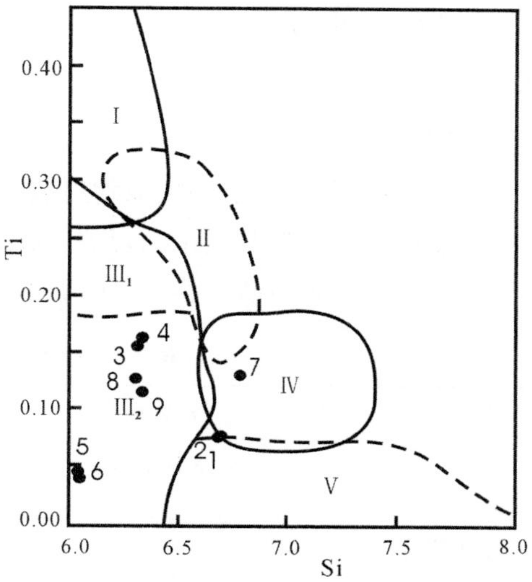

图 4-6　钙质角闪石 Ti-Si 图解

（据马昌前等，1994）

Ⅰ. 火山岩中的火成角闪石；Ⅱ. 基性岩中的火成角闪石；Ⅲ₁. 中级变质岩；Ⅲ₂. 高级变质岩中的角闪石；Ⅳ. 中酸性侵入岩中的火成角闪石；Ⅴ. 退变的或交代成因的角闪石。样品序号同表 4-4

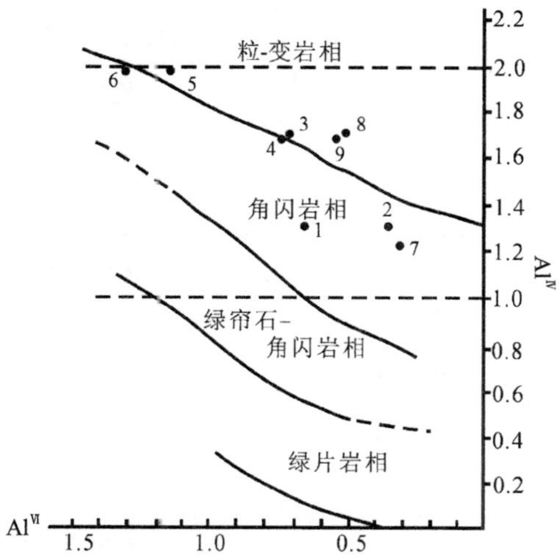

图 4-7　角闪石的 Al^{IV}-Al^{VI} 变异图

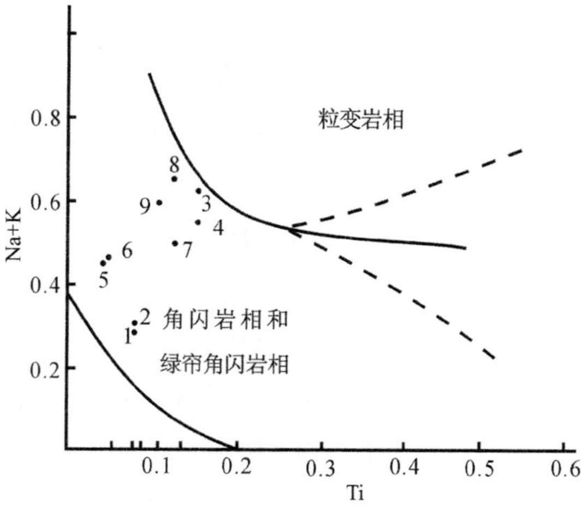

图 4-8　角闪石的(K＋Na)-Ti 变异图

（据 ВБакругкнй，1968）；样品序号同表 4-4

8. 碳酸盐矿物

钙质板岩中的方解石呈隐晶，其集合体具定向排列特征，水云母、绢云母呈显微鳞片状，定向分布于方解石之间，石英呈微粒状零星分布；大理岩中的方解石呈微粒状，粒径 0.08～0.10mm，部分 0.1～0.2mm，粗晶见有机械双晶及波状消光，白云石呈半自形—自形菱形。

二、区域变质岩类

测区主体属巴颜喀拉变质地带，西南部跨西金乌兰—玉树变质地带，出露一套低绿片岩相—高绿片岩相的变质岩石组合。依据岩石中变质矿物组合，主要变质矿物的百分含量及结构构造等将测区内区域变质岩划分为轻微变质岩类、板岩类、千枚岩类、片岩类、片麻岩类、粒岩类、角闪岩类和大理岩类八大类。主要岩石类型见表 4-6。

（一）轻微变质岩类

1. 变质砂砾岩

变质砂砾岩由砾石、岩屑和填隙物组成。砾石和岩屑成分基本一致，为硅质岩、石英岩状砂岩和石英砂岩等。填隙物和碎屑具重结晶现象；胶结物大部分重结晶，为微粒石英，含少量细小鳞片状绢云母和雏晶黑云母。具变余砂状结构，定向构造。

表 4-6　测区区域变质岩主要岩石类型一览表

岩石类型	主要岩性	主要矿物	填图单位	可能的原岩类型
轻微变质岩类	变质砂砾岩	Qz. Ol	T_3B、TB	砂砾岩
	变质砂岩	Qz. Ol	T_3B、T_3K、TB	砂岩类、杂砂岩类
	变质粉砂岩	Qz. Ol		粉砂岩类
	变质中酸性火山岩	Qz. Ol. Kf. Chl	WT_3mv	中酸性火山岩
板岩类	绢云绿泥板岩	Ser. Chl	TB	中基性凝灰岩
	含粉砂绿泥绢云板岩	Ser. Chl. Hydr	T_3K	沉凝灰质岩
	绢云泥质板岩	Ser. Hydr	T_3B、TB	粉砂质粘土岩
	含炭质板岩	Ser. Hydr		含炭质粘土岩
	含钙质板岩	Dol. Cal. Hydr		含钙质泥质岩石
	泥质板岩	Qz. Chl. Bi. Hydr		粘土岩、泥质岩类
	粉砂质板岩	Qz. Chl. Bi. Hydr		粉砂岩
千枚岩类	绢云千枚岩	Ser. Ab	TB	粘土质、泥质岩
	绢云石英千枚岩	Ser. Qz. Ab	T_3K	酸性火山凝灰岩
片岩类 闪石片岩类	绿帘钠长阳起片岩	Ep. Ab. Act	WT_3mv	基性火山岩
	绿泥钠长阳起片岩	Ab. Chl. Act	WT_3mv	
	绿帘绿泥阳起片岩	Ep. Chl. Ab. Act	WT_3mv	
	绿泥黝帘阳起片岩	Chl. Ab. Act. Zo	WT_3mv	
	斜长角闪片岩	Pl. Hb	WAr_3Pt_2N	基性火山岩
片麻岩类	黑云角闪斜长片麻岩	Pl. Ol. Qz. Bi. Hb		英云闪长岩

续表 4-6

<table>
<tr><th colspan="2">岩石类型</th><th>主要岩性</th><th>主要矿物</th><th>填图单位</th><th>可能的原岩类型</th></tr>
<tr><td rowspan="4">粒岩类</td><td>二长浅粒岩</td><td>含绢云二长浅粒岩</td><td>Kf. Or. Qz. Ser</td><td>WT_3mv</td><td>变酸性火山岩</td></tr>
<tr><td rowspan="3">斜长变粒岩</td><td>绢云钠长变粒岩</td><td>Ab. Qz. Ser. Kf</td><td rowspan="5">WAr_3Pt_2N</td><td>中酸性火山岩</td></tr>
<tr><td>阳起斜长变粒岩</td><td>Pl. Act</td><td>中基性火山岩</td></tr>
<tr><td>角闪斜长变粒岩</td><td>Pl. Qz. Hb. Bi</td><td>中基性火山岩</td></tr>
<tr><td colspan="2" rowspan="2">角闪岩类</td><td>(含)石英斜长角闪岩</td><td>Pl. Qz. Hb. Bi</td><td>中基性火山岩</td></tr>
<tr><td>斜长角闪岩</td><td>Pl. Hb</td><td>基性火山岩</td></tr>
<tr><td colspan="2" rowspan="2">大理岩类</td><td>细晶大理岩</td><td rowspan="2">Col. Dol</td><td rowspan="2">WCPca</td><td rowspan="2">灰岩</td></tr>
<tr><td>条带状大理岩</td></tr>
</table>

2. 变质砂岩

变质砂岩是测区内的主要岩石类型之一，分布极为广泛。常见于巴颜喀拉山群、克南群中，巴塘群中亦有少量出露。原岩的沉积结构、构造仍清晰可辨，多呈层状产出，具变余砂状结构，变余层理构造发育。岩石中碎屑成分多数在65%以上，主要由石英、长石和岩屑组成。胶结物以泥质、钙质为主，次为硅质和铁质。受区域低温动力变质作用改造，杂基变为绢云母、绿泥石，部分岩石中可见极少量雏晶黑云母。依据岩石中矿物组合可进一步分为变质石英砂岩、变长石石英砂岩（石英含量＞75%）和变长石石英杂砂岩（长石含量＞25%）。

（1）变质石英砂岩

岩石呈白色，由碎屑（70%～80%）和填隙物（20%～30%）组成。碎屑中矿物含量为石英（65%～76%），钠长石3%～4%，白云母1%等。填隙物为微粒石英（7%～14%）、水云母（5%）、绢云母（3%～5%）、雏晶黑云母（1%）、褐铁矿（3%～5%）和方解石（1%～2%）等。岩石呈变余细中粒砂状结构，变余纹层构造。

（2）变质含铁质石英砂岩

岩石呈白色，由碎屑（82%）和填隙物（18%）组成。碎屑中矿物含量：石英67%、微斜长石6%、奥长石5%、硅质岩岩屑4%等。填隙物主要有水云母（5%）、铁质（10%）和粉砂（2%）等。岩石呈变余细中粒砂状结构，空隙式胶结。

（3）变质钙质石英砂岩

岩石呈浅灰—灰白色，由碎屑（58%）和填隙物（42%）组成。碎屑中矿物含量：石英53%、钠奥长石2%和白云母3%。填隙物主要有方解石（15%）、微粒石英（10%）、水云母（10%）、绢云母（5%）和雏晶黑云母（1%）等。岩石呈变余细粒砂状结构，定向构造。

（4）变长石石英砂岩

岩石呈浅灰色，由碎屑（65%～70%）和填隙物（30%～35%）组成。碎屑矿物含量：石英54%～56%、钠奥长石8%～10%、硅质岩岩屑2%～5%、白云母1%和黑云母0～1%。填隙物主要为微粒石英（15%～18%）、水云母（8%～10%）和绢云母（3%～6%）等，另有少量雏晶黑云母、磁铁矿、绿泥石、钛铁矿和锆石等（含量多≤1%）。长英矿物碎屑彼此接触，孔隙中充填微粒石英、水云母和绢云母。岩石具变余空隙式胶结，变余砂状结构和变余纹层构造。

（5）变长石石英杂砂岩

岩石呈浅灰色，由碎屑（55%～60%）和填隙物（40%～45%）组成。碎屑矿物含量：石英44%～51%、钠长石6%～8%、硅质岩岩屑0～4%和白云母1%等。填隙物为水云母（17%～25%）、绢云母（5%～8%）、微粒石英（8%）、褐铁矿（3%～5%）、雏晶黑云母（0.5%～1%）及少量磁铁矿、电气石、锆石等（含量≤1%）。岩石呈变余砂状结构，变余纹层构造和定向构造。

（6）变长石杂砂岩

岩石呈浅灰白色，由碎屑（62%）和填隙物（38%）组成。碎屑中矿物含量：石英39%、钠长石16%、粉砂岩岩屑 5%和白云母 2%。填隙物为水云母(15%)、绢云母(10%)、微粒石英(10%)、白铁矿(1%)、雏晶黑云母(0.5%)、绿泥石(0.5%)及少量磁铁矿、电气石和锆石等(含量≤1%)。岩石呈变余砂状结构,定向构造。

3. 变质粉砂岩

常见于巴颜喀拉山群和克南群中,巴塘群中亦有少量出露。岩石以粉砂为主,岩屑和砾石少见,粉砂成分主要为石英,次为长石和白云母,填隙物由砂、粘土和化学沉淀物组成。具变余粉砂结构,变余层状构造。部分碎屑具重结晶现象;胶结物中钙质组分重结晶成方解石微粒,硅质组分沿石英边缘重结晶生长。杂基中的绢云母和绿泥石不均匀定向分布于碎屑之间,部分岩石中鳞片状绢云母和叶片状绿泥石集中成层分布于碎屑之间。可进一步分为变质粉砂岩、变质泥质粉砂岩和变质钙质粉砂岩。

(1) 变质粉砂岩

岩石呈浅灰色,由粉砂(67%)、砾石(3%)和填隙物(30%)组成。粉砂中矿物含量:石英 58%、钠长石 2%和白云母 1%。填隙物为微粒石英(10%)、水云母(12%)、绢云母(2%)和铁质氧化物(5%)等。岩石呈变余粉砂结构,微定向构造。

(2) 变质泥质粉砂岩

岩石呈浅灰色,由碎屑(58%～60%)和填隙物(40%～42%)组成。碎屑中矿物含量:石英 50%～56%、钠长石 3%～7%和白云母 1%等。填隙物为水云母(0～27%)、绢云母(10%)、方解石(4%)、铁质氧化物(3%)、雏晶黑云母(1%)、黄铁矿(褐铁矿,≤1%)和绿泥石(≤0.5%)等。岩石呈变余泥质粉砂结构和变余纹层构造。

(3) 变质钙质粉砂岩

岩石呈浅灰白色,由碎屑(46%)和填隙物(54%)组成。碎屑中矿物含量:石英 41%、钠奥长石 3%和白云母 2%等。填隙物为方解石 28%、微粒石英 5%、水云母 15%、绢云母 3%、铁质氧化物 2%和黄铁矿 1%。岩石呈变余粉砂结构和定向构造。

(4) 变质铁质粉砂岩

岩石呈褐红色,由碎屑(63%)和填隙物(37%)组成。碎屑中矿物含量:石英 55%、钠长石 8%和白云母 1%等。填隙物为水云母(10%)、微粒石英(7%)、绢云母(5%)、方解石(1%)、褐铁矿—铁质氧化物(12%)和黄铁矿(2%)等。黄铁矿具“压力影”特征。岩石呈变余泥质粉砂状结构和变余纹层构造。

4. 变火山碎屑岩

见于巴塘群中,变余火山凝灰结构和变余火山角砾结构。岩石中的玻屑脱玻化后被硅质交代,晶屑斜长石被绢云母和含有 Fe_2O_3 的高岭土交代,晶屑、岩屑有定向排列趋势。胶结物中火山尘经变质后被绿泥石、绿帘石、纤闪石或被绢云母、绿泥石、钠长石和硅质交代。

5. 变质中酸性火山岩

呈构造岩块产于通天河蛇绿混杂岩带中,见于曲日青日群附近的变质火山岩岩块中,岩石呈灰白、灰绿、灰紫和深灰等颜色。具变余斑状结构、变余凝灰结构、鳞片粒状变晶结构、变余层状构造、块状构造和变余杏仁构造,显微定向构造。斑晶为奥—钠长石(15%～30%)和石英(0～3%)。基质为:钠长石(35%～54%)、石英(19%～20%)、钾长石(3%～4%)、黝帘石(4%～5%)、绿泥石(3%)、绢云母(0～5%)和雏晶黑云母(1%±)等。副矿物有:磁铁矿、白钛石、磷灰石和锆石等。绿泥石、绢云母和鳞片状雏晶黑云母集合体定向排列。部分岩石斑晶呈眼球状,两端见不对称拖尾,具塑性变形特征。

(二) 板岩类

广泛分布于测区内三叠纪巴颜喀拉山群地层中,是测区内最主要的区域变质岩之一。以粉砂质板岩及泥质板岩为主,其次为含基性凝灰质板岩、绢云母板岩和炭质板岩。岩石呈灰、深灰、灰黑和灰绿色等，具变余泥砂质结构或粒状鳞片变晶结构，板状或片状构造。原始层理保存较好。原岩分两类：一类为正常沉积的粉砂质粘土岩，另一类为火山凝灰质碎屑岩。常见岩石类型有如下几种。

1. 泥质板岩

主要矿物成分为：水云母(92%)、绢云母(1%)、石英(5%)、碳质(<1%)和绿泥石(0.5%)等。具变余泥质结构、显微鳞片变晶结构，板状构造。粘土矿物及碳质较多的纹层与粘土矿物及碳质少的纹层相间平行排列组成板状劈理面，在劈理面常出现少量新生矿物绢云母和绿泥石。原岩为粘土岩。

2. 粉砂质泥质板岩

主要矿物成分为：水云母(61%)、石英(15%～20%)、绢云母(7%～15%)、碳质(3%～7%)、钠长石(2%～3%)、白云母(0～2%)、铁质氧化物+褐铁矿(2%～5%)和雏晶黑云母(0～3%)等。具变余粉砂泥质结构，变余层状构造和板状构造。新生矿物仅见少量的绢云母及雏晶黑云母。原岩为粉砂质粘土岩。

3. 砂质泥质板岩

原岩为细砂质粘土岩，矿物成分为：水云母(60%)、石英(20%)、绢云母(2%)、碳质(3%～7%)、钠长石(2%～3%)、白云母(2%)、铁质氧化物(4%)、褐铁矿(2%)和绿泥石(<1%)等。具变余细砂质泥质结构，板状构造。新生矿物见少量的绢云母及绿泥石。

4. 绢云板岩

主要矿物成分为：水云母(58%～83%)和绢云母(5%～31%)等，另有少量雏晶黑云母(1%～3%)、石英(1%～3%)、碳质(0～3%)、钠长石(0～1%)、白云母(0～1%)和磁铁矿(0.5%～2%)等。具变余泥质结构，显微鳞片变晶结构，板状构造。其原岩为粘土岩。在曲麻莱县拉则浪百附近的绢云粘土板岩中，绢云母密集排列形成的板劈理 S_2 与原岩层理 S_1 存在一定的交角，$S_1 \wedge S_2 = 35° \sim 45°$。局部地方可见绢云母定向排列形成褶皱构造。

5. 含炭质绢云板岩

主要矿物成分为：水云母(50%～61%)和绢云母(30%～34%)等。次要矿物为雏晶黑云母(0～5%)、石英(2%～5%)、碳质(3%～5%)、钠长石(1%)、白云母(0～1%)和磁铁矿(1%)等。具变余粉砂泥质结构，板状构造。粉砂以长英矿物为主，零星分布于粘土矿物之间。碳质沿原始层理面分布。原岩为粉砂质粘土岩。

6. 硅质泥质板岩

主要矿物成分为：水云母(61%)、石英(25%)、绢云母(5%)、雏晶黑云母(<1%)、方解石(1%)、黄铁矿+褐铁矿(5%)和铁质氧化物(2%)等。显微鳞片变晶结构，板状构造。原岩为硅质粘土岩。

7. 粉砂质板岩

粉砂以长英矿物为主，成分为石英(52%)、钠长石(6%)、白云母(1%～2%)和黑云母(1%)等。填隙物主要为：水云母(21%)、绢云母(10%)、碳质(4%)、褐铁矿(3%)和雏晶黑云母(1%)等。岩石具变余泥质粉砂结构，变余层状构造，板状构造，其原岩为粘土质粉砂岩。

8. 钙质粉砂质板岩

粉砂为石英(40%～50%)、钠长石(3%)和白云母(1%～2%)等。胶结物主要为方解石(20%～40%)、水云母(3%～13%)、绢云母(2%～5%)、黄铁矿+褐铁矿(3%～8%)和雏晶黑云母(<1%)等。岩石具变余粉砂结构，变余层状构造和板状构造。岩石中胶结物重结晶，并在板理面上形成少量新生变

质矿物绢云母和雏晶黑云母。板理面与原岩的纹层产状一致,纹层主要由水云母和方解石粉砂纹层相间平行分布显示。其原岩为钙质粉砂质岩石。

9. 粘土质钙质板岩

矿物成分为方解石(71%)、水云母(20%)、绢云母(3%)、铁质氧化物(3%)、褐铁矿(2%)、雏晶黑云母(<0.5%)、石英(<0.5%)和锆石(<0.1%)等。具显微鳞片—隐晶质结构和板状构造。在岩石板理面上形成绢云母及雏晶黑云母。原岩为泥质灰岩。

(三) 千枚岩类

测区千枚岩类不太发育,主要产于断裂带上或褶皱核部,岩石呈灰、深灰色,表面具绢丝光泽。具变余泥砂质、晶屑、岩屑或砾屑结构,显微鳞片变晶结构,千枚状构造。其原岩有两类:一类为正常沉积的粉砂质粘土岩;另一类为中酸性火山凝灰岩或火山凝灰质碎屑岩。常见岩石类型有绢云石英千枚岩,由石英(30%~35%)、绢云母(20%~30%)、钠—奥长石(10%~15%)、雏晶黑云母(10%±)、绿泥石(3%~5%)和方解石(8%±)等组成。岩石具鳞片粒状变晶结构、变余晶屑结构和千枚状构造。石英具条纹状定向排列,绢云母、雏晶黑云母和绿泥石呈鳞片状—片状定向排列组成岩石的千枚状构造。据岩石矿物组合及残余晶屑结构,推测其原岩为中酸性凝灰岩。

(四) 片岩类

出露于通天河蛇绿混杂岩带中的曲日青日群和查九涌两地。主要为闪石片岩类岩石,具鳞片变晶结构,具变余岩屑、晶屑凝灰结构、变余斑状结构和定向构造。部分岩石具变余气孔和变余杏仁状构造。区内常见的岩石类型为阳起片岩类和角闪片岩类。

1. 阳起片岩

依据岩石中矿物含量分为绿帘钠长阳起片岩、绿泥钠长阳起片岩和绿泥绿帘阳起片岩。

(1) 绿帘钠长阳起片岩

岩石呈灰绿色,具平行纤柱状变晶结构、变余斑状结构、变余杏仁状构造和定向构造。主要由阳起石(53%~66%)、奥—钠长石(15%±)、绿帘石—黝帘石(5%~10%)、绿泥石(5%±)和石英(3%~5%)等组成。

(2) 绿泥钠长阳起片岩

岩石呈灰绿色,变余斑状结构、纤柱鳞片粒状变晶结构、变余杏仁状构造和定向构造。变斑晶为钠—奥长石,含量约占10%。基质由阳起石(28%)、钠—奥长石(23%±)、绿泥石(15%)、绿帘石—黝帘石(7%)、石英(12%)和雏晶黑云母(2%)等组成。

(3) 绿泥绿帘阳起片岩

岩石呈灰绿色,变余斑状结构、鳞片纤柱粒状变晶结构、定向构造。可分为变余斑晶和基质两部分。变余斑晶为中—拉长石,发生钠黝帘石化,形成钠长石、绿帘石、黝帘石及绢云母(含量约10%)。基质由阳起石(47%)、钠长石(5%±)、绿帘石—黝帘石(25%)、绿泥石(8%)、黄铁矿(3%)、石英(1%)和方解石(1%)等组成。

2. 斜长角闪片岩

岩石呈灰绿色,含变余角砾柱状变晶结构和定向构造。矿物成分为普通角闪石(55%)、斜长石(27%)、石英(15%)和黄铁矿(3%)等组成。

(五) 片麻岩类

黑云角闪斜长片麻岩出露于治多县查九涌,具柱粒变晶结构和片麻状构造。主要矿物为:中长石

(57%)、石英(19%)、角闪石(10%)和黑云母(10%),另有少量绿泥石(1%)、绿帘石和黝帘石,副矿物为:磁铁矿、磷灰石、锆石和榍石。样品号 D0129-b_7 的化学成分为:SiO_2 68.9%,Al_2O_3 14.48%,Fe_2O_3 2.44%,FeO 2.87%,CaO 4.34%,MgO 0.971%,K_2O 1.54%,Na_2O 3.02%,TiO_2 0.475%,P_2O_5 0.099%,MnO 0.1%和灼失量 0.8%等。利用西蒙南图解(Simonen,1953)判别为火山岩(图 4-9)。由岩石中的结构构造推测,其原岩为英云闪长岩。

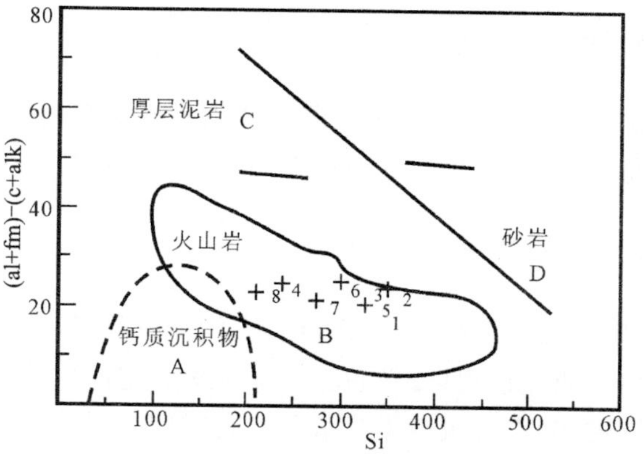

图 4-9 变中酸性火山岩(al+fm)-(c+alk)-Si 图解
(据 Simenen,1953);
1—5 号投点对应表 4-7 中的 1—5;6—8 号投点分别对应表4-10中的 1—3

(六) 粒岩类

粒岩类矿物仅见于查九地区,根据矿物含量分为二长浅粒岩和斜长变粒岩。

1. 二长浅粒岩

主要为含绢云二长浅粒岩,出露于口前宾果附近的蛇绿混杂带中。具(鳞片)粒状变晶结构、变余斑状结构和定向构造。斑晶含量 20%,由奥—钠长石(7%)和钾长石(13%)等组成。基质主要由石英(20%)、奥钠长石(40%)、钾长石(10%±)和绢云母(7%)等组成,另有少量绿帘石(1%)、磷灰石、磁铁矿、锆石和白钛矿等副矿物。根据岩石的基本特征及残余"斑晶"推测其原岩为酸性火山岩或酸性火山碎屑岩。

2. 变粒岩

(1) 绢云钠长变粒岩

出露于口前宾果附近。具鳞片粒状变晶结构、变余斑状结构和定向构造。主要由石英(20%~43%)、钠长石(25%~60%)、钾长石(5%±)和绢云母(10%~25%)等组成,另有少量绿帘石(1%)、磷灰石、磁铁矿、锆石和白钛矿等副矿物。绢云母呈鳞片状,与长英质矿物呈断续相间排列。钠长石为基质和变斑晶(C.5~1.5mm)两个部分。根据岩石的基本特征及残余"斑晶"推测,其原岩为酸性火山岩或酸性火山碎屑岩。

(2) 角闪斜长变粒岩

见于查九涌一带,呈构造岩块产出,出露范围小。岩石呈浅灰色,具细粒柱状变晶结构、变余斑状结构、块状构造和定向构造。变余斑晶为中—拉长石(含量约 5%),基质为斜长石(中—拉长石)、石英和普通角闪石等。矿物成分主要为长石(34%~48%)、石英(28%~50%)和普通角闪石(12%~22%)等。岩石中常见磁铁矿和磷灰石等副矿物。

(3) 阳起斜长变粒岩

见于查九涌一带,岩石呈灰绿色,柱粒变晶结构、变余斑状结构和定向构造。变余斑晶为中—拉长石(25%)。基质由中—拉长石(31%)、阳起石(30%)、石英(12%)和泥石(1%)等组成。受后期变形作用的改造,常见石英亚颗粒及拉伸定向特征。

(七) 斜长角闪岩类

1. 斜长角闪岩

出露于查九涌一带。岩石呈暗绿色,柱粒变晶结构、变余斑状结构和定向构造。主要矿物成分为普通角闪石(83%)、奥中长石(10%)和石英(4%)等,另有少量绿帘石、绿泥石、磷灰石、磁铁矿和榍石等。绿泥石和绿帘石零星分布于岩石中。根据岩石的矿物组合及结构,推测其原岩为基性火山岩。

2. 石英斜长角闪岩

出露于治多县查九涌一带。岩石呈灰绿色，柱粒变晶结构、交生变晶结构和块状构造。矿物成分为普通角闪石(35%)、奥—中长石(46%)、石英(12%)和黑云母(5%)等。

(八) 大理岩类

细晶大理岩出露于治多县查九涌—打热涌一带，多呈北西向透镜体产于通天河蛇绿混杂带中。岩石呈白—灰白色，具微粒粒状变晶结构和定向构造，主要由方解石(91%～97%)和白云石(2%～7%)组成，部分样品中含极少量的石英、绢云母和钠长石，原岩为灰岩。

三、区域变质岩的岩石地球化学特征

(一) 变质中酸性火山岩

1. 常量元素特征

该类岩石的主量元素组成及有关参数见表 4-7。由表可知：t=-6.17～0.63，qz=55.52～134.09，反映岩石中硅过饱和，除样品 Q-1b_3具有铝过饱和外，其余均为正常岩类。在图 4-9 上，所有样品均为火山岩，在 Si-Mg 图解(图 4-10)中均落于火成岩区。应用关于 Si 含量大于 53.5%的变质岩(泥质—长英质岩石)判别函数 DF=10.44-0.21SiO_2-0.32ΣFeO-0.98Mg+0.55CaO+1.46Na_2O+0.54K_2O(Shaw et al，1972)进行判别，结果(DF=2.3～3.44)反映具正变质岩的特点。由 Mg-K 图解分析，其投影点落于细碧—角斑岩区(图 4-11)。应用低级变质岩相火山岩套的原岩恢复图解(Floyd et al，1978)，在 SiO_2-Zr/TiO_2图解中(图 4-12)，其投影点落于流纹英安岩区和英安岩区；应用碱-SiO_2图解(图 4-13)可知，该类岩石均投影于亚碱性岩区，应用亚碱性岩套火山岩分类命名图解(图 4-14)判别，样品 Q-1b_1为流纹岩，其余均为英安岩，样品 Q-7b_1接近安山岩。

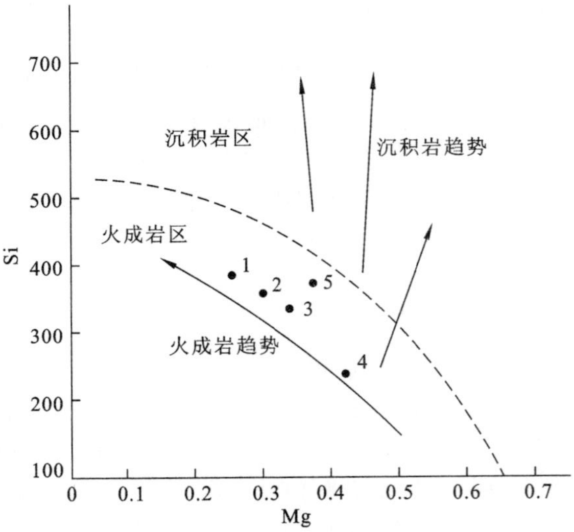

图 4-10　变中酸性火山岩 Si-Mg 图解
(据 Beakhouse，1985)
1—5 号投点对应表 4-7

表 4-7　变中酸性火山岩类化学成分分析结果(%)及有关参数一览表

序号	1	2	3	4	5
样品号	Q-1b_1	Q-1b_3	Q-4b_1	Q-7b_1	Q-10b_1
岩石名称	变酸性火山岩			变中性火山岩	变酸性火山岩
SiO_2	71.76	71.71	70.88	64.18	70.86
TiO_2	0.25	0.26	0.26	0.50	0.31
Al_2O_3	12.90	13.44	13.46	14.50	13.16
Fe_2O_3	2.51	2.34	2.72	2.79	0.60
FeO	2.10	1.82	1.96	3.16	3.31

续表 4-7

序号	1	2	3	4	5
样品号	Q-1b_1	Q-1b_3	Q-4b_1	Q-7b_1	Q-10b_1
岩性	变酸性火山岩			变中性火山岩	变酸性火山岩
MnO	0.05	0.07	0.08	0.13	0.07
MgO	0.89	0.97	1.28	2.39	1.36
CaO	2.15	1.75	2.33	4.43	2.86
Na_2O	6.20	5.74	5.62	5.60	4.97
K_2O	0.49	0.55	0.54	0.08	1.13
P_2O_5	0.09	0.10	0.11	0.13	0.12
灼失量	0.98	0.53	0.54	2.34	0.74
al	35.77	38.64	36.25	31.44	35.80
fm	23.63	23.36	25.86	30.95	24.49
c	10.84	9.15	11.41	17.46	14.14
alk	29.76	28.86	26.48	20.15	25.57
t	−4.83	0.63	−1.64	−6.17	−3.91
qz	118.62	134.09	118.04	55.52	124.82
mg 值	0.27	0.30	0.34	0.42	0.38
K 值	0.05	0.06	0.06	0.01	0.13
Si 值	337.66	349.83	323.96	236.12	327.09
(al+fm)−(c+alk)	18.81	23.99	24.22	24.78	20.57
DF	3.44	2.68	2.51	3.26	2.30
$Al_2O_3^*$	126.52	131.81	132.01	142.21	129.07
$Na_2O^*+K_2O^*$	105.26	98.45	96.42	91.15	92.18
$K_2O/(K_2O+Na_2O)$	0.10	0.10	0.10	0.00	0.20
TiO_2/P_2O_5	2.70	2.50	2.40	4.00	2.50

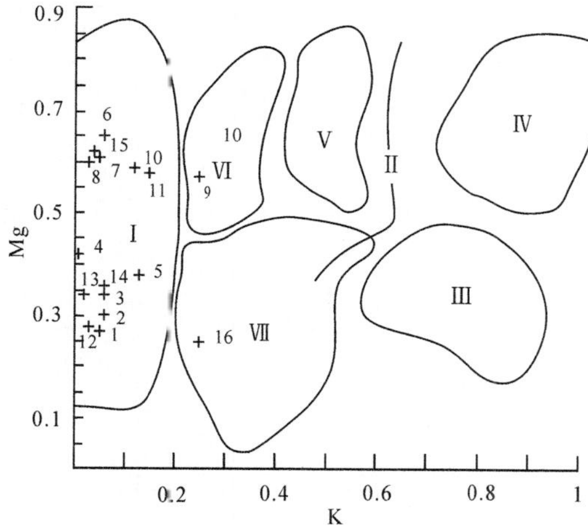

图 4-11 变质岩 Mg-k 图解

(据长春地质学院,1980)

Ⅰ.细碧岩—角斑岩区;Ⅱ.白云泥灰岩区;Ⅲ.粘土岩区;Ⅳ.富钾火山岩区;Ⅴ.示定区;Ⅵ.玄武岩区;Ⅶ.英安质凝灰岩区。1—5 号投点对应表 4-7 中的样品序号;6—9、11 分别对应表 4-10 中的 1—4、5;12—15 分别对应表 4-13 中的 1—4;10 对应 D0129-b3;16 对应 D0129-b7

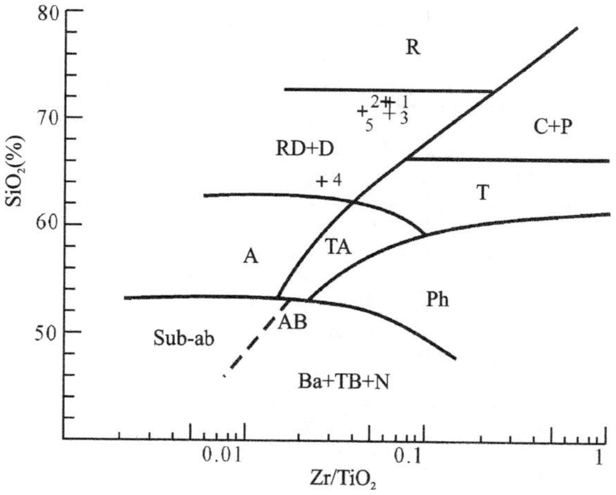

图 4-12 变中酸性火山岩 SiO_2-Zr/TiO_2 图解

(据 Floyd et al,1978)

Sub-ab.次碱性玄武岩;AB.碱性玄武岩;A.安山岩;D.英安岩;R.流纹岩;RD.流纹英安岩;C.钠闪碱流岩;P.碱流岩;TA.粗安岩;T.粗面岩;Ba.碧玄岩;TB.粗面碧玄岩;N.霞石岩;Ph.响岩;样品序号同表 4-7

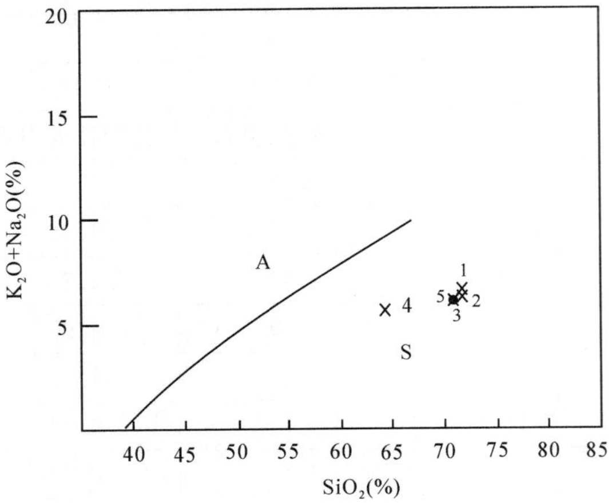

图 4-13 碱-SiO_2 图解

(据 Irvine,1971)

A. 碱性;S. 亚碱性;样品序号同表 4-7

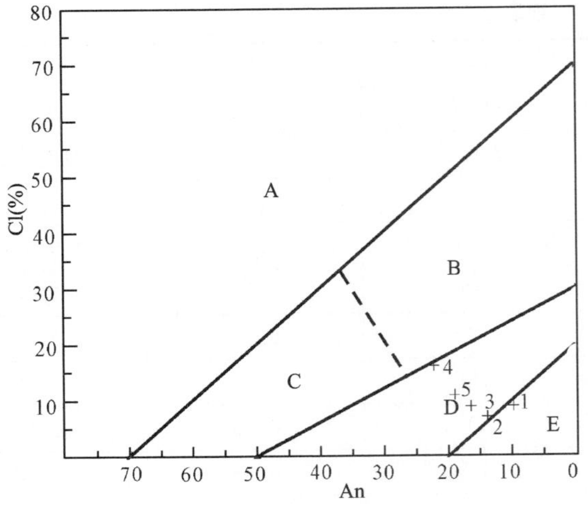

图 4-14 亚碱性岩套火山岩分类命名图解判别

(据 Irvine,1971)

A. 玄武岩;B. 拉斑玄武岩、安山岩(冰岛岩);C. 安山岩;D. 英安岩;E. 流纹岩;样品序号同表 4-7

综合上述各判别图解所示,样品 Q-1b_1、Q-1b_3、Q-4b_1和 Q-10b_1为流纹英安岩,其中 Q-1b_1接近流纹岩的成分,样品 Q-7b_1为安山岩或英安岩与安山岩的过渡类型。

2. 稀土元素特征

变中酸性火山岩的稀土元素含量及有关参数见表 4-8,稀土总量低,ΣREE 为(32.35～50.24)×10^{-6},其中有 4 个样品的 Yb 值小于 1.9×10^{-6},Y 值小于 19×10^{-6},$(La/Yb)_N$为 2.03～4.53,显示轻重稀土元素无明显分异,δEu=0.77～1.01,且具弱负铕异常,REE 配分曲线呈平缓左倾型(图 4-15),类似于地壳物质熔融产物的稀土配分型式。

表 4-8 变中酸性火山岩的稀土元素含量(×10^{-6})

样品号	Q-1b_1	Q-1b_3	Q-4b_1	Q-7b_1	Q-10b_1
岩性	变酸性火山岩			变中性火山岩	变酸性火山岩
La	5.44	5.56	7.33	7.54	5.69
Ce	9.25	10.47	13.98	15.27	11.93
Pr	1.49	1.81	2.23	2.37	1.81
Nd	7.18	6.96	9.32	10.06	7.98
Sm	1.92	1.63	2.56	2.69	2.11
Eu	0.53	0.41	0.80	0.87	0.70
Gd	2.30	1.57	3.03	3.11	2.14
Tb	0.41	0.26	0.54	0.54	0.36
Dy	2.75	1.49	3.48	3.27	2.2
Ho	0.6	0.30	0.73	0.67	0.47
Er	1.75	0.80	2.20	1.79	1.5
Tm	0.28	0.12	0.37	0.26	0.26
Yb	1.73	0.83	2.44	1.56	1.81
Lu	0.29	0.14	0.4	0.24	0.29
Y	15.06	8.35	17.33	16.75	11.05

续表 4-8

样品号	$Q\text{-}1b_1$	$Q\text{-}1b_3$	$Q\text{-}4b_1$	$Q\text{-}7b_1$	$Q\text{-}10b_1$
岩性	变酸性火山岩			变中性火山岩	变酸性火山岩
ΣREE	35.92	32.35	49.41	50.24	39.25
L/H	2.55	4.87	2.75	3.39	3.35
$(La/Yb)_N$	2.12	4.53	2.03	3.27	2.12
δEu	0.77	0.78	0.88	0.92	1.01
δCe	0.76	0.77	0.81	0.85	0.87

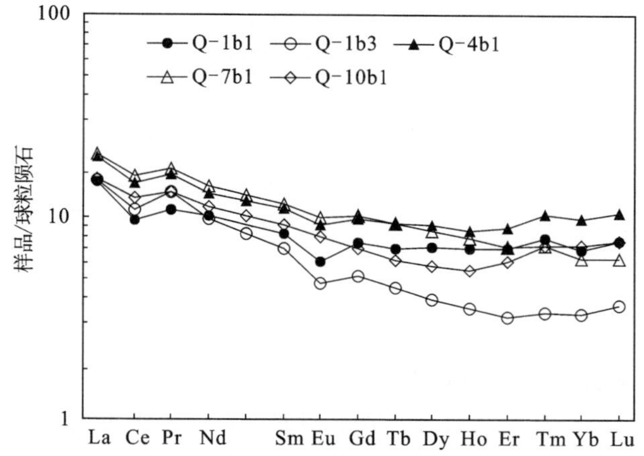

图 4-15　变中酸性火山岩 REE 配分型式

3. 微量元素特征

该火山岩的微量元素含量、特征值及有关参数与岛弧安山岩与大陆边缘安山岩的值相似(表 4-9)。微量元素的蛛网比值图上见明显 Ti 亏损，且出现 Nb 和 Ta 谷，类似岛弧火山岩(图 4-16)。岩石中$(Rb/Yb)_N$为 1.99～21.49，属强不相容元素富集型。样品 $Q\text{-}7b_1$ 中有较多的绿帘石杏仁体，反映岩石受到强蚀变交代作用的影响，导致钾亏损($K^* <1$)。其他样品中 K^*、Zr^* 值都大于 1，属钾、锆富集，具岛弧火山岩的特征，与消减作用有联系。Nb^*、Sr^*、P^*、Ti^* 值均小于 1，即铌、锶、磷、钛亏损，反映岩石具地壳岩石的特点。

表 4-9　变中酸性火山岩微量元素含量($\times10^{-6}$)

样品号	Cs	Rb	Ba	Th	Cr	Ga	Ni	Nb	V	Zr	Sc	Sr	U	Hf	Ta
$Q\text{-}1b_1$	44.7	41.8	425	2.62	3.1	19.1	7.10	3.62	42.7	94.0	11.9	90	0.46	3.1	0.39
$Q\text{-}1b_3$	18.7	25.8	433	2.95	1.0	21.0	9.57	3.02	28.7	92.9	14.1	100	0.45	2.8	0.24
$Q\text{-}4b_1$	9.36	12.1	755	3.19	4.2	27.9	6.19	3.36	25.5	96.5	16.8	112	0.62	3.0	0.26
$Q\text{-}7b_1$	2.01	4.5	42.9	2.28	9.0	21.1	9.76	3.15	117.0	78.7	24.1	145	0.47	2.6	0.23
$Q\text{-}10b_1$	5.98	28.7	342	2.21	17.2	27.3	5.45	2.47	11.6	80.9	15.1	103	0.78	2.6	0.17

样品号	Rb_N/Yb_N	Th^*	K^*	Nb^*	Sr^*	P^*	Zr^*	Ti^*	La/Yb	Zr/Y	Ti/V	Hf/Yb	Ti/Zr
$Q\text{-}1b_1$	15.7	0.77	4.44	0.39	0.74	0.57	1.96	0.29	3.14	6.24	35.38	1.79	16.07
$Q\text{-}1b_3$	21.49	1.19	4.86	0.3	0.79	0.68	1.98	0.39	6.7	11.13	53.68	3.37	16.58
$Q\text{-}4b_1$	3.43	2	3.63	0.31	0.66	0.61	1.62	0.22	3	5.57	60.89	1.23	16.09
$Q\text{-}7b_1$	1.99	5.68	0.49	0.64	0.78	0.75	1.19	0.41	4.83	4.7	25.42	1.67	37.78
$Q\text{-}10b_1$	10.96	0.62	9.75	0.14	0.71	0.82	1.38	0.35	3.14	7.32	157.63	1.44	22.6

注：$Th^* = 2Th_N/(Rb_N+K_N)$；$K^* = 2K_N/(Th_N+La_N)$；$Nb^* = 2Nb_N/(K_N+La_N)$；$Sr^* = 2Sr_N/(Ce_N+Nd_N)$；$P^* = 2P_N/(Nd_N+Hf_N)$；$Zr^* = 2Zr_N/(K_N+La_N)$；$Ti^* = 2Ti_N/(Sm_N+Tb_N)$。

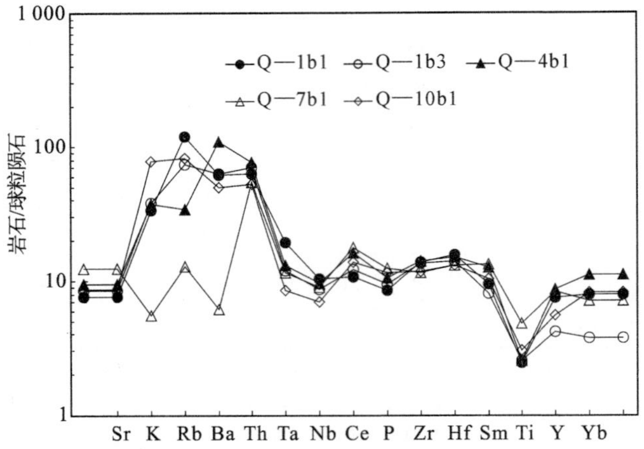

图 4-16 变中酸性火山岩的微量元素比值蛛网图

（二）闪石片岩类

1. 常量元素特征

闪石片岩类化学成分见表 4-10。岩石中 SiO_2 含量为 48.76%～52.55%，Al_2O_3 含量为 15.64%～18.57%（多数样品大于 17%），与高铝玄武岩的成分相似。在区分正负变质岩的 c-n-f 三角图解（图 4-17）中落于火成岩区；在 CaO-MgO-ΣFeO 图解（图 4-18）中，其投影点落于正变质基性岩区；在变质沉积岩与火山岩的原岩恢复图解（图 4-19）中投影点落于玄武岩与玄武安山岩附近。在（$FeO+Fe_2O_3+TiO_2$）-Al_2O_3-MgO 图解（图 4-20）中，区内绿片岩为钙碱性玄武岩、安山岩区。由 Mg-K 图解分析可知，其投影点多落于细碧—角斑岩区，少量落于玄武岩区（图 4-11）。

表 4-10 闪石片岩类常量元素含量（%）及有关参数

序号	1	2	3	4	5
样品号	Q-$2b_3$	Q-$6b_1$	Q-$7b_2$	Q-$9b_1$	D0129-b_1
采样地点	曲日青日群				查九涌
岩石名称	绿帘钠长阳起片岩	绿泥绿帘阳起片岩	绿帘钠长阳起片岩		斜长角闪片岩
填图单位	T_3mv	T_3mv	T_3mv	T_3mv	$WAr_{2-3}Pt_2N$
SiO_2	49.94	48.76	52.55	49.76	49.10
TiO_2	0.562	0.398	0.628	0.704	0.42
Al_2O_3	15.64	18.57	17.09	17.84	15.93
Fe_2O_3	3.61	3.66	3.82	6.82	2.30
FeO	5.08	4.86	4.26	3.07	7.93
MnO	0.319	0.264	0.323	0.11	0.30
MgO	8.99	7.25	6.88	7.02	8.13
CaO	9.11	7.82	6.7	6.74	11.69
Na_2O	2.88	4.48	4.38	2.64	1.45
K_2O	0.274	0.36	0.232	1.37	0.39
P_2O_5	0.13	0.078	0.111	0.10	0.06
灼失	2.5	3.32	2.64	2.68	1.3
Σ	99.04	99.82	99.614	98.85	98.99
al	21.64	26.21	26.08	26.67	21.19
fm	48.47	42.76	43.94	46.31	46.81

续表 4-10

序号	1	2	3	4	5
样品号	Q-2b_3	Q-6b_1	Q-7b_2	Q-9b_1	D0129-b_1
采样地点	曲日青日群				查九涌
岩石名称	绿帘钠长阳起片岩	绿泥绿帘阳起片岩	绿帘钠长阳起片岩		斜长角闪片岩
填图单位	T_3mv	T_3mv	T_3mv	T_3mv	$WAr_{2-3}Pt_2N$
c	22.92	20.08	18.59	18.32	28.27
alk	6.97	10.95	11.380 5	8.71	3.73
mg 值	0.65	0.61	0.604 5	0.57	0.58
K 值	0.06	0.05	0.033 7	0.25	0.15
Si 值	117.28	116.81	136.10	126.21	110.84
t	−8.25	−4.81	−3.89	−0.36	−10.81
qz	−10.59	−27.01	−9.42	−0.36	−10.81
(al+fm)−(c+alk)	40.22	37.95	40.055	45.95	35.99
X_3	−3.29	−6.47	−5.46	−8.63	−2.73

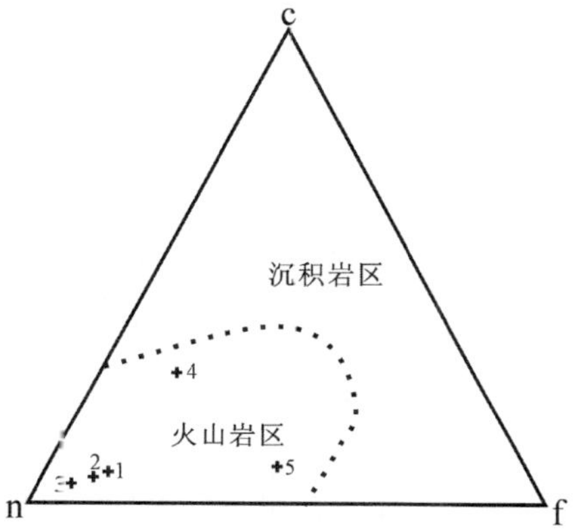

图 4-17　闪石片岩 c-n-f 三角图解

样品序号见表 4-10

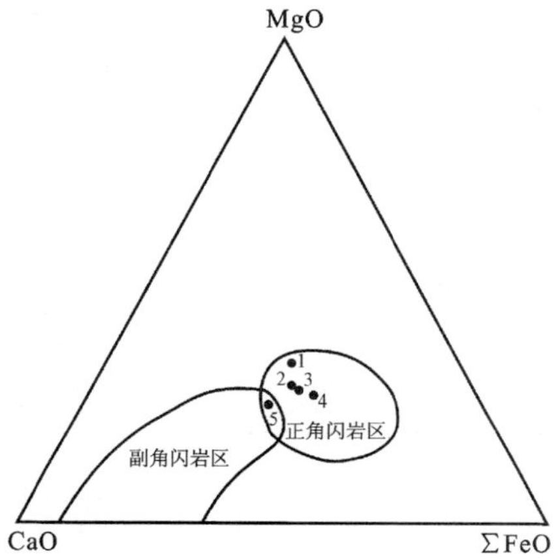

图 4-18　绿片岩类 CaO-MgO-ΣFeO 图解

（据 Walker et al，1960）

ΣFeO 为全铁；样品序号见表 4-10

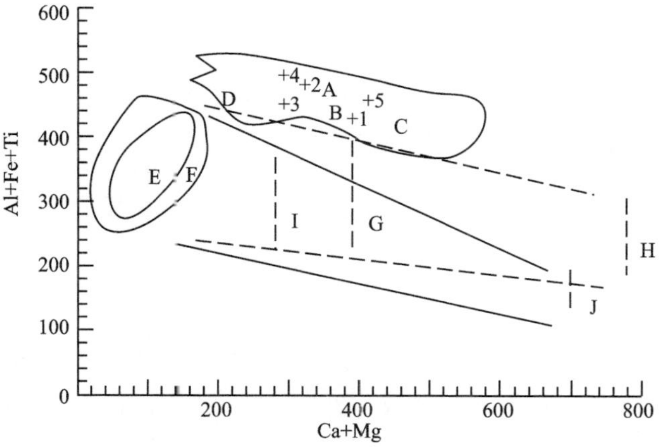

图 4-19　变质沉积岩与火山岩的原岩恢复图解

（据 Moine，968）

A. 玄武岩类；B. 玄武安山岩；C. 粗玄岩；D. 细碧岩；E. 杂砂岩（75%）；F. 亚杂砂岩（25%）；G. 变质的白云质杂砂岩（CO_2 析出）；H. Como；I 白云质杂砂岩；J. 白云岩。样品序号同表 4-10

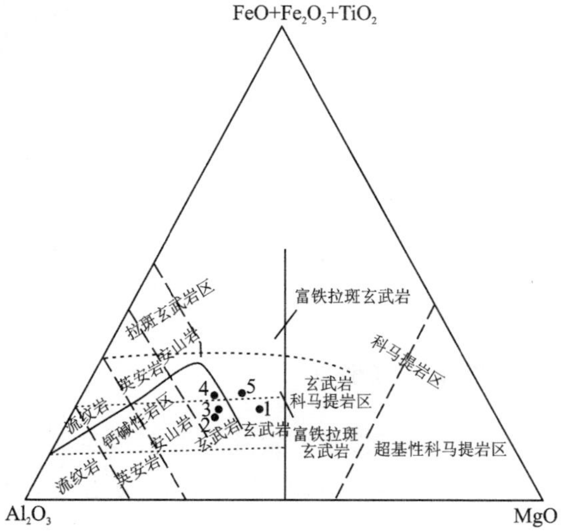

图 4-20　闪石片岩（$Fe_2O_3+FeO+TiO_2$）-Al_2O_3-MgO 阳离子三角图（据 Jenson，1976）

样品序号同表 4-10

2. 稀土元素特征

闪石片岩类的稀土元素含量及有关参数见表 4-11，稀土总量低，ΣREE 为(24.26～49.03) $\times 10^{-6}$，稀土配分型式见图 4-21，除绿泥绿帘阳起片岩(样品 Q-$6b_1$)$(La/Yb)_N$=0.68<1，为重稀土富集型外，其他样品$(La/Yb)_N$为 1.14～3.02，显示轻稀土弱富集型，分配曲线为平缓右倾型，δEu 为 1.04～1.39，具正铕异常。

表 4-11　闪石片岩类稀土元素含量分析结果($\times 10^{-6}$)及有关参数

样品号	Q-$2b_3$	Q-$6b_1$	Q-$7b_2$	Q-$9b_1$	D0129-b_1	样品号	Q-$2b_3$	Q-$6b_1$	Q-$7b_2$	Q-$9b_1$	D0129-b_1
La	5.33	1.29	5.37	3.3	3.66	Yb	1.19	1.12	1.37	1.95	1.09
Ce	10.62	2.95	10.11	7.65	8.56	Lu	0.19	0.17	0.21	0.3	0.18
Pr	1.54	0.51	1.58	1.19	1.1	Y	10.77	9.27	13.01	17.3	9.15
Nd	5.99	2.6	6.54	5.73	4.39	ΣREE	43.78	24.26	48.23	49.03	35.15
Sm	1.63	0.96	1.82	1.83	1.24	LREE	25.72	8.82	26.16	20.43	19.56
Eu	0.61	0.51	0.74	0.73	0.61	HREE	18.06	15.44	22.07	28.6	15.59
Gd	1.79	1.32	2.3	2.5	1.5	L/H	1.42	0.57	1.19	0.71	1.25
Tb	0.32	0.25	0.4	0.47	0.27	$(La/Sm)_N$	2.06	0.85	1.86	1.13	1.86
Dy	1.99	1.68	2.51	3.14	1.76	$(Gd/Yb)_N$	1.21	0.95	1.35	1.03	1.11
Ho	0.43	0.36	0.55	0.67	0.38	$(La/Yb)_N$	3.02	0.78	2.64	1.14	2.26
Er	1.19	1.09	1.49	1.95	1.07	δEu	1.09	1.39	1.11	1.04	1.37
Tm	0.19	0.18	0.23	0.32	0.19	δCe	0.88	0.88	0.83	0.93	1.02

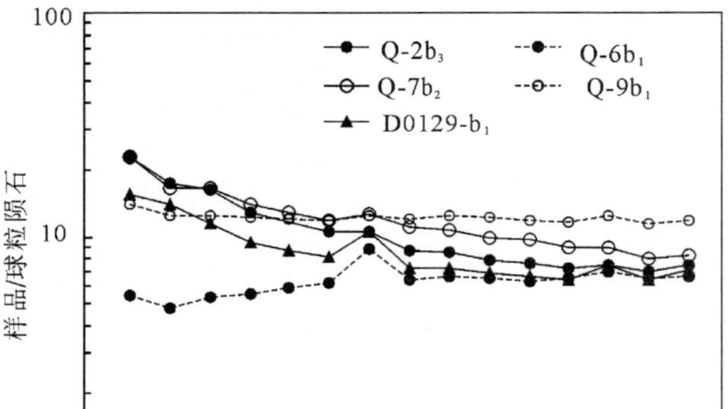

图 4-21　闪石片岩稀土元素球粒陨石标准化配分型式

3. 微量元素特征

闪石片岩类微量元素及有关参数见表 4-12。Rb_N/Yb_N=3.73～9.43，强不相容元素富集，K^* 和 Sr^* 都大于 1，钾富集，具岛弧性的火山岩特征，锶富集，反映岩与消减作用有关。斜长角闪片岩的 P^*<1和 Zr^*>1，亦反映该岩石为受到同化混染的玄武质岩石。铌和钛亏损(Nb^* 和 Ti^* 值均小于 1)，显示闪石片岩具有地壳岩石成因信息，这与野外及镜下均观察到岩石中含有变余角砾的现象反映岩石受同化混染作用影响的结论相吻合。

表 4-12　闪石片岩类微量元素含量（%）及有关参数

样品号	Cs	Rb	Ba	Th	Cr	Ga	Ni	Nb	V	Zr	Sc	Sr	U	Hf	Ta
Q-2b_3	3.72	10	53.7	2.27	348	20.2	141	2.47	186	42.5	35.6	167	0.42	1.8	0.23
Q-6b_1	1.97	9.2	120	1.05	120	26.8	38.9	2.96	245	20.4	44.1	179	0.2	0.6	0.22
Q-7b_2	4.4	7.4	84	1.98	87.6	23.4	37.5	2.09	251	44.7	38.9	142	0.32	1.6	0.2
Q-9b_1	1.78	26.6	681	1.61	19.9	27.8	14.2	1.82	282	48.6	47.6	129	0.35	1.7	0.13
D0129-b_1	0.7	12	117	1.49	325	24.1	76.5	3.93	193	33.3	43.5	219	0.27	1.5	0.43

样品号	Rb_N/Yb_N	Th^*	K^*	Nb^*	Sr^*	P^*	Zr^*	Ti^*	Nb/La	Hf/Ta	La/Ta	Ti/Y
Q-2b_3	5.81	2.15	2.52	0.39	1.39	1.20	0.78	0.78	0.46	7.83	23.17	312.84
Q-6b_1	5.68	0.93	13.71	0.55	4.33	1.92	0.63	0.82	2.29	2.73	5.86	257.39
Q-7b_2	3.73	2.40	2.12	0.36	1.17	1.05	0.87	0.74	0.39	8.00	26.85	289.39
Q-9b_1	9.43	0.43	20.39	0.09	1.31	0.96	1.00	0.77	0.55	13.08	25.38	243.96
D0129-b_1	7.61	1.10	5.18	0.57	2.36	0.67	1.10	0.74	1.07	3.49	8.51	276.49

（三）斜长变粒岩

1. 常量主元素特征

(1) 角闪斜长变粒岩

岩石化学成分及有关参数见表 4-13，qz 值均在 80 以上，说明含石英较高，在 Si-Mg 图解（图 4-22）中均落于火成岩区。DF 值多为正，具正变质岩的特点，表明其原岩属火成岩。由 Mg-K 图解分析，其投影点落于细碧—角斑岩区（图 4-11）。在 Zr/TiO_2-Nb/Y 图中，样品 D0129-b_2 和 D0129-b_4 投影点落于安山岩区，其余落于亚碱性玄武岩区（图 4-23），在 Zr/TiO_2-Ce 图（图略）中，均落于英安岩区＋安山岩区。结合显微镜下见到的长石变余斑晶特征，认为原岩石为变中酸性火山岩—英安岩和流纹英安岩，少量为安山岩。

表 4-13　测区斜长变粒岩主量元素组成及有关参数

序号	1	2	3	4
样品号	D0129-b_2	D0129-b_4	D0129-b_5	D0129-b_6
岩石名称	角闪斜长变粒岩	角闪斜长变粒岩	角闪斜长变粒岩	阳起斜长变粒岩
SiO_2	71.3	68.16	62.74	51.42
TiO_2	0.46	0.714	0.784	0.443
Al_2O_3	14.04	14.42	15.17	17.88
Fe_2O_3	0.929	0.922	0.848	0.573
FeO	3.51	4.29	6.4	6.98
MnO	0.046	0.09	0.114	0.137
MgO	0.938	1.52	2.25	7.04
CaO	4.92	6.24	9.19	12.48
Na_2O	2.99	3.18	1.55	1.83
K_2O	0.138	0.116	0.161	0.109
P_2O_5	0.096	0.116	0.107	0.042
灼失量	0.64	0.36	0.48	0.86
总和	100.01	100.13	99.79	99.79

续表 4-13

序号	1	2	3	4
样品号	D0129-b_2	D0129-b_4	D0129-b_5	D0129-b_6
岩石名称	角闪斜长变粒岩	角闪斜长变粒岩	角闪斜长变粒岩	阳起斜长变粒岩
al	38.30	34.04	29.97	24.72
fm	23.48	26.53	31.65	39.59
c	24.40	26.78	33.01	31.37
alk	13.82	12.65	5.38	4.32
mg	0.28	0.34	0.36	0.62
Si	330.04	273.04	210.31	120.62
t	0.07	−5.39	−8.42	−10.97
qz	174.7	122.45	88.78	3.32
DF	0.15	0.95	−0.08	−0.33

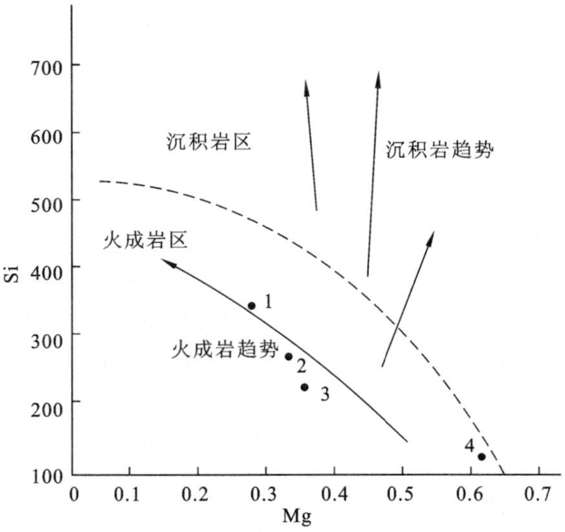

图 4-22 斜长变粒岩 Mg-Si 图解

（据 Beakhouse，1979）；样品序号同表 4-13

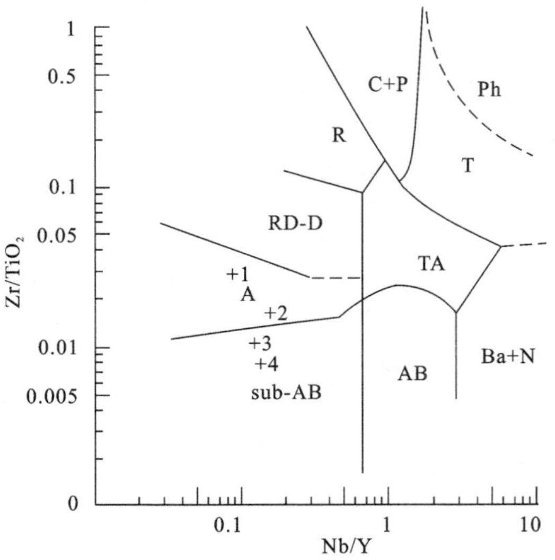

图 4-23 斜长变粒岩 Zr/TiO_2-Nb/Y 图解

（据 Floyd et al，1978）；图例同图 4-12；样品序号同表 4-13

（2）阳起斜长变粒岩

该变粒岩岩石化学成分及有关参数见表 4-13。岩石中 qz 仅为 3.32，只有少量石英出现，在 Mg-Si 图解中均落于火成岩区（图 4-22），DF 值为－0.33，显示副变质岩特征，由此推断该类岩石的原岩属火山岩；由 Mg-K 图解（图 4-11）分析可知，其投影点落于细碧—角斑岩区；应用低级变质岩相火山岩套的原岩恢复图解（Floyd et al，1978），在 Zr/TiO_2-Nb/Y 图中，投影点落于次碱性玄武岩区（图 4-23）。在 Zr/TiO_2-Ce 图（图略）中，落于碱性玄武岩区；在 SiO_2-Zr/TiO_2 图中，其投影点落于次碱性玄武岩区（图 4-12）。结合镜下薄片中可见长石变余斑晶特征，认为原岩石为玄武岩。

2. 稀土元素特征

（1）角闪斜长变粒岩

稀土元素含量及有关参数见表 4-14，稀土配分曲线见图 4-24。由表 4-14 可知：稀土总量及重稀土含量与岩石中的 SiO_2 含量呈正相关关系，即酸性岩石中的稀土总量和重稀土含量较中性岩石中的高。样品 D0129-b_2 为重稀土富集型[$(Ce/Yb)_N$＝0.78]，而样品 D0129-b_4 和 D0129-b_5 属轻稀土富集型[$(Ce/Yb)_N$＝1.33～1.08]。δEu 的值与 SiO_2 含量呈正相关关系，反映酸性岩石具铕亏损，而中、基性的岩石中铕富集。

表 4-14　角闪斜长变粒岩的稀土元素和微量元素含量($\times10^{-6}$)

样品号	La	Ce	Pr	Nd	Sm	Eu	Gd	Tb	Dy	Ho	Er	Tm	Yb	Lu	Y	ΣREE
D0129-b_2	3.94	9.41	1.58	7.86	2.72	0.94	3.78	0.70	5.02	1.05	3.21	0.05	3.1	0.50	28.00	44.3
D0129-b_4	5.61	12.6	2.01	9.61	2.9	0.99	3.63	0.64	4.29	0.90	2.65	0.41	2.5	0.37	22.50	49.1
D0129-b_5	4.07	9.34	1.50	6.84	2.17	0.94	2.89	0.55	3.62	0.75	2.24	0.36	2.2	0.35	17.70	27.9
D0129-b_6	1.26	2.69	0.41	2.19	0.83	0.43	1.23	0.26	1.67	0.35	1.04	0.18	1.1	0.17	8.31	13.8

样品号	LREE	Rb	Ba	Th	Cr	Ga	Ni	Nb	V	Zr	Sc	Sr	U	Hf	Ta
D0129-b_2	26.5	3.8	74.7	2.4	5.5	21.7	3.89	2.27	47	73.3	16.6	208	0.30	1.6	0.18
D0129-b_4	33.7	3.2	61	1.94	11.9	21.7	5.68	3.24	77	64.6	23.8	215	0.29	2.2	0.20
D0129-b_5	24.9	4.5	77.3	1.38	7.4	25.1	9.37	1.86	181	45.9	29.4	236	0.25	2.2	0.13
D0129-b_6	7.81	3.7	56.8	0.9	122	20.4	36.4	1.09	224	19.2	46.2	151	0.15	0.9	0.08

(2) 阳起斜长变粒岩

该变粒岩的稀土元素含量及有关参数见表 4-14，稀土配分曲线见图 4-24。由表 4-14 可知：稀土总量及重稀土含量均较角闪斜长变粒岩低。重稀土富集[$(Ce_N/Yb)_N=0.66$]，具铕正异常($\delta Eu=1.3$)，铈异常不明显($\delta Ce=0.9$)。

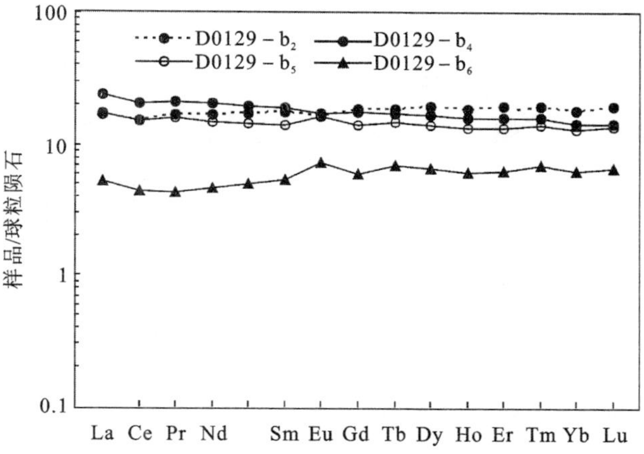

图 4-24　斜长变粒岩类稀土元素配分曲线

四、变质相带及变质作用期次

变质作用是地壳演化的特定产物，它同地壳的形成和发展密切相关，探讨区域变质作用对了解地壳演化历史具有重要意义。本次区调根据共生矿物组合和特征变质矿物的时空分布，参考董申葆等(1986)关于变质相带划分的原则，结合不同变质岩类共生变质矿物形成温度、压力条件，将测区变质相划分为角闪岩相和绿片岩相，变质相带的空间分布见图 4-25。

在洋、陆俯冲—碰撞造山带，区域变质作用具有双变质带的显著特点。双变质带是沟—弧带变质作用的现象，首先发现于日本的变质带(都城秋穗，1979)，广泛分布于环太平洋地区。在板块边界，大洋板块一侧是低温高压型变质带(蛇绿岩带)，而大陆板块一侧是高温低压型变质带(长英质花岗岩带)。一般说来，绝大部分蛇绿岩带或混杂岩(板块缝合线)是高压型的变质带，但在弧-陆碰撞造山带的蛇绿岩带却缺乏高压型(例如兰闪片岩)变质带，代之以中—低压型蛇绿岩带为特征，例如测区通天河蛇绿混杂岩带为中—低压低温型蛇绿岩带，显示弧后碰撞造山带的变质特征。

在综合区域变质岩的岩石类型、变质矿物特征及组合、变形构造及地质年代学的基础上，参考区域资料将区内变质作用分为晋宁期、华力西期、印支—燕山期3个变质期(表4-15)。

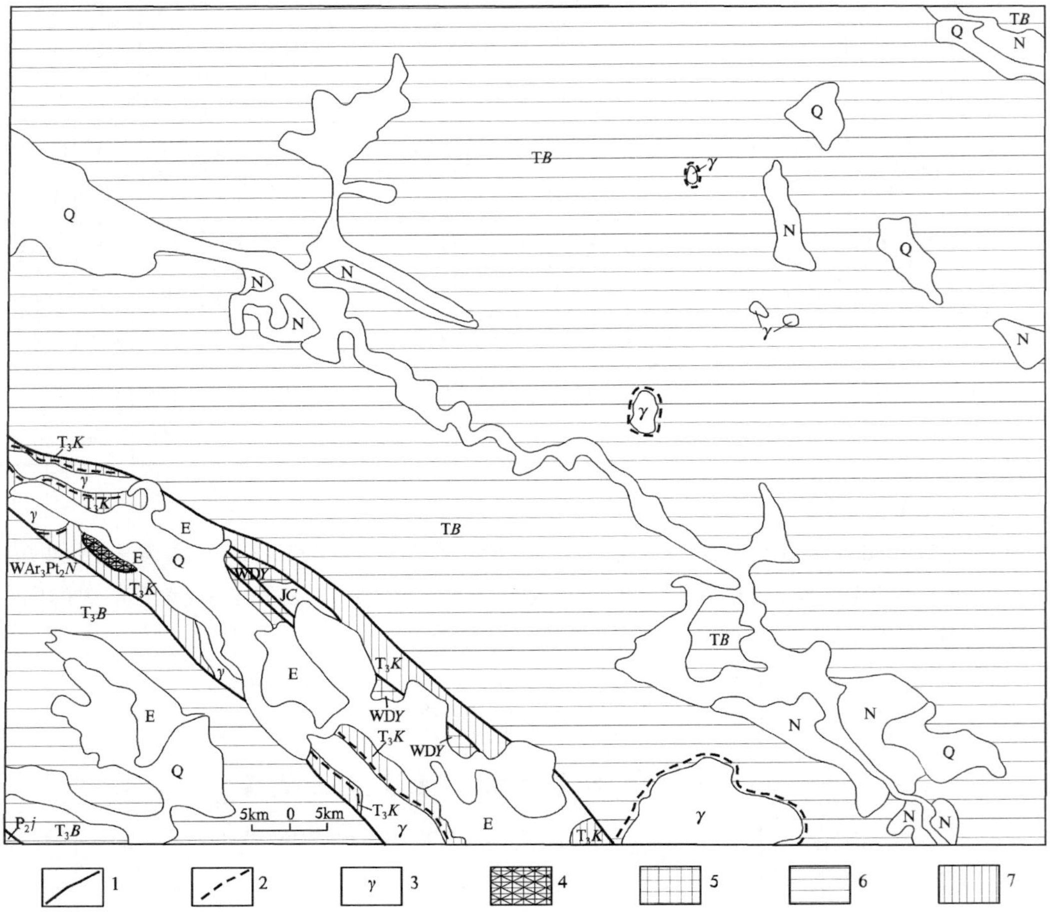

图4-25　测区变质相带空间分布图

Q.第四系;N.新近系;E.古近系;T_3B.巴塘群;T_3K.克南群;TB.巴颜喀拉群;P_2j.九十道班组;JC.扎河砂岩;WDY.泥盆纪变石英砂岩;WAr_3Pt_2N.宁多杂岩;1.构造单元边界断裂;2.接触变质晕边界;3.燕山期侵入岩;4.晋宁期中—低压角闪岩相变质带;5.华力西期绿片岩相动力变质带;6.印支—燕山期绿片岩相动力变质带;7.印支—燕山期极低级变质带—绿片岩相动力变质带

表4-15　测区区域变质作用及变质相划分表

时代	构造期	变质作用类型	变质阶段、变质相	代表矿物组合	产出层位
中生代	印支—燕山期(M_3)	区域低温动力变质作用	低绿片岩相	Bit+Mus+Chl+Qz	DY. TB. T_3B. T_3K. T_3mv
中晚古生代	华力西期(M_2)	区域低温动力变质作用	低绿片岩相	Ab+Chl+Qz Hb+Bit+Chl+Qz	WAr_3Pt_2N . DY
新元古代	晋宁期(M_1)	中低压角闪岩相变质作用	角闪岩相	Bit +Hb+Qz+Pl Hb(蓝绿)+Pl	WAr_3Pt_2N

(一)晋宁期中—低压角闪岩相变质带(M_1)

表现于宁多杂岩中,以出现角闪岩相的矿物组合为特征,属角闪岩变质作用(M_1)。

1. 变质与变形

该期变质作用形成于晋宁运动时期,早期随着中新元古代花岗岩的侵位,为区内宁多杂岩变形、变质作用的发生提供了充足的热力学及动力学条件,使该杂岩发生角闪岩相变质作用,形成区内第一期片麻理(S_1)。

2. 典型变质矿物及变质矿物组合

早期角闪岩相变质(M_1)出露于宁多杂岩斜长角闪岩中，典型变质矿物有：黑云母，角闪石(淡绿色)和斜长石等。代表矿物组合为：

(1) 基性岩类：Hb+Pl±Bi。

(2) 泥质、长英质岩：Pl+Qz+Bi±Kf，Hb+Pl+Bit+Qz，Pl+Bit±Mu+Qz。

(3) 中、基性变质岩类：Hb+Pl±Bit+Qz、Hb+Pl±Kf+Q。

3. 变质温度和压力估算

(1) 斜长角闪片岩

利用角闪石压力计 $P=-3.92+5.03Al^{Ⅳ}$ (Hammarstrom et al,1986)，求得表 4-4 中该片岩(样品 D0129-b_1)中角闪石 Hb_1 和 Hb_2 压力分别为 $P_1=2.71\times10^8$ Pa 和 $P_2=2.63\times10^8$ Pa；利用角闪石压力计 $P=-4.76+5.64Al^{Ⅳ}$ (Hollister et al,1987)，求得角闪石压力分别为 $P_1=2.68\times10^8$ Pa 和 $P_2=2.58\times10^8$ Pa；利用普通角闪石—斜长石地质温压计(图 4-26)，求得表 4-3 中的斜长石 Pl_1 和 Pl_2 的变质温压分别为 $T_1=625$℃、$P_1=3.0\times10^8$ Pa± 和 $T_2=610$℃、$P_2=2.1\times10^8$ Pa±。结合 1 号样品的压力值分析，图 4-26 中的 2 号样品的投影点压力与用角闪石单矿物计算的压力差别较大，推测 2 号样品应用角闪石计算的压力可能更符合实际。

应用共存的斜长石—角闪石矿物地质温度计(图 4-27)，求得变质温度为 540℃±。该温度落于温度计的实线外，说明所测斜长角闪岩不符合该温压计的条件。上述斜长角闪片岩的变质温压条件为：$T=(610\sim625)$℃和 $P=(2.58\sim3.0)\times10^8$ Pa±，地热梯度为(57.29～ 65.02)℃/km，变质作用的条件为中—高温低压角闪岩相。

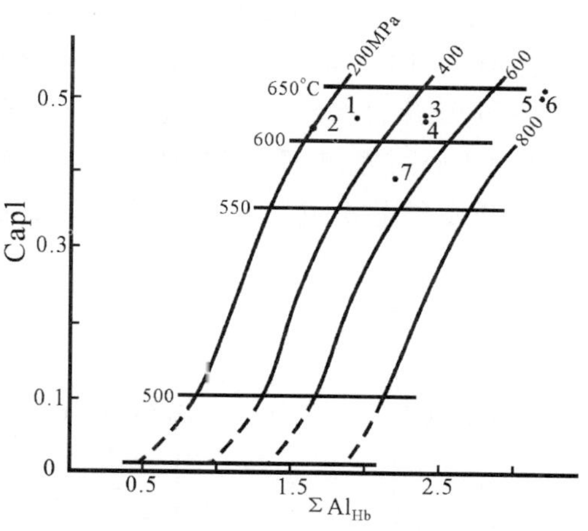

图 4-26　普通角闪石—斜长石地质温压计

(据 Plyusnina,1982)；样号同表 4-3

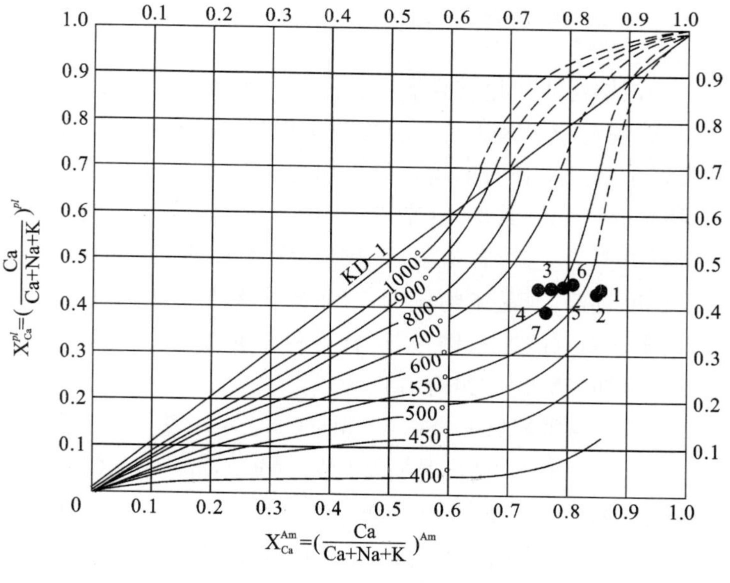

图 4-27　共存的斜长石—角闪石矿物地质温度计

(据别尔丘克,1967)；样品号同表 4-3

(2) 角闪斜长变粒岩

利用普通角闪石—斜长石地质温压计(图 4-26)，求得样品 D0129-b_2 变质温度为(620～630)℃，压力为 5×10^8 Pa±；应用共存的斜长石一角闪石矿物地质温度计(别尔丘克,1967)求得变质温度为 $T_3=610$℃和 $T_4=630$℃(图 4-27)；利用角闪石压力计 $P=-3.92+5.03Al^{Ⅳ}$，求得压力为 $P_3=4.58\times10^8$ Pa 和 $P_4=4.52\times10^8$ Pa；利用角闪石压力计 $P=-4.76+5.64Al^{Ⅳ}$，求得压力为 $P_3=4.77\times10^8$ Pa 和 $P_4=4.71\times10^8$ Pa；应用角闪石的 $Al^{Ⅳ}$-$Al^{Ⅵ}$ 变异图(图略)及应用角闪石的(Na+K)-Ti 变异图判别，属角闪变质岩相(图略)。样品(D0129-b_4)变质温度 $T_5=600$℃和 $T_6=580$℃，压力为 $P_5=6.05\times10^8$ Pa 和 $P_6=5.87\times10^8$ Pa；

利用角闪石压力计 $P=-4.76+5.64Al^{IV}$，求得压力为 $P_5=6.42\times10^8$ Pa 和 $P_6=6.22\times10^8$ Pa；在角闪石的 Al^{IV}-Al^{VI} 变异图（图略）及(Na+K)-Ti 变异图上（图略）判别，属角闪岩相变质。

综上所述，该变粒岩的变质温压条件：$T=(510\sim6\ 030)$℃和 $P=(4.52\sim6.42)\times10^8$ Pa，地热梯度为(25.68～35.17)℃/km，变质作用的类型为中—高温中压角闪岩相。

(3) 黑云角闪斜长片麻岩

应用同样方法求得该片麻岩样品($D0129\text{-}b_7$)变质温压分别为(575～580)℃，5.1×10^8 Pa± 和压力为 4.76×10^8 Pa，地热梯度为(31.0～33.5)℃/km，变质作用类型为高温中—低压角闪岩相。

综上所述，该期变质作用形成的温压条件为 $T=(575\sim640)$℃和 $P=(4.57\sim6.42)\times10^8$ Pa，地热梯度为(25.68～52)℃/km，属中—高温中—低压角闪岩相变质作用。

4. 变质时代

测区出露的角闪岩相变质岩石组合可与区域上的宁多杂岩对比（游再平，2001），其中，黑云角闪斜长片麻岩（英云闪长质正片麻岩）相当于西藏昌都县夏日多地区草钦一带宁多群中的英云闪长质正片麻岩部分；变粒岩、斜长角闪岩等岩石组合相当于夏日多地区宁多群中的副片麻岩部分。该套岩石组合的变质程度属均匀的中低压角闪岩相，依据邻区该群中资料推测其变质时代为晋宁期，其理由如下：

在曲柔尕卡幅样品锆石 U-Pb 表面年龄中 1628±82Ma、1426±27Ma 和 1555±91Ma（青海省地质调查院，2005），均反映首次变质时期可能是新太古代—中元古代。锆石 U-Pb 表面年龄中存在 835±48Ma、843±42Ma 和 915±3Ma（青海省区调综合地质大队，1993b）及西藏地矿局区调队所作的片麻岩 U-Pb 法同位素年龄值下交点年龄 640.5Ma（西藏地矿局区调队，1994），反映区内岩石片麻理的变质变形时代为晋宁期。

(二) 华力西期绿片岩相动力变质带(M_2)

该期变质作用首先表现在通天河蛇绿混杂带中，在先前的高级变质岩区发生绿片岩相的退变质作用，表现在宁多杂岩和部分变质基性岩（闪石片岩）中的角闪石退变上，角闪石由蓝绿色变为淡绿色，花岗岩中常见斜长石的绢云母化和黑云母退变绿泥石。主要矿物组合为：Pl+Bit+Chl+Qz 和 Pl+Hb（淡绿）+Chl。其次，混杂带中泥盆纪、石炭纪和二叠纪地层岩块发生绿片岩相的前进变质作用。变质岩石类型有变砂岩、板岩、千枚岩、变质中基性—酸性火山岩、变质火山碎屑岩、变质碳酸盐岩等，岩石变质程度较低，变晶矿物较少，变质矿物主要是岩石中的胶结物或基质重结晶形成绢云母、绿泥石、绿帘石、阳起石、蛇纹石、钠长石、石英和方解石等。

该期变质矿物组合有：

(1) 变质碎屑岩：Ser±Chl±Cal，Ser+Qz，Ser+Ab+Chl±Cal+Qz。

(2) 变质火山岩、变质基性岩：Ab+Ep+Chl，Chl+Act±Ab，Ab+Chl+Ep+Ser+Qz，Ab+Chl±Ser±Qz，Chl±Ep+Ser±Qz，Chl+Ser，Act+Ep+Ab+Qz。

(3) 变质火山碎屑岩：Ser+Ep±Chl，Ab+Ser+Qz，Ser+Ep+Qz，Ser+Chl+Qz +Cal，Act +Chl。

(4) 钙质、泥质变质岩：Cal+Ab，Chl+Ser±Qz。

根据变质岩石中出现的特征变质矿物组合，确定其变质作用为低绿片岩相。因未见雏晶黑云母，故其变质程度属绢云母绿泥石级。据邻区宁多群片岩获得的同位素年龄：在阿西涌一带的角岩化片岩中测得锆石 U-Pb 下交点年龄 441±189Ma，在可可西里地区获得两个 $^{39}Ar/^{40}Ar$ 测年结果 $tp_m=348.5\pm0.62$Ma 和 $tp_m=246.08\pm0.62$Ma，反映有华力西期构造-热变质事件叠加（王永文等，2004）。

(三) 印支期—燕山期极低级变质带——绿片岩相动力变质带(M_3)

主要分布于巴颜喀拉周缘前陆盆地、巴塘弧火山岩带、结扎弧后盆地和克南群中，变质岩石类型有变质砾岩、变质砂岩、板岩、千枚岩、变质碳酸盐岩、变质火山碎屑岩和变质火山岩，变质矿物有绢云母、绿泥石和部分出现雏晶黑云母。

该期变质矿物共生组合有：

(1) 变质碎屑岩：Ser＋Qz±Chl±Cal±Bit(雏晶)，Ser＋Chl。

(2) 变质火山岩：Ab＋Chl＋Act，Ab＋Ep＋Chl±Ser＋Qz，Ser±Chl±Ab±Qz，Ep＋Chl±Cal＋Qz，Act＋Ep＋Ab＋Qz，Act＋Ep＋Chl＋Cal ＋Ab，Ser＋Chl±Ep。

(3) 变质火山碎屑岩：Ab＋Ser±Qz，Act±Ep＋Ab＋Qz，Ser＋Ab±Chl±Ep±Qz。

(4) 变质钙质岩：Cal＋Col±Ser±Qz，Cal＋Ab。

通过对区内的绢云粘土质板岩、粉砂质板岩、纤枚状板岩和含水云母岩屑石英粉砂岩类中的伊利石结晶度及绿泥石结晶度的分析(表4-16)，对照伊利石结晶度Kisch指数及成岩—变质作用划分标准(表4-17)，区内岩石绿泥的结晶度除2个样品没给出值外，其他为0.12～0.17，均小于0.247，表明属低级变质作用的浅变质带。伊利石的结晶度可分为两类：Ic(Δ2θ)＝0.14～0.18及0.24～0.26。前者属低级变质作用的浅变质带，后者为极低级变质作用的近变质带部分。从地区分布上看，巴颜喀拉山区和巴塘群中绿泥石的结晶度及伊利石的结晶度均属极低级变质作用，其变质作用的温度大于350℃，而在通天河蛇绿混杂带克南群的板岩内，伊利石结晶度部分为0.24～0.26，绿泥石的结晶度均小于0.2，其变质作用的温度大于300℃。由此认为测区的变质温度大于300℃。

表4-16　浅变质带伊利石结晶度及绿泥石结晶度分析

样品号	岩石名称	采样位置	层位	绿泥石	伊利石	石英	长石	方解石	白云石	绿泥石结晶度	伊利石结晶度 Ic(Δ2θ)
DR-7b$_1$	绢云泥质板岩	多日老龙	TB_4		30	40	5	20	5		0.14
QJ-18b$_1$	粉砂质板岩	切加陇日翁	TB_3^c	25	27	30	15		3	0.13	0.15
DT-17b	粉砂质泥质板岩	冬特考	TB_3^b	20	24	35	15	3	3	0.16	0.16
AE-16b$_1$	绢云泥质板岩	阿俄口	TB_3^b	15	25	45	15			0.14	0.24
NQ-41b$_3$	绢云泥质板岩	聂恰曲	TB_3^a	20	29	30	15	3	3	0.16	0.18
DT-10b$_2$	粉砂质泥质板岩	冬特考	TB_3^a	14	20	40	20	3	3	0.15	0.18
Z-7b$_1$	纤枚状板岩	扎河	TB_4	15	20	40	15	5	5	0.16	0.18
Z-39b	泥质板岩	扎河	$CPTt^b$	10	34	40	10	3	3		0.26
Z-27b	粉砂质板岩	扎河	$CPTt^a$	15	15	35	10	15	10	0.15	0.15
Q-11b$_1$	绢云泥质板岩	曲日青日	$CPTt^a$	30	37	20	5	5	3	0.12	0.26
CC-2b	绢云泥质板岩	草尺阿涌	$T_3B_3^b$	20	35	30	10	2	3	0.14	0.15
AR-14b	含水云母岩屑石英粉砂岩	阿日群增涌	T_3B_1	20	25	30	15	5	5	0.17	0.16

表4-17　成岩—变质作用划分标准

成岩变质阶段划分		温度/℃	伊利石结晶度(kI指数)		绿泥石结晶度 ChC_{002}	变质矿物相
Kübler(1967)			Kübler(1967)	Kisch(1987)	Arkai(1991)	Kisch(1987)
成岩作用	成岩带	200	＞0.42	＞0.38	＞0.288	沸石相
极低级变质作用	近变带	350	0.42～0.25	0.38～0.21	0.288～0.247	葡萄石—绿纤石 绿纤石—阳起石
低级变质作用	浅变带	300	＜0.25	＜0.21	＜0.27	绿片岩相

三叠纪—侏罗纪地层中表现为低绿片岩相变质作用，并伴随强烈变形。在巴颜喀拉山群中，沿板劈

理上出现有鳞片状绢云母、绿泥石、绢云母和少量雏晶黑云母，属绢云母—绿泥石变质带。矿物组合为不平衡共生矿物组合，变质相为板岩—千枚岩低级绿片岩相，属中温中压变质相系。局部极低级变质作用的岩石中不出现黑云母，属低温绿纤石—阳起石变质相。综上所述，印支期—燕山期变质作用主要为绿片岩相，局部存在极低级变质作用，是由早期的较高级变质岩中的绿片岩相退变质作用而成。

第二节　动力变质岩

测区动力变质岩较为发育，出露广泛。多沿脆性断层及脆-韧性剪切带呈线状或带状分布。本次工作将区内动力变质岩划分为未固结的角砾岩系列、碎裂岩系列和糜棱岩系列三大类(表 4-18)。

表 4-18　测区动力变质岩分类表

系列	成因	岩石名称	构造	基本特征	基质含量(%)	碎块粒径(mm)	分布规律
角砾岩系列	脆性动力变质岩	断层泥	未固结	碎裂作用为主	可见碎块＞30%		主要沿北西向脆性断裂分布。如秋智乡、叶格乡—曲麻莱、通天河等断裂带分布
		断层角砾	无定向		可见碎块＜30%		
碎裂岩系列		断层角砾岩	无定向块状		＜10	＞2	
		碎裂岩化岩石			0～10	＞2	
		初碎裂岩(碎斑岩)			10～50	2～0.5	
		碎裂岩(碎粒岩)			50～90	0.5～0.02	
糜棱岩系列	韧性动力变质岩	糜棱岩化岩石	眼球状片麻状流动状	糜棱作用为主	0～10		沿口前兵果剪切带分布
		初糜棱岩			10～50		
		糜棱岩			50～90		

一、韧性动力变质矿物特征

1. 石英

石英呈亚颗粒，具波状、带状消光，常以多晶集合体出现，偶见“核幔”结构，局部呈丝带分布。糜棱岩中的石英呈拉长状，可见石英丝带及波状消光，石英重结晶明显，黑云母在应力作用下形成云母鱼，局部地方可见黑云母退变为绿泥石。

2. 斜长石

糜棱岩化岩石中的奥—中长石呈半自形—自形板柱状、柱状，钠长石双晶及环带构造发育，晶体表面大量分布绢云母和细微粒帘石，少数晶体中心见绿帘石、黝帘石细粒集合体，部分晶体边缘圆化，呈碎斑特征，见双晶扭曲。糜棱岩化岩石残斑系统中的斜长石机械双晶发育，花岗质糜棱岩中的奥—钠长石呈眼球状、透镜状残斑分布，两侧基质矿物围绕斑晶定向分布，可见长石碎斑旋转效应，多为“σ”型和“δ”型，部分长石碎斑显微破碎具明显书斜效应。

3. 普通角闪石

普通角闪石呈半自形柱状，略具定向。

4. 普通黑云母

普通黑云母(绿泥石)解理纹出现轻微扭折,具溶蚀和褶曲现象,偶见“云母鱼”。

5. 阳起石

基性初糜棱岩中的阳起石,较粗大的阳起石单晶或多晶集合体常呈眼球状或透镜状,部分碎斑发生“б”型旋转效应。

二、显微组构

变质岩显微组构方面的研究仅限于光学显微镜下的观察,动力变质岩的显微组构研究对区分不同类型的动力变质岩,判定岩石的变形机制具有重要的指导意义。现将区内动力变质岩的显微组构归纳如下。

(一)韧性动力变质岩

1. 矿物粒内效应

(1) 波状消光及带状消光

常见于糜棱岩及糜棱岩化岩石中。石英、长石和云母等矿物因塑性变形发生晶格弯曲造成不均一消光,以石英的波状消光最为常见,在部分初糜棱岩的岩石中可见黑云母片体发生弯曲、扭折,斜长石双晶发生弯曲,同时,出现界面清晰、平直的消光带即扭折带,扭折带对判定剪切方向具指示作用。

(2) 变形纹

常见于糜棱岩化程度较低的岩石中,表现为一个石英颗粒出现几个近平行排列的波状消光带,相间波状消光带又可同时消光,类似长石聚片双晶。常与带状消光、扭折带伴生,应用石英变形纹可推测主应力方位。

(3) 亚颗粒

在长英糜棱岩中最为常见,主要表现为石英等矿物在恢复过程中出现晶内的位错重新排列、抵消或攀移,以降低晶内的自由能形成小角度的亚晶界,从而使矿物出现不均匀消光,仿佛由许多颗粒镶嵌而成的集合体。

(4) 构造鱼

区内常见的鱼形构造有“云母鱼”、“角闪石鱼”,黑云母、角闪石等矿物在剪切应力作用下发生香肠化“S”型扭曲或脆性破裂所形成的“鱼状”外形,可用来判定剪切方向。

2. 核幔构造

见于长英质糜棱岩及英云闪长质初糜棱岩中,主要表现为亚颗粒及重结晶颗粒以长石碎斑等变形颗粒为核作不规则的环状分布。

3. 显微 S-C 组构

常见于糜棱岩及糜棱岩化岩石中,由压扁面理 S 和剪切面理 C 斜交构成,可用来指示剪切运动方向。

4. 书斜构造

亦称多米诺骨牌构造,常见于糜棱岩中,长石或云母在剪切作用下发生脆性变形,沿其解理方向出现一系列脆性滑移,使晶体呈叠瓦状。

5. 拔丝构造

长英质糜棱岩中较为常见，主要为石英等矿物在应力作用下发生塑性流变，使晶体拉长成丝带状。

6. 旋转定向

为区内长英质糜棱岩中常见构造之一，可分为“δ”型和“σ”型，主要为长石碎斑。在塑性变形流动过程中，能干性较强的矿物颗粒常呈残碎斑晶与重结晶的新生矿物颗粒组成不对称的碎斑系统，碎斑发生旋转，基于碎斑系统明显结晶尾的几何形态，可分为两种主要类型，即“σ”型和“δ”型(Passchier and Simpson，1986)，仅在查九涌一口前兵果一界三能剪切带中发育。上述碎斑系统是有用的剪切指向标志。

(1)“σ”型碎斑系统

常见于测区糜棱岩中，初糜棱岩局部层中可见。残碎斑晶两端与主晶成分相近的重结晶物质的多晶集合体在糜棱叶理内形成平行糜棱叶理且逐渐变窄的不对称结晶尾，结晶尾成楔状，与碎斑共同组成“σ”型碎斑系统。

(2)“δ”型碎斑系统

见于糜棱岩中，残碎斑晶两端重结晶的尾部以明显的不对称形态伸展于糜棱叶理中，与碎斑共同组成“δ”型碎斑系统，“δ”型碎斑系统的结晶尾较细长，结晶尾近碎斑部弯曲，在与碎斑连接的内侧呈港湾状内凹，结晶尾的中线亦围绕碎斑而弯曲。依据“δ”型碎斑的相对旋转方向可判别剪切运动方向。

7. 流动构造

糜棱岩中常见，其特征为：矿物颗粒如石英塑性拉长，形成石英分异条带及其他形式构造片理，一些细小的糜棱物质围绕碎斑进行流动或充填于碎斑的横张裂隙中。

(二) 脆性动力变质岩

1. 碎裂结构

常见于碎裂岩化岩石及初碎裂岩中，表现为岩石在应力作用下，裂隙将岩石切割成不规则的碎块，位移较小，碎块间可以相互拼接，碎块间充填了碎基及次生泥、硅质或铁锰质等物质，在此过程中，有时可见双晶弯曲或位移、波状消光等现象。

2. 碎粒结构

常见于碎裂岩中，大部分矿物破碎为碎粒和碎粉。碎粒大小较均一，呈次圆和圆状。

3. 碎斑结构

常见于初碎裂岩中，因岩石破碎强烈，在破碎了的岩石中残留较大的岩石及矿物碎块，如同“斑晶”，常具有撕碎边缘、裂隙、波状消光及边缘粒化等现象。

三、岩石类型

(一) 角砾岩系列

该系列主要特征是岩石碎裂后尚未固结成岩，是地表脆性动力变质作用的产物，呈线状或带状沿晚期脆性断裂分布，宽度及延伸长度变化较大，多为印支—喜山期以来构造事件的产物。岩石具角砾状结构，依据岩石中角砾含量可进一步分为断层角砾和断层泥。

（二）碎裂岩系列

该系列呈线状产于秋智乡、叶格乡—曲麻莱和通天河等断裂带中，依据岩石中结构、构造及基质含量和碎块粒径，将区内碎裂岩分为断层角砾岩、碎裂岩化岩石、初碎裂岩（碎斑岩）和碎裂岩（碎粒岩）。

1. 断层角砾岩

多沿脆（韧）性断裂分布，主要为晚燕山期和喜山期构造运动的产物。角砾多呈棱角状和次棱角状，杂乱排列，无分选，大小悬殊，成分单一。岩石中常发生硅化和褐铁矿化。构造角砾岩中角砾砾径多大于2mm，基质含量小于10%。区内常见构造角砾岩有灰岩、变质砂岩和板岩等沉积岩的角砾岩，此外，火山岩和花岗岩角砾岩亦有出露。

2. 碎裂岩化岩石

岩石受挤压破碎，具有碎裂结构，碎块间几乎没有相对位移，碎块外形相互适应，裂隙中常有细小岩屑，有时可见硅质、铁质和钙质等充填。其间石英具波状消光，长石双晶发生弯曲。常见岩石类型有碎裂岩化灰岩、碎裂岩化砂岩、碎裂岩化花岗闪长斑岩、碎裂岩化花岗斑岩、碎裂岩化板岩和碎裂岩化斜长角闪岩等。

3. 初碎裂岩（碎斑岩）

岩石受动力作用强烈破碎，具有碎裂结构、碎斑结构。由碎粉物质及残留的碎斑组成，原生结构均有不同程度的保留。区内常见的岩石类型有花岗质初碎裂岩、花岗闪长质初碎裂岩。岩石因破碎产生的绢云母、绿泥石、方解石和石英等矿物充填于裂隙中，且绿泥石和绢云母围绕碎块定向排列。矿物形变现象显著，镜下见斜长石双晶弯曲，石英波状消光，颗粒边缘撕裂粒化等。

4. 碎裂岩（碎粒岩）

岩石具碎粒结构，大部分矿物破碎为碎粒和碎粉，原岩难于辨认，矿物颗粒0.02～0.1mm，粉状物和碎粒物杂乱分布，无定向显示。矿物中各种应变现象显著，常见的有花岗质碎粒岩和斜长角闪质碎粒岩。

（三）糜棱岩系列

测区该系列的岩石沿查九涌—口前兵果—界三能剪切带呈北西-南东向分布，属韧性动力变质岩。依据岩石中所含韧性基质的含量，可进一步细分为糜棱岩化岩类、初糜棱岩和糜棱岩三种岩石类型，为浅层次塑性变形的产物，总体上具糜棱结构和流动构造。

1. 糜棱岩化岩类

该岩类是糜棱岩中变形程度较低的一种岩石类型，具糜棱结构。糜棱岩化细碎屑物质沿碎斑之间分布，碎基含量一般小于10%。常见岩石类型有糜棱岩化大理岩，糜棱岩化花岗闪长岩，糜棱岩化石英闪长岩和糜棱岩化英云闪长岩。

（1）糜棱岩化大理岩

出露于通天河蛇绿混杂岩中，为“外来岩块”中灰岩受韧性动力变质作用的改造而成。

（2）糜棱岩化花岗闪长岩

见于口前兵果剪切带中，岩石呈灰白色，由基质和碎斑组成，基质含量小于10%。具糜棱结构、半自形粒状结构，微定向构造。主要矿物为奥—中长石（45%～50%）、石英（20%）和微斜长石（10%～15%）等。次要矿物为黑云母（10%～12%）、普通角闪石（6%～10%）和绿帘石（3%）等。副矿物为磁铁矿和磷灰石等。

(3) 糜棱岩化英云闪长岩

岩石出露于口前兵果剪切带中，见于口日俄达陇附近的英云闪长岩中，岩石呈灰色，由基质和碎斑组成(基质含量小于10%)，具糜棱结构、半自形粒状结构，微定向构造。主要矿物为奥—中长石(48%)、普通角闪石(22%)、石英(15%)和普通黑云母(绿泥石化，13%)等。次要矿物为钾长石(1%)和绿帘石(0.5%)等。副矿物为磁铁矿、磷灰石和锆石等。

2. 初糜棱岩

岩石残留原岩结构，细碎屑物质(基质)含量为10%～50%(一般30%±)。流动构造明显，常见岩石为长英质初糜棱岩、英云闪长质初糜棱岩和基性初糜棱岩。

(1) 长英质初糜棱岩

岩石表现为长英质矿物受糜棱岩化作用发生破碎、拉长，定向排列，具糜棱结构，长石呈碎裂状随定向拉长呈透镜状，石英则广泛出现拔丝构造等。

(2) 英云闪长质初糜棱岩

岩石见于口前兵果剪切带中，岩石呈灰色，由基质和碎斑组成，基质含量约占30%。具糜棱结构、半自形粒状结构，条带状构造。主要矿物为奥—中长石(51%)和石英(30%)。次要矿物为微斜长石(5%)、普通角闪石(5%)、绿帘石(3%)和黑云母(绿泥石)(5%)等。副矿物为榍石、磁铁矿和磷灰石等，多沿角闪石集中部位分布。

(3) 基性初糜棱岩

岩石仅见于查九涌剪切带中，岩石结构、构造遭破坏，转变为糜棱结构，流状(条带状)构造，岩石中碎斑含量占50%～80%。基质钠长石、阳起石等呈条带状聚集，围绕绿帘石集合体呈流状分布。

3. 糜棱岩

岩石分布于查九涌—口前兵果—界三能等剪切带中。遭受强烈糜棱岩化作用，韧性基质含量大于50%，碎斑以长石为主，区内常见花岗质糜棱岩、基性糜棱岩和英云闪长质糜棱岩等。

第三节 接触变质岩

测区接触变质作用主要与燕山期中酸性岩浆侵入活动有关，多发生在侵入体与晚三叠世地层接触带上。接触变质岩多分布于岩体边部，常见顺序出现不同变质程度的岩石，在平面上形成以侵入体为中心的环带状分布所形成的变质圈。根据变质作用的因素特征和岩石的变化特征将区内的接触变质岩分为热接触变质岩和接触交代变质岩两类。

一、热接触变质矿物及变质相

(一) 接触变质岩矿物特征

接触变质岩矿物为绢云母、绿泥石和石英等新生变质矿物，作散布状，晶粒大小在0.01～0.85mm之间，石英和长石有重结晶现象。

1. 长英质矿物

长英质矿物呈他形粒状变晶，粒径0.03～1mm。石英多以微晶状出现；斑点板岩中的斑点形成椭圆状、似柱状的集合体(直径一般在0.5～1.5mm)，多由显微鳞片状绢云母、绿泥石及隐晶—微晶状石英(硅质)等新生变质矿物构成。斑点之外的绢云母和绿泥石片体稍大,但分布“杂乱”,无明显定向性。长英质角岩中的黑云母具显微定向。

2. 角闪石

角闪石多呈变斑晶出现,柱长 0.15～0.3mm,定向性不明显。

3. 方解石

大理岩受塑性变形影响,方解石粒径 0.08～0.1mm,部分晶粒大小为 0.3～0.8 mm,粗晶方解石具机械双晶和波状消光。

4. 堇青石

云母角岩中的堇青石变斑晶,含量达 20%,晶体呈不规则柱状,柱长一般为 0.5～1.5mm,横切面多为不规则圆状。

5. 接触交代变质岩矿物

接触交代变质岩矿物为石榴石(属钙铝榴石)和透辉石等,粒度为 0.05～0.55mm。

(二) 接触变质矿物共生组合及变质相

由于受岩浆侵入体的温度、成分和围岩的组分、组构及侵入体的大小、形态和接触面的形态等诸多因素的影响,导致岩体外接触带出露宽度不一,变质程度亦有差异,从而形成不同类型的变质岩。根据变质矿物共生组合特征,将区内接触变质作用分为两个变质相:钠长石—绿帘石—角岩相和角闪角岩相。

1. 钠长石—绿帘石—角岩相

该相所形成的接触变质岩有斑点板岩、结晶灰岩、大理岩和阳起石角岩等。矿物共生组合类型分别为:
① 粘土质岩石:Ser±Mus+Qz+Chl+Cord。
② 铁镁质岩石:Ab+Ep+Chl+Act±Qz。
③ 长英质岩石:Ab+Ser±Chl±Ep+Qz。
④ 碳酸盐岩石:Cal+Dol。

该类岩石形成于低压低温环境,属低级变质。特征变质矿物有绢云母、钠长石、方解石、白云石、阳起石、堇青石、绿帘石和绿泥石等。其变质相属钠长石—绿帘石—角岩相。

2. 角闪角岩相

该相所形成的接触变质岩有黑云母角岩、角闪石黑云母角岩、(含透闪石)大理岩、阳起石角岩和黑云母长英角岩等。矿物共生组合类型分别为:
(1) 粘土质岩石:Bi+Pl+Qz±Mus±Hb。
(2) 铁镁质岩石:Pl+Ep+Hb±Act±Qz。
(3) 长英质岩石:Pl+Bi+Qz±Hb。
(4) 碳酸盐岩石:Cal+Dol±Tre。

岩石中通常出现黑云母、角闪石、阳起石、绿帘石和透闪石等变质矿物,岩石形成于低压、低—中温环境,属于低—中级变质,变质相属角闪角岩相。

二、热接触变质岩石类型

主要岩石类型有:极轻度的热接触变质岩、斑点板岩、角岩和大理岩等。

1. 极轻度的热接触变质岩

该类岩石通常产于岩体外接触带较远位置上，围绕岩体呈环带状分布。其命名采用在原岩名称之前冠以“变质”或“角岩化”，如变粉砂岩、变细粒石英砂岩、变细粒长石石英砂岩或角岩化粉砂岩和角岩化细粒石英砂岩等。岩石具变余砂状结构、角岩结构、块状构造和变余层状构造。

2. 斑点板岩

岩石主要见于昂日穷雄郭果、华它查加、查肖叉得等地的英云闪长岩及尕乃万玛下黑云母二长花岗岩等侵入岩体的边部。岩石呈浅灰色、灰白色，具有变余(粉砂)泥质结构，斑点状构造，常可见变余层理。主要由绢云母、石英(硅质)及少量绿泥石和褐铁矿等组成。

3. 角岩

岩石一般出现在岩体外接触带100m范围之内，岩石类型主要有：长英质角岩，云母角岩，石英绿帘石角岩等。岩石具角岩结构、鳞片变晶结构、鳞片粒状变晶结构、斑状变晶结构和变余砂状结构等，块状构造和变余层状构造。

(1) 长英质角岩

岩石呈白色、灰白色，具角岩结构，块状构造，主要由石英和钠长石及少量云母等矿物组成，偶见有普通角闪石。主要变质矿物为石英(35%±)、中性斜长石(35%±)和黑云母(10%～20%)等。次要矿物为白云母(0～5%)、红柱石(0～8%)、钾长石(5%±)和角闪石(0～5%)等。副矿物为针状金红石、磷灰石等。由接触带向外，长英质角岩逐渐向区域变质的泥质砂—粉砂质板岩过渡。这说明，此角岩为泥质砂—粉砂岩经热接触变质而成。

(2) 云母角岩

依据特征变质矿物组合和组构特征可分为黑云母角岩、堇青石黑云母角岩和角闪石黑云母角岩。主要变质矿物为黑云母、斜长石、堇青石、绿泥石、绿帘石和角闪石等。黑云母和角闪石具显微定向排列。堇青石黑云母角岩见堇青石变斑晶，出露于达考一带。

(3) 石英绿帘石角岩

岩石出露于阿西涌地区，角岩中绿帘石含量分别可达30%以上。

4. 大理岩

岩石仅见于拉工涌附近的阿西日隔，产于外来岩块灰岩与英云闪长岩之接触带上。岩石类型为(含透闪石)大理岩，具等粒变晶结构，镶嵌粒状变晶结构，主要变质矿物为方解石，透闪石含量为0～3%。

三、接触交代变质岩

接触交代变质岩为矽卡岩，出露于哦哇龙仁英云闪长岩体北部和西确涌北花岗闪长岩体北部的外接触带，矽卡岩呈断续展布。岩石类型为透辉石榴矽卡岩，具粒状变晶结构，由石榴石(52%，属钙铝榴石)、透辉石(37%)、次闪石(4%)、磁铁矿(4%)、方解石(2%)、石英(1%)及少量帘石等组成。

第四节　气液变质作用及其岩石

气液变质作用是指具有一定化学活动性的气体和热液与固体岩石进行交代反应，使岩石的矿物和化学成分发生改变的变质作用，由它所形成的一类岩石称为气液变质岩。气水热液可以是侵入体带来的挥发分，或者是受热流影响而变热的地下循环水，以及两者的混合流体。在一定条件下，它们可改造岩石中的矿物，形成各种蚀变岩石，并使某些有用元素迁移、沉淀和富集。在气液变质强烈地段往往出现蚀变分带，有利于成矿，故可作为一种普查找矿标志。该类变质岩通常沿构造破碎带及岩浆岩体（脉）两侧发育。测区内气液变质作用主要与火山作用和岩浆侵入活动有关，气水热液的主要来源为岩浆热液。通常情况下，同一岩石中常发育多种蚀变作用，形成复杂的蚀变岩。交代蚀变岩在空间上具有分带性，根据交代矿物的含量（体积百分比），结合原岩特征，按蚀变产物（蚀变岩）可划分为：钾长石化、硅化、绢云母化、绢英岩化、绿帘石化、绿泥石化、碳酸岩化、纤闪石化（阳起石化、透闪石化）和蛇纹石化等，现分述如下。

一、气液变质矿物特征

1. 石英

硅化岩石中的石英呈他形粒状，具波状、带状消光，粒径在0.1～0.5mm。有的呈多晶集合体，晶内含有较多细小矿物杂质，并具有交代长石的特征。镜下可见石英晶体边缘呈港湾状，与奥长石呈港湾状、锯齿状接触，部分石英晶体中含有奥长石的残晶。石英不仅交代奥长石，而且还交代原生石英，使之次生加大，形成粗大的石英晶体。部分石英细粒化（约15%），见石英亚颗粒、核幔构造；细晶岩中的石英呈不规则粒状，粒径0.3～2mm，部分呈斜长石板柱状假象，表明斜长石被石英交代而呈残晶。糜棱岩化绢云母化英云闪长岩中的石英遭受了塑性变形。

2. 斜长石

钾长石化英云闪长岩中的斜长石晶体表面分布大量绢云母、细粒绿帘石和黝帘石，受钾化作用的影响，部分中—奥长石呈残晶；硅化岩石中的斜长石为中—奥长石，呈不规则的板柱状，晶粒大小1～2mm，强烈绢云母化，全部被绢云母或绢白云母取代，仅保留其宽板状及板柱状假象，晶体中心为绢白云母，而边缘为鳞片状绢云母；硅化花岗闪长岩中的斜长石被绢云母和帘石取代，保留其假象；绢英岩中的钠长石呈半自形板柱状、不规则板条状，粒径0.2～0.5mm，并显示出基性岩中拉长石假象，其中的钠长石被绢云母或绢白云母集合体取代（保存原岩斜长石假象），片径一般0.02～0.05mm；绿帘石岩中的钠长石晶体呈半自形板柱状，晶体中含少量的包体，属斜长石钠黝帘石化的产物；碳酸岩化岩石中的斜长石表面均发生绢云母化和方解石化；蚀变辉长岩中的斜长石被黝帘石和钠长石所取代，仅保留其假象。

3. 云母

黑云母退变为白云母，并析出铁质。细晶岩中的白云母沿解理分布较多的磁铁矿，边缘具溶蚀现象，可能为黑云母被白云母交代的产物。黑云母可被绿泥石和针状金红石取代，仅保存其片状晶形的假象。

4. 绿帘石、黝帘石

绿帘石、黝帘石呈他形—半自形柱粒状、他形粒状和不规则粒状，晶粒大小为0.1～0.75mm；绿帘石呈淡黄绿色，呈半自形—他形柱状、粒状，部分呈他形、板柱状和柱状（大小1～2mm），保留了斜长石板柱状晶形的假象。黝帘石和绿帘石彼此紧密镶嵌，呈团块状分布。

5. 透闪石、阳起石

透闪石和阳起石呈半自形、纤柱状和纤维状，晶体大小不一，大者呈2～4mm的辉石假象，小者0.1～0.3mm，一般粒径0.2～0.4mm。透闪石纤维长0.2～1.5mm，多色性明显强（Ng—蓝绿，Nm—淡绿，Np—淡黄绿），杂乱分布于帘石集合体之间，局部可见透闪石和阳起石集合体呈辉石假象，可见与叶绿泥石呈逐渐过渡关系；阳起石呈半自形—他形柱状，少数为纤柱状。保留辉石的假象，属辉石蚀变的产物，在晶体的边部还可见纤柱淡绿色透闪石交代阳起石的现象。

6. 绿泥石

绿泥石呈绿色、微鳞片状，多色性不明显，镶嵌于阳起石和绿帘石之间，保留角闪石的假象，反映岩石受到强烈蚀变作用；叶绿泥石呈鳞片状，其集合体呈不规则椭圆形，假六边形、扁豆状和斑点状，显示橄榄石或辉石假象；绿泥石常伴有绿帘石化及碳酸盐岩化作用。

7. 方解石

碳酸盐化是一种分布十分广泛和重要的交代蚀变作用，与之有关热液类型有：岩浆作用有关的热液、花岗岩化有关的热液和区域变质热液。区内分布广泛的碳酸盐化主要类型为方解石化。方解石呈他形微晶，常常取代岩石中的暗色矿物（辉石）并基本上保留暗色矿物假象。方解石呈团块状或斑块状，常与帘石团块混杂分布。

8. 蛇纹石

超基性岩中的橄榄石全部变为蛇纹石。辉石亦全部蛇纹石化形成绢石，保留辉石假象。

二、气液变质岩

1. 钾长石化及其有关的交代蚀变岩

（1）钾长石化英云闪长岩

岩石出露于曲麻莱县华它查加附近的英云闪长岩中，岩石具变余半自形粒状结构、交代残留结构、块状构造。主要矿物组成为中—奥长石（绢云母和绿帘石）（25%）、微斜长石（23%）、普通角闪石（22%）和黑云母（变为绿泥石）（4%）等，保留其晶体假象和残晶。该岩石的原岩为英云闪长岩，受钾化作用的影响而导致钾长石的含量大幅增高。

（2）钾化石英闪长玢岩

岩石出露于曲麻莱县附近的石英闪长玢岩中，岩石具似斑状结构、基质半自形粒状结构，块状构造。斑晶为中长石（绢云母化，10%）、普通角闪石（8%）和黑云母（7%）等。基质为奥长石（43%）、普通角闪石（6%）、黑云母（4%）、石英（10%）和微斜长石（10%）等。受钾化作用的影响，基质中见有微斜长石交代的现象，在局部可见到基质中的所有矿物分布于微斜长石连晶中，似“基底胶结”特征。

2. 硅化及其有关的交代蚀变岩

（1）硅化岩石

常见岩石类型有硅化花岗岩闪长岩，硅化黑云二长花岗岩、硅化中酸性火山岩和硅化细晶岩等。硅化作用常伴生有绢云母化、绿泥石化、黄铁矿化、褐铁矿化和绿帘石化等。

（2）硅化花岗闪长岩

岩石出露于西确涌附近的花岗闪长岩中，岩石具变余花岗结构，交代（残留、假象）结构和定向构造。主要矿物成分为石英（39%）、斜长石（绢云母化、帘石化，25%）、钾长石（12%）、普通角闪石（8%）、黑云母（绿泥石化、钛质，10%）和帘石（5%）等。岩石受硅化作用的影响，导致石英含量大幅增加，静态重结晶作用明显。反映该岩石不仅受热液蚀变的影响、而且遭受动力变质作用的改造。

（3）硅化石英闪长岩

岩石出露于治多县口前兵果石英闪长岩边部的硅化蚀变岩石中，岩石具中一细粒粒状结构、交代（残留、假象）结构和块状构造。主要矿物成分为石英（35%）、奥长石（51%）、钾长石（2%）、绿泥石（2%）和绿帘石+黝帘石（6%）等。因受硅化作用的影响，岩石中的石英含量大幅增加。

(4) 硅化细晶岩

岩石受到强烈的硅化作用。主要矿物成分为石英(57%)、中—奥长石(25%)和白云母(12%)等。据交代残余结构和交代假象结合野外观察,推测其原岩为酸性侵入岩—细晶岩。

3. 绢云母化及其有关的交代蚀变岩

(1) 绢云母化花岗闪长岩

岩石出露于达考附近的花岗闪长岩中,岩石具交代假象、残留结构和块状构造。主要矿物由为奥长石(39%,绢白云母)、石英(22%)、微斜长石(18%)和黑云母(绿泥石、针状金红石,10%)等组成。

(2) 糜棱岩化绢云母化英云闪长岩

岩石出露于西确涌附近的英云闪长岩中,岩石具假象交代结构和糜棱岩化结构。主要矿物组分为绢云母或绢白云母(59%)、石英(30%)和黑云母(赤铁矿、绢白云母,10%)等。

4. 绢英岩化及其有关的交代蚀变岩

绢英岩出露于图幅东南角曲麻莱县电站附近。由硅化作用和绢云母化作用形成,此外岩石中还有褐铁矿化现象。主要矿物成分为石英(50%)、绢云母(22%)、钠长石(10%)、褐铁矿及铁质氧化物(8%)、白云母(5%)和方解石(4%)等。岩石具鳞片粒状变晶结构、交代结构和定向构造。依据其矿物组合,结合野外脉状产出的特点,推测其原岩可能为中—酸性侵入岩,属白云母—绢云母—石英相。

5. 绿帘石化及其有关的交代蚀变岩

(1) 绿帘石岩

岩石出露于口前兵果石英闪长岩的蚀变中,由绿帘石化作用而成。主要矿物为绿帘石(黝帘石少量)(82%~84%),次为石英(0~7%)、绿泥石(5%~10%)、钠长石(0~2%)、单斜辉石(0~5%)和单斜角闪石(0~2%)等。石英和钠长石充填于帘石中,绿泥石夹杂于帘石之间。

(2) 方解石绿帘石岩

岩石出露于口前兵果石英闪长岩的蚀变岩中,具柱粒变晶结构、假象交代结构和块状构造。矿物组成为绿帘石(少量黝帘石,51%~61%)、方解石(30%)、石英(3%~10%)、绿泥石(5%)和钠长石(3%)等。

(3) 透闪石绿帘石岩

岩石出露于治多县口前兵果变辉石岩中。岩石具纤柱粒状变晶结构,假象交代结构,块状构造。矿物组成为绿帘石(少量黝帘石,50%)、透闪石—阳起石(41%)、方解石(3%)、绿泥石(3%)和斜长石(1%)等。

(4) 绿泥绿帘石岩

岩石出露于治多县口前兵果附近的基性侵入岩蚀变岩石中。岩石具柱粒变晶结构,块状构造。矿物组成为绿帘石(少量黝帘石,86%)、透闪石—阳起石(41%)、方解石(3%)、绿泥石(12%)和钠长石(0.5%)等。

(5) 石英阳起绿帘石岩

岩石出露于扎河西部兵果达龙。主要矿物为斜黝帘石—绿帘石(63%)、阳起石(20%),石英(10%)、绿泥石(5%)和钠长石(1%)等。岩石中矿物成分不均一,部分以阳起石、绿帘石和绿泥石为主,部分以石英和绿帘石为主,属基性岩的蚀变产物。

(6) 帘石化石英闪长岩

岩石出露于口前兵果石英闪长岩围岩蚀变中,具变余细粒结构、假象交代结构和块状构造。帘石矿物约占50%,次为石英(10%)、中长石(30%)和绿泥石(5%)等。帘石矿物主要为绿帘石,次为黝帘石。其矿物成分和结构构造发生一定的变化,但仍然保持原矿物和假象。

(7) 钠长黝帘岩

岩石出露于口前兵果石英闪长岩围岩蚀变中，由钠长黝帘石化作用而成，属低温热液交代蚀变的产物。主要为黝帘石(绿帘石少量，71%)，次为钠长石(15%)、石英(5%)、绿泥石(5%)和方解石(2%)等。该岩石为基性岩的蚀变产物。

6. 绿泥石化及其有关的交代蚀变岩

绿泥石蚀变岩由绿泥石化作用形成，原岩多为中基性火山岩。

7. 碳酸盐化及其有关的交代蚀变岩

岩石类型为碳酸盐化粒玄岩，由斑晶和基质两部分组成。斑晶粒径 1mm×1.8 mm～2mm×4mm，基质 0.2～0.5mm。斑晶矿物为中—拉长石(10%～17%)、方解石和绿泥石杏仁体(3%)。基质为拉长石(40%～49%)、方解石(30%)、绿泥石(3%～5%)、赤铁矿(0～7%)、钛磁铁矿(0～3%)和白钛矿(<1%)等。岩石具斑状结构，基质具变余间粒结构。

8. 纤闪石化(阳起石化)及其有关的交代蚀变岩

(1) 角闪辉石透闪石岩

岩石出露于兵果达龙附近的蚀变辉长岩中，岩石具半自形柱状变晶结构、假象结构和块状构造。主要由透闪石(62%)、单斜辉石(25%)、普通角闪石(10%)和绿泥石(2%)等矿物组成，另有少量磁铁矿、钛铁矿和磷灰石等副矿物。普通角闪石充填于辉石和角闪石之间。单斜辉石边缘常被磁铁矿所包围。原岩为辉石岩。

(2) 绿泥透闪石(纤闪石)岩

岩石出露于查涌附近的蚀变辉长岩中，岩石具鳞片纤柱变晶结构、交代假象结构和定向构造。主要由透闪石(51%～57%)、叶绿泥石(40%～47%)和磁铁矿(2%～3%)等矿物组成，偶见石英。根据镜下特征，岩石中存在多期蚀变，早期透闪石(纤闪石)、绿泥石交代辉石，橄榄石蚀变为蛇纹石，后期绿泥石进一步交代蛇纹石及早期的辉石。

(3) 黝帘阳起石岩

岩石出露于兵果达龙附近的蚀变辉长岩中，岩石具柱粒变晶结构、假象结构和块状构造。矿物成分为阳起石(43%～48%)、黝帘石(40%～41%)、绿帘石(3%～8%)、钠长石(4%～5%)，透闪石(2%～3%)和绿泥石(0～2%)等。岩石属纤闪石—绿帘石—钠长石相，原岩为辉长岩。

9. 蛇纹石化及其有关的交代蚀变岩

岩石见于治多县扎河，主要岩性为蛇纹石化的超基性岩，为强蛇纹石化橄榄岩(岩石全部变为蛇纹石、滑石)和方解石(3%)等，并有磁铁矿(3%)析出，其中磁铁矿呈尖点状沿橄榄石假六边形、纺锤形晶体边部分布。假象橄榄石含量约占 79%，假象辉石(绢石)15%。

第五章　地质构造与地质发展史

青藏高原是一个由北部劳亚大陆、泛华夏大陆西缘和南部冈瓦纳大陆北缘不断扩张、裂离、对接、碰撞而形成的复杂地区(潘桂棠等,1997;任纪舜等,1999)。测区位于青藏高原腹地素有"地质百慕大"之称的松潘—甘孜地区(许志琴等,1992),是近东西向构造线向近南北向构造线转弯的弧形过渡地带,其大地构造位置属东特提斯构造域之三江—羌塘构造区(潘桂棠等,2002),跨甘孜—理塘缝合带和可可西里—金沙江缝合带(图 5-1),经历了古特提斯复杂的演化过程,并受到新特提斯演化和高原隆升的重要影响,从而表现出了独具特色的构造样式和构造格局。本次区调的构造调查以板块构造和大陆动力学理论为指导,借鉴造山带填图中的新成果,通过野外路线调查和构造剖面测制,在查明测区构造变形特征及组合样式的基础上,建立区域构造变形序列,并结合区域构造、区域地层、岩浆作用和变质作用分析,探讨测区大地构造属性,进而划分测区构造单元,恢复大地构造演化历史。

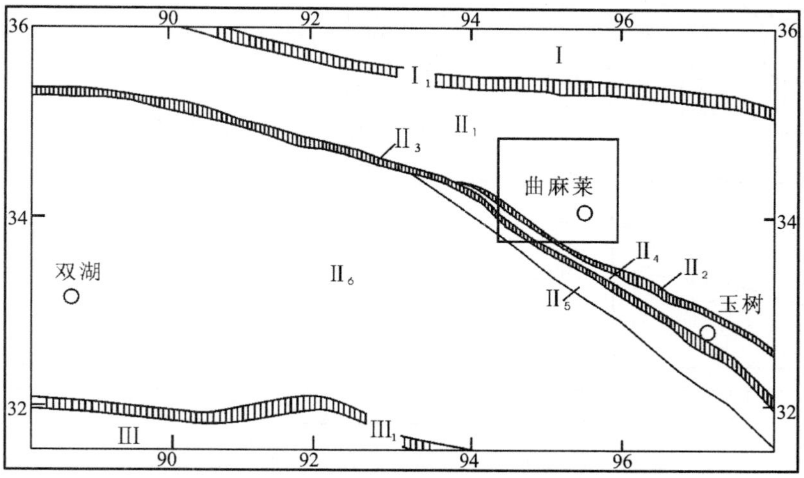

图 5-1　测区大地构造位置略图(据潘桂棠等,2002,略加修改)

Ⅰ. 华北陆块:Ⅰ$_1$. 南昆仑俯冲碰撞杂岩带;Ⅱ. 泛华夏大陆晚古生代羌塘—三江构造区:Ⅱ$_1$. 巴颜喀拉周缘前陆盆地,Ⅱ$_2$. 甘孜—理塘缝合带,Ⅱ$_3$. 可可西里—金沙江缝合带,Ⅱ$_4$. 德格—中甸陆块;Ⅱ$_5$. 治多—江达—维西弧火山岩带,Ⅱ$_6$. 昌都—兰坪中生代双向弧后盆地;Ⅲ. 晚古生代—早中生代冈底斯—喜马拉雅构造区:Ⅲ$_1$. 班公湖—怒江缝合带

第一节　构造单元划分

一、区域地球物理场及深部结构背景

1. 重力异常特征

布格重力异常是由于地壳、上地幔物质密度分布不均匀而产生的,是历史上发生的各种地质构造作用结果的综合反映,但主要是现代大地构造和岩石圈构造的反映。可可西里—巴颜喀拉三叠纪沉积盆地在青藏高原北部重力异常图上位于地幔深度由北向南和由东向西逐渐变深的幔坡带上(张以茀,1997)。沉积盆地南部边缘重力异常等值线稀疏、宽缓,布格重力值在－475～－520 毫伽之间,差值约 45 毫伽(图 5-2),反映了区内

低密度碎屑岩大致由北部阿俄口—色吾曲一线往南西的扎河—达纳地纳一线逐渐增多，地壳增厚，而在将青涌—达纳地纳之间形成以－520 毫伽为边界的似椭圆状封闭区，说明在该区低密度碎屑岩有一个近北西-南东向展布的褶皱或结晶基底凸起部位或基底凹陷区。另外，在通天河南缘帮巴涌至纳木龙生格一带及西南角工车涌一带，等值线具有呈北西向延展的条带结构，与北西向区域地质构造线方向相一致，而图区北东部等值线有南北向展布趋势，可能与南北向构造导致的密度不均匀有关。

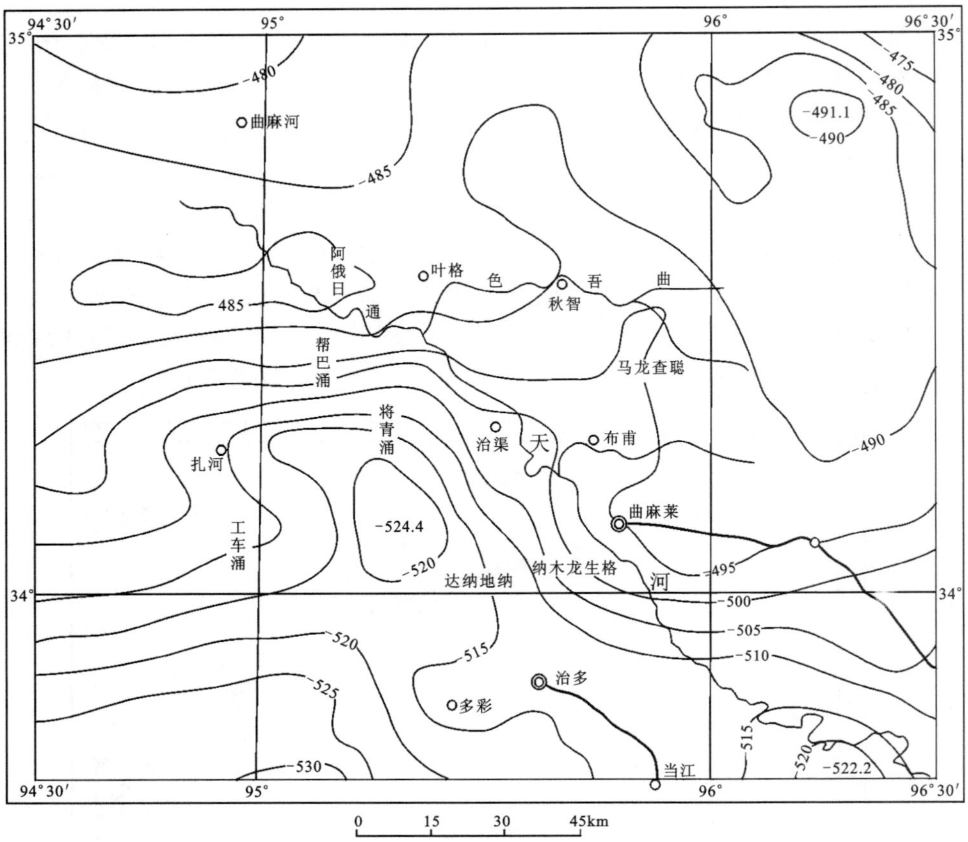

图 5-2　测区及邻区布格重力异常图(单位:毫伽)

2. 航磁异常特征

可可西里—巴颜喀拉三叠纪沉积盆地的磁场在全国航空磁力异常图(1∶400 万)上最显著的特征是平缓的负磁场区，周边为密集的正磁异常区围限(张以茀，1997)。平缓的负磁场区内呈现几条明显的磁异常带，测区则正位于玛沁—玉树之间的北西向异常带上，显示了区内存在相应的北西向的主要断裂构造和岩浆岩带。

测区航磁异常与构造单元之间有密切关系。磁场强度－25～35nT，在航磁 ΔT 等值线平面图上(图 5-3)，大致以通天河为界，以北为平缓磁场区，仅在秋智东存在一个呈椭圆状分布、异常值 10nT 的正异常及几个＋2～＋7nT 的异常点，反映岩层岩性单一，变化小；以南为－20～30nT 的高值磁场带，异常走向、变化幅度、组合特征以北西-南东方向展布为主。从地表看，由条带状分布的中酸性侵入岩和火山岩所引起，与北西向展布的区域构造特点相吻合。

3. 深部结构特征

根据可可西里—巴颜喀拉盆地主要部位的地球物理剖面和断面成果(张以茀，1997)，将测区深部结构特征简述如下：

(1) 软流层深度 90～120km 左右，岩石上地幔厚度 30～50km，显著低于柴达木盆地，显示了岩石刚性程度低、地壳活动性大的内部机制和活动区带特点。

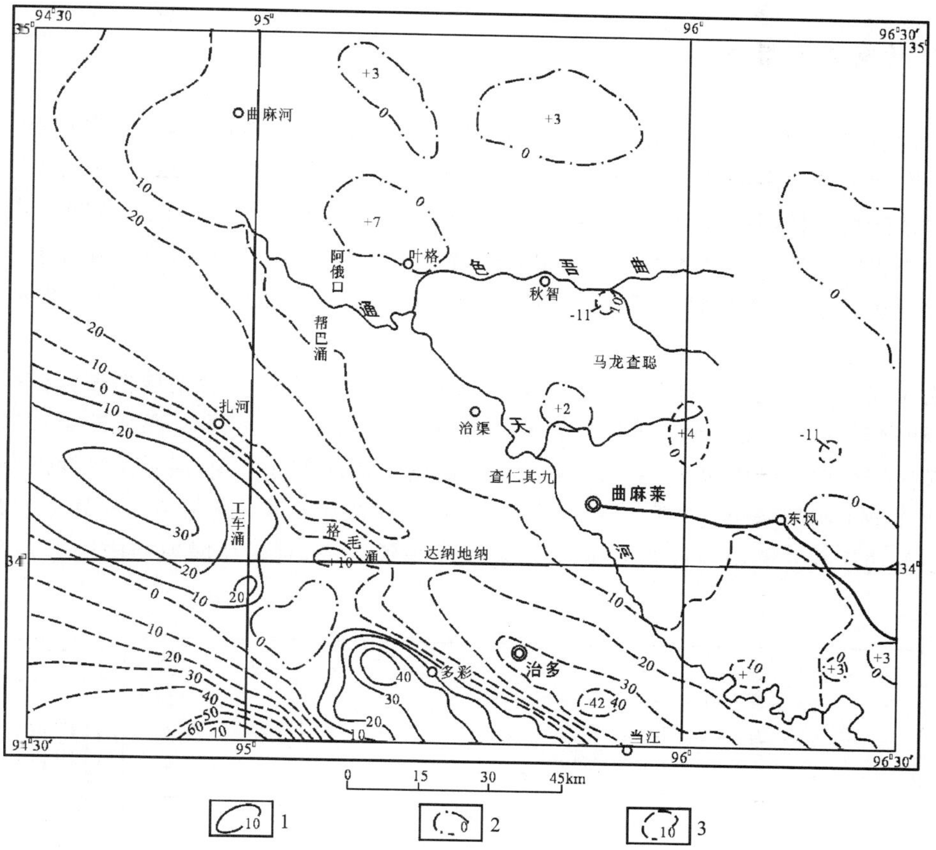

图 5-3　测区及邻区航磁异常平面图

1. 正等值线；2. 零等值线；3. 负等值线

(2) 测区下地壳厚度变化范围为 22～35km(平均约 30km)，具有物理性质的广泛一致性，推测其组成岩石主要是均一化程度和基性程度都比较高的早元古代—太古代地层和岩浆岩；底部出现厚 10km 左右的低阻层，分布较稳定，很可能是熔融程度较高的准固相塑性“岩层”，与区内岩浆岩成生关系十分密切。

(3) 测区上地壳结构相对复杂，纵横向变化也较大，但总体结构特征基本一致，均为早元古代以后的沉积地层和岩浆岩，均一化程度和基性程度均低于下地壳，泛称花岗岩层和沉积层。底部为低阻层，较为稳定，但连续性稍逊，反映了层间滑脱的存在和沉积界面性质的变化。深度 8～20km 区间上，不均匀分布着不够连续的低阻层，反映了沉积界面和层间滑脱发育程度的差异。

二、构造单元划分原则

构造单元的划分是整个区域地质调查研究工作中的基础和核心，它始终贯穿于区域地质调查与地质研究的全过程。本次工作中依据以下原则进行构造单元划分：

(1) 根据古特提斯扩张—消减—碰撞造山过程留下的不同构造地貌单元，结合区域构造背景、地球物理探测结果进行构造单元划分。

(2) 所划分出的构造单元应具有独立的地质演化历史，因而构造单元的边界应是分隔重大岩相带或造成岩相突变的大断裂。

(3) 造山带地区多期多阶段构造混杂造成复杂的构造变形组合，因此构造单元的划分必须抓住能体现构造单元地质主构造轮廓的主构造旋回特征。本次工作将缝合带和夹持于其间的陆块作为一级构造单元。

(4) 根据不同构造带区域地质发展过程中的沉积作用、岩浆活动、变质作用和构造活动及运动学、动力学机制的表现特征划分二级构造单元。

三、Ⅰ级构造单元划分

测区大地构造属性和构造单元划分上存在不同见解。青海省区调综合地质大队(1993b)将测区构造单元划分为欧亚大陆西南活动大陆边缘，其中中东部为松潘—甘孜陆缘活动带，西南为巴塘裂谷及羌北—昌都—思茅陆块。任纪舜等(1999)将测区划属松潘—甘孜造山带、金沙江造山带和昌都地块。潘桂棠等(2002)对青藏高原及邻区的大地构造单元进行了重新划分，自北向南，测区分属于玉龙塔格—巴颜喀拉双向早期边缘前陆盆地褶皱带、郭扎错—西金乌兰湖—金沙江—哀牢山缝合带和芒康—思茅陆块。

依据本次调查中获取的沉积建造、岩浆活动、变质作用、变形特征，结合地球物理资料和前人的研究成果，借鉴潘桂棠等(2002)和任纪舜等(2004)的划分方案，即以西金乌兰湖—歇武断裂和乌兰乌拉湖—玉树断裂两条区域性深大断裂为界，将测区划分为巴颜喀拉周缘前陆盆地、通天河蛇绿混杂岩带和北羌塘—昌都地块3个Ⅰ级构造单元(图5-4)。为了简单明了地表示出本书构造单元的划分方案，对于被破坏的仅保留少量残块的三叠纪前构造单元，划分界线用虚线表示，对现今展现的构造单元，划分界线用实线表示。

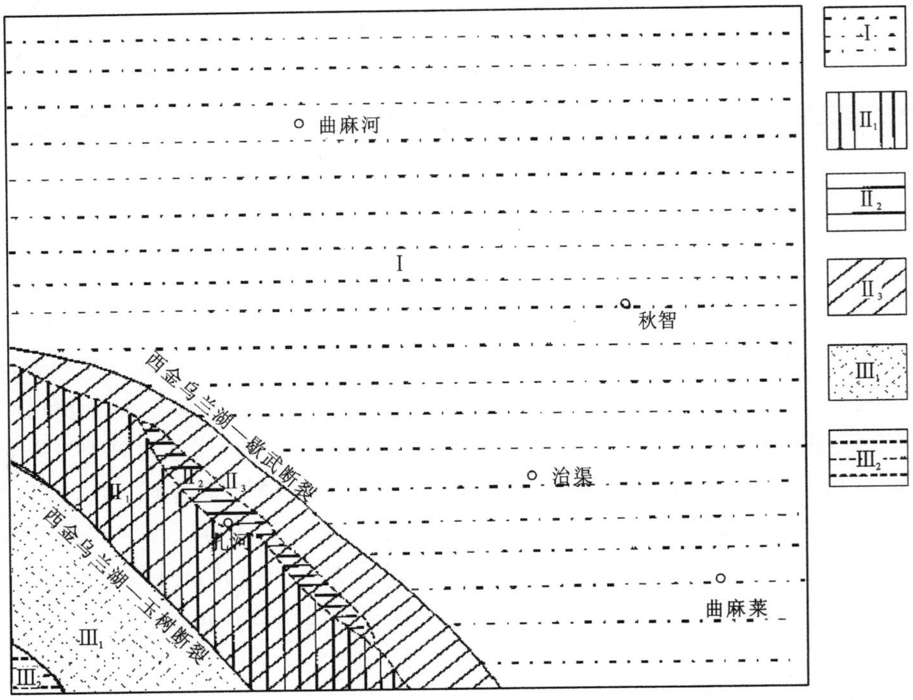

图5-4　测区前三叠纪Ⅰ级构造单元划分图

Ⅰ.巴颜喀拉周缘前陆盆地；Ⅱ.通天河蛇绿混杂岩带[$Ⅱ_1$.金沙江蛇绿岩带；$Ⅱ_2$.扎河中间地块(中咱—中甸陆块)]；$Ⅱ_3$.甘孜—理塘蛇绿岩带)；Ⅲ.北羌塘—昌都地块；$Ⅲ_1$.巴塘陆缘火山弧；$Ⅲ_2$.昌都弧后前陆盆地

(一) 巴颜喀拉周缘前陆盆地

该构造单元主体南界以口前俄哇—达纳地纳断层(区域上为西金乌兰湖—歇武断裂在图内延伸部分)同通天河蛇绿混杂岩带分界，呈北西-南东向展布，在区域上是著名的可可西里—松潘甘孜三叠纪沉积盆地的一部分。该盆地的构造属性，一直是地学界关注的重大问题，焦点是盆地基底的性质，即华力西期是洋盆，还是存在一个统一的前寒武结晶基底。张以茀(1997)认为其基底背景复杂，总体是新生成的华力西褶皱带与稳定地块的条块组合格局；黄汲清和陈炳蔚(1987)、刘增乾(1990)及殷鸿福等(1999)认为存在前寒武纪变质基底，而许志琴等(1992)、潘桂棠等(1997)、Sengor(1984)和Coward(1990)等则认为是华力西期洋壳基底。最新的1∶25万地质填图成果证明：该盆地基底不是特提斯洋壳，而是奠基在劳亚大陆南缘之上的周缘浊积盆地(任纪舜等，2004；张雪亭等，2005)。

1. 沉积特征

该构造单元内出露的最老的和分布最广的地层为巴颜喀拉山群。三叠纪时期，区内沉积了一套半深海—深海相的复理石建造，以滑塌沉积和浊积扇沉积最为发育。其物源区为活动大陆边缘并靠近大陆岛弧的构造环境。晚三叠世末期，松潘—甘孜陆缘活动带全面褶皱回返。据测区和区域资料，巴颜喀拉山地区从诺利期末处于隆升剥蚀环境，以至缺失瑞替期到新近纪中新世沉积。上新世，沿山间盆地堆积了陆相红色磨拉石建造。

2. 变质作用和岩浆作用

该构造单元遭受区域低温变质作用，形成了一套低绿片岩相组合，叠加了后期区域动力变质作用。岩浆活动弱，仅见有燕山期中酸性岩侵入，规模小，呈岩株状产出，岩石地球化学特征具有岛弧岩浆演化特点。

(二) 通天河蛇绿混杂岩带

根据测区构造单元划分的独特性，结合区域资料与测区构造表现，将通天河蛇绿混杂岩带划分为金沙江蛇绿岩亚带、扎河中间地块(中咱-中甸陆块)、甘孜-理塘蛇绿岩亚带3个Ⅱ级构造单元(详见第六章第一节)。

1. 沉积特征

该构造单元以晚三叠世地层为主，夹少量中新元古代、泥盆纪、石炭纪—二叠纪和侏罗纪地层的构造岩块。按岩性可见两类岩块：大理岩化灰岩和中级区域变质岩(变质火山岩、角闪斜长变粒岩、蚀变辉长岩、硅质岩等)。前一类岩石主要见于查九涌—曲日青日群及扎河—傲玛涌一带，呈长透镜体状或串珠状产出，长轴方向多与构造线走向一致或小角度斜交，多数情况下构成孤峰地貌，规模悬殊，大者500m×4 000m，小者长轴仅数十米不等，局部尚见中基性熔岩呈网脉状穿插其中；后一类岩块出露数量较少，规模通常亦小，零星见于查九涌、它色克涌及邦巴塘曲卡等地，被砂板岩所包裹，与围岩呈断层或韧性剪切带接触，变质程度明显高于围岩，经过区域对比，将其分别归入石炭系—二叠系和中新元古界。从侏罗纪—古近纪起，区内遭受剥蚀。本次工作在扎河附近新发现的侏罗系，代表了造山后期弧后盆地的磨拉石建造。新近纪局部发生断陷或凹陷，形成断陷盆地，沉积了陆相红色磨拉石建造，与下伏地层角度不整合接触。

2. 变质作用和岩浆作用

该构造单元受区域低温动力变质作用，形成了一套板岩级低绿片岩相，叠加了后期动力变质作用。同时，区内出现少量斜长角闪变粒岩岩块。岩浆活动作用强烈，发育印支期—燕山期中酸性侵入岩，多以复式岩体出现，但岩体规模小，多呈岩株状产出，岩体空间分布明显受北西向深大断裂西金乌兰—歇武断裂(F_{33})和乌兰乌拉—玉树断裂(F_{37})控制，其长轴与区域构造线方向基本一致，岩石地球化学特征具有岛弧型岩浆演化特点。

(三) 北羌塘-昌都地块

该构造单元位于测区西南部，呈北西向带状展布，其北东以乌兰乌拉湖—玉树断裂为界同通天河蛇绿混杂岩带相邻，东西两端延伸出图，区内控制长度约62km，宽度约39km。该单元又可分为两个Ⅱ级构造单元(巴塘陆缘火山弧和昌都弧后前陆盆地)，与甘孜—理塘蛇绿岩带一起构成了完整的沟-弧-盆体系。

1. 巴塘陆缘火山弧

(1) 沉积特征

晚三叠世早期随着金沙江洋闭合，在北羌塘陆块的前陆地区上形成挤压坳陷盆地，沉积了一套气候炎热条件下的滨浅海相陆源碎屑岩系，中期沉积浅海相碳酸盐岩建造，并在应力集中地区形成火山岛弧，晚期沉积了海相碎屑岩。晚三叠世末期，印支运动(主幕)使该区海水退出，上升成为陆地。侏罗纪—白垩纪处于剥蚀阶段，始新世—上新世，由于受印度板块与欧亚板块碰撞的影响，区内产生差异性升降，形成断陷盆地，沉积了沱沱河组和雅西措组红色磨拉石建造。

(2) 变质作用和岩浆活动

该带内变质作用轻微，以埋深变质作用为主；动力变质作用发生于断裂带上，形成构造角砾岩、构造碎裂岩和构造碎粒岩等。该岩浆活动带火山活动强烈，集中于晚三叠世，具有多中心、多期次特征，主要为中基性、中酸性火山喷发，为岛弧火山岩性质。

2. 昌都弧后前陆盆地

该单元仅在图幅西南角出露，出露面积较小，具体构造特征不清楚。

第二节　构造运动及构造层划分

一、构造运动

测区存在中新元古代、泥盆纪、石炭纪—二叠纪、三叠纪及其以后的地质事件记录，应经历了晋宁、加里东、华力西、印支、燕山和喜马拉雅等构造运动，特别是三叠纪期间，印支运动在测区打下了深深的烙印。古特提斯封闭后，仍遭受了来自怒江缝合带以南的新特提斯演化的影响，新构造运动特征明显。

(一) 晋宁运动

在测区扎河西部的查九涌、曲日青日群等地新发现了一套斜长角闪变粒岩、大理岩，与外围晚三叠世克南群呈脆韧性或脆性断层接触，出露面积很小。通过区域对比，将其归入中新元古代宁多杂岩，代表测区晋宁期的结晶基底，意义重大。

(二) 加里东运动

测区未出露寒武纪至志留纪的地层，根据区域资料，该时期总体上处于稳定的地块发育阶段，构造运动以整体上升为主。

(三) 华力西运动

测区扎河附近出露少量泥盆系依吉群，与上覆地层呈断层或角度不整合接触。中二叠统九十道班组出露较少，与上覆地层断层接触。根据区域资料，在唐古拉地区，表现为中、下二叠统角度不整合接触关系，说明中二叠世末期的华力西挤压造山运动在整个青藏高原普遍存在，其性质以抬升作用为主，标志着冈瓦纳与西伯利亚陆缘碰撞造山作用结束，潘吉亚大陆最终形成(任纪舜，2004)。

(四) 印支运动

印支运动在测区表现十分强烈，是最主要的构造运动。区域上存在早、晚两幕。

1. 早印支期构造运动

早印支运动发生于中三叠世晚期，表现为差异性升降运动，沉积中心由北向南迁移。这次运动使区内发生沉降，接受晚三叠世沉积，形成多种同期异相的沉积建造。

2. 晚印支期构造运动

发生于晚三叠世瑞替期，是印支运动的主幕，具划时代意义。在测区内表现为普遍缺失瑞替期的沉积和上三叠统与侏罗系之间为角度不整合接触。该期构造运动为弧-陆碰撞造山运动，使得陆块火山弧逆冲于羌塘—昌都陆块和发生弧后盆地褶皱隆起，最终转化为陆地，并伴有区域低温动力变质作用和中酸性岩浆的侵入。松潘—甘孜地区全面褶皱回返，结束海相沉积史。

（五）燕山运动

区内侏罗系仅在扎河附近有所出露，面积较小，缺失白垩系的沉积，但北西向断裂构造的重新复活、北西向复式褶皱的形成、通天河构造混杂岩带发育中韧性剪切带及时限为186～130Ma的中酸性岩浆侵入等地质作用，均说明测区经历了强烈的燕山期构造运动。

（六）喜马拉雅运动

喜马拉雅运动在区内表现为间歇性差异性抬升，始新世—渐新世、上新世时期沿断陷盆地沉积了红色磨拉石建造和含膏岩建造。区内始新系沱沱河组和上新世曲果组均发育底砾岩，与上覆第四纪之间呈微角度不整合接触关系，说明古近纪初期、古近纪末期和新近纪末期区内发生过较为强烈的抬升。第四纪以来，区内新构造运动十分强烈，表现为现代地震活动频繁、两级夷平面、两级阶地和深切河谷发育等，显示了间歇性抬升的特点。

二、构造层划分

构造层是相对稳定地块上地质作用的综合纪录，是沉积建造、岩浆作用、变质作用、构造变形的综合反映。沉积建造和岩浆建造是构造层的基本物质组成，不同构造层具有不同的建造及构造变形记录。不同沉积建造的纵向叠置关系反映了构造层的时间序列。地史过程中地质发展演化史是通过分析不同构造层的时间序列而得出的。对测区构造变形调查的结果显示：测区构造层具有浅表层次构造变形特征，以脆性变形为主，见少量韧性变形或脆韧性变形。

区内出露地层为前古生代变质地层至新近纪地层。通过野外调查识别出侏罗纪地层与泥盆纪地层之间、古近纪地层与三叠纪地层之间、新近纪地层与三叠纪地层之间、第四系与前第四系之间等几个角度不整合接触界面。尽管测区没有见到侏罗纪地层与三叠纪地层之间的接触关系，但结合区域特点，经过综合分析，认为侏罗纪与三叠纪地层应为角度不整合接触关系。以上述的区域角度不整合面为标志，按照不同时期沉积建造、岩浆作用、构造变形特征，测区可划分出6个构造层(表5-1)。

表5-1 测区构造层特征表

构造层	沉积建造	岩浆活动	变质作用	构造变形
第四系构造层	陆相碎屑建造			夷平面，河流阶地，地震
新近系构造层	陆相磨拉石建造		动力变质	老断层继承性活动，古近系地层形成宽缓褶皱
古近系构造层	陆相磨拉石建造		动力变质	老断层继承性活动

续表 5-1

构造层	沉积建造	岩浆活动	变质作用	构造变形
侏罗系构造层	陆相磨拉石建造和碎屑岩建造	中酸性岩浆岩侵入	动力变质,接触变质	韧脆性断层、老断层复活、北东向或近东西向平推断层形成
三叠系构造层	碎屑岩、碳酸盐夹火山岩建造	基性—酸性火山岩喷发	区域动力变质,接触变质,动力变质	脆性断层,线状褶皱
前三叠系构造层	海相碎屑岩、碳酸盐夹火山岩建造	中基性岩浆喷发	区域变质,动力变质	韧性断层、脆韧性断层、构造岩块

(一) 前三叠系构造层

该构造层出露的前古生代变质地层、泥盆系、中二叠统各自与围岩或上下地层均为断层接触。根据区域资料,晚古生代的裂谷作用在青藏高原具有普遍性,是构造演化中具有里程碑性质的事件(赵政璋等,2001a),测区内所涉及的金沙江裂谷带是高原最早发生引张作用的裂谷带之一,该裂谷带两侧于晚泥盆世出现了强烈的火山活动,喷发了中基性和中酸性火山岩,形成于洋脊初始扩张构造环境(四川省地矿局,1997),标志着裂谷作用的发生。

(二) 三叠系构造层

该构造层出露上三叠统巴塘群、克南群、巴颜喀拉山群。巴塘群属岛弧环境下的火山沉积建造,克南群为板块俯冲的混杂岩,而巴颜喀拉山群为陆源前陆盆地复理石建造。主体构造线呈北西-南东向展布,构造变形以韧脆性断层、脆性断层及线状褶皱为主。

(三) 侏罗系构造层

该构造层底部为磨拉石建造,发育为海陆交互相碎屑岩建造,有中酸性岩浆岩侵入。主体构造线继承三叠系构造层,呈北西-南东向,构造变形以老断层的复活、复式褶皱的形成及少量的北西向韧性剪切为特征。

(四) 古近系构造层

该构造层为陆相磨拉石建造及红色含膏盐碎屑岩建造,构造线呈北西-南东向,构造变形以发育北西宽缓褶皱及北西向断层继承性活动为主要特征。

(五) 新近系构造层

该构造层为陆相磨拉石建造,主要显示宽缓褶皱和单斜构造变形,具有区域差异性剧烈隆升及局部掀斜作用特点。

(六) 第四系构造层

该构造层,以多期次整体隆升和老断裂的复活为主。

第三节 构造变形特征和序列

测区经历了多期构造运动,不同期次的构造变形相互叠加,构成了现今的构造面貌。测区构造线总体呈北西-南东向，发育大量北西-南东向断裂和褶皱构造及少量北东向或东西向断裂构造(图 5-5)，下面按Ⅰ级构造单元进行描述。

一、巴颜喀拉周缘前陆盆地

(一) 褶皱构造

1. 基本特征

该构造单元变形特征以紧闭线状褶皱、走向断裂发育为主，叠加开阔平缓的短轴褶皱，属浅表构造层次的脆性变形。紧闭线状褶皱的两翼及核部地层均为三叠纪巴颜喀拉山群，表明褶皱形成于印支晚期或末期。褶皱受走向断裂控制，倾角较陡，并遭受走向断层的破坏。开阔平缓的短轴褶皱卷入了曲果组地层，形成于上新世。

该构造单元褶皱构造的基本特点为：

(1) 所有褶皱的走向基本上与整个构造带的延伸方向一致，呈北西-南东向展布。

(2) 整个带内的背斜和向斜呈连续波状，基本同等发育，布满全区。

(3) 褶皱轴面倾向北东、南西(北东向多于南西向)，倾角较陡。褶皱核部及两翼劈理发育，劈理产状与轴面产状平行或小角度相交。

(4) 不同级别的褶皱往往组合成巨大的复背斜和复向斜，并伴有叠瓦状断层。

(5) 组成复背斜(或复向斜)的次级褶皱大多比较紧闭，且自复背斜(或复向斜)核部向两翼次级褶皱常由直立褶皱变为斜歪褶皱、同斜褶皱。

(6) 次级从属褶皱的形态在不同地点表现出不同类型，有“N”型、“S”型、“M”型等。

2. 褶皱形态描述

前陆盆地褶皱构造十分发育，现择其代表性的褶皱描述如下(其他褶皱从略)。

(1) 曲麻河复向斜(褶皱编号 2)

该复式向斜西起曲麻河乡，经哈格扎玛、华它查加至歇陇仁保，全长约 108km，宽 4～8km，由一系列北西向展布的线状向斜或背斜组成，次级褶皱轴面近直立或略北东倾，多呈紧闭或中常形态，褶皱核部地层为 TB_3^b 或 TB_3^c，两翼为 TB_3^b。两翼遭受北西-南东向断裂 F_1、F_3、F_4 断裂破坏。该褶皱形成于印支期。

(2) 安姑岗复背斜(褶皱编号 6)

位于测区东北部，核部大致分布于先锋加移—安姑岗—张驰一线，由多个次级向斜、背斜组成，呈北西-南东向展布，长大于 69km，宽 10～23km，核部为 TB_3^a，两翼为 TB_3^b。轴面近直立，枢纽呈波状起伏，总体向北西倾伏。核部受 F_{13} 断裂破坏，北东翼受 F_{14} 断裂破坏，南西翼受 F_{10}、F_{12} 断裂破坏。层间褶曲发育，地貌上组成丘陵。该褶皱形成于印支晚期，继承性活动可延续到喜山期(图 5-6)。

(3) 贡玛陇赞姑复向斜(褶皱编号 5)

该复式向斜西起拉则浪百赞姑，经贡果亚岗陇、秋智至东南的布格雄钦延伸出图，全长约 14km，宽 10km(图 5-7)。向斜核部地层为 TB_4，两翼为 TB_3^c。该复式向斜由一系列次级线状褶皱组成，次级褶皱多呈紧闭或中常形态，轴面近直立或北东倾，倾角较陡，核部地层中劈理发育。复向斜轴面南西倾，枢纽北西向倾伏，两翼遭受北西向断裂破坏，北东翼在秋智乡附近见花岗闪长斑岩脉侵入。

(4) 老日塞吉复背斜(褶皱编号 17)

该复背斜大致分布于测区纳考拉美，经老日塞吉至纳塞窝玛一带，长约 90km，宽 5～15km，由一系列小型次级向斜、背斜组成，次级褶皱多呈北西-南东向展布，小型线状或短轴状，轴面多数近直立或向北东陡倾，少量向南西倾。复背斜枢纽走向北西-南东，平面上略为波状摆动，向两端倾伏，北西端延伸出图，东南端被新近系及第四系覆盖。该复背斜核部出露地层为 TB_3^c，两翼地层为 TB_4，岩层产状变化频繁，节理、劈理发育，多处见石英脉沿裂隙充填。该复式背斜在卫片上可见较为明显的影像特征。该

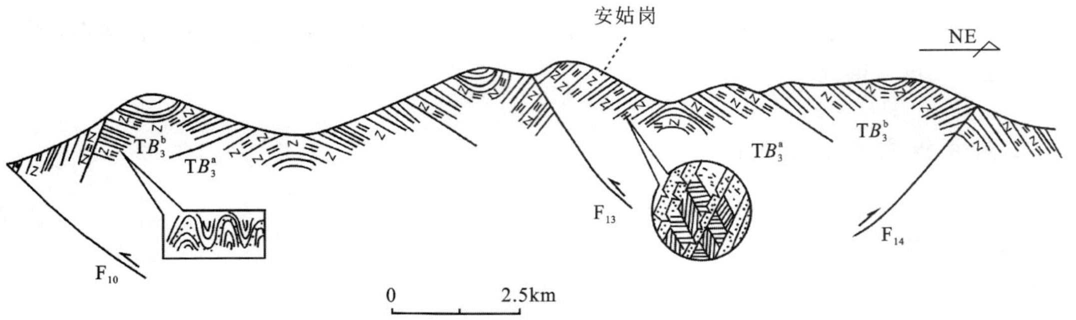

图 5-6　安姑岗复式背斜剖面图
（青海省区调综合地质大队，1993a）

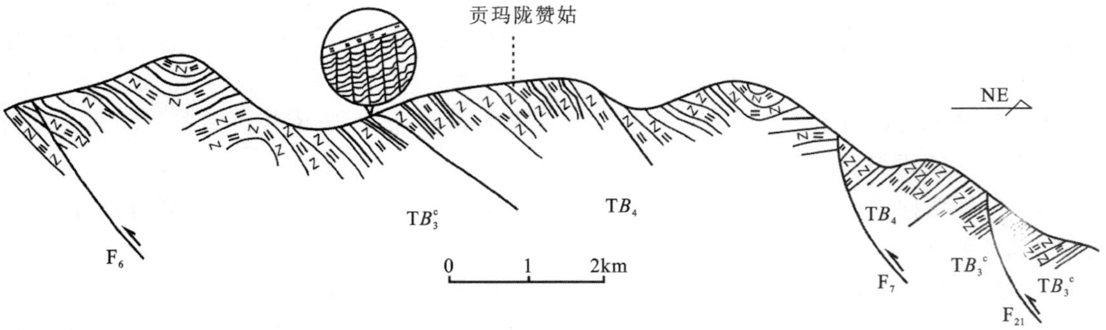

图 5-7　贡玛陇赞姑复式向斜剖面图
（青海省区调综合地质大队，1993a）

背斜形成于印支晚期，后于燕山期、喜山期重新活动。

（5）知荀奶翁复背斜（褶皱编号 26）

大致分布于测区中部的知荀奶翁、日阿让交日至傲玛扎奶一带，由一系列北西-南东向展布的次级向斜、背斜组成，总体呈北西-南东向，长约 84km，宽 10～15km。核部出露地层为 TB_3^c，两翼地层为 TB_4。次级褶皱多呈北西-南东向，线状或短轴状，两翼夹角 20°～60°不等，两翼岩层产状倾向变化频繁，倾角 50°～70°，褶皱轴面近直立或向北东陡倾。靠近复背斜核部的次级褶皱较两翼分布的次级褶皱紧闭。复背斜轴面近于直立，枢纽向南东倾伏，北西端延伸出图，南西翼被口前俄哇—达纳地纳断层、安这塞断层破坏。该背斜形成于印支晚期，后于燕山期、喜山期重新活动。

该构造单元的其他褶皱特征见表 5-2。

表 5-2　测区巴颜喀拉周缘前陆盆地构造单元褶皱一览表

褶皱编号	褶皱名称	两翼岩层产状(°)		规模	野外特征	褶皱形态
		NE 翼	SW 翼			
1	扎陇康切向斜	220∠35	44∠45	长 10km，宽<1km	向斜轴面走向 305°，轴面近直立，核部劈理发育，两翼岩层产状相向，岩层对称出露，均为 TB_3^b	宽缓直立褶皱
3	宁各陇巴背斜	25∠37	220∠70	长 6.3km，宽<0.7km	背斜较紧闭，轴向 310°，轴面近直立，核部劈理发育，节理密集，沿裂隙见石英脉充填	斜歪褶皱
4	宁各陇巴向斜	225∠70	45∠38	长 6km，宽<0.5km	轴向 310°，轴面产状不清，沿褶皱核部形成负地形，地层中劈理发育 TB_3^b，两翼岩性对称，产状相向，且倾角变化频繁	斜歪褶皱

续表 5-2

褶皱编号	褶皱名称	两翼岩层产状(°)		规模	野外特征	褶皱形态
		NE 翼	SW 翼			
7	蜘那岗疆向斜	35∠9	185∠5	延伸长 4km，宽＜3.7km	轴向 295°，轴面产状不清，向 SE 倾伏，出露 N_2q 地层，两翼岩层产状较缓，岩性相似	宽缓褶皱
8	那曲向斜	220∠35，210∠65	35∠50，35∠70	长 23km，宽 2～3km	核部及两翼地层均为 TB_3^b，岩层产状相向，岩性对称出现，褶皱轴走向总体 NW-SE，平面上呈舒缓波状，向西延伸出图，向东受 F_{24} 断裂破坏	宽缓开阔褶皱
9	那曲背斜	31∠75，40∠42	210∠65，215∠55	图内延伸长 13km，宽 1.5～2.5km	褶皱轴面走向总体 NW-SE，枢纽平面上波状，核部及两翼地层均为 TB_3^b，岩层产状相背，核部在地貌表现为河谷	宽缓开阔褶皱
11	各式各雅向斜	230∠40	45∠42	图内延伸长 3.8km，宽 0.8km	呈 NW-SE 向展布，向西被 F_{16} 断裂破坏，向东延伸出图，出露地层为 TB_3^c，两翼岩层对称出现，产状相向，倾角基本一致，轴面近直立	直立中常褶皱
12	各式各雅背斜	40∠60	220∠45	长 7.5km，宽 2～3km	呈 NW-SE 向展布，向西被第四系掩盖，向东延伸出图，出露地层为 TB_3^c，产状相背，倾角略有变化，轴面由倾向 NE—近直立—倾向 SW 频繁变化，核部地层中劈理发育	斜歪褶皱
13	拉陇贡玛向斜	215∠55	30∠70	长 7.5km，宽 1～3km	核部及两翼地层均为 TB_3^b，剥蚀严重，形成负地形，核部岩层中劈理发育，局部见白色石英脉，轴面波状起伏，总体向 NE 向陡倾	宽缓斜歪褶皱
14	仙陇仁保向斜	220∠45	50∠55	长 10km，宽 1～2km	褶皱枢纽向西扬起，总体岩性对称出现，产状相向，倾角基本一致，轴面近直立，核部地层中劈理发育，两翼岩层层面上见多组擦痕	直立中常褶皱
15	加子陇日翁背斜	35∠50	220∠40	长 10km，宽 1～2km	褶皱总体 NW-SE 向展布，向西扬起，向东被 NW 向 F_{22} 断裂破坏，核部及两翼地层均为 TB_3^b，两翼岩性对称出现，产状相背，倾角略有变化，核部地层中劈理发育，劈理产状与轴面产状基本一致	直立中常褶皱
16	孔阿陇巴玛赞姑背斜	40∠60	225∠60	长 14km，宽 2～3km	枢纽走向 NW-SE 向，平面上略为波状变化，核部及两翼地层均为 TB_3^c，核部剥蚀较强，多呈山沟负地形，两翼岩层对称出现，岩层产状相背，各处倾角略有变化，总体差别不大，轴面近直立	直立紧闭褶皱

续表 5-2

褶皱编号	褶皱名称	两翼岩层产状(°)		规模	野外特征	褶皱形态
		NE 翼	SW 翼			
18	知苟贡玛背斜	30∠50	220∠50	长 4km，宽 1km	枢纽走向约 120°，两翼产状相背，倾角相差不大，轴面近直立。褶皱核部及两翼地层为 TB_3^a，核部地层中劈理发育	直立紧闭褶皱
19	扎加劳修复向斜	倾向 SW，倾角 50～70	倾向 NE，倾角 48～75	长 84km，宽 10km	西起扎加劳修，经日那尕卡至治渠乡，由众多 NW-SE 向展布的次级褶皱组成，次级褶皱规模较小，呈线状或短轴状，轴面近直立或向 NE 陡倾，少数向 SW 陡倾，以紧闭或中常直立或斜歪形态出现。向斜核部地层为 TB_3^c、TB_3^b，两翼地层为 TB_3^b。枢纽总体呈 NW-SE 向，平面上略为摆动，呈“S”形，向西倾伏。西北端被 F_{30} 破坏，东南端被 F_{38} 破坏。向斜通过处地貌上表现为断续的条状山脊，SW 翼为深切的通天河河谷	
20	秋智向斜	220∠65	45∠45	长 17km，宽 0.5km	向斜核部及两翼出露地层均为 TB_3^b，两翼岩性对称出现，产状相向，倾角略有变化，核部地层劈理发育，剥蚀强烈，常形成负地形。轴面近直立，枢纽走向 320°～330°，西端被 F_9 断裂破坏	宽缓直立褶皱
21	北翁查叶背斜	50∠45	240∠50	长 33km，宽 1～2km	NW 起于北翁查叶，向 SE 延伸至年廓，出露地层为 TB_3^c，两翼岩层对称出现，产状相背，倾角基本相当，轴面近直立，核部地层中壁理发育，岩层较破碎，褶皱 SW 翼被 NW 向 F_9 断裂破坏	直立褶皱
22	龙玛陇向斜	倾向 SW，倾角 50～65	倾向 NE，倾角 50～65	长 29km，宽 1km	西起扎陇查科，东至果松保地延伸出图，总体走向 NW-SE，核部地层为 TB_3^b、TB_3^a，SW 翼被 F_9 断裂破坏，未见 TB_3^a 地层出露。在卫片上可见到较明显的影像特征	宽缓斜歪褶皱
23	秋智背斜	50∠50	235∠50	长 11.5km，宽 0.5km	NW-SE 向展布，涉及地层为 TB_3^b，两翼岩性对称出现，产状相背，倾角大致相同，轴面近直立。背斜核部劈理发育，剥蚀严重，呈负地形	紧闭直立褶皱
24	马龙查聪背斜	倾向 NE，倾角 55～70	倾向 SW，倾角 50～70	长 58km，宽 0.5～1.km	西起达钦陇巴经马龙查聪至歇陇仁保，枢纽走向 NW-SE，核部及两翼出露 TB_3^c 地层。两端岩性对称出现，产状倾向相背，倾角相差不大，轴面总体近直立，局部陡倾	直立紧闭褶皱

续表 5-2

褶皱编号	褶皱名称	两翼岩层产状(°)		规模	野外特征	褶皱形态
		NE 翼	SW 翼			
25	华它查加向斜	倾向 SW，倾角 40～50	倾向 NE，倾角 470～55	长 42km，宽 0.7～1.5km	西起华它查加，东经托毛纳交至歇陇仁果，卷入地层为 TB_3^b，两翼岩性对称出现，产状相向，倾角略有变化。核部地层中劈理发育，剥蚀严重，多呈负地形，局部被 N_2q 或第四系掩盖	斜歪被皱
27	托俄扎毛纳交背斜	倾向 NE，倾角 45～55	倾向 SW，倾角 45～55	长 17km，宽 1km	西起扎尕窝玛，东至托俄扎毛纳交，枢纽总体走向 NW-SE，平面上略为波动。涉及地层为 TB_3^b，两翼岩层对称出露，岩层产状倾向相反，倾角大体一致。轴面近直立或向 NE 陡倾	斜歪或直立褶皱
28	扎那绘义复向斜	倾向 SW，倾角 50～60	倾向 NE，倾角 45～70	长 53km，宽 3～4.5km	西起康巴亚娘经扎那给义至多日老龙，西端被 F_{31} 断裂破坏，东端被达考岩体破坏，由一系列小型次级褶皱组成，次级褶皱多呈线状或短轴状紧闭直立或斜歪形态。核部出露 TB_4 地层，两翼出露 TB_3^c 地层，两翼岩性对称出现，产状相向，各处倾角变化频繁，总体较陡，岩层中劈理、节理发育	
29	索息查牙向斜	210∠65	50∠50	长 15km，宽 1km	核部及两翼地层均为 TB_3^b，两翼岩性对称出现，岩层产状相向，倾角略有变化，轴面总体向 NE 陡倾，两翼被 NW 向断裂所破坏	斜歪褶皱
30	扎尼贡卡向斜	230∠50	50∠75	长 10km，宽 0.8km	枢纽走向 NW-SE，涉及地层为 TB_3^b，两翼岩性对称出现，岩层产状相向，倾角差异较大，轴面向 NE 陡倾	斜歪褶皱
31	扎尼贡卡背斜	45∠50	235∠50	长 6km，宽 0.8km	出露地层为 TB_3^b，核部地层劈理发育，见石英脉，两翼岩性对称出现，产状相背	直立褶皱
32	坐西东向斜	45∠50	235∠45	长 12km，宽 0.5km	呈 NW-SE 向展布，出露地层为 TB_3^b，两翼产状相向。倾角变化不大。核部剥蚀严重，局部被第四系掩盖	直立紧闭褶皱
37	米介塞荣背斜	倾向 NE，倾角 40～70	倾向 SW，倾角 40～70	长 31.5km，宽 1km	西起米介塞，东延至穷将多日老龙，被达考侵入体破坏。核部地层为 TB_3^c，两翼地层为 TB_3^c、TB_4。两翼岩性对称出现，岩层倾向相背，倾角沿褶皱带变化较大，但同一点上褶皱核部两侧倾角大体一致，轴面近直立	直立紧闭褶皱

（二）断裂构造

按断裂方向大致分为两组，即北西向和北东向。

1. 北西-南东向断裂

总体走向北西，倾向北东（少量南西），倾角 40°～75°，北东盘向南西盘逆冲共同组成叠瓦状褶皱—逆冲断裂组合形式。该构造带宽 50～800m，以脆性变形为主，发育构造碎裂岩、构造断块、构造角砾岩、构造泥岩、构造透镜体、石英脉和劈理化带等，断面平直或略弯曲，断面上见大量镜面和擦痕。断裂两侧常发育牵引褶皱、膝折。根据野外调查、地震、热释光等资料，表明该方向断裂构造在测区内具有多期次活动特征，形成于印支期，燕山期和喜山期重新复活，迄今为止仍在活动。根据该区北西向断裂密集成束的特点，可分 4 个主干断裂带简述如下（其余断裂从略）。

（1）巴颜喀拉山断裂带

该断裂带位于测区东北角，呈北西向展布，规模较大，分布于巴颜喀拉山及南北两侧，两端延伸出图，区内控制长度 12～70km，由 8 条近平行的逆冲断层组成，自北东至南西依次为 F_{19}、F_{18}、F_{17}、F_{16}、F_{15}、F_{23}、F_{14}、F_{13}。除 F_{14} 外，都为断面倾向北东的逆断层。地貌上负地形特征明显，卫片影像特征清楚。断层切割巴颜喀拉山群，并使上三叠统逆冲于古近系之上。沿 F_{14} 断裂，区域上挽近时期有多处地震发生和温泉分布。该断裂在航磁、重力图上也有所反映，热释光最新时限为 26.38 万年、25.888 万年（青海省区调综合地质大队，1993c），表明该断裂形成于印支期末，燕山期、喜马拉雅期重新活动，为迄今仍在活动的断裂（图 5-8），现择代表性断层描述如下，其他断裂特征列于表 5-3。

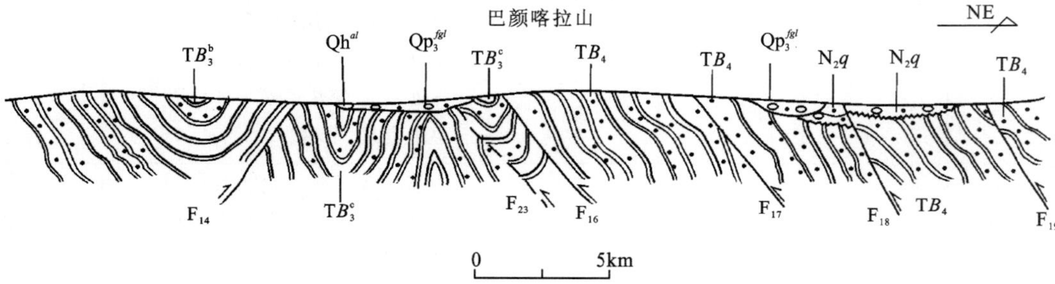

图 5-8　巴颜喀拉山断裂带组合特征构造剖面图（曲麻莱县秋智乡北东巴颜喀拉山）

表 5-3　巴颜喀拉山断裂带特征一览表

断层名称及编号	断层规模	产状(°)			野外观察及卫片影像特征	性质
		走向	倾向	倾角		
先锋加移—龙玛陇断层 F_{13}	长 51km，破碎带宽 50～800m	NW-SE	NE	50～70	断裂两侧地形反差明显；负地形发育，局部见断层三角面，沿断裂有上升泉出露，水系直角拐弯。破碎带宽度变化较大，其内充填构造碎裂岩、构造透镜体，沿碎裂岩裂隙充填白色石英脉，石英脉受后期改造极其破碎。沿断面两侧发育小型牵引褶皱。卫片上见清晰的 NW-SE 向线性影像	多期活动，显逆断层效应
仙仁陇保断层 F_{14}	长＞45km，破碎带宽 15～800m	NW-SE	SW	45～60	沿断裂带岩石破碎，产状零乱，碎裂岩、角砾岩、断层泥及构造透镜体发育，次级断面及节理常见，沿节理裂隙发育方解石脉、石英脉，石英脉遭后期改造，破碎、变形。卫片上线性影像清晰，两侧色调明显差异	逆断层

续表 5-3

断层名称及编号	断层规模	产状(°)			野外观察及卫片影像特征	性质
		走向	倾向	倾角		
各式各雅断层 F_{16}	长＞31km，破碎带宽 45～100m	NW	NE	40～55	负地形特征明显，沿断裂带多处见断层陡坎、断层三角面，破碎带中见断层角砾岩、断层泥、石英脉等，断层面上见擦痕、镜面。节理密集，岩石呈菱形块状。卫片上见清晰的线性影像	逆断层
仙陇仙巧断层 F_{17}	长＞26km，破碎带宽 100～200m	NW	NE	50	断层带中岩石破碎，产状紊乱，劈理发育，常见断层角砾岩、断层泥、断面擦痕及镜面。负地形明显，陡坎沿带分布，水系被错移，沿断层见系列上升泉分布。卫片上线性影像清楚	逆断层

① 托磁容断裂(F_{15})。位于测区东北角巴颜喀拉山主脊，呈北西-南东向展布，区内控制长 21km，破碎带宽大于 50m。卫片上见清晰的线性影像。沿断裂带见一系列陡坎，河流急拐弯。构造破碎带中常见构造碎裂岩和砂岩透镜体，断面倾向南西，倾角 48°～65°，断层两侧岩性差异明显，岩层产状不协调，上盘发育牵引褶皱。断层遭北东向平移断层错动。总体特征具逆断层性质(图 5-9)。

② 亚拉送赛保断层(F_{18})。位于测区东北角，呈北东向展布，区内控制长度 16km，破碎带宽度 35～200m。地形上北高南低，负地形明显，水系直角拐弯，上升泉发育。卫片上见清晰的线性影像。沿挤压带具明显分带特征(图 5-10)，构造角砾岩、断层泥、碎裂岩、石英脉和构造断块清楚，阶步、镜面、擦痕、牵引构造、扁豆体和劈理发育。断层切割 N_2q 地层，表明该断层为多期活动的逆断层。

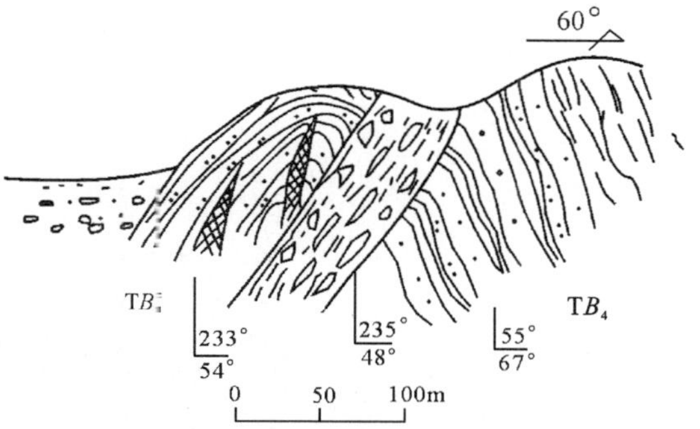

图 5-9　托磁容断裂特征示意图(据 D1105)

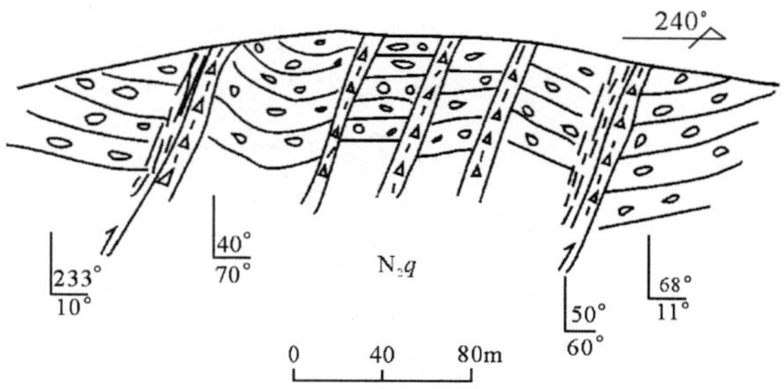

图 5-10　亚拉送赛保断层特征示意图(据 D1122)

③ 卡日扎究断层(F_{19})。位于测区东北角，呈北西-南东向展布，区内控制长约 10km，破碎带宽100～400m，断面倾向北东，倾角 50°～60°。卫片上见较明显的北西-南东向线性影像。破碎带中断层角砾岩、构造碎裂岩、挤压扁豆体和断层泥发育，断层面上阶步、擦痕明显。石英脉沿断层破碎带或断层两侧岩层中的裂隙分布，具后期挤压变形特征。断层两侧岩性变化不大，但产状变化明显，劈理发育，上盘牵引褶皱发育。根据其切割三叠纪及新近纪地层，推断其形成于印支晚期，燕山期和喜山期再次活动(图 5-11)。

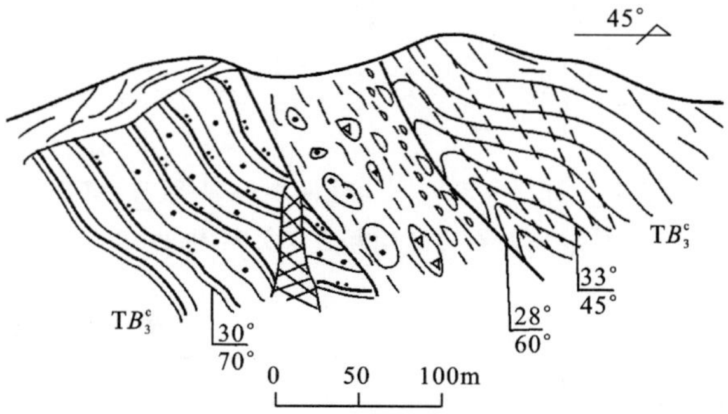

图 5-11　卡日扎究断层特征示意图(据 D1129)

(2) 秋智乡断裂带

位于测区的东北部，分布于昂日曲—秋智乡一线，两端延伸出图，区内控制长度 75～95km，由 8 条近平行的逆冲断层组成。该断裂带自北东而南西依次由 F_{12}、F_{11}、F_{10}、F_9、F_{21}、F_8、F_7、F_{28} 组成(图 5-12)，北西端被北东向 F_{27} 断裂左行平移。断面倾向北东，倾角 40°～70°，切割三叠系和新近系，卫片上线性影像特征清楚，沿断裂岩石极为破碎，产状紊乱，构造岩和石英脉发育。沿断裂见线状上升泉出露，山脊有被错动的迹象。中酸性侵入岩沿断裂分布。该断裂带形成于印支晚期，燕山期、喜马拉雅期复活，热释光测结果表明最新活动时限为3.7～11.403万年（青海省区调综合地质大队，1993b），表明挽近时期以来，仍在活动。代表性断层描述如下，其他断裂特征列于表5-4。

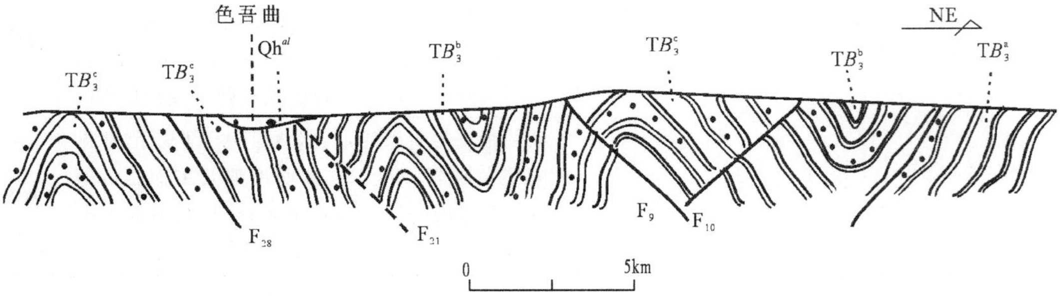

图5-12　秋智断裂带构造特征剖面图（曲麻莱县秋智乡）

① 昂日贡玛—昂日曲断层（F_7）。位于测区中东部，呈北西向展布，区内控制长约53km，宽50～200m，为断面倾向北东的逆断层，断层内发育断层泥、构造角砾、构造透镜体和碎裂岩等。断裂带及两侧岩层中石英脉发育，并见其被后期劈理改造现象（图5-13）。在卫片上具清晰的线性影像。沿断层带地貌上表现为线状陡坎、串珠状泉水和对头沟特点。

② 热合拉麦—色吾曲断层（F_{21}）。位于测区北东部，呈北西向展布，区内控制长85km，为断面倾向北东的逆断层。构造带宽度变化较大，其内发育碎裂岩、断层角砾、断层泥，断裂带中及两侧岩层中劈理发育，节理密集，并见网状石英脉充填。形成于印支期，燕山期及喜山期具继承性活动，为迄今仍在活动的活动性断裂构造（图5-14）。该断层在卫片上见清晰的线性影像。沿断裂带负地形明显，有上升泉出露，水系直角拐弯。沿断裂带有地震坑和地震台坎存在。

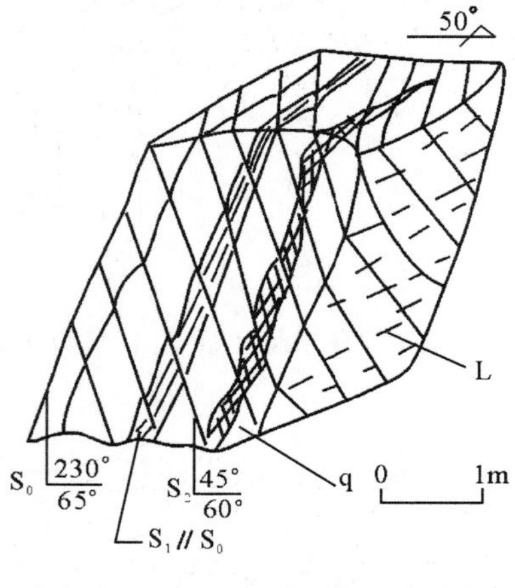

图5-13　昂日贡玛—昂日曲断层层理、板理、劈理、拉伸线理及石英脉相互交切关系图（D1035）

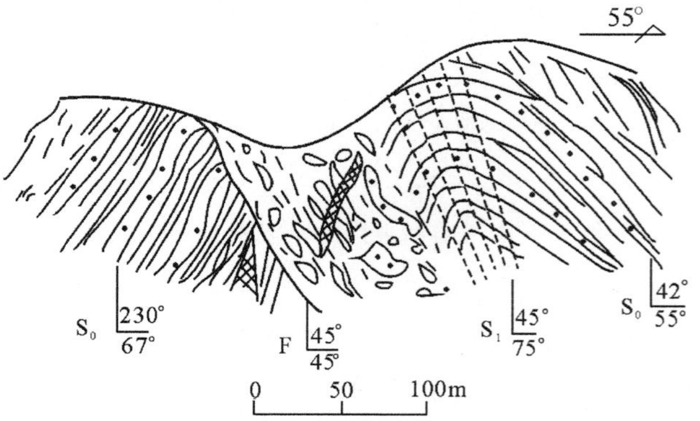

图5-14　热合拉麦—色吾曲断层特征示意（D1054）

表5-4　秋智乡断裂带特征一览表

断层名称及编号	断层规模	产状(°)			野外观察及卫片影像特征	性质
		走向	倾向	倾角		
拉则浪百断层 F_8	长＞22km，破碎带宽50m	120°	NE	65	断层两侧岩性差异较大，产状不一致，NE盘发育小型紧闭褶皱，断层附近岩层中劈理发育，节理密集。断层破碎带较宽，充填碎裂岩、构造泥岩、石英脉等。卫片上见清晰的线性影像	逆断层

续表 5-4

断层名称及编号	断层规模	产状(°)			野外观察及卫片影像特征	性质
		走向	倾向	倾角		
斜同加拉—向阳窝玛断层 F_9	长＞96km，破碎带宽 20～800m	NW	NE	45～65	负地形特征明显，陡坎呈线状分布，多处发育断层三角面。断层破碎带宽度变化较大，其内充填碎裂岩、角砾岩、断层泥、透镜体等。卫片上见清晰的线性影像	多期活动，最终显逆断层效应
婆罗从勤—张弛断层 F_{10}	长＞92km，破碎带宽 50～250m	NW	SW	30～45	沿断裂带见泉水出露，水系直角拐弯，局部发育断层陡坎或断层三角面。破碎带中岩石破碎，产状紊乱，碎裂岩、角砾岩、构造泥岩、石英脉相互混杂，石英脉或砂岩层面上具擦痕、磨光面、阶步等。卫片上见清晰的 NW-SE 向线性影像	多期活动，最终显逆断层效应
婆罗从勤断层 F_{11}	长 18.5km，破碎带宽 50m	NW	NE	45～50	断层破碎带中见构造碎裂岩、构造角砾岩、构造泥岩，断层两侧岩性差异较大，产状不一致，破碎带及附近发育石英脉。卫片上见清晰的 NWW-SEE 向线性影像	逆断层
诺扎赞姑—哈松俄玛断层 F_{23}	长＞75km，破碎带宽 50～100m	NW	NE	50～70	地貌上南高北低，负地形明显。断层破碎带中断块、断层角砾岩、断层泥发育，与 F_7 往北西合并。卫片上见清晰的线性影像	逆断层

(3) 叶格乡—曲麻莱断裂带

位于测区叶格乡至曲麻莱县北一线，两端延伸出图。区内控制长度 80～155km，由 4～6 条近平行的断裂组成，局部分叉、交汇。该断裂带自北东而南西依次为 F_6、F_5、F_4、F_3、F_1、F_{36}、F_{22}，断面主要倾向北东，倾角 40°～70°(图 5-15)，断裂带东南段(曲麻莱县北)被近东西向平移逆断层 F_{44} 切割，切割三叠系和新近系，地形地貌特征明显，航片上线性影像特征清楚。断层破碎带较发育，宽 40～300m，沿断裂带发育有构造角砾岩、构造透镜体、碎斑岩、碎裂岩和断层泥等，见有花岗质岩脉、石英脉和燕山期中酸性侵入岩分布，整个断裂带内岩石破碎，地层产状紊乱，劈理、节理构造发育。该断裂带形成于印支晚期、燕山期，喜马拉雅期复活，使上三叠统逆冲于新近系之上，控制了新近纪以来曲麻莱北断陷盆地、莱涌断陷盆地的形成、演化、发展。21 世纪以来沿断裂带区内有多次地震发生，表明该断裂带迄今仍在活动。代表性断层描述如下，其他断裂特征列于表 5-5。

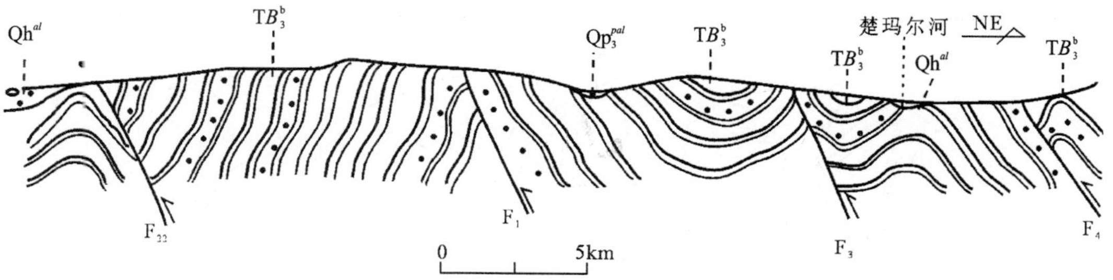

图 5-15　叶格乡—曲麻莱断裂带剖面图(曲麻莱县曲麻河乡西)

① 曲麻到走—马龙查聪断层(F_5)。位于测区中部，西起曲麻到走，经色吾曲、马龙查聪至曲麻莱县北东延伸出图，区内控制长 100km，为断面倾向北东的逆断层。构造破碎带由多个次级断面夹构造断块组成，次级断面中发育构造泥岩和构造角砾，断层上盘发育小型褶皱(图 5-16)。卫片上线性影像明显。地貌上常见断层陡坎、对头沟和错动山脊等。

② 拉则浪百—色吾曲断层(F_6)。位于测区中部，西起拉则浪百，经贡玛陇赞姑至色吾曲，区内控制

长 70km，为断面倾向北东的逆断层。沿断裂带掩盖严重，局部地带见构造角砾、碎裂岩、断层泥和石英脉等，断层两侧岩层产状紊乱，发育大量小型褶皱，岩层中劈理和节理发育。该断层在卫片上见时断时续的线性影像。

表 5-5　叶格乡—曲麻莱断裂带特征一览表

断层名称及编号	断层规模	产状(°)			野外观察及卫片影像特征	性质
		走向	倾向	倾角		
扎陇康琼—冬特考断层 F_1	长＞158km，破碎带宽 100～200m	NW	NE	40～70	沿断裂带见大量断层三角面、小陡坎，断裂破碎带中发育构造角砾岩、构造透镜体、构造泥岩、石英脉等，断层两侧岩性变化明显，产状紊乱，多处见牵引褶皱。线性影像明显，两侧色调、影纹、线状山脊差异较大	逆断层
攻扎陇巴断层 F_2	长 12km	NW	SW	70	构造带零乱，出露宽度不清楚，主要为碎裂的细砂岩、板岩，断面附近岩层中见石英脉，板岩中劈理极为发育，SW 盘中发育牵引褶皱	逆断层
年扎巴玛断层 F_3	长＞50km	NW	NE	60～75	断层破碎带掩盖严重，零星见构造断块、构造角砾岩、构造泥岩。卫片上见较清晰的线性影像	逆断层
曲麻河—曲麻莱县断层 F_4	长＞103km	NW	NE	50～70	构造破碎带宽度变化较大，其内充填构造断块、构造角砾岩、断层泥等，断层附近褶皱发育。卫片上见清晰的线性影像	多期活动，显逆断层效应
拉陇贡玛—曲麻莱县断层 F_{22}	长＞148km，破碎带宽＞20m	NW	NE	45～70	沿断裂带有地震活动、泉水分布，沿断裂带多处发育断层三角面、对头沟等特殊地貌。破碎带宽度变化较大，其内见构造碎裂岩、构造角砾岩、劈理化带、石英脉，两侧见牵引褶皱。控制新近系盆地的边界，局部可见老地层逆冲到曲果组地层之上。卫片上见清晰的线性影像	多期活动，显逆断层效应
那曲断层 F_{24}	长 40km，破碎带宽 50m	NW	NE	55～70	破碎带中见构造角砾岩、构造碎裂岩、构造泥岩等，断层两侧岩性变化不大，但岩层不连续，产状紊乱。卫片上见较清晰的线性影像	逆断层
歇陇仁保断层 F_{36}	长 55 km	NW	NE	60～70	破碎带宽度不清，劈理密集，断层面上见大量擦痕。控制了新近系曲果组的边界。卫片上见较清晰的 NW-SE 线性影像	逆断层

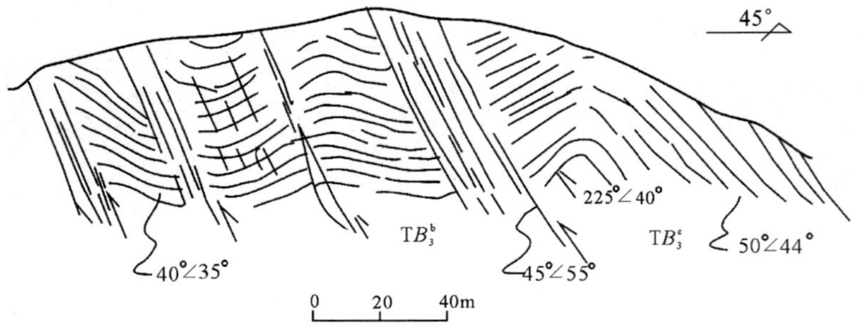

图 5-16　曲麻到走—马龙查聪断层素描图(D0272)

(4) 通天河断裂带

位于测区通天河两岸的治渠乡、曲麻莱县南一带，两端延伸出图，区内控制长度 135～155km，宽度 5～100m，局部地段达 500～700m，由 3 条相互平行、复合的逆断层组成，自北东而南西依次为 F_{25}、F_{29}、F_{31}，并被北东向 F_{34}、F_{42}、F_{48} 切割(图 5-17)。断裂带总体呈北西-南东向展布，断面以倾向北东为主，也有局部地段倾向南西，倾角 40°～65°，切割巴颜喀拉山群及新近系。地貌及航片上线性特征明显，断裂破碎带发育。带内发育有断层泥、构造角砾岩和碎裂岩等，沿断裂带泉点、断头河线状分布。局部地段上三叠统逆冲于新近系之上，沿断裂带区内及区域上有多次现代地震发生，最高震级里氏 6.5 级。该断裂带形成于印支期末，燕山期、喜马拉雅期复活，迄今仍在活动。

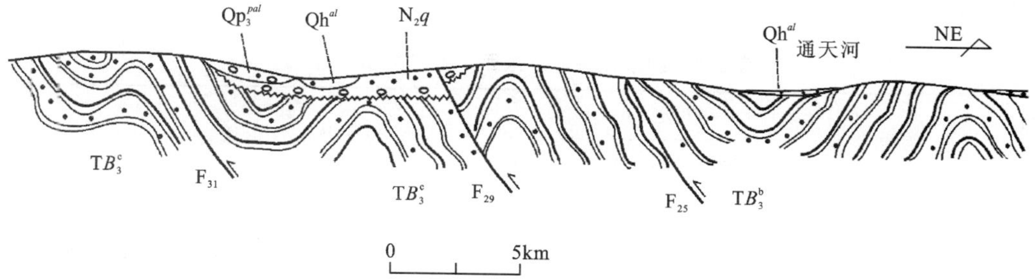

图 5-17　通天河断裂带构造剖面图(曲麻莱县治渠乡)

密巴勤—马场断层(F_{25})。位于测区中部密巴勤、阿俄口、治渠至马场一带，基本上沿通天河呈北西-南东向展布，区内控制长约 168km，破碎带宽度变化较大(30～150m)，其内见构造角砾岩、碎裂岩、构造泥岩、构造透镜体等，局部地段掩盖严重。东西两端均延伸出图。该断裂在卫片上见清晰的线性影像。地貌上多处见线状山脊、断层三角面、对头沟、小陡坎、河流急拐弯和上升泉等(图 5-18)。该断层为多期活动，显逆断层效应。另根据该断层破坏新近纪地层，并有现代地震记录，推断为活动性断层。

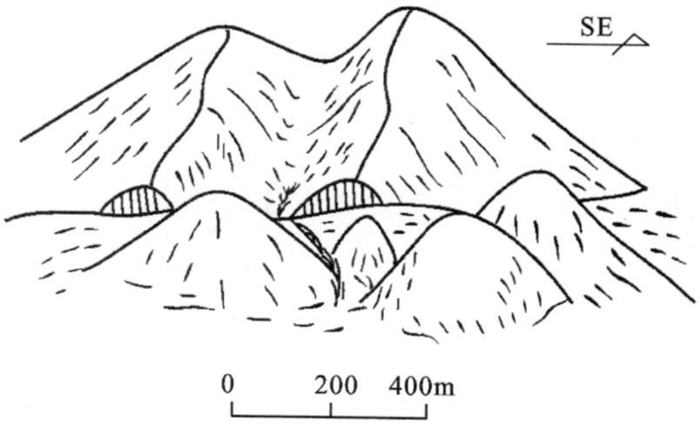

图 5-18　密巴勤—马场断层中断层三角面及断层陡坎素描(据 D0696 照片)

其他断裂特征列于表 5-6。

表 5-6　通天河断裂带特征一览表

断层名称及编号	断层规模	产状(°)			野外观察及卫片影像特征	性质
		走向	倾向	倾角		
密巴勤断层 F_{26}	长 11.5km	NW	NE	不清	破碎带内岩层破碎，变形明显，见断层角砾、断层泥，断层两侧岩层不连续，产状紊乱。沿断裂见断层陡坎、断层三角面。卫片上线性影像清楚	不明
阿亚纳钦—曲麻莱县断层 F_{29}	长＞145km，破碎带宽 30～200m	NW	NE	40～65	断层破碎带掩盖严重，总体宽度变化较大，其内见构造碎块、构造角砾岩、构造透镜体、断层泥等。断层面舒缓波状变化，断面上擦痕发育，断层附近岩层明显牵引变形扭曲，石英脉较发育。卫片上见清晰的线性影像	多期活动，最终显逆断层效应
阿亚拉美—达考断层 F_{31}	长＞130km，破碎带宽＞40m	NW	NE	55～65	破碎带杂乱堆积构造碎裂岩、构造角砾岩、构造泥岩，劈理化带发育，节理密集，沿节理裂隙充填白色石英脉。断层两侧岩性差异明显，产状紊乱，局部见牵引褶皱。卫片上见清晰的线性影像	逆断层
它莫扎特断层 F_{47}	长＞17km	NW	NE	不清	构造破碎带出露不全，见构造角砾岩、构造透镜体、断层泥，断层面上见大量擦痕和镜面。局部见 TB_3 地层推覆到 N_2q 之上，表明其多期活动特征。卫片上见清晰的线性影像	逆断层

2. 北东向断裂

北东向或近东西向断裂规模较小，普遍改造北西向构造，使其发生平移，具明显的走滑性质，从有的断层控制了“红层盆地”的边界，有的错动“红层”来看，北东或近东西向断裂应形成于燕山期，喜山期再次活动。各特征见表5-7。

表5-7　测区北东或近东西向断裂特征一览表

断层名称及编号	断层规模	产状(°)			野外观察及卫片影像特征	性质
		走向	倾向	倾角		
雅日仙巧曲断层 F_{20}	长8.5km	NE	SE	陡	地形上表现为深切河谷，断裂两侧岩层不连续，岩性差异明显，产状变化大，切割北西向断层	左行平移
贡果亚陇断层 F_{27}	长14km，构造带宽50～100m	NE	不清	>70	负地形特征明显，断层带中岩石破碎，产状紊乱，断层角砾岩、石英脉发育。切割北西向断层，左行平移约0.5～1km。卫片上见北西向线性影像，山脊明显错开	左行平移
克陇巴玛断层 F_{34}	长6.5km，构造带宽10m	NE	310	80	沿断裂带见泉水涌出，局部负地形特征明显。断裂规模较小，破碎带不清楚，石英脉较发育。使北西断裂平移，左行平移约200～250m	左行平移
白拉塘断层 F_{44}	长22.5km	EW	不清	近直立	断层破碎带宽度不清，其内充填碎裂岩、构造泥岩，沿断层见 N_2q 地层牵引变形现象。切割北西向断裂，使其右行平移	右行平移
夏吾扎断层 F_{48}	长12.5km	EW	不清	近直立	断层两侧岩性变化较大，岩层明显不连续，产状抵触。断层破碎带宽度不清，其内充填碎裂岩和构造角砾岩、断层泥。卫片上见较清晰的线性影像	左行平移

二、通天河蛇绿混杂岩带

通天河蛇绿混杂岩带由褶皱构造和断裂构造组成，其中断裂构造为2条脆韧剪切带和4条脆性断裂构造。

（一）褶皱构造

1. 上三叠统褶皱

该带中三叠统多被新生界“红层盆地”覆盖，褶皱构造形态不清，且被断层和岩体破坏而支离破碎。但总体表现为过渡型褶皱。

(1) 它色克涌向斜（褶皱编号33）。位于曲麻莱县扎河乡北，全长约9.5km，宽1km，枢纽走向310°，轴面近直立。核部为侏罗纪地层，两翼为泥盆纪地层，南西翼倾角60°～75°，北东翼倾角60°～80°，两翼岩层产状相向，倾角较陡，岩层中节理、劈理较发育。总体上为直立紧闭褶皱。

(2) 扎河背斜（褶皱编号34）。西起扎河乡，东延至公西窝玛，全长约36km，宽1～4km，核部及两翼地层为 T_3K，南西翼倾角45°～55°，北东翼倾角40°～60°。轴面近于直立，略倾向北东，轴向130°～310°。北东翼被 F_{41} 断裂破坏，背斜东南端和中部被古近系和第四系覆盖。

2. 古近系褶皱

格毛涌向斜(褶皱编号 48)。位于扎河东南新生界断陷内格毛涌一带，由古近系组成，轴向 305°，长约 4.5km。北东翼产状 280°∠20°，南西翼产状 10°∠18°，两翼大致对称，轴面近直立，两端被第四系覆盖，为宽缓的短轴状向斜构造。

(二) 脆韧性剪切带

1. 扎河北脆韧性剪切带(F_{54})

该韧性剪切带沿扎河北东部的日阿让涌—邦巴塘曲卡—傲玛涌一线分布，东西两端被新生代地层覆盖，长约 45km。卷入的构造地层有泥盆纪、晚三叠世和侏罗纪及外来大理岩化灰岩岩块。该带内存在两期构造面理、褶皱、线理及小型脆韧性剪切带等构造形迹，是构成脆韧性剪切带最终样式的构造要素，其共生组合样式代表脆韧性剪切带的结构型式。

第一期面理为一组浅部构造层次形成的顺层板劈理，它的形态和发育程度受岩石能干性的影响。在板岩中，板劈理分布比较密集，镜下见鳞片状绢云母呈交织状不连续定向分布，其间包围有粒状石英集合体的域组构，为连续劈理样式；变质砂岩中，镜下显示较强的定向流动构造，颗粒具压扁、拉长、定向现象，石英常形成石英条带构造，条带中石英颗粒呈镶嵌粒状或矩形首尾相接，石英颗粒边缘和尾部具有动态重结晶颗粒，石英残斑与其拖尾构成"σ"型旋转碎斑(图 5-19)，显示右旋斜冲型韧性剪切；大理岩化灰岩中，镜下显示清楚的流动构造、旋转构造、多米诺骨牌构造(图 5-20)及波状消光现象。板劈理从小尺度到区域尺度都具有较强的透入性，属典型的透入性面理。从板劈理与层理基本平行的特点看，它的形成机制与顺层剪切作用有关。

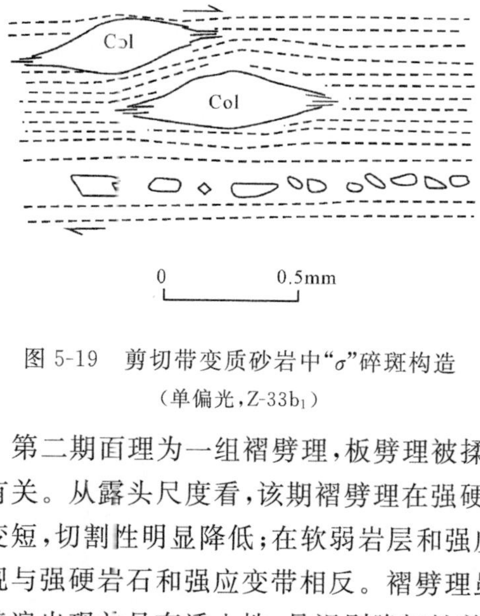

图 5-19　剪切带变质砂岩中"σ"碎斑构造
(单偏光，Z-33b_1)

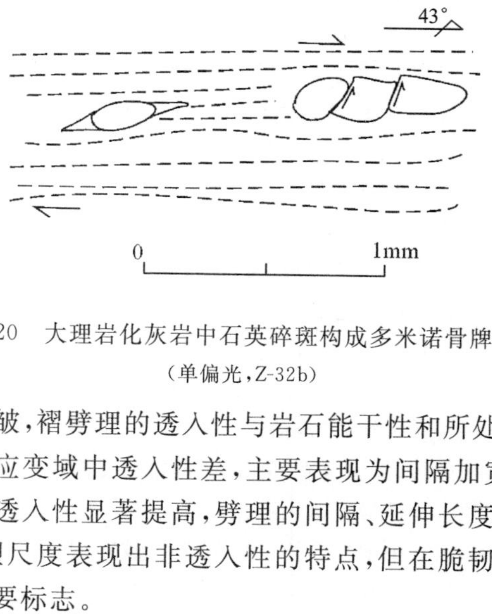

图 5-20　大理岩化灰岩中石英碎斑构成多米诺骨牌构造
(单偏光，Z-32b)

第二期面理为一组褶劈理，板劈理被揉成微小褶皱，褶劈理的透入性与岩石能干性和所处的构造部位有关。从露头尺度看，该期褶劈理在强硬岩石和弱应变域中透入性差，主要表现为间隔加宽，延伸长度变短，切割性明显降低；在软弱岩层和强应变带中，透入性显著提高，劈理的间隔、延伸长度和切割性表现与强硬岩石和强应变带相反。褶劈理虽然在小型尺度表现出非透入性的特点，但在脆韧性剪切带中普遍出现并具有透入性，是识别脆韧性剪切带的重要标志。

小型脆韧性剪切带由密集的劈理带、剪切透镜体带或碎裂岩带组成，一般宽几厘米至几米，可以由单一的构造要素构成，也可以由几种构造要素组合而成，总体表现出在强弱应变带相间的结构形式，具有先变形后破裂的脆韧性变形特征。

2. 口前兵果脆韧性剪切带(F_{37})

在青海省治多县口前兵果一带出露较好，本次工作测制了构造剖面(KQ)，该剖面位于测区治多县扎河乡南部的口前兵果(沿治多至索加乡简易公路测制，露头较好)，起点坐标 N34°11′30″，E94°50′48″，海拔 4 520m，全长 849m(图 5-21)。剖面中 0、1 层间为角度不整合接触，1、2、3、4 层间为侵入接触，其余都为断层接触。

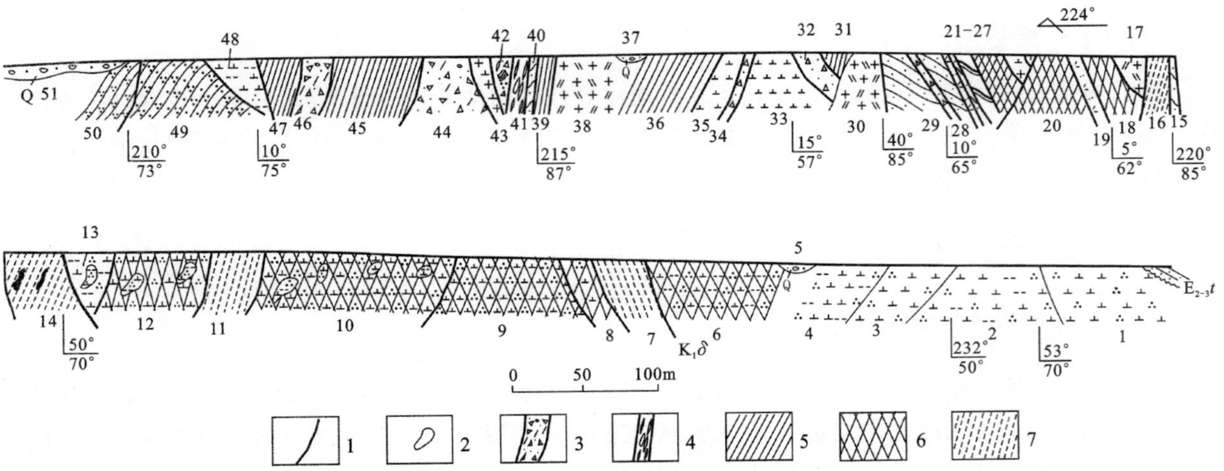

图 5-21　口前兵果脆韧性剪切带结构样式

1.脆性断层；2.包体；3.角砾岩化带；4.透镜体化带；5.劈理化带；6.碎裂岩化带；7.糜棱岩化带

（1）口前兵果脆韧性剪切带地层构造剖面

51.残坡积物（土黄色—深灰色含砾砂土、亚砂土）

50.灰白色石英片岩，黑云片麻岩

49.灰—深灰色块状变石英砂岩

48.灰白—灰黄色块状中细粒英云闪长岩

47.灰黄—深灰色砂板岩劈理化带

46.断层破碎带，由砂、板岩的碎裂岩组成

45.砂岩强劈理化带

44.碎裂砂板岩带

43.灰白色块状花岗闪长岩

42.构造破碎带，由砂板岩的透镜体、碎裂岩、碎粒岩及构造泥岩组成

41.透镜体化砂岩带，透镜体轴面倾向北或近直立，其间发育构造泥岩

40 深灰色块状砂岩

39.灰色砂板岩劈理化带

38.肉红色块状二长花岗岩碎裂岩化带

37.第四系掩盖（含砾砂土、亚砂土、腐殖土松散堆积）

36.灰色闪长岩劈理化带

35.灰白色块状细粒闪长岩

34.断层破碎带，由大量构造碎裂岩和构造泥岩组成

33.深灰色块状中细粒闪长岩

32.构造破碎带，由碎裂岩、角砾岩、碎粉岩及构造泥岩组成

31.灰色块状变砂岩劈理化带

30.肉红色块状中细粒二长花岗岩，岩石破碎

29.灰—灰绿色块状中细粒变砂岩

28.构造破碎带，充填构造角砾岩、碎粒岩、碎粉岩、构造泥岩，角砾呈棱角状，大小混杂

27.灰色块状变砂岩

26.灰绿色板岩

25.深灰色块状变砂岩

24.黄绿色板岩

23 灰色砂岩碎裂岩带

22.灰白色中粒花岗闪长岩

21.深灰色细粒闪长岩

20.灰色砂板岩碎裂岩带

19 灰绿色糜棱岩化凝灰岩
18 灰色块状变砂岩碎裂岩带
17. 肉红色块状中粒二长花岗岩
16. 糜棱岩化砂板岩带
15. 深灰色块状石英变砂岩
14. 糜棱岩化砂板岩

断　层

兵果达龙序列($K_1\delta$)
13. 碎裂英云闪长岩
12. 碎裂石英闪长岩
11. 糜棱岩化石英闪长岩
10. 灰白色块状石英闪长岩，含大量深灰—灰黑色不规则状英云闪长岩包体
9. 碎裂石英闪长岩
8. 灰白色块状石英闪长岩，岩石较破碎
7. 劈理化石英闪长岩
6. 深灰色块状英云闪长岩，岩石碎裂
5. 残坡积物(松散的含砾砂土、亚砂土)
4. 深灰色块状细粒英云闪长岩
3. 灰白色块状中细粒石英闪长岩
2. 深灰色块状细粒英云闪长岩
1. 灰白色块状中细粒石英闪长岩

断　层

沱沱河组($E_{2-3}t$)　紫红色厚层-块状细砂岩

(2) 岩石特征

口前兵果脆韧性剪切带沿扎河西南侧俄哇日俄—曲日青日群—界三龙一带分布，区内长约 66km，东南部较窄，向西变宽，并被俄哇日俄岩体破坏。卷入脆韧性剪切带的包括中晚元古代变质火山岩岩块、大理岩岩块、晚三叠世砂板岩、侏罗纪至白垩纪侵入岩，其变形特征及结构型式见图 5-21。根据实测剖面和路线调查结果可以看出，其最大的特点是强应变带、次弱应变带与弱应变域相间出现。强应变带、次强应变带呈带状分布，弱应变域呈透镜状被强应变带包绕，总体构成网结状。

在中晚元古代变质侵入体中发育透入性片麻状构造，岩石中大量发育呈眼球状、条带状分布的长石和石英碎斑，构成"S-C"组构和"σ"碎斑系(图 5-22)，不对称肠状褶皱。斜长石具"多米诺"骨牌状排列现象。剪切带中见二期面理构造：第一期面理为一组浅部构造层次形成的顺层板劈理；第二期面理为一组褶劈理，微劈石由板劈理组成。二组面理的形态和发育程度均受岩石能干性和所处构造部位的影响。强应变带中可见早期板劈理被晚期破劈理改造，镜下显示较强的糜棱岩化现象，流动构造发育，颗粒具压扁、拉长和定向现象，石英、长石、方解石和白云石常形成条带状构造，条带中颗粒呈镶嵌粒状或矩形首尾相接，部分颗粒边缘和尾部具有动态重结晶颗粒，各种颗粒残斑与其拖尾构成"σ"型旋转碎斑，显示右旋斜冲型韧性剪切；弱应变带中褶劈理基本完整，基性岩脉基本保持原岩结构特征，劈理的间隔、延伸长度和切割性表现为间隔加宽，延伸长度变短，切割性明显降低，与强应变带相反。

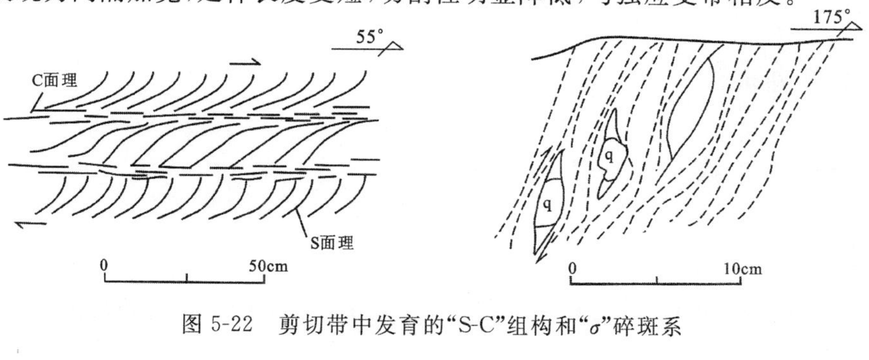

图 5-22　剪切带中发育的"S-C"组构和"σ"碎斑系

小型脆韧性剪切带或小型脆性断层较发育，由密集的劈理带、透镜体化带和碎裂岩带或碎粒岩带组成，一般宽几厘米至几米，可以由单一的构造要素构成，也可以由几种构造要素组合而成，总体表现出北东—南西向剪切挤压脆韧性变形特征。

（三）脆性断裂构造

脆性断裂构造由5条断层组成。

1. 口前俄哇—达纳地纳断层（F_{33}）

该断裂西起口前俄哇，经扎河至达纳地纳延伸出图，全长约115km，呈280°～320°方向展布，区域上为西金乌兰湖—歇武断裂的延伸部分。据物探资料，该断裂属岩石圈断裂，是测区一级构造单元的通天河构造混杂岩带与巴颜喀拉周缘前陆盆地的分界线。在卫片上见清晰的线性影像，沿断裂多处为负地形。构造带宽度变化较大，其内发育构造角砾岩、构造碎裂岩、构造透镜体、断层泥及石英脉等。断裂形成时间早，活动时间长，性质复杂，形成于印支期，燕山期后重新活动，热释光及地震记录表明其现今仍在活动。

2. 果哇陇仁断层（F_{35}）

该断层控制了口前俄哇岩体的南部边界，位于扎河乡北西，走向近东西，倾向南—南西，倾角60°左右，测区内控制长约26km。断层在卫片上见较清晰的线性影像，沿断层带负地形特征明显。断层破碎带掩盖严重，其物质组成不清，见大量杂乱分布的碎裂岩。

3. 俄哇日哇断层（F_{37}）

位于测区西南部，断裂呈北西-南东方向弧形展布，为区域性深大断裂，区域上是乌兰乌拉—玉树断裂带在测区内的延伸部分，为通天河蛇绿混杂岩带与北羌塘—昌都地块间的分界断裂。据物探资料，该断裂属岩石圈断裂，是青藏高原内部最醒目的地壳结构分界线，也是测区一级构造单元的划分标志。测区西起俄哇日俄，经口前兵果至西确涌延伸出图，图内控制长约68km。该断裂在卫片上见清晰的线性影像，沿断裂多处为负地形。构造带宽度变化较大，其内发育糜棱岩、构造角砾岩、构造碎裂岩、构造透镜体、断层泥及石英脉等。断层北东侧为通天河蛇绿混杂岩，南西侧为巴塘群。该断裂形成时间早，活动时间长，性质复杂。从构造带中发育大量角砾岩及构造断块可以看出其经历过张性活动；根据其西侧二叠纪火山岩为岛弧型可以推测该断裂华力西期具挤压性质；测区沿断裂有大量侏罗纪—白垩纪中酸性侵入岩分布，且岩体遭受韧性剪切，表明燕山期为挤压性质；区域上沿该断裂带多处存在地震分布，说明其至今仍在活动中。

4. 扎河南断层（F_{39}）

该断层位于扎河乡西侧，长约10km，破碎带宽约8m，断面产状230°∠46°，见大量构造泥岩及劈理化砂板岩，断层两侧岩性差异明显，沿断层发育一系列小陡坎。该断层具逆断层性质，形成于印支晚期。

5. 扎河断层（F_{53}）

该断层位于扎河乡西侧，长约12.5km，破碎带宽约15m，断面产状不清，断层破碎带主要由劈理化砂板岩组成，断层两侧岩性差异明显，北东侧为侏罗系，南西侧为泥盆系，据其控制侏罗系边界，推测其形成于印支期。

三、北羌塘-昌都地块

（一）巴塘陆缘火山弧

1. 断裂构造

断裂构造以北西向脆性变形为主，断裂倾向北东或南西，倾角40°～70°，构造带内常见构造碎裂岩、构造角砾岩、构造泥岩和石英脉等，形成于印支末期，燕山期和喜山期复活，至今仍有活动。

(1) 查九结龙断层(F_{40})

位于扎河乡西南查九结龙至界三龙一带，走向北西-南东，断面倾向北东，倾角45°～75°，变化较大，断层破碎带宽约50m，其内发育构造角砾岩、构造透镜体、断层泥和直立断块等，断层两侧岩性差异较大，产状紊乱，断面附近岩层中劈理发育，发育小型褶皱。卫片上见清晰的线性影像，沿走向具分枝复合现象。该断层破坏了"红层"盆地沉积，沿断裂有地震分布，表明该断层为具多期活动的活动性断裂构造。

(2) 沙入抗朱断层(F_{43})

位于扎河乡西侧的沙入抗朱一带，走向北西-南东，倾向北东，倾角变化较大，长约12km。破碎带掩盖严重，其物质组成不清楚，零星见碎裂岩、石英脉和构造透镜体。该断层控制了新生代盆地的北部边界，断层附近雅西措组岩层产状明显变陡。

(3) 扎根—采吾曲断层(F_{45})

该断层西起扎根，东至采吾曲延伸出图，中段被第四系掩盖，总体上呈北西-南东向展布，区内控制长约39km，宽约50m，断面倾向南西，倾角50°～70°。破碎带内发育构造角砾岩、碎裂岩、断层泥和石英脉等。该断层在卫片上见较清晰的线性影像。

(4) 章果茶首断层(F_{46})

位于扎河乡西南章果茶首一带，东西两端均延伸出图，测区内控制长约20km，呈北西-南东向展布。断层面掩盖严重，产状不清，破碎带宽度变化较大，多处见构造碎裂岩和石英脉等。断裂两侧岩性差异较大，岩层中发育小型褶皱。

(5) 俄昌龙断层(F_{49})

位于扎河乡南部俄昌龙一带，东南端延伸出图，区内控制长约9km，呈北西-南东向展布。断层面产状225°∠50°，破碎带宽约50m，其内充填构造角砾岩、断层泥、石英脉等。沿断层带负地形特征明显，卫片上见清晰的线性影像。

(6) 采吾涌断层(F_{50})

为该单元内唯一的一条北东向断层，位于扎河乡南部的采吾涌一带，走向北东，断面近直立，构造带宽度较小，断裂两侧岩层明显被错动，产状变化大，北西向断层(F_{49})被右行平推约200m，为印支期后形成的右行平推断层。

2. 褶皱构造

褶皱构造较发育，由一系列北西-南东向展布的线状、短轴状向、背斜组成，具体特征如下。

(1) 查九结龙向斜(褶皱编号35)

位于测区扎河乡西部，长14km，宽0.8～1.2km，褶皱核部及两翼地层均为巴塘群上组地层，两翼被F_{40}、F_{37}断裂破坏，核部见石英闪长岩岩体侵入。总体显示宽缓斜歪褶皱形态(图5-23)。

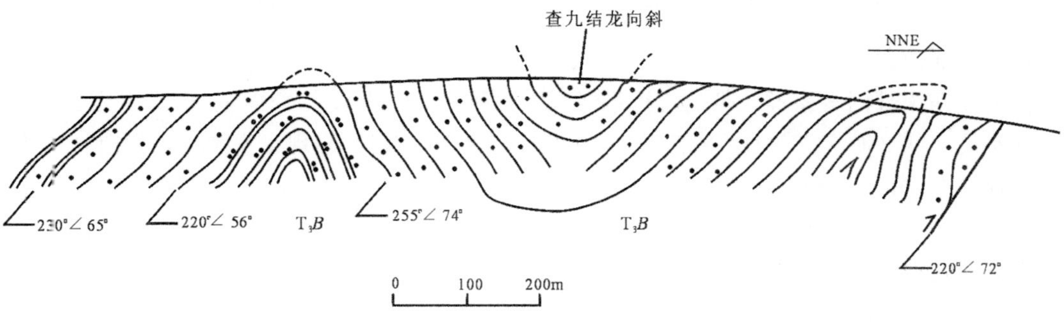

图5-23 查九结龙向斜结构样式素描图

(2) 章果茶首向斜(褶皱编号39)

该褶皱西起扎根，东至章果茶首南东，全长约13km，一般宽0.6km。轴面向北东陡倾，枢纽走向北西-南东，北东翼岩层产状205°∠55°，南西翼产状为25°∠55°。两翼出露地层为$T_3B_2^b$，核部地层为

$T_3B_2^c$，褶皱核部地貌上表现为线状山脊，为直立紧闭形态(图 5-24)。

(3) 加讨扎尼背斜(褶皱编号 45)

该背斜西起章果茶首，东至口青加车那一带，全长约 15km，宽 1～1.5km。轴向 290°～320°，轴面近于直立，枢纽向两端倾伏，褶皱核部地层为 $T_3B_2^b$、$T_3B_2^c$，两翼地层为 $T_3B_2^c$，基本对称出现，两翼岩层倾向相反，倾角 45°～65°，为中常直立褶皱(图 5-24)。

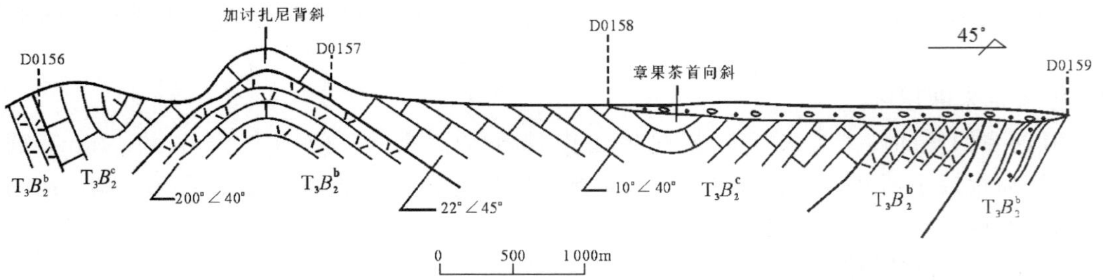

图 5-24　加讨扎尼背斜、章果茶首向斜组合特征素描图

(4) 索岗纳角向斜(褶皱编号 36)

位于扎河乡西南沙入抗朱到色马余楼一带，向斜轴面近于直立，轴向 120°～300°，全长约 30km，两端及南西翼被新生界地层覆盖，核部及两翼均为巴塘群，向斜核部地层劈理发育，剥蚀严重，多呈负地形(图 5-25)。

(5) 俄昌公仁背斜(褶皱编号 46)

位于测区扎河乡南部的俄昌公仁一带，长 9.5km，宽 1～1.5km，枢纽走向北西-南东向。卷入褶皱地层为巴塘群，两翼岩性对称出现，产状相背，倾角相差不大，轴面近直立。两翼夹角较大，宽缓形态。背斜核部地层劈理较发育，剥蚀严重，地貌上表现为沟谷或缓坡，负地形特征明显(图 5-25)。

(6) 俄昌公仁向斜(褶皱编号 47)

位于测区扎河乡南部的俄昌公仁一带，长 16km，宽 1km，枢纽走向北西-南东向，平面上呈舒缓波状，轴面近直立。褶皱核部及两翼地层均为巴塘群，岩层产状相向，倾角略有变化。核部在地貌上表现为断续的山脊。向斜两翼遭北西断裂 F_{40}、F_{49} 破坏，向南西延伸出图(图 5-25)。

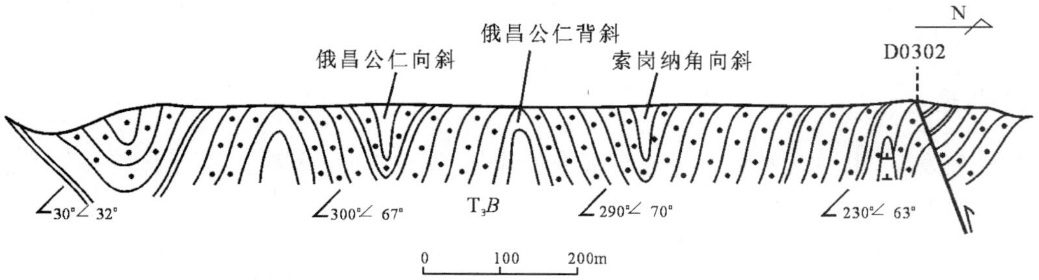

图 5-25　索岗纳角向斜、俄昌公仁背斜、俄昌公仁向斜构造组合样式素描图

(7) 阿日松涌向斜(褶皱编号 43)

位于扎河乡西南部阿日松涌一带的古近系“红层”盆地内，轴向 310°，轴面近直立，出露长约3.5km，宽约 2km。北东翼产状 230°∠20°，南西翼产状 50°∠15°，两翼基本对称，表现为宽缓短轴状向斜构造形态。

(8) 口青加车那向斜(褶皱编号 51)

位于扎河乡西南口青加车那一带，长约 16km，宽 0.8～1.5km，枢纽走向近东西—北西西向，褶皱核部地貌上表现为条状山脊。北东翼产状 200°∠58°，南西翼产状 25°∠48°，轴面近于直立。核部由 T_3B_3、$T_3B_2^c$ 组成，两翼由 $T_3B_2^a$、$T_3B_2^b$、$T_3B_2^c$ 组成，岩层中节理、劈理发育。褶皱总体上显示中常直立形态。

(9) 杂龙尕切雅赛向斜(褶皱编号 52)

位于测区扎河乡南部的杂龙尕切雅赛一带，出露长约 4km，宽约 2km，向南东延伸出图。褶皱枢纽走向北西-南东，轴面近直立。卷入褶皱地层为 $T_3B_2^c$，两翼岩层倾向相反，倾角大体一致。南西翼受 F_{51} 限制。总体上显示宽缓直立形态(图 5-26)。

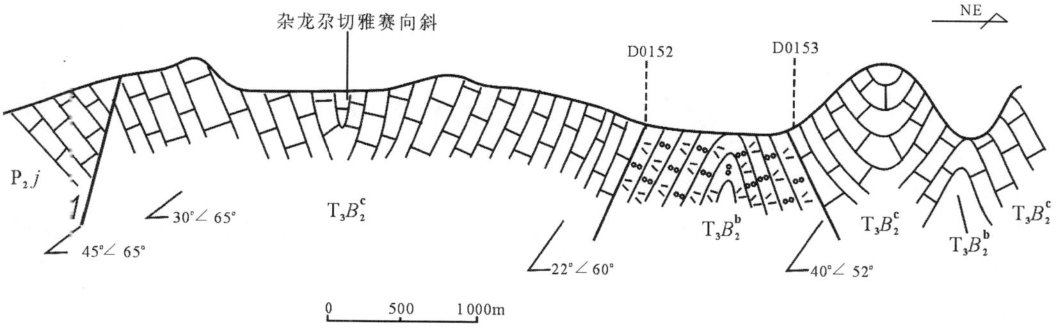

图 5-26　杂龙尕切雅赛向斜构造剖面素描图

（10）口青加车那南向斜（褶皱编号 53）

位于测区扎河乡南部的口青加车那一带，出露长约 6km，宽约 1km，两端被第四系掩盖。褶皱核部地层为 $T_3B_2^a$，两翼地层为 T_3B_1，北东翼被第四系掩盖。褶皱枢纽北西西—南东东向，轴面近直立。两翼岩层产状相向，倾角大体一致。总体显示宽缓直立形态。

（二）昌都弧后前陆盆地

杂龙尕切雅赛断层（F_{51}）位于测区扎河乡西南部杂龙尕切雅赛一带，长约 3km，两端延伸出图。断层面产状 245°∠65°，破碎带宽约 30m，由构造碎裂岩、断层泥和劈理化带组成。该断层在卫片上见较清晰的线性影像，为区域性大断裂在图内的延伸部分，是划分测区二级构造单元的分界断层。

四、构造变形序列

根据测区不同时代地质体中所包含的不同期次、不同形式和不同变形特征的构造形迹间相互叠加、干涉、改造或置换的构造解析，同时考虑到不同构造环境下所产生的岩浆作用、变质作用，以及区域构造运动对测区的影响，将测区构造变形序列总结如表 5-8 所示。

表 5-8　测区主要构造-变形事件序列

时代		序列	变形特征	演化阶段	地壳运动	岩浆活动
新生代	Q	D_9	剧烈隆升，老断层复活，地震、温泉、阶地发育	高原隆升阶段	喜马拉雅运动Ⅳ	
	N_2	D_8	高原整体隆升，老断层复活，局部差异升降，形成宽缓褶皱，高原面形成		喜马拉雅运动Ⅲ	
	N_1中晚期	D_7	NE-SW 向挤压，古近纪地层形成宽缓褶皱，后期老断层复活，断陷盆地出现		喜马拉雅运动Ⅱ	
	E—N_1初	D_6	出现凹陷、断陷盆地		喜马拉雅运动Ⅰ	
中生代	J_2—K	D_5	NW 向逆冲断裂复活，NW 向复式褶皱形成，脆韧性断裂形成	陆内调整阶段	燕山运动	中酸性岩浆活动
	T—J_1	D_4	挤压机制，甘孜—理塘洋俯冲闭合，NW-SE 向褶皱形成	盆山转换阶段	印支运动	中酸性岩浆活动，碱性火山岩喷发
晚古生代	D—P	D_3	早期扩张机制，形成裂谷或洋盆，晚期挤压机制，金沙江俯冲消减	洋陆转换阶段	华力西运动	基性火山活动
早古生代	∈—S	D_2	整体升降	稳定地块发展阶段	加里东运动	
中新元古代	Pt_2—Pt_3	D_1	宁多群区域片理、片麻理	基底形成阶段	晋宁运动	基性火山活动

第四节　新构造运动

测区具有特色的高原地貌景观和复杂的地质构造演化历史，新近纪以来的新构造运动强烈，主要表现为巨厚的晚新生代—第四纪沉积、多级夷平面、多级河流阶地、活动性断裂、地震、温泉，以及第四纪沉积层的构造变动等。

一、夷平面

夷平面是在构造运动比较缓和的条件下，即外力剥蚀强度大于微弱的正向上升运动的情况下生成的，它的形成需要长期的构造相对稳定期，地貌上表现为近似平坦的地面。测区最高海拔为 5 514m（达纳地纳），平均海拔为 4 600m 左右，由中等起伏的山地组成，根据区内现代地形地貌和相关堆积物特征，识别出测区存在两级夷平面（图 5-27）。

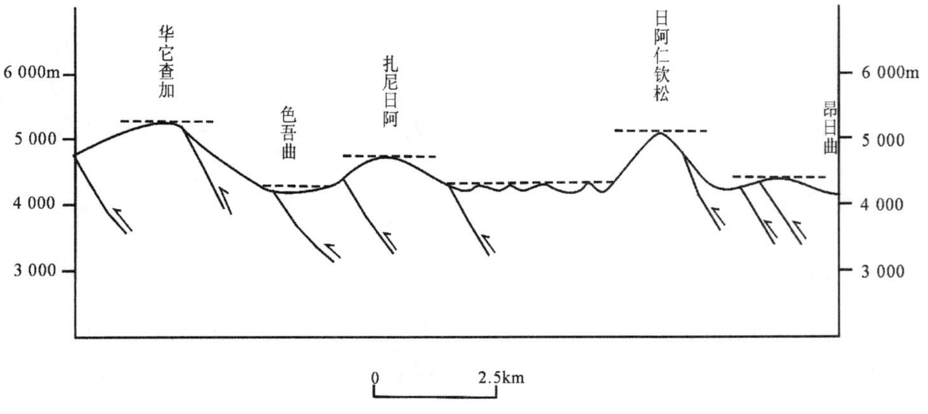

图 5-27　测区秋智乡一带夷平面发育示意剖面图

1. Ⅰ级夷平面（山顶面）

分布于达纳地纳、傲玛扎奶、阿亚拉美、扎拉依贡玛、哈格扎玛、华它查加和贡玛陇赞姑等海拔 4 900～5 200m的高山区，地貌上呈浑圆平坦的峰顶面，与所在的老构造线方向一致。其上除有冻融碎石和第四纪冰碛物外，别无其他堆积物。根据其未切割古近纪地层并结合喜马拉雅运动时限，推断其形成于古近纪初期。

2. Ⅱ级夷平面（高原面）

海拔一般为 4 100～4 500m，广布于测区内，多呈短脊状、浑圆状、丘状等，主要堆积物为冻融碎石，切割的最新地层是上新世沉积，自中更新世以来被抬升，推断其形成于早更新世初期。

二、河流阶地

河流阶地是新构造运动的重要表现形式。通过对测区主要水系通天河及其支流色吾曲、昂日曲和楚玛尔河的调查后认为，测区主要发育二级阶地：Ⅰ级阶地较为发育，对称分布在河谷两岸，其沉积物二元结构清晰，常遭受河流侵蚀破坏，测区Ⅰ级阶地为堆积阶地，其前缘阶差一般 3～5m（图 2-33、图 2-34）；Ⅱ级阶地在测区通天河两岸保存较好，在其他支流两岸零星分布，其沉积物二元结构较清晰，多为更新世洪冲积物，Ⅱ级阶地前缘阶差 6～8m，局部大于 10m。Ⅱ级阶地多为基座阶地（图 2-32）。

三、地震

根据历年地震资料统计，测区内共记录了15次中震和微震(图5-5)，分别是1970年4月22日测区北部的先锋加移北4.4级地震和1982年1月11日1.9级地震；1969年11月16日昂日穷雄郭果4.6级地震；1983年6月5日仙陇仁保2.9级地震；1991年9月9日扎纳西3.3级地震；1965年1月6日华它查加4.6级地震；1915年4月28日张驰6.5级地震；1919年3月3日张驰4.5级地震；1992年3月10日章果茶首3.0级地震；1991年12月9日口前兵果3.9级地震；1969年4月12日马场北4.4级地震；1971年3月1日马场北4.5级地震；1971年1月12日西确涌2.1级地震；1991年12月9日达考4.8级地震；1919年5月5日冬特考6.5级地震。从测区地震发生位置来看，区内地震大都属于构造地震，震中主要沿测区活动性断层分布，表明测区新构造运动活跃。

四、活动断裂

指中晚更新世以来仍在活动的断裂，主要是叠加在不同时期形成的北西向构造带的基础上发展起来的，另有少量新生的近东西向断裂构造，继承性是测区活动性断裂的主要特征。根据热释光年龄及地震活动时间，区内断裂明显活动期在25～13万年间，间歇期在10万年左右。

测区继承性断裂的主要特点有：规模较大，以北西向展布为主，近东西向展布为辅；沿断层线方向，水系直角拐弯，上升泉线状分布；控制古近纪盆地沉积的断层在新构造运动时期又开始活动，局部见中生代地层逆冲于古近纪地层之上，显示出继承性活动，如沿阿亚纳钦—曲麻莱县断裂(F_{29})可见三叠系逆冲于古近系之上。

五、褶皱作用

区内的古近纪和新近纪地层的褶皱构造记录着新构造运动的特点。该期褶皱使古近纪之前的褶皱进一步加强，形成继承性褶皱。古近纪以来的褶皱延伸性比前古近纪地层的褶皱差，但其行迹十分明显，并具有一定的区域性。在新构造运动中它基本上存在着两种形成方式：一是借助断陷式断坳盆地中基底起伏造成的原始沉积的形态，在新构造运动时期的区域性挤压下进一步弯滑变形，成为现今所见的构造盆地；二是断层活动或断层牵引褶皱，或两相邻断裂活动造成之间的断块受挤压而成的褶皱，多为短轴状，褶皱形态比较单一，如蜘那岗疆向斜(褶皱编号7)和阿日松涌向斜(褶皱编号43)等。

第五节　地质构造演化史

目前，对测区地质构造形成及演化存在不同认识(黄汲清，1987；Sengor，1992；潘桂棠等，2001；任纪舜等，2004)。比较一致的认识是将其演化阶段划分为古特提斯($D—T_2$)、中特提斯($T_3—K$)、新特提斯(E)。据此，测区可划分为6个地质构造演化阶段：基底形成阶段、洋陆转换阶段、盆山转换阶段、陆内调整阶段、初始隆升阶段和快速隆升阶段(表5-9)。

表5-9　测区地质构造演化简表

时代		演化阶段	沉积组合	岩浆活动	构造变形
新生代	N—Q	快速隆升阶段	河流相、湖泊相内陆盆地沉积组合		高原隆升，块断运动，形成堑、垒式断陷盆地和古近系地层中NW向宽缓褶皱
	E	初始隆升阶段	河流相、湖泊相内陆盆地红色沉积组合(类磨拉石组合)		早期褶皱变形加剧，形成NW向凹陷、断陷盆地

续表 5-9

时代		演化阶段	沉积组合	岩浆活动	构造变形
中生代	J_2—K	陆内调整阶段		中、酸性岩浆侵入	NW 向复式褶皱-逆冲断裂构造，老断层的复活、NW 向脆韧性断层形成
	T_3—J_1	盆山转换阶段	海相碎屑岩、碳酸盐岩夹火山岩建造	岛弧、弧间裂谷火山活动	NW 向褶皱-逆冲断层组合，NE 向断层
古生代	D—T_3	洋陆转换阶段	海相碎屑岩、火山岩及碳酸盐岩建造	裂陷盆地火山活动	稳定地块、多岛洋碰撞闭合
元古代	Pt	基底形成阶段	碎屑岩、基性火山岩建造	基性火山喷发	区域性片理，片麻理形成

一、测区地质构造演化阶段

（一）基底形成阶段(Pt)

分布于测区内通天河蛇绿混杂岩带中的宁多杂岩，以构造岩块的形式出现。通过岩石学、微量元素地球化学等方法，根据区域对比和结合邻区及测区年龄数据，认为该杂岩是晋宁期的原岩经历高绿片岩相的区域动力热变质作用下的产物，代表羌塘—昌都陆块的结晶基底。

（二）洋陆转换阶段(D—T_2)

通天河构造混杂带以南的羌塘—昌都地区在泥盆纪时为稳定地块型(赵政璋等，2001a)。晚泥盆世时该地块开始了板内裂解拉张，发育洋脊型或洋岛型蛇绿岩套。中二叠世晚期金沙江洋盆向西南俯冲，形成了金沙江蛇绿混杂岩(侯增谦等，1995；潘桂棠等，1997)。晚二叠世—晚三叠世由洋—陆俯冲转化为弧-陆碰撞造山带。

（三）盆山转换阶段(T_3—J_1)

晚三叠世随着金沙江洋碰撞造山带核部开始隆起，盆山发生转换，测区金沙江以南地区经历以弧后前陆盆地为特征的阶段。

1. 通天河蛇绿混杂岩带的沟-弧-盆体系

晚三叠世中期甘孜—理塘洋开始向南西俯冲消减于中咱—中甸陆块之下，在测区俄哇日俄至扎河以北一带形成了典型的沟-弧-盆体系，强烈的弧-陆碰撞造山运动(印支运动)，使晚三叠世巴塘群沿甘孜—理塘蛇绿岩亚带南侧条带状分布，代表了挤压造山机制下的陆缘火山弧沉积，与该缝合带隆起有关。

2. 可可西里—巴颜喀拉周缘前陆盆地

在通天河蛇绿混杂岩带以北的地区，形成了可可西里—巴颜喀拉周缘前陆盆地。晚三叠世晚期该沉积盆地褶皱冲断回返，形成了大量北西-南东向展布的线状褶皱构造和逆冲断裂构造。

自晚三叠世末，随着羌塘—昌都陆块与中咱—中甸陆块、扬子陆块拼合，测区在沉积环境和火山活动方面产生了截然的变化，进入陆内演化。

（四）陆内调整阶段(J_2—K)

发生于中侏罗世末的地壳运动是一次重要的构造事件，使测区缺失白垩纪地层，中侏罗世前陆盆地演化结束，测区进入短暂的陆内调整阶段。与此相对应的是，测区内形成北西向的复式褶皱、北西向脆韧性构造，使得印支期断层复活，发生中酸性岩浆活动，形成北西走向的侵入岩带，明显地受北西向断裂带的控制，其同位素年龄为中侏罗世、早白垩世，表明大多数岩体为造山期后中酸性岩。

（五）高原初始隆升阶段(E)

新特提斯洋闭合，青藏高原进入高原初始隆升阶段。从大地构造角度上看，本阶段的地壳隆升与印度次大陆与欧亚板块的碰撞有密切的联系，多条缝合带已完全闭合，青藏高原成为一个相对完整的整体，而其上发育的是地质历史上极为罕见的大湖泊(郑绵平等，1983；李炳元，2000)，此时测区已经结束了海相沉积，进入内陆湖盆沉积阶段。

古近系自下而上由沱沱河组、雅西措组构成，代表由河流相向湖相的转变。全面拼合后的青藏高原块体，在古近纪表现为初始的缓慢上升，主要的挤压应力方向为南北向。与此相伴随，早期的褶皱变形进一步加强，三叠系中的褶皱更加紧闭；在古近系中，新形成一些舒缓的褶皱，其轴线基本上为北西向，主要表现为向斜构造，其轴部多位于小规模沉积盆地的中心，且多为坳陷盆地，局部有断陷盆地或拉分盆地的发育，但规模均较小。

（六）高原快速隆升阶段(N—Q)

新近纪曲果组底部的不整合，标志着青藏高原大规模快速隆升的开始。从沉积环境看，除了表现为大陆环境的河流、湖泊环境外，气候条件则是潮湿、炎热，局部时间段上则有干旱气候的特点。上新统之上缺失下更新统，而中、上更新统则为寒冷的气候，说明高原已近目前的高度，上下地层之间的不整合代表了测区的快速隆升。青藏高原的持续抬升，使来自南部的暖湿气流难以翻越唐古拉山地区，使测区更加干旱，生态环境向更寒更干的方向发展，从而使现有的高寒草甸和高寒草原植被向高寒荒漠植被和沙漠化方向发展。

陆-陆碰撞后，印度次大陆持续向北俯冲，压入高原的陆壳之下，造成青藏高原巨厚的双层陆壳，均衡补偿的结果是高原的异常隆升。尽管青藏高原的隆升带有一定的整体性，但由于其特殊的隆升机制，高原的南北表现出时间上的差异。双层陆壳的叠置自南而北逐步推进，青藏高原的快速隆升随之自南而北逐次进行，这一过程一方面造成高原不同部位快速隆起时间的差别，时间的差别多以块体的尺度体现出来，造成块体之间已经存在的缝合带的再次活动。测区位于青藏高原的中北部，快速隆升发生在上新世末(朱利东等，2004)。由于高原的隆升，剥蚀作用加剧，形成高原面和夷平面，局部先期断裂再次活动，地震活动、温泉顺构造活动带线状分布，体现出较为强烈的新构造运动。

二、区域大地构造演化模式和造山带

基于对测区地质演化历史的梳理，结合对区域大地构造演化的认识，进一步探讨测区大地构造演化模式，该模式与甘孜—理塘缝合带和金沙江缝合带有密切的联系，经历了从欧亚陆块上裂解而后又拼合碰撞造山的整个过程(图 5-28)。

（一）裂谷作用

晚古生代的裂谷作用，最终导致了羌塘—昌都陆块和中咱—中甸陆块从扬子—华夏陆块中裂离出来。石炭纪—中二叠世古特提斯扩张洋盆发展到高峰，在蛇形沟、移山湖、西金乌兰湖，以及测区南部治多—玉树等地发育洋脊型或洋岛型蛇绿岩套。中二叠世晚期金沙江洋向南西俯冲，洋盆闭合。此时，受南北向张应力的影响，在较深水的裂堑式深海盆基础上进一步扩张形成甘孜—理塘洋盆。

（二）弧-陆碰撞造山带

晚二叠世早期，测区金沙江蛇绿岩带以南地区经历盆山转换阶段。此时，发生弧-陆碰撞造山，使羌塘—昌都陆块与中咱—中甸陆块基本上拼合为一体，但甘孜—理塘洋壳盆地仍然存在。晚三叠世中期

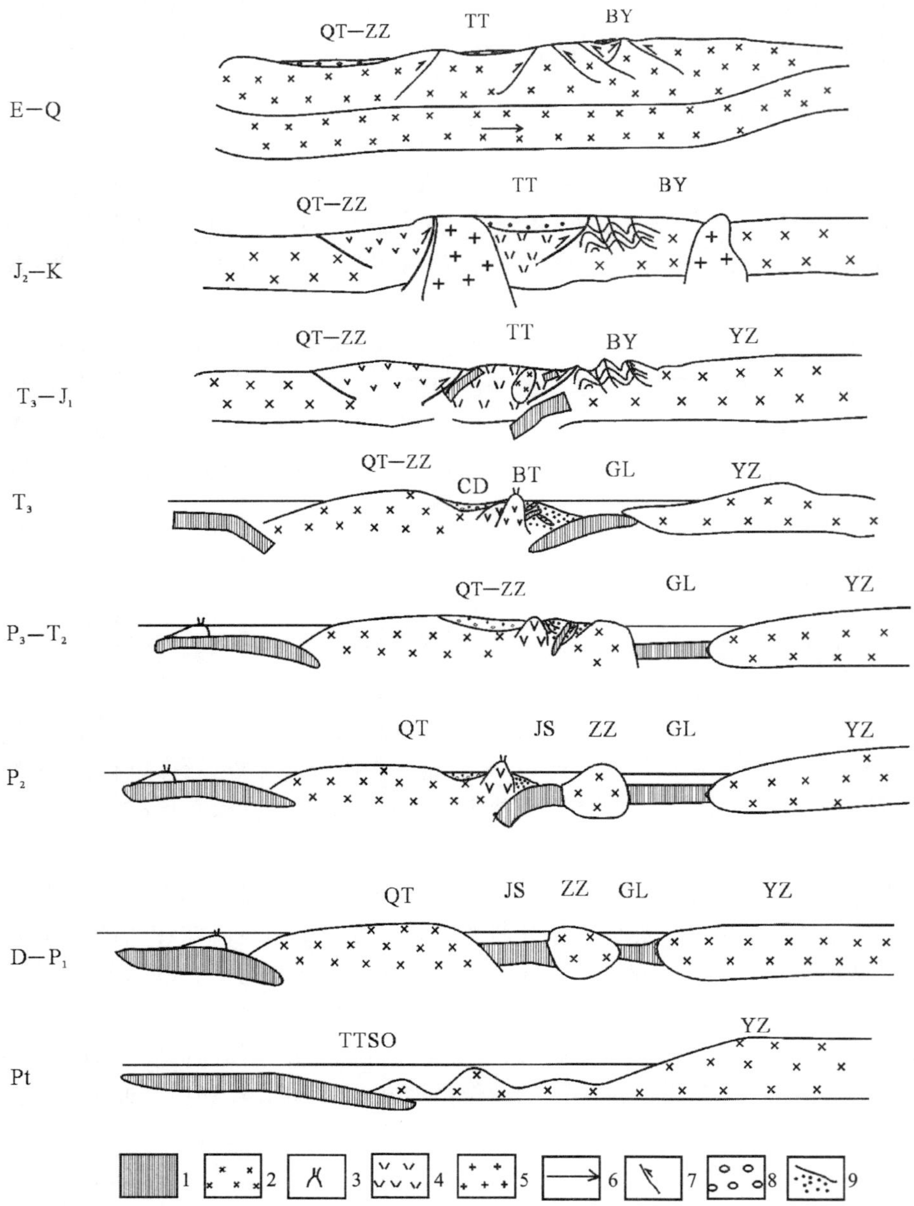

图 5-28 大地构造演化模式图

1. 洋壳；2. 陆壳；3. 火山；4. 岛弧；5. 侵入岩；6. 板块运动方向；7. 断裂构造；8. 碎屑岩沉积；9. 弧前增生楔；BT. 巴塘陆缘火山弧；BY. 巴颜喀拉周缘前陆盆地；CD. 昌都弧后前陆盆地；GL. 甘孜—理塘蛇绿岩带(洋)；JS. 可可西里—金沙江蛇绿岩带(洋)；QT. 羌塘—昌都地块；TT. 通天河蛇绿混杂岩带；TTSO. 特提斯洋；YZ. 扬子陆块；ZZ. 中咱—中甸陆块

甘孜—理塘洋开始向西俯冲消减于中咱—中甸陆块之下，形成完整的沟-弧-盆体系，区域上可以同义敦岛弧-弧后盆地系相类比。伴随甘孜—理塘洋的俯冲消减、碰撞造山，测区甘孜—理塘蛇绿混杂岩亚带以北地区形成周缘前陆盆地。

（三）陆-陆碰撞造山带

北羌塘地区侏罗纪沉积环境大体上经历了由陆到海的演化过程，很可能与青藏高原的怒江造山带演化有关（赵政璋等，2001b）。中侏罗世末的地壳运动是一次重要的构造事件，结束了前陆盆地演化，进入短暂的陆内调整阶段。这可能与怒江造山带的碰撞隆升有关。始新世，受印度板块与欧亚板块的碰撞影响，新特提斯洋闭合，青藏高原北、东大部上升为陆地，造成青藏高原巨厚的双层陆壳，测区进入高原隆升阶段。全新世以来，测区造山带格局最终定型，形成现今的地貌景观。

第六章　通天河蛇绿混杂岩

蛇绿岩是古代大洋岩石圈的残片，它形成在古代增生板块边缘，记录了洋壳下地幔的对流、变形、熔融一交代、壳一幔转化，以及洋盆的形成、发展和消亡过程，是造山带中具有重要意义的地质体。因此，蛇绿岩的研究不仅对了解地质历史中大洋岩石圈的演化有重要意义，而且，对恢复古代陆块拼合过程及造山旋回也至关重要。蛇绿岩可以形成于大洋中脊、弧前盆地、弧后盆地及其他边缘海盆地等多种构造环境中；通常认为，蛇绿岩套自下而上包括地幔橄榄岩、堆晶杂岩、基性岩墙群、洋底玄武岩、远洋沉积岩（以放射虫硅质岩为代表）等多个代表不同层圈的岩石单元（Coleman，1977，1981）。但是，在造山带中很难见到层序齐全和厚度较大的蛇绿岩套，而是呈构造岩块的构造蛇绿混杂岩。蛇绿混杂岩的定义和成因十分复杂，它由岩块和基质组成，形成于海沟环境，限定于板块蛇绿岩带边界（缝合带），代表消减的俯冲海洋板块残片，既有构造成因也有重力滑塌成因（McCal，1983）。

通天河蛇绿混杂岩带是指分布于西金乌兰湖—歇武断裂带与乌兰乌拉湖—玉树断裂带之间的一套称之为克南群的构造岩石地层（青海省第二区域地质调查队，1986），是测区内由多类岩石混杂的重要地质体之一。本次工作采用将克南群中变质较深的地层划归通天河蛇绿混杂岩的划分方案（青海省地矿局，1997），并认为测区内该蛇绿混杂岩是一条经历多次构造强烈改造的复合型蛇绿混杂岩带。由于受构造的改造，蛇绿岩保存差，其基本层序完全被后期构造肢解破坏，在区内仅见有超基性岩、辉长岩墙、洋底玄武岩和远洋沉积硅质岩等岩块，以及前古生代和泥盆纪移置地体岩块。

本章为专题研究内容，重点讨论通天河蛇绿混杂岩带的物质组成及其形成演化过程，其构造变形特征的描述已在第五章第三节中叙述。

第一节　扎河地区通天河蛇绿混杂岩带的特征

测区内的蛇绿混杂岩属通天河蛇绿混杂岩带的东延部分，总体方向为北西-南东，长约 95km，宽约 30km，总体表现为宏观上无序而局部有序的特征。北以西金乌兰湖—歇武断裂与巴颜喀拉周缘前陆盆地（Ⅰ）为界，南以乌兰乌拉湖—玉树断裂与巴塘陆缘火山弧（Ⅲ）相邻。混杂岩带的物质组成按其位态特征可分为“外来岩块”和“原地系统”两部分：前者由不同时代的岩块组成；后者为具复理石沉积建造特征的上三叠统克南群碎屑岩。该混杂岩带在扎河地区大致可划分为 3 个Ⅱ级构造单元：即金沙江蛇绿岩亚带（$Ⅱ_1$）、扎河中间地块（$Ⅱ_2$）和甘孜—理塘蛇绿岩亚带（$Ⅱ_3$）（图 6-1）。

一、金沙江蛇绿岩亚带（$Ⅱ_1$）

金沙江蛇绿岩亚带是可可西里—金沙江缝合带的重要组成部分，位于西金乌兰湖带东段，西起俄哇日俄，东南从界三龙一带延伸出图，出露长约 67km，宽约 18～22km，主要是由超基性岩、辉长岩、辉绿岩、枕状玄武岩、硅质岩、斜长角闪岩和大理岩化灰岩岩块等，与砂板岩混杂在一起，构成蛇绿岩带。

在区域上，该缝合带相对集中分布在萨玛绥加日，西金乌兰湖，江达同普，格达沟—爱拉山，巴塘—霞若和哀牢山—马江一带（潘桂棠，1997），贯穿西藏、青海、四川和云南，作为东特提斯构造域一条重要的大地构造分界线被地学界广泛关注。王乃文（1984）、黄汲清等（1984）和饶荣标（1987）等都曾主张将金沙江缝合带作为冈瓦纳大陆北界；边千韬和张以茀（1996）通过对西金乌兰构造混杂带实地考察及研

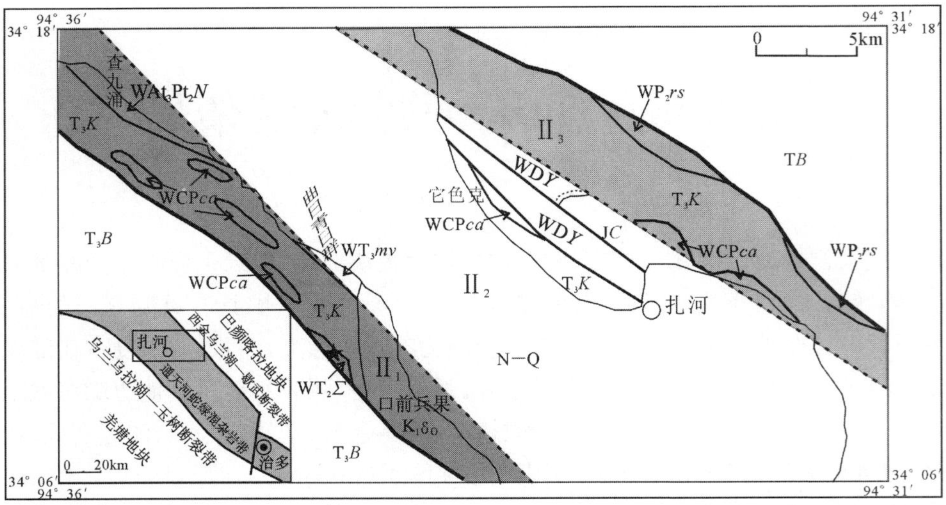

图 6-1　通天河蛇绿混杂岩带概略地质图

WAr_3Pt_2N. 宁多杂岩；WDY. 泥盆系依吉群；WCPca. 石炭—二叠系大理岩化灰岩；WP_2rs. 中二叠统硅质岩；WT_3mv. 上三叠统变质火山岩；TB. 上三叠统巴颜喀拉山群；$WT_2\Sigma$. 中三叠统辉长岩；T_3B. 上三叠统巴塘群；T_3K. 上三叠统克南群；JC. 侏罗系碎屑岩；N—Q. 新近系—第四系；$K_1\delta o$. 早白垩纪世英云闪长岩；★. 锆石采样位置；其余编号见正文

究，把昆仑南缘缝合带、西金乌兰—金沙江缝合带及双湖—澜沧江缝合带看作一个系统，提出了古特提斯缝合系的概念；潘桂棠等(2002)认为整个青藏高原具有复杂而独特的巨厚地壳和岩石圈结构，是一个由北部劳亚大陆，泛夏陆块西缘和南部冈瓦纳大陆北缘不断弧后扩张、裂离、互相对接、镶嵌构成的多岛弧盆体系。另外，该带的消减极向始终也是个争论问题：有人把昆仑作为匹配的伴生岛弧，认为它是朝北、东消亡的(Chang et al，1988；吴功建等，1989)；另外一些学者认为其南侧完整的岩浆火山弧才与之相配。因此，认为它是朝南、西消减的(张以茀，1994；潘桂棠，1997)。根据区内现今保留的构造形迹、构造面貌及原生构造面理等地质特征，本书采用后者的观点。

由于在金沙江蛇绿岩带中洋脊型玄武岩锆石 U-Pb 年龄为 361.6±8.5Ma(相当于早石炭世)，在与其相伴生的硅质岩中获得晚泥盆世—早石炭世放射虫岩，以及吉义独堆晶岩 Rb-Sr 法年龄为264.18Ma(相当于中二叠世茅口早期)(莫宣学等，1993)和羊拉地区角闪安山岩中角闪石 K-Ar 法测年为 257.0±10Ma 和 268.7±12Ma(相当于中二叠世晚期—晚二叠世早期)(王立全等，2008；李定谋，1998)，结合该带西侧江达—德钦—维西中二叠世晚期—晚二叠世陆缘火山弧的形成，可以认为可可西里—金沙江—哀牢山一线在晚泥盆世时具有洋盆的雏形，早石炭世—中二叠世为扩张鼎盛时期，中二叠世晚期—晚二叠世洋盆俯冲消减直至闭合，于中三叠世早期又发生盆地扩张事件，一直持续到晚三叠世早期(段其发等，2009)。

二、扎河中间地块(Ⅱ₂)

该Ⅱ级构造单元为扎河构造-岩浆岩带是中咱—中甸陆块在测区的残留部分，分布于它色克涌、扎河、公西公窝一线，其四周被构造混杂岩带及新生代地层所包绕或覆盖，出露面积较小，为一个独立的地质体。

1. 基底和盖层

该构造单元为甘孜—理塘蛇绿岩带与金沙江蛇绿岩带中间的微陆块，其沉积基底为泥盆系依吉群和前古生代变质地层(新太古代—中元古代)宁多杂岩(片岩、片麻岩和变粒岩)。依吉群为区域浅变质石英砂岩、泥质岩夹少量碳酸盐岩、硅质岩、基性火山岩及凝灰岩，在测区出露不全，未见顶底，与上覆侏罗纪地层角度不整合接触，但在邻区玉树县北部，该群产大量基性火山岩及大理岩化灰岩岩块(西安地质矿产研究所，2005)。晚二叠世以后，该微陆块与羌塘陆块拼合在一起。该地块的盖层为克南群中—浅变质岩系，代表具复理石建造特征的弧后盆地沉积地层。

2. 变形特征

因出露较少，变形特征不很清楚，据区域资料，岩石常具平行条带状构造和片状构造，发育顺层压扁褶皱和无根褶皱，劈理发育，面理置换强烈。

三、甘孜—理塘蛇绿岩亚带（$Ⅱ_3$）

该亚带位于测区的最西端，为甘孜—理塘缝合带的延伸部分，西起口前俄哇，东南至达纳地纳延伸出图，图内长约95km，宽约25～30km，主要是由硅质岩、火山岩、碳酸盐岩岩块及复理石砂板岩岩块构成的蛇绿岩带。

在区域上，甘孜—理塘缝合带北起玉树以西，向东在甘孜南下，经理塘至三江口，然后在中甸洛吉以南至洱源一带被掩覆在向西推覆的扬子西缘丽江—剑川推覆体之下（潘桂棠等，1997）。该缝合带的主体是三叠纪洋壳残片，主要由洋脊型拉斑玄武岩、苦橄玄武岩、镁铁质与超镁铁质岩、镁铁质与超镁铁质堆晶岩、辉长岩、辉绿岩墙、蛇纹岩（变质橄榄岩）及放射虫硅质岩等组成（沙绍礼，1988；张旗等，1992），这些被肢解的构造岩块，与外来的石炭纪—二叠纪的灰岩块、复理石砂板岩块、裂谷型碱性玄武岩及其他沉积块体等组成构造混杂岩带。一般认为，该洋壳闭合于晚三叠世末（刘增乾等，1993；莫宣学等，1993）。

第二节　兵果达龙蛇绿混杂岩

兵果达龙蛇绿混杂岩为本次重点调查的对象，位于口前兵果（脆）韧性剪切带的北侧，呈北西-南东向展布，两端被晚印支期侵入岩侵入。在空间上，该蛇绿混杂岩向南东方向与治多地区的多彩蛇绿岩相连，北西方向与巴音叉琼蛇绿岩相接（青海省地质调查院，2005，2006），为可可西里—金沙江蛇绿岩亚带的残片。

一、蛇绿混杂岩的物质组成

该混杂岩物质组成主要包括前古生代变质岩、晚古生代大理岩化灰岩、蚀变超基性—基性岩等岩块和变质火山岩岩块，变形较强，且沿（脆）韧性剪切带分布，因此，这些岩块是后期构造运动中剥露出来的地质体。基质为上三叠统克南群，在口前兵果一带其岩性以粉砂质板岩和炭质板岩为主，夹灰色变质细粒岩屑石英砂岩（详见第二章第五节“三叠纪地层”）。

（一）前古生代变质岩（WAr_3Pt_2N）

前古生代变质岩块仅见于测区西部查九涌，岩石受韧性变形改造明显，普遍发育（初）糜棱结构，属构造岩块，被认为是在造山过程中被卷入的变质基底岩系，称为“宁多杂岩”。

1. 岩性组合特征

测区宁多杂岩虽然出露面积小，但其岩性复杂多样，主体岩性为变粒岩（角闪斜长变粒岩和阳起斜长变粒岩）、斜长角闪岩（原岩为变质火山岩）和斜长角闪片岩（原岩为变质玄武岩），另见少量黑云角闪斜长片麻岩（原岩为变质云英闪长岩）。

2. 区域对比

该杂岩由宁多群演变而来（游再平，2001），与青海和西藏宁多杂岩具可比性（详见第四章第一节“区域变质岩”），为羌塘—昌都地块的前寒武纪结晶基底构造变质岩块（详见第二章第一节“新太古代—中元古代地层”）。

（二）大理岩化灰岩岩块（WCP*ca*）

出露于治多县查九涌、打热涌一带。灰岩常常以孤立的岩块出现，与围岩界线截然，在走向上延伸不远；产状与周围的地层相差较大，二者之间常发育脆-韧性断层。

1. 岩石类型

岩石类型包括结晶灰岩、微—细晶大理岩。受构造作用的影响，部分岩石为大理质（初）糜棱岩。

（1）结晶灰岩

由于灰岩块体普遍受到构造作用形成条带状构造，镜下见方解石定向排列，具初糜棱结构，其边缘破碎现象明显，局部形成角砾状构造。

（2）微—细晶大理岩

为主要的岩石类型，具微粒状变晶结构，定向构造（详见第四章第一节"区域变质岩"）。

（3）大理质初糜棱岩

与上、下层位岩石间界线截然，呈突变关系。具微粒状变晶结构、条带状构造和定向构造。

2. 区域对比

该类岩块沿通天河蛇绿混杂岩带断续杂乱分布在上三叠统克南群砂板岩"基质"中。在西金乌兰湖、治多县多彩、聂恰曲，以及中咱地块茨巫一得荣一线也可见到类似的地质现象（胡世华等，1992）。该混杂岩带产出特征具区域可比性，其成因则存在有"构造混杂"与"沉积杂岩"两种看法，但在测区内未见同生滑塌（同沉积混杂）的特征，为构造侵位的产物。青海省地质局区域地质测量大队（1970）和青海省地质调查院（2006）曾在多彩乡附近的灰岩岩块中采获石炭纪珊瑚化石，将该类岩块时代归入石炭纪—二叠纪。

（三）蚀变超基性—基性岩岩块（$WT_2\Sigma$）

见于兵果达龙，受口前兵果（脆）韧性剪切带控制，呈岩块状产出，是区内唯一一个与蛇绿岩具有相似性的地质体。

1. 岩性组合特征

由于受断层破坏，露头零星，岩性的叠置关系不明。岩石类型包括角闪辉石透闪石岩（蚀变辉石岩）和黝帘阳起石岩（含长辉石岩），其特征详见第四章第一节"区域变质岩"。

2. 地质时代

根据区域对比，测区内超基性—基性岩岩块的时代暂定为石炭纪—二叠纪，然而，本次调查获得的测年分析结果表明该蛇绿岩套形成时代可以延伸到晚三叠世早期。超基性岩 12 个锆石颗粒 SHRIMP 锆石 U-Pb 测年的分析结果表现出较为一致的谐和年龄，Th/U＞0.3，属岩浆成因锆石。其中 2 个测点年龄稍大，偏离主锆石群 252.8±3.6Ma 和 252.2±3.6Ma，年龄计算时未作统计，其余 10 个测点 $^{206}Pb/^{238}U$ 年龄介于 233.6±3.5Ma～245.8±3.5Ma 之间，加权平均结果为 239.8±3.1Ma（$n=10$，MSWD=1.5）（图 6-2），这一年龄代表超基性岩—基性岩的结晶年龄为中三叠世早期。因此，反映了金沙江盆地消减闭合后，于中三叠世早期又发生盆地扩张事件，导致该超基性岩—基性岩侵入。这次扩张事件一直持续到晚三叠世早期，在藏北地区和巴颜喀拉盆地以南地区具有区域性构造意义，与东部的甘孜—理塘洋盆具有相似的演化历史（段其发等，2009）。

（四）变质火山岩岩块（WT_3mv）

仅见于曲日青日群一带，出露面积小，其南侧为口前兵果韧性断裂带，北部与古近纪地层覆盖。

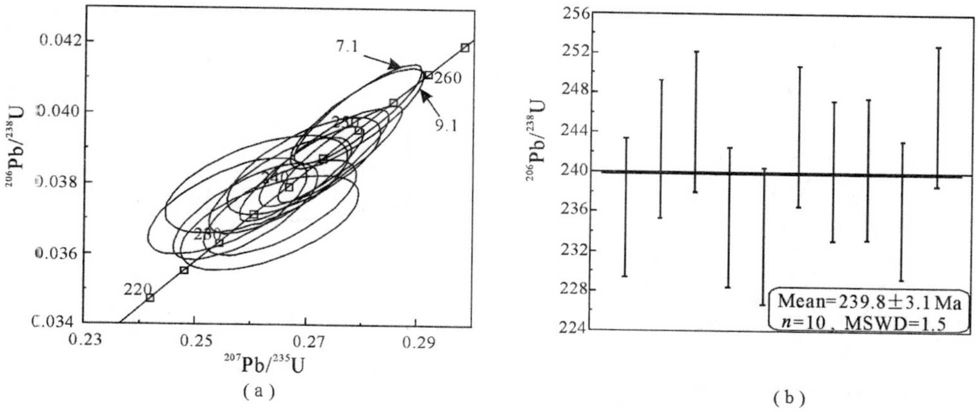

图 6-2　辉长岩锆石 SHRIMP U-Pb 年龄谐和图(a)与统计直方图(b)

(据段其发等，2009)

1. 岩性组合特征

综合曲日青日群剖面(图 2-16)及路线地质调查，该类岩块的岩石类型主要有变质酸性火山岩类、变质中性火山岩类和变基性火山岩(详见第四章第一节“区域变质岩”)。

2. 变质火山岩岩块的构造背景

在测区内，变基性火山岩类(阳起片岩类和斜长变粒岩)与超基性—基性岩岩块处在同一构造带上，且在空间上相距不远，受断裂构造控制明显，属构造岩块。但是，其地球化学特征和构造背景显示为岛弧上的拉张环境(详见第四章第一节“区域变质岩”)，与上述超基性—基性岩岩块(WCPΣ)不可能是同一时代的产物，暂时划归晚三叠世。

(1) 闪石片岩类

该片岩类在 TAK 图解(图 6-3)中，点落于岛弧造山带玄武岩和安山岩区。在 Ti-Zr 图解(图 6-4)中，除样品点 Q-9b1 落于洋中脊玄武岩边界线附近外，其余均落于岛弧玄武岩区。在 TiO_2-10MnO-$10P_2O_5$ 图解(图 6-5)中，判别为岛弧钙碱性和拉斑玄武岩。在里特曼-戈蒂里图解(图 6-6)中，样品投影点落于造山带火山岩区。根据与其共生岩石组合为一套变中酸性火山岩，结合其镜下的岩石特征(见钠长石板柱状变余斑晶)，推测原岩为火山岩，可能为具岛弧性质的玄武岩。

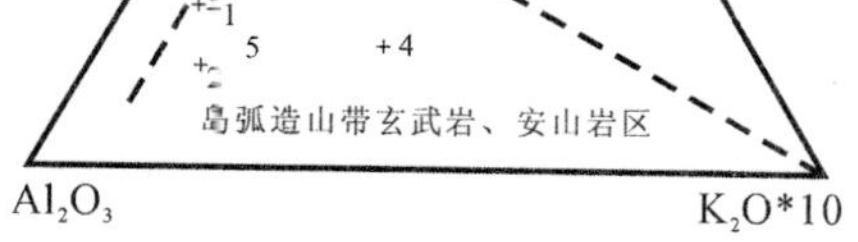

图 6-3　闪石片岩类 TAK 判别图解

(据赵崇贺，1989)，样品序号同表 4-10

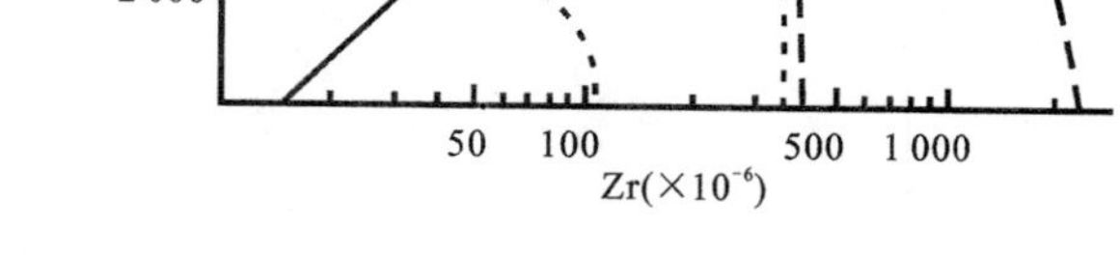

图 6-4　闪石片岩类 Ti-Zr 图解

(据 Pearce，1980)，样品序号同表 4-10

参照 Condie(1989)不同构造背景玄武岩的判别流程(岩石中微量元素的有关参数值见表 4-12)，阳起片岩中的绿帘钠长阳起片岩(详见第四章第一节“区域变质岩”)属岛弧钙碱性玄武岩(CABI)，应用 Ti/100-Zr-3Y 图解判别(图 6-7)，其形成环境与应用常量元素判别的结果一致；其微量元素比值蛛网图，亦显示出岛弧火山岩特征(图 6-8)。

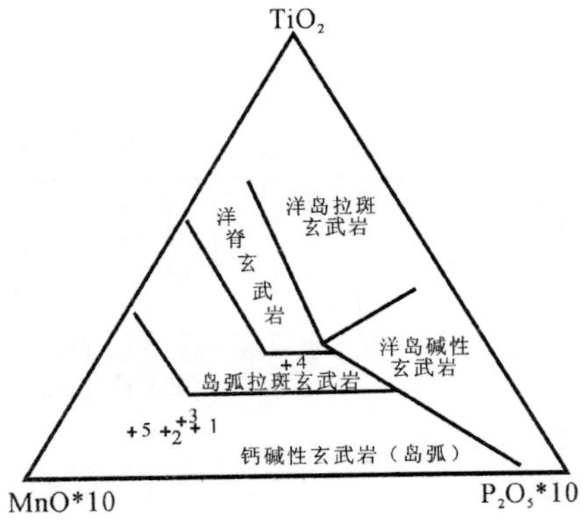

图 6-5　闪石片岩类 TiO_2-10MnO-10P_2O_5 图解

（据 Mullen，1983），样品序号同表 4-10

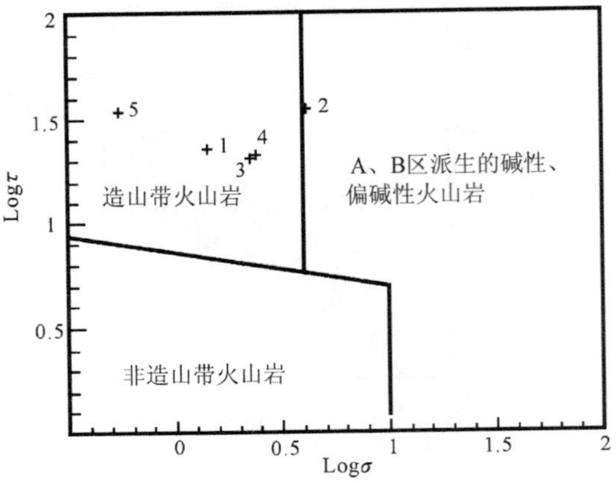

图 6-6　闪石片岩类的里特曼-戈蒂里图解

（据 Rittmann & Gottini，1981），样品序号同表 4-10

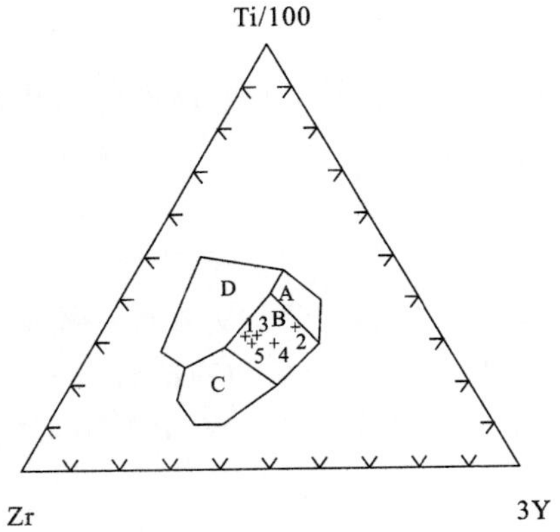

图 6-7　闪石片岩类 Ti/100-Zr-3Y 图解

（据 Pearce et al，1973）

A＋B. 岛弧拉斑玄武岩；B＋C. 岛弧钙碱性玄武岩；

D. 板内玄武岩；样品序号同表 4-10

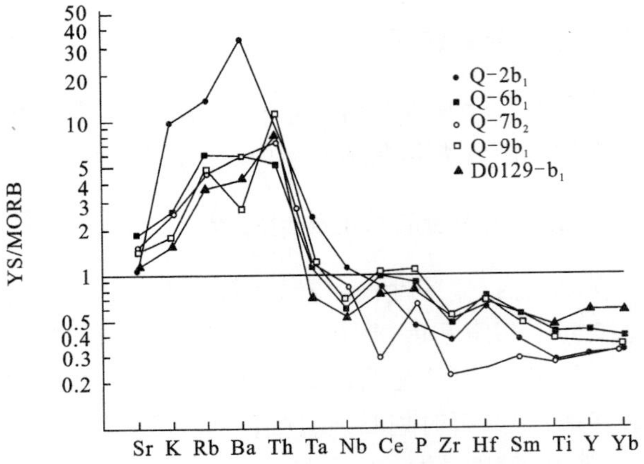

图 6-8　闪石片岩类微量元素 MORB 标准化蛛网图

（2）斜长变粒岩

① 角闪斜长变粒岩。

该变粒岩具岛弧安山岩和原始弧安山岩的特点，其微量元素比值蛛网图（图 6-9）显示 Th 特别富集的高峰，具大陆边缘火山弧 OIB 特征；应用勒夫勒图解（图 6-10）判别为造山带火山岩。

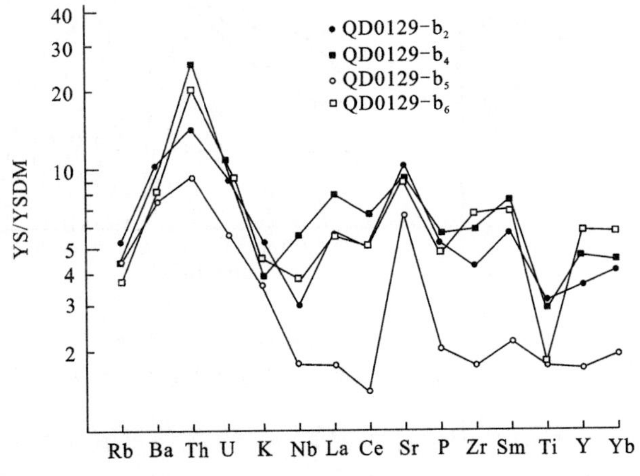

图 6-9　斜长变粒岩类微量元素原始地幔标准化蛛网图

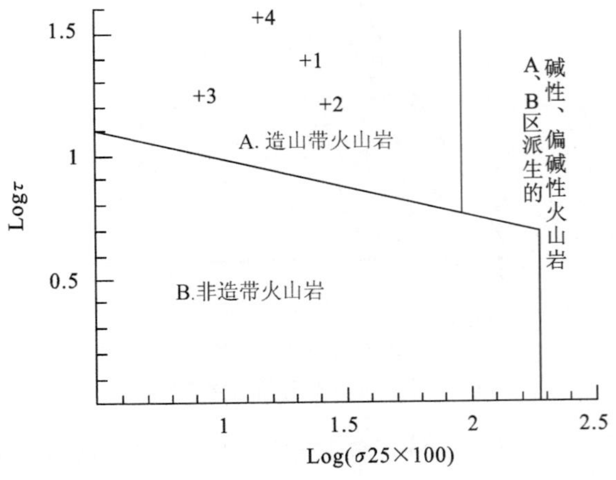

图 6-10　斜长变粒岩类的勒夫勒图解

（据自刘肇昌和赵彻终，1990），样品序号同表 4-13

② 阳起斜长变粒岩。

该变粒岩属岛弧钙碱性玄武岩，其微量元素比值蛛网图（图 6-9）也显示火山弧 OIB 特征；在图 6-10 及 FeO-MgO-Al_2O_3 图解（图 6-11）上为造山带火山岩；在 Ti-Zr 图解（图 6-12）中，落于岛弧玄武岩区；在 Th-Ta 图解（图 6-13）中，落于火山弧玄武岩中，而在 Ti/100-Zr-3Y 图解（图略），$10TiO_2$-Al_2O_3-$10K_2O$（图略）和 TiO_2-K_2O-P_2O_5 图解（图略）中，则落于大洋玄武岩区，反映该岩石既具有岛弧玄武岩又兼有大洋玄武岩的特点，可能与岩石受到同化混染作用的影响有关。

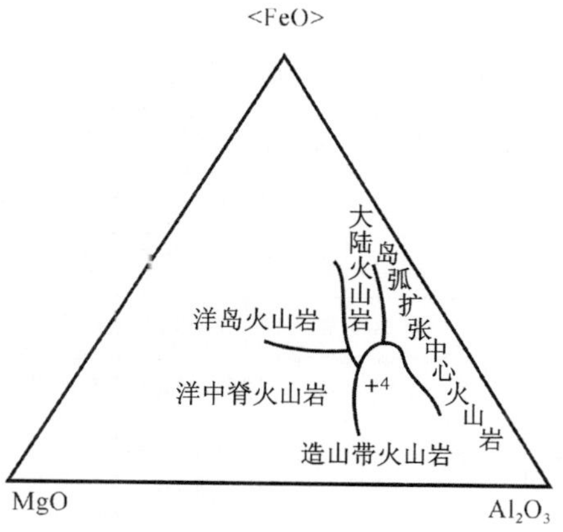

图 6-11　斜长变粒岩 FeO-MgO-Al_2O_3 图解

— 4 代表样品 D0129-b6

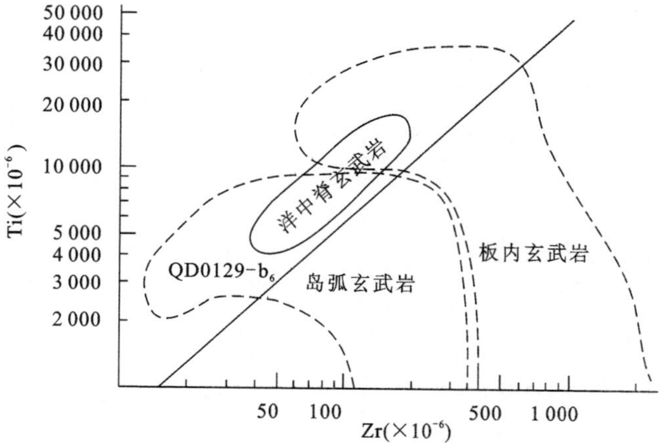

图 6-12　斜长变粒岩类 Ti-Zr 图解

（据 Pearce，1980）

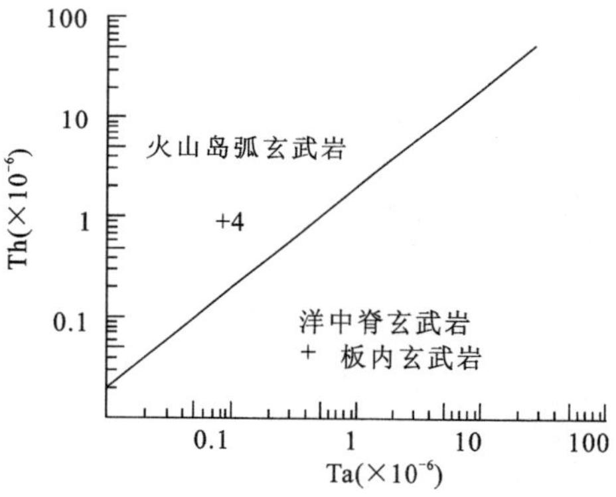

图 6-13　斜长变粒岩类 Th-Ta 图解

（据 Pearce et al，1980），+4 代表样品 D0129-b6

二、超基性—基性岩岩块的地球化学特征及形成环境

本节仅对与蛇绿混杂岩有关的地质体如超基性—基性岩岩块的地球化学特征进行分析，而其余岩块的地球化学特征已在第四章变质岩的相关部分作了叙述。

1. 岩石地球化学特征

(1) 常量主元素特征

该岩块的常量元素分析结果见表 6-1。岩石的 SiO_2 含量为 43.82%～44.90%（平均 44.36%），属超基性岩范围，接近基性岩。据镜下观察，岩石中斜长石含量小于 5%，为辉石岩类。全碱偏低，（Na_2O+K_2O）含量为 1.33%～1.76%，Na_2O 含量为 1.10%～1.59%（平均 1.35%），K_2O 含量为 0.08%～0.45%（平均 0.21%），可看出 $Na_2O>K_2O$；Al_2O_3 含量为 11.46%～17.74%（平均 16.29%）；CaO 平均含量为 12%；具有高铝、高钙特征，MgO 含量为 7.39%～16.61%（平均 10.1%）；TFeO 平均含量为

11.11%，MgO/(MgO+TFeO)比值介于0.38～0.59之间。此外，TiO_2含量为0.051%～1.38%，多数样品小于0.1%。$Mg^{\#}$值为0.56～0.77，表明岩石结晶分异作用不明显，部分岩石具有原生岩浆特征。在SiO_2-(Na_2O+K_2O)图解中(图6-14)，样品落入亚碱性系列苦橄玄武岩—粗面玄武岩区，在FAM图解中(图6-15)，样品落入拉斑玄武岩系列，具有低碱，富铁、镁趋势。

表6-1　超基性—基性岩岩块岩石化学成分($\times10^{-2}$)和稀土元素含量($\times10^{-6}$)分析结果

序号	样品号	SiO_2	TiO_2	Al_2O_3	Fe_2O_3	FeO	MnO	MgO	CaO	Na_2O	K_2O	P_2O_5	灼失量	总量
1	D0506-1b	43.82	0.086	11.46	4.86	7.04	0.206	16.61	10.87	1.32	0.224	0.058	2.50	99.05
2	D0506-2b	44.90	0.078	17.34	3.98	6.62	0.180	7.39	13.63	1.25	0.080	0.063	3.02	98.53
3	D0506-3b	44.56	0.051	17.24	3.55	6.90	0.222	10.67	12.32	1.48	0.281	0.055	2.40	99.73
4	D0506-4b	43.88	0.752	16.95	3.38	5.58	0.164	9.97	14.23	1.36	0.096	0.052	3.32	99.73
5	D0506-5b	44.54	0.090	17.74	3.56	8.98	0.246	7.40	11.68	1.59	0.125	0.053	2.74	98.74
6	D0506-6b	44.48	1.380	16.98	3.45	11.06	0.367	8.58	9.27	1.10	0.446	0.034	1.94	99.08

序号	La	Ce	Pr	Nd	Sm	Eu	Gd	Tb	Dy	Ho	Er	Tm	Yb	Lu	Y	ΣREE	LREE	δEu
1	0.97	2.56	0.25	0.68	0.21	0.14	0.27	0.05	0.28	0.06	0.18	0.03	0.16	0.03	2.06	5.87	4.81	1.94
2	2.10	3.91	0.50	1.74	0.55	0.26	0.58	0.11	0.73	0.16	0.46	0.07	0.45	0.07	4.18	11.69	9.06	1.50
3	2.27	4.04	0.53	1.76	0.48	0.38	0.56	0.11	0.66	0.15	0.40	0.06	0.37	0.06	4.36	11.83	9.46	2.41
4	0.80	1.10	0.14	0.78	0.31	0.19	0.35	0.07	0.44	0.09	0.24	0.04	0.20	0.03	5.52	4.78	3.32	1.89
5	0.75	1.66	0.29	1.58	0.66	0.52	0.86	0.17	1.03	0.21	0.58	0.09	0.49	0.07	8.80	8.96	5.46	2.28
6	2.24	4.63	0.68	3.18	1.00	0.90	1.23	0.24	1.42	0.29	0.83	0.13	0.75	0.11	7.61	17.63	12.63	1.67

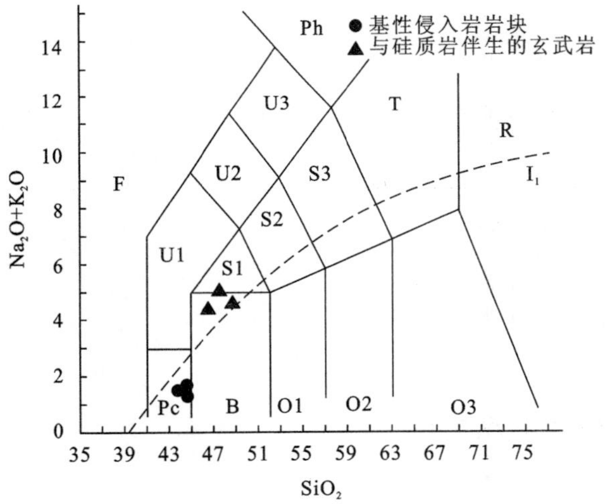

图6-14　超基性—基性岩岩块SiO_2-(Na_2O+K_2O)图解

Pc.苦橄玄武岩；S1.粗面玄武岩

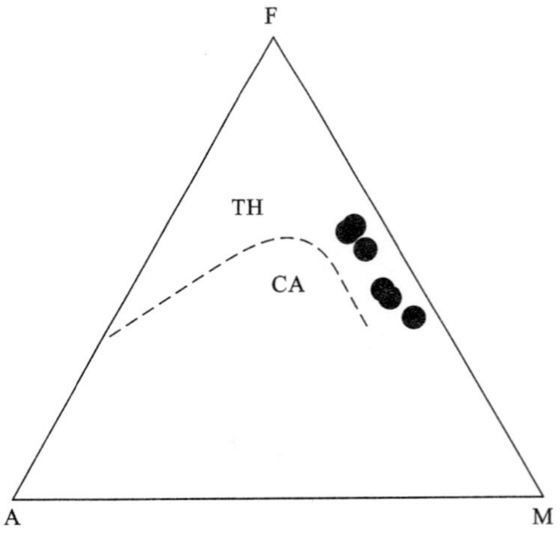

图6-15　超基性—基性岩岩块FAM图解

TH.拉斑玄武岩系列；CA.钙碱性系列

(2) 稀土元素特征

该岩块稀土元素含量见表6-1。岩石稀土总量低，变化范围小，ΣREE为5.87×10^{-6}～17.63×10^{-6}，LREE/HREE为1.56～4.54，轻稀土略显富集，δEu为1.50～2.28，为明显正异常，同样显示结晶分异作用不明显。稀土配分曲线基本为平坦型(图6-16)，部分样品的轻稀土呈弱左倾斜，轻稀土元素分异较重稀土明显。

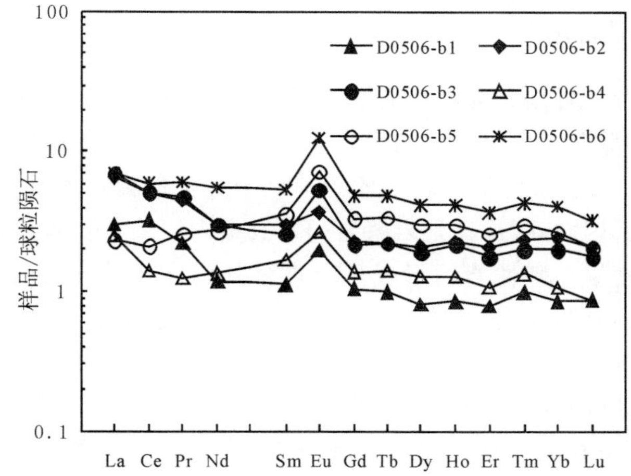

图 6-16 超基性—基性岩岩块稀土元素配分曲线

(3) 微量元素特征

该岩块微量元素含量见表 6-2。可看出大离子亲石元素 Rb、Ba 的丰度低，Sr、K 的丰度中等，且 Sr 含量变化范围较大，亲铁元素 Cr、Ni、Co 和亲铜元素 Cu 高于克拉克值。Rb/Sr 比值为 0.02～0.17(平均 0.068)，Nb/La 比值为 0.6～3.09(平均 1.38)，Y/Nb 比值为 1.93～7.52 (平均 3.41)，Th/La 比值为 0.44～1.35(平均 0.80)，La/Nb 比值为 0.32～1.65(平均 0.96)。放射性生热元素 U、Th 的丰度普遍较低；不活动性元素 Nb、Ta、Zr、Hf 的丰度低，且变化范围小。微量元素 MORB 标准化的地球化学模式所示，Rb、Ba、Th、Nb、P 为正异常，Zr、Ti 既有亏损，也有富集(图 6-17)。

表 6-2 超基性—基性岩岩块微量元素分析结果($\times 10^{-6}$)

样品号	Cr	Co	Ni	V	Sc	Cs	Rb	Sr	Ba	Nb	Ta	Zr	Hf	Cu	Pb	Zn	U	Th
D0506-1b	180	84.6	93.6	108	41.9	0.57	4.1	61.5	83.5	1.07	0.11	5.8	0.2	304	9.5	94.6	0.45	0.88
D0506-2b	206	30.7	42.1	133	48.1	0.79	3.5	172	35.2	1.44	0.14	26.1	0.8	67.8	7.1	69.9	0.24	1.06
D0506-3b	286	36	41.2	137	50.2	0.79	5.8	135	100	1.37	0.12	10.6	0.3	8.62	6.5	68.6	0.31	0.99
D0506-4b	288	31.9	42.9	149	58.6	0.63	2.4	14	33.5	2.47	0.17	6.1	0.3	12.1	9.1	59.7	0.14	1.08
D0506-5b	161	38.7	25.2	196	75.5	0.66	4	154	56.7	1.17	0.11	8.1	0.4	48.1	7.4	94.2	0.16	0.77
D0506-6b	95.9	38.1	16.2	386	61.1	0.97	11.4	137	192	2.83	0.3	16.7	0.7	77.4	7.3	97	0.3	1.2

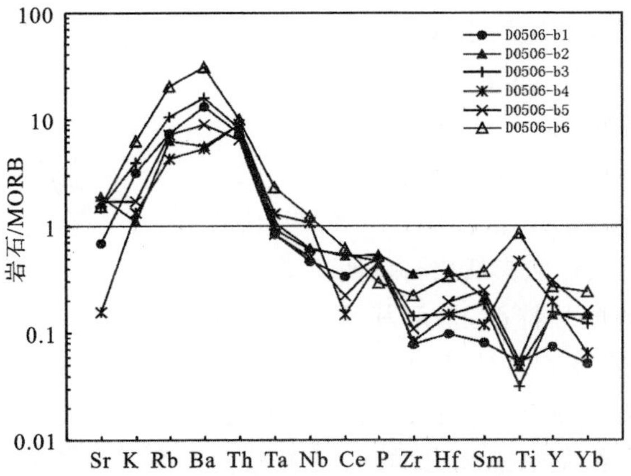

图 6-17 超基性—基性岩岩块微量元素蛛网图

2. 超基性—基性岩构造环境

蛇绿岩套产出的地质背景可划分为洋中脊型和俯冲带型(Supra-Subduction Zone,简称 SSZ)两大类。越来越多的资料表明,保存在缝合带中的大多数蛇绿岩套形成于俯冲带上的构造环境(包括弧前和弧后盆地)(Pearce,2003)。弧后盆地基性岩形成于消减带之上的弧后盆地扩张脊环境,通过类似于洋中脊的海底扩张作用产生。因此,弧后盆地岩浆岩类常具板内岩浆岩和岛弧岩浆岩的双重属性。

利用常量元素对超基性岩—基性岩的形成环境进行判别比微量元素的效果好。该岩块具有高的 MgO、Al_2O_3含量和低的 K_2O、TiO_2含量,在主量元素构造环境判别图上,大部分样品位于洋脊区,并有向大陆方向偏移的趋势的特点。在 TFeO-MgO-Al_2O_3图解中,本区 6 个超基性—基性岩岩块样品主体位于洋底(或洋脊)玄武岩区(图 6-18),在 ATK 图上也主要落入 1 区(洋脊玄武岩区)及其附近,属洋脊及洋底玄武岩(图 6-19),部分样品靠近大陆环境,暗示其板内属性,并受到大陆地壳的混染。

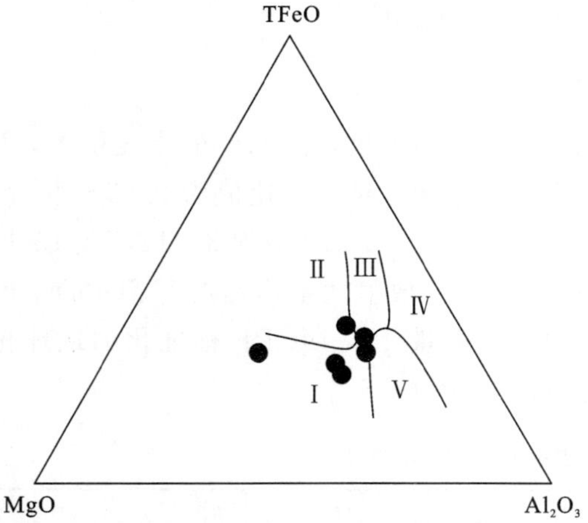

图 6-18　超基性—基性岩岩块 TFeO-MgO-Al_2O_3图解

Ⅰ.洋中脊或洋底;Ⅱ.洋岛;Ⅲ.大陆;Ⅳ.扩张中央岛;Ⅴ.造山带

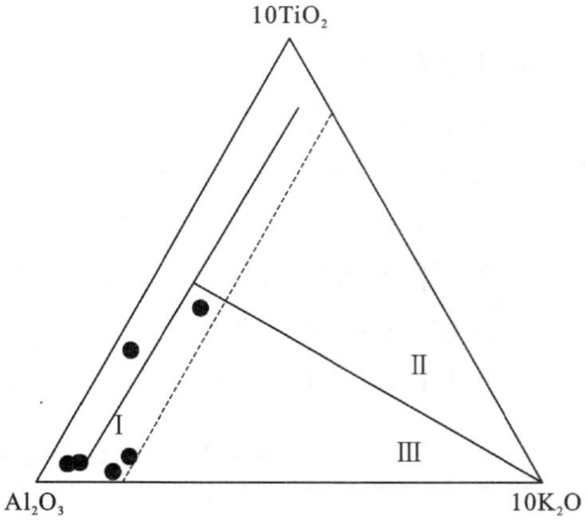

图 6-19　超基性—基性岩岩块 ATK 图解

Ⅰ.洋脊玄武岩区;Ⅱ.大陆裂谷玄武岩区;Ⅲ.造山造玄武岩及安山岩区;实线为赵崇贺(1989)划分该三区的界线,虚线据莫宣学等(1998)

该岩块具有低的微量元素丰度和低 REE 的特点。在微量元素构造环境判别图上显示 Rb、Ba 和 Th 隆起(图 6-17),亏损高场强元素(具有 Nb、Zr、Ti 的负异常),类似于弧火成岩特征,与俯冲板片流体交代地幔楔源区的部分熔融有关,其岩浆成因受到了来自深部地幔流体的交代作用和地壳的混染。其 Rb/Sr 比值稍高于原始地幔 Rb/Sr 比值 0.03(Wood,1979);Nb/La 比值(平均 1.38)仅为原始地幔的十几分之一;Th/La 比值(平均 0.80)与 E-MORB 的 Th/La 比值 1.3～3.5 相近(Sun and McDonough 1989);La/Nb比值(平均 0.96)与 N-MORB 的 La/Nb 比值 1.07 相近。在 2Nb-Zr/4-Y 图(图 6-20)中,3 个样品点落入 P-MORB 区及其附近,1 个样品点位于 C 区(火山弧玄武岩),表明它兼有岛弧火山岩和洋中脊玄武岩的成分特征,指示其源区可能卷入了这两种组分。因此,超基性岩—基性岩的原始岩块形成于大陆边缘的弧后盆地拉张环境,属俯冲带型(SSZ 型)蛇绿岩的组成单元。这意味着在中三叠世早期,巴颜喀拉地块以南地区可能出现大陆边缘的裂解,并伴有基性岩类侵入(段其发等,2009)。

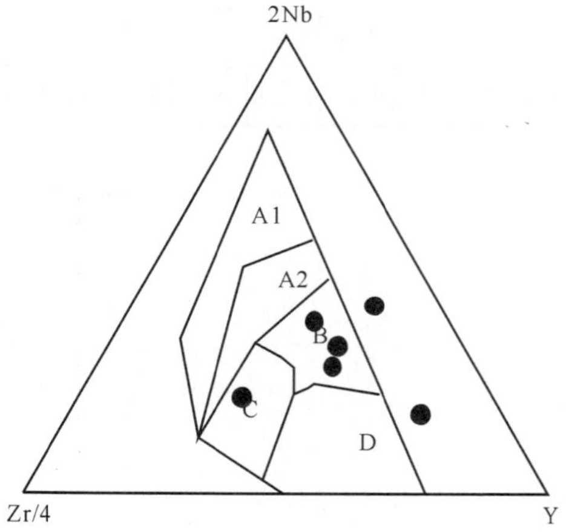

图 6-20　超基性—基性岩岩块 2Nb-Zr/4-Y 图

A1+A2.板内碱性玄武岩;A2+C.板内拉斑玄武岩;B. P-MORB;D. N-MORB;C+D.火山弧玄武岩

第三节　扎河蛇绿混杂岩

扎河蛇绿混杂岩是甘孜—理塘蛇绿岩亚带的重要组成部分，位于通天河蛇绿混杂岩带的北部，自扎河北部的绞保托斗，向南东经邦巴塘曲卡延伸出图，与查涌蛇绿岩相连，二者共同构成甘孜—理塘蛇绿混杂岩亚带的北延部分。

一、蛇绿混杂岩的物质组成

扎河蛇绿混杂岩物质组成主要为二叠系火山岩—硅质岩、石炭系—二叠系大理岩化灰岩、火山岩—灰岩等岩块，以及泥盆系变质砂岩岩块构成，散乱分布于上三叠统克南群中。扎河一带的克南群，下部为灰、浅灰色不等粒（含砾）石英砂岩和石英杂砂岩，与深灰色含粉砂质板岩不等厚互层，中上部为灰色变质细粒岩屑石英砂岩和粗中粒石英砂岩夹粘土板岩、粉砂质板岩和含碳板岩（详见第二章第五节“三叠纪地层”）。

（一）火山岩—硅质岩岩块（WP_2rs）

该岩块为本次工作新发现的二叠系岩块类型，产于蛇绿混杂岩带的北部，为歇武—甘孜—理塘蛇绿岩的组成部分。硅质岩岩块大致沿西金乌兰湖—歇武断裂带展布，见于绞保托斗、邦巴塘曲卡和傲玛涌上游（图 6-1）；火山岩岩块仅见于扎河剖面（图 2-15 上的第 12 层），位于硅质岩—泥岩之下，因此，将其与硅质岩作为一个整体统一描述。硅质岩块变形强烈，长轴方向为北西-南东向，与区域面理产状基本一致，呈透镜状，长为 1 000～1 500m，宽为 160～250m，与上、下的晚三叠世岩层呈断层接触，具构造岩块特征。

该岩块岩石类型主要为粒玄岩，斑状结构和变余间粒结构，发育杏仁构造和块状构造。斑晶为中—拉长石（含量 10%～17%）。基质为拉长石（40%～49%）、单斜辉石（0～20%）、方解石（20%～30%）和绿泥石（3%～5%），偶见绿帘石。副矿物有磁铁矿（1%～4%）及少量钛磁铁矿、白钛矿和磷灰石等。部分岩石中杏仁体含量达 3%～10%。岩石普遍发育碳酸盐化、绿泥石化和绢云母化。

（二）大理岩化灰岩岩块（WCP*ca*）

该类岩块分布于扎河北部绞保托斗—邦巴塘曲卡—鳌公西公窝一带，位于扎河北（脆）韧性剪切带的南侧，多呈北西向展布的透镜体，其岩石学特征与兵果达龙蛇绿混杂中的同类岩块相似，此处不再赘述。

需要说明的是：扎河北部灰岩岩块在镜下很少见到陆源碎屑，化学分析结果显示成分较纯，SiO_2（0.52%）和 Al_2O_3（0.44%）含量很低，形成于远离陆源区的类似于海山的碳酸盐岩浅水沉积环境，说明该类岩块可能来自进入俯冲带的海山上的灰岩。

（三）泥盆系变质砂岩岩块（WDY）

泥盆系变质砂岩岩块（称为依吉群）位于测区西南部扎河乡一带，呈北西向展布的产出，出露面积约 2.5km^2（详见第二章第二节“泥盆纪地层”）。

二、火山岩—硅质岩岩块的地球化学特征及构造环境

本节仅对与蛇绿混杂岩有关的地质体如火山岩—硅质岩岩块的地球化学特征进行分析，其余岩块

的地球化学特征在第四章变质岩相关部分已叙述。

（一）硅质岩岩块的地球化学特征及构造环境

硅质岩是确定沉积盆地大地构造位置和古水深条件最有意义的岩石类型之一。硅质岩地球化学特征是确定其沉积构造背景的有效方法。测区硅质岩的常量元素分析见表6-3。测区硅质岩 SiO_2 偏低，镜下可见较多泥质，偶含凝灰物质。

1. 硅质岩地球化学特征

（1）常量主元素特征

从表6-3常量主元素分析结果中可以看出，测区硅质岩的Al/(Al+Fe+Mn)值变化在0.41～0.74之间（平均为0.64），接近于生物成因硅质岩，这与镜下见较多放射虫化石相符。本区硅质岩的 MnO/TiO_2 值最低为0.04，最高为1.88（平均为0.74）。

表6-3 硅质岩岩块常量主元素含量（%）

样品号	QMBB-2b	QMBB-3b	QMBB-4b	QMBB-5b	QMBB-6b
SiO_2	78.42	84.29	88.06	88.24	71.56
Al_2O_3	8.96	4.42	5.15	4.53	12.24
Fe_2O_3	3.51	2.4	0.263	0.657	5.57
FeO	0.657	0.657	2.22	2.45	0.138
CaO	0.137	0.066	0.116	0.132	0.205
MgO	0.884	0.524	0.819	0.885	1.48
K_2O	1.96	1.98	1.33	0.976	4.11
Na_2O	1.34	0.067	0.274	0.166	0.093
TiO_2	0.377	0.304	0.194	0.143	0.582
P_2O_5	0.087	0.152	0.082	0.111	0.113
MnO	0.707	0.011	0.094	0.119	0.287
LOI	2.86	4.29	0.68	1.18	3.06
total	99.90	99.16	99.28	99.59	99.44
Al/(Al+Fe)	0.43	0.68	0.74	0.67	0.76
Al/(Al+Fe+Mn)	0.41	0.68	0.73	0.65	0.74
Fe/Ti	28.18	6.01	8.21	13.79	5.74
MnO/TiO_2	1.88	0.04	0.48	0.83	0.49

（2）稀土元素特征

该岩块稀土元素结果见表6-4。δCe为0.97～1.49（平均为1.14），无明显异常；ΣREE最低为 78.13×10^{-6}，最高为 178.23×10^{-6}（平均为 138.51×10^{-6}），$(La/Yb)_N$ 平均值为1.85，轻稀土略为富集。

表6-4 硅质岩岩块稀土元素含量（$\times10^{-6}$）

样品号	QMBB-2b	QMBB-3b	QMBB-4b	QMBB-5b	QMBB-6b
La	27.1	40.7	40	17.2	33.9
Ce	50.9	65.9	77.6	33.3	90.5
Pr	4.35	5.98	6.73	3.26	5.92

续表 6-4

样品号	QMBB-2b	QMBB-3b	QMBB-4b	QMBB-5b	QMBB-6b
Nd	16.8	24.2	28.9	13.2	25.3
Sm	3.02	4.14	5.03	2.82	5.49
Eu	0.53	0.76	0.88	0.52	0.91
Gd	2.42	3.27	3.45	2.37	4.29
Tb	0.35	0.57	0.47	0.38	0.74
Dy	2.57	3.54	2.7	2.27	4.6
Ho	0.5	0.74	0.47	0.44	0.86
Er	1.49	2.33	1.43	1.1	2.65
Tm	0.24	0.36	0.24	0.16	0.4
Yb	1.47	2.16	1.35	1.02	2.38
Lu	0.15	0.25	0.14	0.086	0.29
Y	11.6	19.1	10.1	8.82	18.5
ΣREE	111.89	154.90	169.39	78.13	178.23
δEu	0.92	0.97	0.98	0.94	0.88
δCe	1.08	0.97	1.10	1.04	1.49
$(La/Yb)_N$	1.74	1.78	2.79	1.59	1.34

2. 硅质岩原岩形成的构造环境

硅质岩 Fe、Mn 的富集与热水的参与有关，而 Al 的富集则与陆源物质的介入有关。海相沉积中 Al/(Al+Fe+Mn)值随沉积物中热液沉积物的减少而增加，变化于 0.01(纯热液成因)到 0.60(纯生物成因)之间(Bostrom et al,1969;Adachi,et al,1986; Yamamoto,1987)。在图 6-21(a)上，硅质岩样品点主要落在生物成因硅质岩区。一般而言，离陆较近的大陆坡和陆缘海沉积的硅质岩 MnO/TiO_2 值偏低(均小于 0.5)，而开阔大洋中的硅质沉积物的比值比较高，可达 0.5～3.3(王安东等，1995)。本区硅质岩岩块的 MnO/TiO_2 值平均为 0.74，表明样品在沉积过程中，部分受陆源影响明显，而个别样品(如 QMBB-2b)受陆源影响较弱。此外，根据常量元素 Al、Ti、Fe 和 Si 氧化物比值的相互关系可以区分洋脊硅质岩和大陆边缘硅质岩(Murray,1994)。在常量元素相关比值及判别图解上[图 6-21(b)、(c)、(d)]，样品点主要落入大陆边缘海区，硅质来源于陆坡区，与生物参与作用有密切关系。

众所周知，硅质岩稀土元素组成与构造环境有密切关系。本区硅质岩的 ΣREE 平均为 138.51×10^{-6}，与世界页岩平均值一致。稀土元素配分曲线呈平坦型(图 6-22)，表明硅质岩受陆源物质影响较小，类似于陆间盆地和残留海的特征(丁林等，1995)；$(La/Yb)_N$ 平均值为 1.85，同样说明了陆源物质的影响。用硅质岩稀土元素特征，特别是 Ce 异常可有效地区分洋脊、开阔大洋和大陆边缘等不同构造环境。扩张洋中脊区(400km 以内)沉积的燧石、页岩以极小的 δCe(约 0.29)为特征；洋盆区的为 δCe 以中等值(约 0.55)为特征；而大陆边缘区 δCe 值较大(0.9～1.30)(Murray 等，1990)。本区硅质岩的 δCe 平均为 1.14，表明沉积环境靠近陆源区，类似于边缘海环境中形成的硅质岩。由此可见，硅质岩形成于扎河北部中二叠世大陆边缘环境的陆间海盆，与甘孜—理塘结合带南段的沉积环境基本相同(段其发等，2006b)。

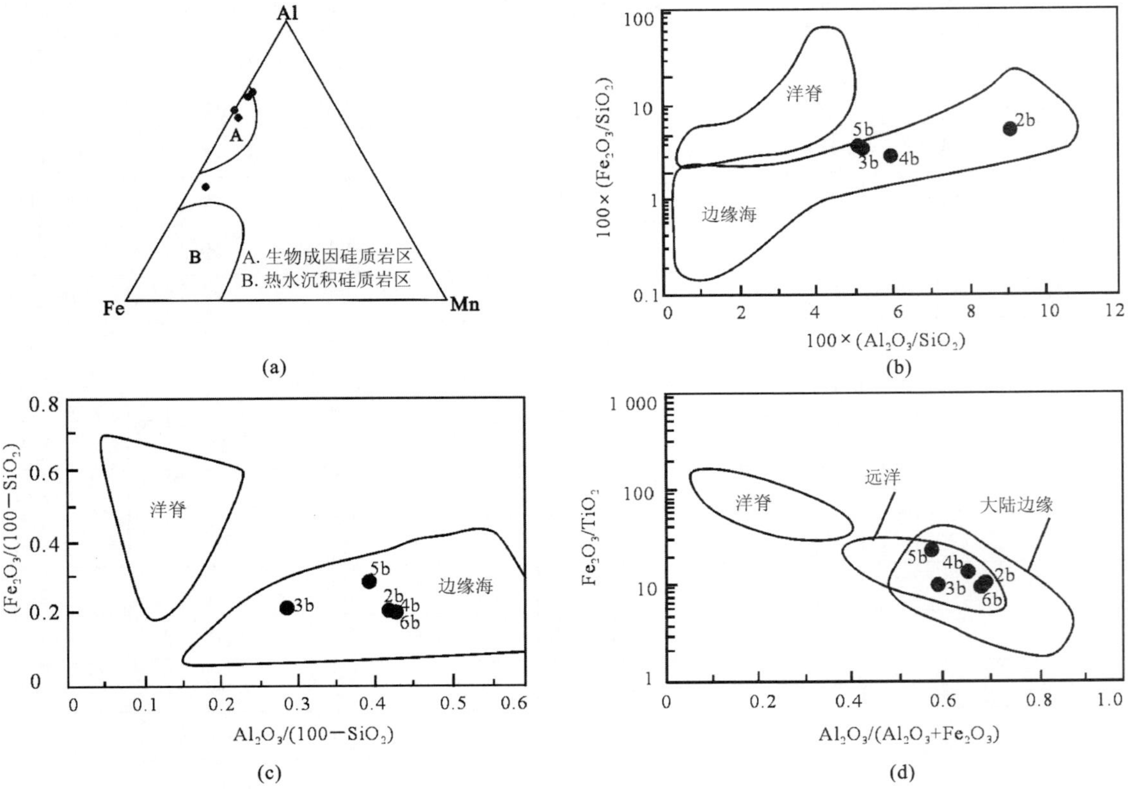

图 6-21　硅质岩岩块常量元素判别图

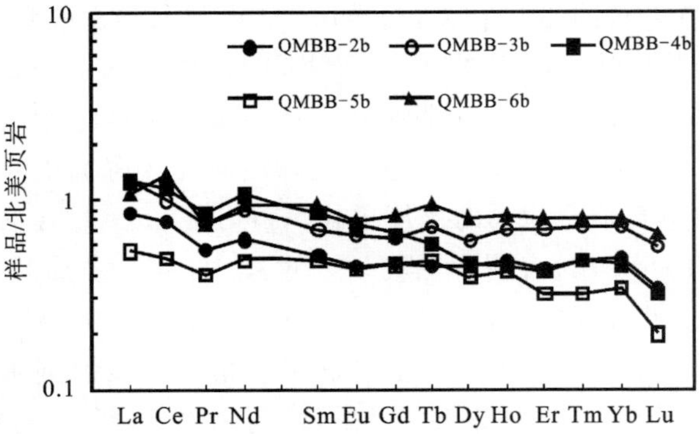

图 6-22　硅质岩岩块稀土元素配分型式

（二）火山岩岩块的岩石地球化学特征及形成环境

1. 岩石地球化学特征

（1）常量主元素特征

与硅质岩岩块伴生的火山岩岩块蚀变作用强，选取其中蚀变相对较弱的 3 个全岩样品作化学分析，结果见表 6-5。火山岩的 SiO_2含量为 46.52%～48.65%，为玄武岩类。Na_2O 含量为 3.07%～3.70%，K_2O为 0.94%～1.73%，$Na_2O>K_2O$，TFeO 含量平均为 13.58%；另一突出特征是高 Ti，TiO_2含量高于 4%（平均为 4.4%）。在 TAS 图解（图 6-3）上，火山岩样品点落在玄武岩区，属碱性系列。

表 6-5　火山岩岩块岩石化学成分(%)、稀土元素和微量元素($\times 10^{-6}$)分析结果

样品号	SiO_2	Al_2O_3	Fe_2O_3	FeO	CaO	MgO	K_2O	Na_2O	TiO_2	P_2O_5	MnO	灼失量	总量	Co	Cr	Ni	V	Sc
Z-12b2-1	46.52	12.08	4.70	9.00	5.96	4.00	1.27	3.07	4.28	0.55	0.21	6.92	98.55	40.4	49.5	42.2	304.0	28.8
Z-12b2-5	47.54	12.51	4.48	9.71	6.32	4.62	1.73	3.39	4.70	0.54	0.20	2.42	98.15	49.6	64.3	53.7	419.0	32.0
Z-12b2-7	48.65	12.10	4.26	9.96	7.14	4.56	0.94	3.70	4.23	0.53	0.19	2.76	99.01	42.6	54.1	46.1	304.0	28.5

样品号	Ga	Rb	Sr	Ba	Cs	Nb	Zr	Ta	Hf	U	Th	La	Ce	Pr	Nd	Sm	Eu
Z-12b2-1	31.8	36.5	462.0	813.0	8.70	46.3	363.0	2.30	11.2	1.94	6.91	55.54	117.30	15.28	59.46	11.76	3.57
Z-12b2-5	32.5	40.8	324.0	862.0	7.30	50.5	380.0	3.51	13.9	1.79	8.19	59.38	128.20	15.66	62.83	12.63	3.55
Z-12b2-7	25.5	25.6	382.0	576.0	8.38	47.0	366.0	2.50	11.4	1.69	7.14	56.20	120.90	15.36	60.84	12.19	3.39

样品号	Gd	Tb	Dy	Ho	Er	Tm	Yb	Lu	Y	ΣREE	LREE	HREE	δEu	δCe	$(La/Yb)_N$
Z-12b2-1	9.86	1.50	8.08	1.53	3.86	0.56	3.19	0.46	33.97	291.95	262.91	29.04	0.99	0.93	11.77
Z-12b2-5	10.98	1.70	8.90	1.69	4.14	0.60	3.40	0.49	39.39	314.15	282.25	31.90	0.90	0.97	11.80
Z-12b2-7	10.24	1.56	8.41	1.58	4.00	0.60	3.33	0.48	36.75	299.08	268.88	30.20	0.90	0.95	11.40

(2) 稀土元素特征

该岩块稀土元素含量见表 6-5。岩石稀土总量 ΣREE 为 $291.95\times 10^{-6}\sim 314.15\times 10^{-6}$，LREE/HREE 为 8.85～9.05，轻稀土明显富集，稀土配分曲线为向右陡倾型(图 6-23)，$(La/Yb)_N$ 为 11.4～11.8。δEu 为 0.90～0.99，无明显铕异常，暗示分异作用早期无明显的斜长石结晶。

(3) 微量元素特征

该火山岩岩块微量元素含量见表 6-5。玄武岩中大离子亲石元素 Sr、Ba 的丰度高，分别为$(324.0\sim 462.0)\times 10^{-6}$和$(576.0\sim 813.0)\times 10^{-6}$，Rb 含量偏低，为$(25.6\sim 40.8)\times 10^{-6}$，放射性生热元素 U 和 Th 含量低，不活动性元素 Nb、Zr 的含量较高，而 Ta、Hf 的含量低。微量元素 MORB 标准化图上(图 6-24)，富集大离子亲石元素(LILE)Rb、Sr、Ba、Th 和高场强元素(HFSE)Zr、Hf、Nb、Ta、P_2O_5，总体呈 Rb、Ba 和 Th 上隆富集型。

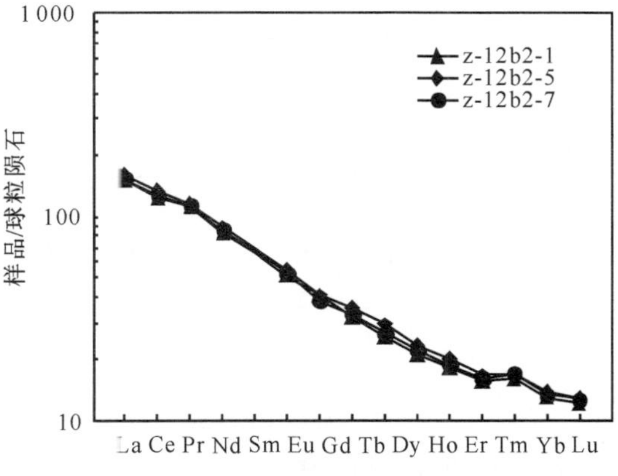

图 6-23　火山岩岩块稀土元素配分型式

(岩石/球粒陨石)

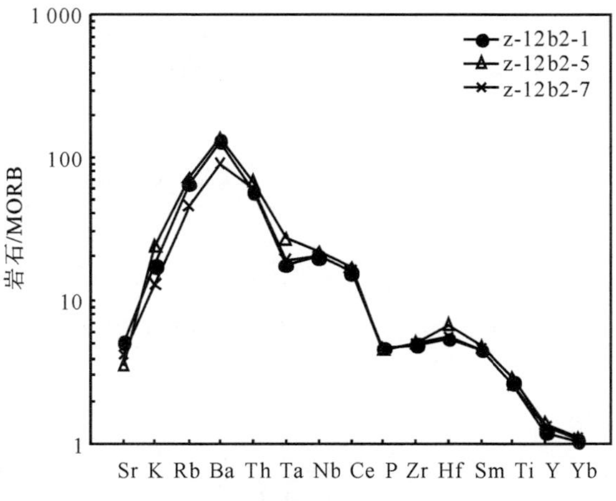

图 6-24　火山岩岩块微量元素 MORB 标准化图

2. 火山岩岩块原岩形成的构造环境

该岩块原岩与含放射虫硅质岩伴生，表明其形成于较深水的环境。在 TiO_2-MnO-P_2O_5 图上，火山岩样品落在洋岛拉斑玄武岩区和洋岛碱性玄武岩区的界线附近(图 6-25)，与三江地区洋岛玄武岩

(OIB)也具可比性。但是,本区所见火山岩岩块与夏威夷等地(无岩石圈)的典型 OIB 相比则有一定差异,表现在该玄武岩的稀土配分曲线更加富集 LREE,与昌宁—孟连一带的洋岛玄武岩特征相似(莫宣学等,1998),反映了岩石圈地幔物质的贡献。另外,在 2Nb-Zr/4-Y 图上样品点位于板内碱性玄武岩区(图 6-26);在 Zr-Zr/Y 图上样品落在板内玄武岩区(图 6-27);在 TFeO-MgO-Al_2O_3 图上样品落在大陆区与洋岛区界线附近(图 6-28)。该岩块微量元素特征与板内碱性玄武岩相似,应属于大陆边缘板内构造环境的大陆 OIB 碱性玄武岩。综上所述,该火山岩岩块可以与可可西里西—金乌兰湖地区同时代火山岩的形成环境相对比(边千韬等,1997)。

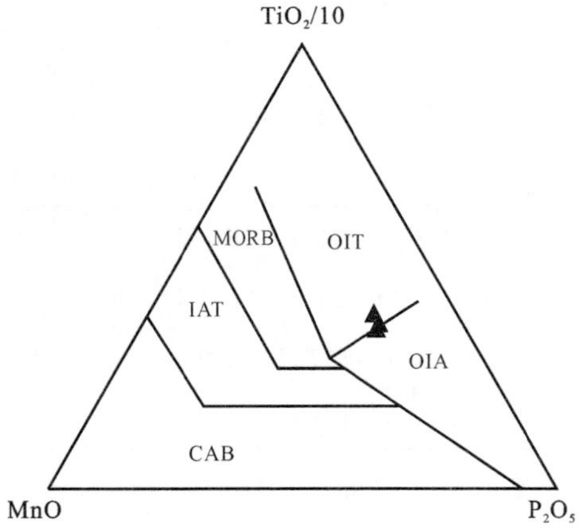

图 6-25　火山岩岩块 TiO_2-MnO-P_2O_5 图解

OIT. 洋岛拉班玄武岩;OIA. 洋岛碱性玄武岩;MORB. 洋岛碱性玄武岩;IAT. 岛弧拉班玄武岩;CAB. 钙碱性玄武岩

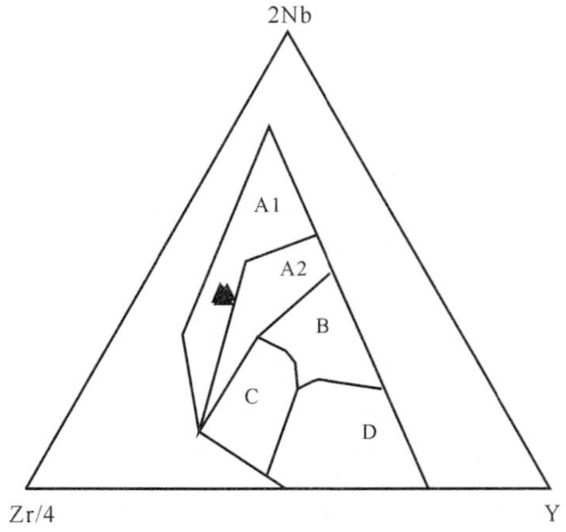

图 6-26　火山岩岩块 2Nb-Zr/4-Y 图解

(图例见图 6-20)

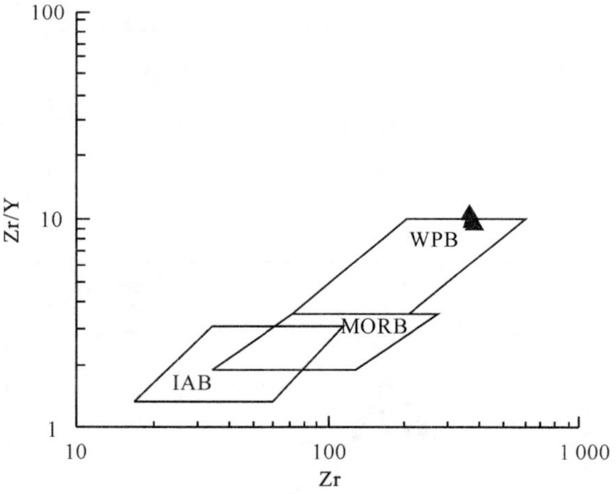

图 6-27　火山岩岩块 Zr-Zr/Y 图解

IAB. 岛弧玄武岩;MORB. 洋中脊玄武岩;WPB. 板内玄武岩

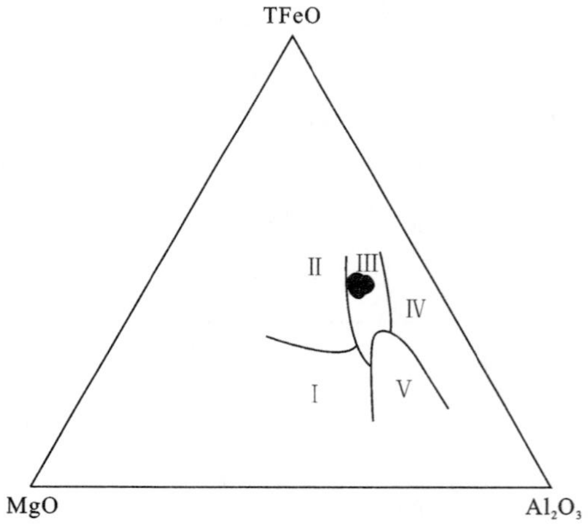

图 6-28　火山岩岩块 TFeO-MgO-Al_2O_3 图解

(图例见图 6-18)

第四节　蛇绿混杂岩形成的演化阶段

蛇绿混杂岩带的形成演化过程(包括洋壳形成和洋壳俯冲、碰撞造山)是蛇绿岩作为洋壳物质被肢解作为外来岩块的侵位过程。洋壳是沉积盆地扩张鼎盛期的产物,一般根据与蛇绿岩相伴生的沉积岩中的古生物化石来确定或用同位素测年法直接测定洋壳岩石的形成年龄。通天河构造混杂岩带大致经历了从晚泥盆世初始裂谷盆地扩张、三叠纪末洋盆闭合和侏罗纪—白垩纪的陆内造山过程 3 个阶段。

一、洋壳形成阶段

在泥盆纪时，扎河地区为构成古特提斯多岛洋的微陆块(暂称之为扎河陆块)。早石炭世—中二叠世陆内裂谷扩张，是金沙江缝合带和甘孜—理塘缝合带形成洋壳重要的时期。在区域上可将发育于可可西里地区蛇形沟、移山湖、西金乌兰湖、巴音查乌玛以及治多—玉树等地的蛇绿岩及洋脊型、洋岛型玄武岩视为同期洋壳产物。本次工作新发现中二叠世深水相含放射虫硅质岩和洋岛碱性玄武岩，表明甘孜—理塘洋北段(扎河北部)与南段的环境相似，都经历了大致相似的洋壳形成阶段。

二、洋壳俯冲—碰撞阶段

1. 金沙江蛇绿岩套形成

中二叠世末期金沙江洋壳向南俯冲，扎河陆块拼贴到羌塘地块北缘，成为羌塘地块的一部分(羌塘—扎河地块)，形成晚古生代金沙江蛇绿岩套。但是，最新研究结果表明：该洋盆闭合后，在中三叠世早期仍有扩张事件发生(段其发等，2009)。

2. 通天河构造混杂带的沟-弧-盆体系

甘孜—理塘洋盆在晚三叠世早期再次扩张，在扎河北部广泛发育的上三叠统巴颜喀拉山群显示该洋盆具有残留海性质。晚三叠世中期，该洋盆北段开始向南西俯冲消减于羌塘—扎河陆块之下，在扎河地区形成呈北西-南东向展布的沟-弧-盆体系。具体地说，上三叠统巴塘群沿甘孜—理塘蛇绿岩带南侧呈区域条带状分布，表明该洋盆于晚三叠世末期消减闭合；在弧前地区(扎河一带)因重力失衡而发生沉降形成弧前盆地，构成弧前增生楔。在通天河蛇绿混杂岩带以北的地区，形成了可可西里—巴颜喀拉周缘前陆盆地。

3. 巴颜喀拉地块与羌塘—扎河地块的碰撞造山

在三叠纪—侏罗纪之交，巴颜喀拉地块与羌塘—扎河陆块发生印支期陆-陆碰撞造山。该强烈碰撞造山运动使晚三叠世晚期沉积盆地褶皱冲断回返，形成了北西-南东向展布的线状褶皱构造和逆冲断裂构造，形成规模巨大构造混杂带和中—低压低温型蛇绿岩带。

三、陆内汇聚阶段

中侏罗世前陆盆地演化结束，进入造山期后陆内汇聚阶段。与此同时，伴随地壳和岩石圈增厚，其结果是造成大规模岩浆作用，形成一条重要的花岗岩带，明显地受北西向断裂带的控制，其中岩体大多数同位素年龄为中侏罗世和早白垩世。晚古生代地层及基底岩系沿(脆)韧性剪切带发生构造侵位，呈孤立岩块散布在晚三叠世地层中，因此，通天河蛇绿混杂岩最终定位于中侏罗世至白垩纪的陆内汇聚阶段。

第七章 经济地质

第一节 矿产各论

测区内已发现的矿产有岩金、砂金、石膏、芒硝、石灰岩和锶矿泉 6 个矿种，矿产地 10 处。根据前人所做的物化探异常，查证岩金、铜、钨、水晶等的重要矿化线索 6 处(表 7-1、表 7-2)。

表 7-1 测区矿(化)点和矿化线索统计表

矿物名称	砂金	岩金	铜	钨	石膏	芒硝	水晶	石灰岩	锶矿泉
矿点	4				1	1		1	1
矿化点	1	1							
矿化线索		2	1	1			2		

表 7-2 测区重要找矿线索一览表

名称	发现者	地质概况及规模	主要矿物	品位($\times10^{-6}$)
扎河岩金	青海省区测综合地质大队	赋存于通天河蛇绿混杂岩带的砂板岩中的石英脉内	金	0.35
俄哇碾宅尕依岩金	青海省第四地质队	产于燕山期英云闪长岩接触带中的蚀变凝灰岩中	金	0.058
查九达龙水晶矿化	青海省区测综合地质大队	产于通天河蛇绿混杂岩带砂板岩之裂隙的石英脉中	水晶	晶体长 2～3cm，透明度差，杂质多
马龙查聪钨矿化	青海省第四地质队	产于白云母花岗闪长斑岩脉中	钨	60～100
纳考拉美水晶矿化	青海省地矿局第 15 地质队	赋存于石英脉中	水晶	原生孔洞及晶洞中见小水晶
治渠铜矿化	青海省第四地质队	产于 TB_3^b 层位的长石石英砂岩中，出露宽 3m，长度不详	铜	砂岩中团块状孔雀石化，含铜 240

一、金属矿产

区内已发现的贵金属矿主要为黄金。其中有砂金矿点 4 处、矿化点 1 处，岩金矿化点 1 处和矿化线索 2 处，有色金属铜矿化线索 1 处(图 7-1)。主要矿(化)点的特征分述如下。

(一) 岩金矿化

昂日穷雄郭果岩金矿化点位于曲麻莱县秋智乡昂日穷雄郭果，地理坐标：东经 95°29′，北纬 34°48′，由秋智乡经贡果亚陇沟至矿化点在冬春季可通行汽车。

区内出露地层为巴颜喀拉山群板岩组中段岩性为一套灰色中厚层状变质细粒岩屑长石砂岩、粉砂

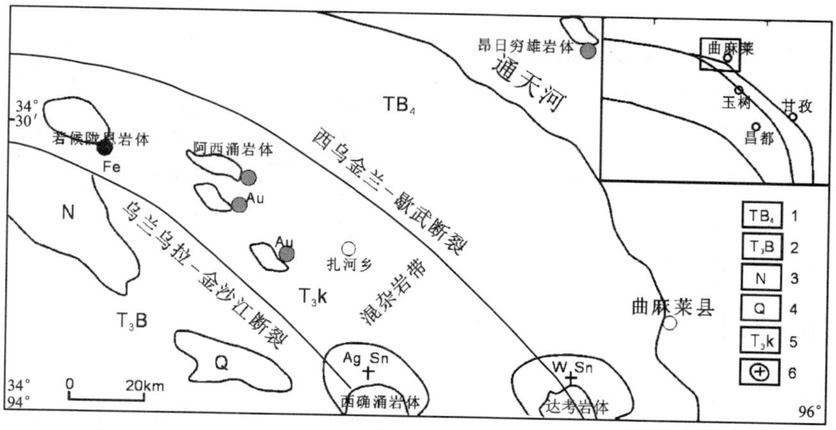

图 7-1　测区及邻区地质简图与矿点位置

1.巴颜喀拉山群；2.巴塘群；3.古近系；4.新近系；5.克南群；6.正异常区

质板岩、粘土板岩；含矿岩体为燕山期英云闪长岩，属钙碱系列岩石，呈岩株状产出，与围岩呈侵入接触关系，在岩体边部发育石英脉、花岗闪长斑岩脉、二长花岗岩脉。围岩蚀变较强烈，主要有角岩化、硅化，角岩沿岩体边部呈带状分布，岩性为堇青石角岩、长英质角岩和角岩化砂岩。岩体中的副矿物主要为磷灰石、锆石等，有益矿物为自然金和微量白钨矿、辉铋矿、辉钼矿等。区内构造运动强烈，走向北西、倾向北东的逆断层极为发育。

金赋存在岩体东部与围岩接触带角岩和脉岩中，矿化范围长和宽分别为 200m 和 70m，走向顺接触带。英云闪长岩中 Au 为$(0.32\sim0.36)\times10^{-9}$(4 个定量光谱样)；碎裂花岗闪长斑岩脉、碎斑二长花岗岩脉是主要的含金岩体，前者 Au 含量最高为 1.3×10^{-6}(是矿化体的主要依据)，一般为$(1.1\sim3.4)\times10^{-9}$，后者 Au 含量最高为 13.2×10^{-9}，大部分低于 1×10^{-9}。9 个石英脉试金样中只有 4 个样 Au 含量为$(1.1\sim3.5)\times10^{-9}$。矿化与岩浆活动期后热液有关，矿化时代为燕山期。该矿化点 Au 品位低，圈不出矿体，无工业意义，但可作为找矿线索。

（二）砂金矿

1. 控矿条件

砂金集中在口前曲中、下游西南各支沟和昂日曲中下游，砂金的形成明显受地质因素和地貌因素的控制。

(1) 地质因素

在口前曲中、下游，砂金矿点附近出露通天河蛇绿混杂岩和古近纪地层，在昂日曲中下游出露巴颜喀拉山群，构造强烈，褶皱、断裂构造极为发育，岩浆活动频繁，岩脉类型多样，为本区砂金物质的来源提供了良好的地质条件。

据资料，各岩类含金一般为$(1.0\sim1.5)\times10^{-9}$，而比较高的都分布在中酸性复式岩体边部及破碎带中，如俄哇碾宅尕依岩金矿化线索，含 Au 量达 58×10^{-9}，岩性为蚀变凝灰岩，产于俄哇龙仁英云闪长岩外接触带。该部位角岩化长石石英砂岩 Au 含量达 6.0×10^{-9}，蚀变凝灰岩中达$(8.0\sim8.5)\times10^{-9}$，俄哇西德陇巴甭花岗闪长岩体外接触带的花岗伟晶岩脉样品 Au 含量高达$(26.5\sim27)\times10^{-9}$，长英质岩脉 Au 含量达 11.0×10^{-9}；据青海省第四地质队资料，阿西涌沟脑燕山期尕若贡卡花岗闪长岩体内接触带褐铁矿化斥长岩 Au 含量高达$(0.18\sim1.5)\times10^{-6}$，外接触带中石英脉 Au 含量高达 0.3×10^{-6}。另外，扎河岩金矿化线索产在查基将龙沟脑查基埃涌附近的石英脉中，含金 0.35×10^{-6}。附近的古近系复成分砾岩中含量比较高，有两个样含量达 7.0×10^{-9}和 9.0×10^{-9}。从以上资料看，砂金物质来源主要与岩体内外接触带、破碎带、石英脉、中酸性岩脉、早新生代复成分砾岩中所含的微量金有关。

(2) 地貌因素

新构造运动在测区形成丘陵与盆地相间的地貌格局，造成剥蚀和沉积能够同时存在于一地，由于自然气候的变异，冰期、间冰期的影响，岩石普遍遭受风化剥蚀和搬运，加之合适的汇水盆地和水动力条件，使得岩石中微量金有条件剥离出来，进一步富集，为后来的砂金成矿打下了良好的物质基础。而砂金赋存的地貌——河谷宽窄相间，有利于砂金的沉积。此外区内河流的流向和地层的走向一般大角度斜交或垂直相交，构成砂金的天然溜槽。据测量和计算，本区河流坡降约在15‰左右。综合这些地貌现象，使得砂金在本区得以沉积而富集成矿。

2. 重要砂金矿(化)点特征

(1) 昂日曲下游砂金矿化点

位于昂日曲中下游，地理坐标：E95°29′～95°39′，N34°40′～34°56′。矿区位于昂日曲背斜核部，出露地层为巴颜喀拉山群板岩组(TB_3^b)。砂金主要赋存于现代河床、河漫滩冲积层及第四系残积层中，且矿化具有明显的上贫下富特征，矿化层多位于松散层底部及残积层内。工作程度低，是重要的找矿线索。

(2) 拉工涌砂金矿点

位于扎河乡西南拉工涌，治多至扎河有简易公路相通，至矿点靠牛马运输，交通极不方便。地理坐标：东经 94°31′24″，北纬 34°29′03″。青海省第四地质队发现，1988—1989 年在区内共布置勘探线 10 条，施工 70 个钻孔，并编有《青海省治多县口前曲中下游砂金普查报告》，提交 D 级表内砂金储量 287kg。

矿区为高海拔中低起伏丘陵区，海拔 4 350～4 970m。由于新构造运动的差异，使该区表现为高原内部丘陵与盆地相间的地貌格局。拉工涌流向北东，河谷平直，下游河床变宽，一般宽度为 3～8m，比降 15.8‰，河漫滩平整，宽 100～200m，沟口附近发育堆积阶地。

矿区附近出露地层有通天河蛇绿混杂岩、巴颜喀拉山群板岩组及第四系残坡积、冲积物。西金乌兰—歇武断裂从矿区中部通过，矿区内次级北西-南东向逆断裂和褶皱构造极为发育。在矿区南部中酸性岩浆活动强烈，燕山期俄哇龙仁、阿西涌云英闪长岩体和俄哇西德陇巴、俄哇西德陇巴南花岗闪长岩体呈北西-南东向不规则带状产出，围岩具蚀变、角岩化，内接触带岩石具片理化，地层中有较多石英脉穿插。

矿体沿河谷呈条带状或串珠状展布，呈南南西-北北东向，剖面上呈水平层状和透镜状产出，纵向上断续延伸，由 4 个小矿体组成。矿体总体平均宽 42.5m，混合砂平均厚 3.7m。

矿体具纵向上游宽、下游窄，宽度变化受砂金富集程度的制约。厚度呈上、下段薄，中段厚规律性展布。冲积层下部黄灰色含粘土砂砾和基岩上部为主要含金层。矿体总体平均品位为 0.345 1g/m³，在纵向上，呈上游富、下游贫，垂向上表现为上部贫下部富的趋势。D 级表内储量 287kg。自然金赋存于松散堆积物中，为金黄色、次棱角—次圆状，粒度平均为 0.5～1mm，平均成色为 93.2%。

该矿点为冲积砂矿，成矿地质条件、地貌条件良好，对矿点本身无进一步工作必要，在今后工作中注意应在岩体附近寻找岩金矿产。

(3) 阿西涌砂金矿点

位于治多县扎河乡西南口前曲南西支沟阿西涌，交通极不方便，地理坐标：东经 94°32′20″，北纬 34°25′42″。青海省第四地质队开展砂金普查工作发现，于 1987—1989 年间先后共布置 11 条勘探线，并编有《青海省治多县口前曲中下游砂金普查报告》，已查明 D 级表内储量 919.85kg，表外储量 34kg。矿石类型以非冻结型矿石为主，矿石大部分由松散砂砾组成，含泥(粘土)量平均小于 4%，砾石一般为 0.5～5cm，最大达 15cm，矿石为易选型。

矿区为高海拔中低起伏丘陵区，海拔 4 350～4 970m。阿西涌流向北东，河谷上下游宽窄变化不大，弯曲度小，比降较大，为 12.2‰，河床宽度约 5m，谷宽 100～300m，中游“关门嘴”地段约 1 200m，洪积物发育，局部覆盖于冲积物之上。出露通天河蛇绿混杂岩、古近系和燕山期花岗闪长岩、英云闪长岩，有较多中酸性—基性岩脉及石英脉穿插。矿区附近动力变质和接触变质作用强烈，北西走向逆断层及褶皱构造极为发育。

矿体沿河谷呈南南西-北北东向条带状或串珠状展布，剖面呈水平或近水平状和透镜状产出，纵向上连续并有分支复合现象。矿体长约 11 765m，宽 38～157m，平均宽 94.1m，厚 1.4～8m，平均厚 4.53m，矿体宽度变化受河谷、河漫滩宽度控制，并受砂金富集程度的制约，纵向上矿体宽度呈宽窄相间的香肠状展布，上游厚下游薄，横向上矿体中部厚，两侧薄。矿体平均品位 0.247 0g/m^3，单工程品位最高为 1.265 1g/m^3，最低 0.078 4g/m^3，纵向上品位为上中段高、下段略低，矿体品位在横向上中部高、两侧低。

自然金呈金黄色，以片状和板状为主，磨圆度为次圆状—次棱角状，粒度 0.5～1mm，成色 93.2%。砂金中伴生矿物有白钨矿、赤铁矿、磁铁矿、石榴子石、锆石、金红石及绿帘石等。

该点采金历史悠久，河床两侧旧采坑星罗棋布，青海省第四地质队又进行了较系统的砂金普查工作，提交 D 级表内砂金储量 919.85kg，表外储量 34kg。从勘探线布置情况看，砂金普查主要集中于阿西涌主干河流中下游地段，而其上游各支沟中，部分地段分布的Ⅰ、Ⅱ级阶地基本未工作，建议查明上游及各支沟Ⅰ、Ⅱ级阶地的含金情况，以便进一步扩大远景储量。

另外本区成矿地质条件良好，岩金矿化线索较多，并有重砂黄金、白钨矿异常存在，因此为形成岩金的有利地段，应在今后工作中注意收集岩金信息，争取发现有价值的原生金矿点。

(4) 查九涌砂金矿点

位于扎河乡西南查九涌，交通不便，地理坐标：东经 94°39′45″，北纬 34°23′47″。该处采金历史悠久，1989—1991 年在查九涌上游支沟查基—埃涌、下游北西支沟加容检德工卡产有采金活动，并在一些地段挖到前人采金遗留工具，估计查九涌上游及各支沟砂金大部分已采空。1987—1989 年青海省第四地质队砂金普查工作主要集中于查九涌下游与口前曲交汇处。此砂金矿点资料主要来源于青海省第四地质队《青海省治多县口前曲中下游砂金普查报告》，查明 D 级表内储量 198kg。矿区的地形地貌和地质条件与前述砂金矿点相似。

矿区为高海拔中低起伏丘陵区，高度 4 350～4 970m。由于新构造运动的内部差异，表现出高原内部起来与盆地相间地貌。查九涌流向北北东，发育Ⅱ级基座阶地，河漫滩宽 100～200m，下游河谷平直，宽窄变化不大，中上游地段河谷弯曲、谷坡平缓。

第四系全新统冲洪积物由地表至底部可分为两层：

① 青灰色砂砾层，分布于地表，为次要含金层。

② 黄灰色含粘土砂砾层，分布于下部及基岩面之上，为主要含金层，厚度在几十厘米至 1m 多，由上游至下游粒级变小，砾石呈次棱角状—次圆状，粒径 1～10cm。砾石占 65%，砂占 25%～30%，粘土占 5%～10%。

矿体沿河谷呈南南西-北北东向条带状或串珠状展布，剖面上呈水平或近水平状和透镜状产出。矿体连续并有分支复合现象。矿体长 3 100m，宽 40～80 m，平均宽 60m，矿体厚 1.2～3.4m，平均厚 2.31m。矿体宽度从上游至下游逐渐变窄，纵向上矿体品位具有上游段富下游段贫的规律。在纵向上矿体厚度具上段薄下段厚的特征，横向上矿体厚度变化幅度较小，矿体品位有中段高两侧低的特点。

砂金主要赋存在黄灰色含粘土砂砾层与基岩面上，上部青灰色砂砾层少含金。矿体平均品位0.497g/m^3，单工程最高品位 1.430 6g/m^3，最低 0.144 5g/m^3。查明 D 级表内储量 198kg。矿石类型以非冻结型为主，矿石大部分由松散砂、砾组成，含泥(粘土)量平均小于 4%，为易选矿石。砾石一般为 0.5～5cm，最大 15cm。

自然金呈金黄色，片状和板状为主，磨圆度为次圆一次棱角状，粒度 0.5～1.0mm，成色 93.2%。

由于近年来民采活动频繁，现已基本采空，因而对该矿点无需进一步工作。

(5) 查基将龙砂金矿点

位于治多县扎河乡西北口前曲南西小支沟查基将龙沟上游，距扎河乡 23km，交通不便，地理坐标：东经 94°40′00″，北纬 34°17′00″。1967 年，青海省地质局区域地质测量大队发现，1990 年青海省第二区域地质调查队四分队又进行了检查。

矿区为高海拔中低起伏丘陵区，查基将龙河流向北北东，地形平缓，河谷宽窄变化不大，发育Ⅱ级阶地。矿区附近的地层为通天河蛇绿混杂岩、古近系及第四系。矿区附近断裂、褶皱构造发育，矿区南侧有走向北西的肖勒涌—口青兵果韧性剪切带通过，在次级构造裂隙中有较多石英脉穿插。

砂金赋存于Ⅰ级基座阶地侵蚀面之上的砂砾层中，一般见金数片，品位达 0.82g/m^3，最高可达 2.61g/m^3，以片状金为主，一般为 0.2mm×0.3mm×0.1mm～3mm×2mm×0.5mm。与金伴生的主要矿物有锆尖晶石、金红石、板钛矿、钛铁矿。在重砂中还见有黄金与石英连生体，说明砂金物质来源与石英脉等有关。

矿点附近有旧采坑遗迹，在该矿点也仅对Ⅰ级阶地局部地段做过粗略工作，而该矿点所处地质、地貌环境与查九涌相似。建议今后可做进一步工作，在查基将龙中下游及Ⅰ、Ⅱ级阶地上做较详细工作，寻找富集地段，扩大该地区的砂金储量。另外扎河岩金矿化线索也产于查基将龙上游，品位 0.35×10^{-6}（石英脉）。在古近系复成分砾岩中取石英脉砾石，含金达 9×10^{-6}。

二、建筑材料及非金属矿产

测区内共发现石膏、芒硝、石灰岩等建筑材料和非金属矿产地 4 处，其特征分述如下。

（一）才朴涌石灰岩矿矿点

位于治多县曲柔尕卡东侧 30km 的才朴涌一带，交通条件差，地理坐标：东经 94°32′27″，北纬 34°02′37″。1992 年青海省第二区域地质调查队四分队首次对其评价，作了勘探性检查，简单勾绘了石灰岩出露范围地质平面草图。

矿区出露地层主要为中二叠世九十道班组、晚三叠世巴塘群；矿体呈层状或巨大透镜状产出，构造上多位于向斜核部，出露宽 2～4km，最宽达 6km，方解石含量达 99.5%，含少量石英粉砂屑和褐铁矿。石灰岩多呈灰白色致密块层状构造，隐晶，微粒、碎裂结构，镜下观察，主要成分为方解石，含量达 99%以上，含少量石英、粉砂屑及褐铁矿。少量拣块化学样分析结果：石灰岩质纯，一般 CaO 均大于 54%，$MgO<3.5\%$，$SiO_2+Al_2O_3<2\%$，$SO_3<0.25\%$，质量达水泥工业和冶金工业利用要求。从可采厚度、夹石剔除厚度、剥离比等要求来衡量，都达到了工业要求指标，所以该石灰岩是较理想的工业原料，储量大，属特大规模，可作为重要的储备。

（二）查涌芒硝（膏盐）矿点

位于多彩乡查涌上游，交通便利，地理坐标：东经 95°16′44″，北纬 34°02′08″。1962 年由柴达木地质队进行了地表检查及评价，1992 年青海省第二区域地质调查队四分队对该矿进行了踏勘性了解。矿体产于古近纪沱沱河组上部泥岩中，矿层产状与地层产状一致，总体上，矿体呈盐丘状，矿体产出地形为山前丘陵，矿体呈层状，单层厚 5～20cm，由钙芒硝、矾类矿物、透镜状石盐、粘土岩组成的旋回层一般厚 2～3m，最厚可达 20m，芒硝矿层最上部断续出露一层厚约 25～40cm 的石膏；矿体长约 700m，宽约 200m，厚约 76m。主要矿物有含水芒硝、无水芒硝、石盐、石膏等，矿石为钙芒硝，平均品位（Na_2SO_4）为 35.078%，无水芒硝品位达 88.41%，含有 10%左右的 NaCl，石膏矿品位（$CaSO_4\cdot 2H_2O+CaSO_4$）达 97.04%，含 SO_3 为 1.35%，K_2O 为 0.01%。钙芒硝品位达Ⅰ级工业要求，无水芒硝达Ⅱ级，石膏达Ⅰ级一般工业要求。在钙芒硝矿层中有矾类矿物、石盐等。估算芒硝储量达 644 万 t，达中型矿床。矿床为湖相化学沉积成因，成矿时代为始新世—渐新世。有进一步工作的价值，可望成为大型芒硝矿产地。

（三）玻玛龙阿石膏矿点

位于多彩乡北西约 30km 处的查涌支沟玻玛龙阿下游北侧，交通方便，地理坐标：东经 95°15′12″，北纬 34°00′16″。1978 年由青海省第二区调队发现，并对该矿进行了踏勘性检查。矿体产于古近纪沱沱河组上部泥岩中，与地层产状一致，石膏单层厚 1～7cm，由薄层石膏夹泥岩组成的旋回层一般厚 1m，最厚达10m，矿层露头可见7层，矿体出露宽90m。厚约61m，长约2 000m，矿点北东5km处有查涌芒硝矿。矿石新鲜面呈白色，块状构造，糖粒状结构。矿石品位($CaSO_4 \cdot 2H_2O+CaSO_4$)达72.09%，达到Ⅱ级一般工业要求，估算储量达1.34亿t，属大型石膏矿床。属湖相化学沉积成因，形成时代为始新世至渐新世。

（四）同木尕卡锶矿泉

位于曲麻莱县城南西4km，交通较便利，地理坐标：东经95°45′48″，北纬34°07′30″。区内出露巴颜喀拉山群及新近纪地层、全新世冲洪积层。矿泉出露部位有一走向北西、倾向南西、倾角40°～65°的逆断层通过，为活动断层，矿泉的形成可能与其有关，见多处泉口，泉水无色透明，无臭味，锶含量大于0.2mg/L，水化学类型为HCO_3-Mg-Ca型，达到天然饮用矿泉标准。

第二节　控矿条件与矿产分布规律

测区地质构造复杂，岩浆活动发育，具多期次的特点，给成矿创造了较为有利的条件。

一、区域成矿条件分析

（一）地层含矿性分析

1. 古生代地层

测区古生代地层为中二叠统九十道班组，出露于测区西南角，呈断块体产出，分布范围小，岩性主要为灰—深灰色中厚-块状亮晶生物灰岩，岩石中Sr、Li、La略高于维氏值，其他均低于维氏值。各元素变异系数较低，表明Sr、Li、La呈均匀分布状态，不利于富集成矿。但石灰岩体本身质纯，是一个很好的矿床。

2. 中生代地层

区内大面积分布有上三叠统巴塘群、巴颜喀拉山群、通天河蛇绿混杂岩等。

巴塘群下部微量元素Li、Mo、W、La高于维氏值几倍或数十倍，但变异系数均小于0.87，呈分散状态，故不利于富集成矿。其他元素虽变异系数大于1.00，但由于平均值较低也不易成矿。巴塘群中部微量元素含量如Sr、Sn略高于维氏值外，其余元素低于维氏值若干倍，由于变异系数较低或平均值低，不易富集成矿，但石灰岩本身质纯、规模大，是良好的矿床。巴塘群上部火山岩类中微量元素含量仅有Sn、Li、Zr、Mo、W、La高于维氏值，但其变异系数较低，最高为0.76，多呈分散状态，不利于富集成矿，砂岩中只有Sn、Li、Zr高于维氏值，但变异系数较低只有0.47，呈分散状态，不利于局部富集成矿或含矿性较差。综上所述，测区内巴塘群含矿性不明显，而巴塘群中段灰岩质纯，是很好的矿床。

通天河蛇绿混杂岩带内砂板岩类金属元素变异系数低，不易富集成矿。灰岩中Sr高于维氏值但变异系数低，也不利于成矿。火山岩类微量元素含量中Cu、Zn、Cr、Ni、Sn、Li、Ag、Mo、W、La略高于维氏值，但只有Cu、Cr、Ni等亲硫元素的变异系数较高，较有利于富集成矿，并在工作区之外围西部出现若候陇恩磁铁矿点，众多砂金矿点，岩金矿化线索，以及水系沉积物Ag、Mn、Zr异常和水系重砂金、白钨矿、锡石、重晶石异常分布，另见众多航磁异常呈北西-南东向带状分布，且该区断裂、岩浆活动强烈，成矿地质条件良好，是区内形成铁、铜、铅、锌、金、银等多金属矿产的有利地段，其特征与区域上的三江成矿带玉树多金属铁成矿亚带多彩—巴塘铁多金属矿带相似，系该成矿带的北部，具有较好的找矿前景。

巴颜喀拉山群广泛分布于西金乌兰—歇武断裂的北部，其岩性为砂板岩类，其中Pb、Zn、Sn、Zr、Mo、W、La等元素略高于维氏值，其中W在大部分岩组中变异系数大于1，有利于富集成矿；Pb较有利于局部富集。Cu 的含量高于维氏值 1.5 倍，变异系数高，非常有利于局部成矿，治渠含铜砂岩矿化线索产于砂岩中。另发现周木尕卡锶矿泉。

综上所述，内生金属矿产与通天河蛇绿混杂岩、燕山期侵入岩体有关，其中与燕山期侵入岩体有关的有俄哇碾宅尕依岩金矿化线索和昂日穷雄郭果岩金矿化点；另外与岩脉、石英脉有关的有钨、金矿化线索。这些矿产的成矿时期，无疑与岩体形成时间大致相同。

3. 新生代地层

古近纪雅西措组砾岩中 Pb、Zn、Sr、Sn、W、La，砂岩中 Sr、Sn、Li、Zr、Ag、W，灰岩类中 Zn、Ba、Mn、Ag 均高于维氏值，变异系数只有灰岩中 Pb、Ba、Sr 分别达到 1.50、2.47、1.04，砾岩中 Sr 达 1.04，有利于富集成矿。第四纪主要出露于河流两侧，为冲洪积钙质胶结复成分砾石层及松散砂砾石层，微量元素 Pb、Sr、Ba、Li、Zr 的含量高于维氏值，其余均低于维氏值，但变异系数均小于 1.00，不利于富集成矿。新生代地层中主要产砂金矿。

（二）岩浆侵入活动与成矿作用

测区岩浆侵入活动较为强烈，岩石类型从基性—中酸性均有，各类脉岩也极为发育。侵入活动主要为印支期和燕山期，受构造控制明显，呈北西-南东向条带状展布，多数呈岩株产出，个别呈岩基产出，因各期、各类侵入岩的含矿性对内生矿产的形成较为重要，下面从其岩石化学特征、微量元素含量、成矿专属性等方面探讨各侵入体的成矿作用。

1. 基性岩类

测区仅见兵果达龙为一个孤立的辉长岩体，其微量元素含量除 Zn、Ni、Co、V、Yb、W 较高于维氏值 2 倍至若干倍外，其他元素均低于或接近于维氏值，变异系数均小于 1.00，呈分散状态，不利于富集成矿。据吴利仁(1963)含矿指数，区内辉长岩体 $m/f=1.7$，属无矿范围，实际工作中也未发现任何矿化线索。

2. 中酸性侵入岩类

据已发现的矿种、矿化信息及各类异常，与岩体的岩石化学成分关系密切。大量岩金矿化线索及大量砂金矿点集中分布于拉工涌、阿西涌一带，反映岩金矿化信息可能与燕山期英云闪长岩体、花岗闪长岩体有关，对金成矿有利；达考复式岩体对形成 W、Sn 矿化，西确涌复式岩体对形成 Ag、Sn 矿化有利。

3. 脉岩

测区内脉岩较发育，种类多、分布广，岩性从基性—酸性岩均有，分布上与区域岩浆活动、构造变动密切相关。基性岩脉呈条带状产出，微量元素 Cu、Pb、Zn、Cr 高于维氏值，变异系数分别为 1.18、1.85、1.06、1.12，有利于局部富集成矿；中性岩脉微量元素 Pb、Cr、Ni 高于维氏值，变异系数较大，分别为 3.6、1.19、1.14，有利于局部铁族元素富集和成矿；中酸性(包括花岗伟晶岩脉)岩脉 W 的变异系数为 0.917～1.95，有利于其富集成矿，如马龙查聪钨矿化线索就是产于该岩脉中。

（三）火山活动及其成矿作用

测区内火山岩分布较广。巴塘群火山岩为岛弧型火山岩，基性火山岩以高钾、高铝、高碱、低钛为特征，酸性火山岩以中钾、高硅、低铝、低钛为特征。通天河蛇绿混杂带内的火山岩，为一套中钾钙碱性玄武安山岩系列。巴塘群火山岩在测区内未发现矿点及矿化信息，仅发现以 Ag 为主元素，Zr 和 Mn 次之的水系沉积物异常，并有航磁异常存在，其岩石化学成分显示对铁成矿有利，但由于后期热液活动较弱，蚀变较弱，且微量元素(表 7-3)也显示金属元素分散不易集中，因而不利于金属元素的富集成矿；通天河蛇绿混杂岩中的火山岩西延出图已发现有若候陇恩磁铁矿点(邻区图幅)，俄哇碾宅尕依岩金矿化线索和扎河含金石英脉矿化线索等，还有 238、241、243、248、249 号等航磁异常，以及 Ag(Mn、Zr)水系沉积物异常和黄金、白钨矿、重晶石、锡石等重砂异常。

表 7-3　地层微量元素含量分析结果($\times 10^{-6}$)

地层代号	岩性	元素	Cu	Pb	Zn	Cr	Ni	Ba	Sr	Sn	Li	Zr	Ag	Mo	W	La
		丰度	47	16	83	83	58	650	340	2.5	32	170	0.07	1.1	1.3	29
P_2j	灰岩类	X	7.067	13.33	—	18.67	—		718.2		56.25					56.25
		S	2.55	4.88	0	8.76	0		222.8		17.68					17.68
		δ	0.36	0.37	0	0.47	0		0.31		0.31					0.31
		n	15	15	12	15	8		11		8					8
T_3B_3	砂岩类	X	25	10	75	7.5	7.5	275	200	7.5	75	250			—	100
		S	7.07	0	35.4	3.54	3.54	318	70.7	3.54	35.4	70.7			0	0
		δ	0.28	0	0.47	0.47	0.47	1.16	0.35	0.47	0.47	0.28			0	0
		n	2	2	2	2	2	2	2	2	2	2			2	2
T_3B_2	灰岩类	X	24.17	15	75	7.92	10	345.5	308.3	5.83	71.4	91.67		5.71	18.75	58.3
		S	17.17	7.98	50	2.57	5.64	339.4	147.5	1.95	39.3	70.17		1.89	12.99	19.46
		δ	0.71	0.53	0.67	0.33	0.56	0.98	0.48	0.33	0.55	0.77		0.33	0.69	0.33
		n	12	12	12	12	12	12	12	12	7	12		7	12	12
	灰岩类	X	10.65	15.5	77.5	8.75	8.5	80.56	582.5	5.28	5.28	60	—	—	—	—
		S	6.67	10.62	101.9	4.55	7.45	73.04	298.8	1.18	1.18	26.16	0	0	0	0
		δ	0.63	0.69	1.32	0.52	0.88	0.91	0.51	0.22	0.22	0.44	0	0	0	0
		n	20	20	20	20	20	20	20	18	18	20	3	3	18	20
	安山玄武	X	33.46	13.46	146.2	61.15	38.08	26.25	1104	446.2	9.58	84.6	188.5		6.25	37.3
		S	24.7	6.25	51.89	132.9	79.25	6..78	729.9	149.3	1.44	24.02	71.2		2.31	19.54
		δ	0.74	0.47	0.36	2.17	2.08	0.26	0.66	0.33	0.15	0.28	0.28		0.37	0.52
		n	13	13	13	13	13	12	13	13	13	13	13		8	13
	凝灰岩类	X	30.87	21.96	100	8.91	8.91	29.35	706.5	115.2	10	71.4	176.1		6.25	66.74
		S	18.26	22.2	67.4	2.59	2.59	3.13	563.0	62.95	0	25.68	70.5		2.26	59.69
		δ	0.59	1.01	0.67	0.29	0.29	0.11	0.80	0.55	0	0.36	0.40		0.36	0.89
		n	23	23	23	23	23	23	23	23	23	14	23		12	23
	熔岩类	X	32.08	11.25	120.8	11.25	12.92	30	633.3	258.3	10	70.8	225		6.11	115.4
		S	14.22	2.26	68.95	7.72	10.54	0	455.4	186.9	0	25.75	69.1		2.20	100.6
		δ	0.44	0.20	0.57	0.69	0.82	0	0.72	0.72	0	0.36	0.31		0.36	0.87
		n	12	12	12	12	12	11	12	12	11	12	12		9	12
T_3B_1	砂岩类	X	31.25	10	112.5	28.75	16.25	812.5	212.5	10	66.7	237.5			95	87.5
		S	21	0	25	16.25	7.5	800.4	201.6	0	28.9	75			75.9	25
		δ	0.67	0	0.22	0.57	0.46	0.98	0.95	0	0.43	0.32			0.80	0.29
		n	4	4	4	4	4	4	4	4	4	4			4	4

续表 7-3

地层代号	岩性	元素	Cu	Pb	Zn	Cr	Ni	Ba	Sr	Sn	Li	Zr	Ag	Mo	W	La
		丰度	47	16	83	83	58	650	340	2.5	32	170	0.07	1.1	1.3	29
TB_4	砂岩类	X	30.39	10.77	113.2	77.1	41.97	30	321.1	197.4	16	85.5	306.6			55.92
		S	23.46	2.16	46.04	13.93	11.6	0	72.25	71.4	0	22.98	142.5			41.2
		δ	0.77	0.20	0.41	0.18	0.28	0	0.23	0.36	0	0.27	0.47			0.74
		n	38	38	38	38	38	38	38	38	38	38	38			38
	板岩	X	43.57	13.57	107	88.57	48.57	30	357	192.9	10	97.86	328.6			41.4
		S	27.8	4.76	18.9	10.69	13.45	0	97.6	88.64	0	18.9	162.9			26.73
		δ	0.64	0.35	0.18	0.12	0.28	0	0.27	46	0	0.20	0.50			0.65
		n	7	7	7	7	7	7	7	7	7	7	7			7
TB_3^c	砂岩类	X	66.56	23.4	142.2	68.9	35.9	251.6	145.3	9.22	75	285.9		6.55	46.7	79.7
		S	172.8	22.7	47.7	26.08	15.9	140.6	54.4	2.34	28.4	128.4		2.35	48.9	30.74
		δ	2.6	0.97	0.34	0.38	0.44	0.56	0.37	0.24	0.38	0.45		0.36	1.05	0.39
		n	32	32	32	32	32	32	32	32	32	32		29	32	32
	板岩类	X	58	23	170	108	52	390	240	10	110	240	—	7.5	38	100
		S	13	9.77	57	40.87	4.47	230	163.6	0	22.36	41.83	0	2.89	11	0
		δ	0.23	0.42	0.34	0.38	0.086	0.59	0.68	0	0.20	0.17	0	0.39	0.29	0
		n	5	5	5	5	5	5	5	5	5	5	3	5	5	5
TB_3^b	砂岩类	X	42.44	21.47	161.8	64.12	41.76	258.8	144.1	10	88.2	247.1		8.67	53.8	97.1
		S	28.65	12.47	54.6	16.98	14.57	117.6	98.2	0	21.86	44.97		2.29	64.6	12.13
		δ	0.68	0.58	0.33	0.27	0.35	0.45	0.68	0	0.25	0.18		0.26	1.2	0.13
		n	17	17	17	17	17	17	17	17	17	17		15	17	17
	板岩类	X	80.89	20.28	177.5	79.4	46.5	470.4	134.5	15.85	96.5	266.2	0.185	7.12	28.77	92.25
		S	292.9	28.83	51.95	24.4	12.4	317.9	168.3	36.13	15.4	62.55	0.08	2.49	10.05	18.22
		δ	3.62	1.42	0.29	0.31	0.27	0.68	1.25	2.28	0.16	0.24	0.44	0.35	0.35	0.20
		n	71	71	71	71	71	71	71	71	71	71	71	66	71	71
TB_3^a	板岩类	X	66.38	22.5	175	79.4	53.6	408.3	116.7	10	88.89	277.8	0.26	8.33	68.33	100
		S	45.07	11.54	64.74	13.05	18.9	170	485	0	21.39	68.1	0.166	2.46	71.23	0
		δ	0.68	0.51	0.38	0.16	0.35	0.42	0.42	0	0.24	0.25	0.64	0.30	1.04	0
		n	18	18	18	18	18	18	18	18	18	18	10	12	18	18
	砂岩类	X	41.3	17.2	120.3	67.97	35.4	294	152.3	9.77	75.8	289.1	0.175	6.48	71.88	207.8
		S	30.34	6.6	61.5	15.95	17.24	126	85.2	1.065	26.7	103.3	0.059	2.30	75.8	142.3
		δ	0.73	0.38	0.51	0.24	0.49	0.43	0.56	0.11	0.35	0.36	0.33	0.36	1.06	0.69
		n	64	64	64	64	64	64	64	64	64	64	24	54	64	64

续表 7-3

地层代号	岩性	元素	Cu	Pb	Zn	Cr	Ni	Ba	Sr	Sn	Li	Zr	Ag	Mo	W	La
		丰度	47	16	83	83	58	650	340	2.5	32	170	0.07	1.1	1.3	29
T_3K	砂岩类	X	30.93	17.39	111.2	70.68	35.23	418.2	150	7.86	70.93	292	0.194	6.25	46.9	78.4
		S	27.3	11.84	55.89	46.5	26.01	210.2	144.7	3.89	24.96	123	0.155	2.31	37.15	39.45
		δ	0.88	0.68	0.50	0.66	0.74	0.5	0.96	0.49	0.35	0.42	0.80	0.37	0.79	0.50
		n	44	44	44	44	44	44	44	44	44	44	44	44	44	44
	板岩类	X	22.5	12.5	125	50	30	350	200	7.5	25	300			75	75
		S	10.6	3.54	35.34	0	0	212	70.7	3.54	7.07	141.4			35.35	35.34
		δ	0.47	0.28	0.28	0	0	0.61	0.35	0.47	0.28	0.47			0.47	0.47
		n	2	2	2	2	2	2	2	2	2	2			2	2
E_3y	灰岩类	X	20.6	29.5	65	9.5	9.5	1255	665	5.56	62.5	83.3	0.225		19.5	55.6
		S	15.9	44.12	33.75	7.92	4.38	3102.8	692.8	1.67	25	82.9	0.087		14.23	16.67
		δ	0.77	1.5	0.52	0.80	0.46	2.47	1.04	0.30	0.40	0.99	0.39		0.73	0.30
		n	10	10	10	10	10	10	10	9	4	9	4		9	9
$E_{2\text{-}3}t$	砾岩类	X	23.29	18.57	92.86	18.57	15.71	285.7	400	5.71	—	104.3			19.28	58.33
		S	14.22	7.48	73.2	27.17	15.39	348.5	416.3	1.89	0	76.17			7.32	20.41
		δ	0.61	0.40	0.79	1.46	0.98	1.22	1.04	0.33	0	0.73			0.38	0.35
		n	7	7	7	7	7	7	7	7	2	7			7	6
	砂岩类	X	20	12.5	75	30	25	300	387.5	7.5	62.5	375	0.225		26.25	100
		S	4.08	5	28.87	23.1	19.15	0	2016	2.87	25	221.7	0.087		7.5	0
		δ	0.20	0.40	0.38	0.77	0.77	0	0.52	0.38	0.40	0.59	0.39		0.29	0
		n	4	4	4	4	4	4	4	4	4	4	4	4	4	4
N_2q	砾岩类	X	14.32	16.84	59.1	17.10	10.26	415.8	376.3	8	70	139.5		10		
		S	7.93	5.58	20.23	8.05	2.62	1114	124	2.74	25.82	79.2		0		
		δ	0.55	0.33	0.34	0.47	0.25	2.68	0.33	0.34	0.37	0.57		0		
		n	19	19	11	19	19	19	19	5	10	19		2		
	泥灰岩类	X	12.3	10	70	12	10.5	780	—	1.95	95		—	—	—	—
		S	6.27	2.36	27.39	5.37	1.58	319	0	0.73	59.86		0	0	0	0
		δ	0.51	0.24	0.39	0.45	0.15	0.41	0	0.37	0.63		0	0	0	0
		n	10	10	5	10	10	10	6	10	10		4	3	3	4
	砂岩类	X	11.86	20.71	75	21.43	11.43	314.3	—	3	221.4		—	—	—	21
		S	3.02	7.32	35.36	8.52	2.44	85.2	0	0	69.86		0	0	0	8.22
		δ	0.26	0.35	0.47	0.40	0.21	0.27	0	0	0.32		0	0	0	0.39
		n	7	7	2	7	7	7	5	7	7		2	2	2	5
Qp_3	砾石层	X	16.67	50	66.67	23.33	11.66	500			250					
		S	5.77	0	28.88	23.09	2.89	173.2			86.6					
		δ	0.35	0	0.43	0.99	0.25	0.35			0.35					
		n	3	3	3	3	3	3			3					

注：X 为元素平均值；S 为标准离差；δ 为变异系数；n 为样品数。

（四）构造、围岩蚀变对成矿作用的影响

1. 构造对矿产分布的控制作用

构造运动直接控制了各成矿期和成矿阶段的成矿作用，构造单元及各种构造要素对矿产分布的控制作用亦十分明显。测区地处欧亚大陆西南活动大陆边缘中段，晚三叠世特提斯演化，奠定了测区的主体构造格局，前晚二叠世构造被包容，燕山—喜山期构造叠加在主构造之上。测区主体构造格局为从西南到北东依次为思茅陆块、巴塘陆源岛弧带、通天河蛇绿混杂岩带、巴颜喀拉周缘前陆盆地，各单元含矿性明显不同。在巴颜喀拉前陆盆地发现的含铜砂岩、马龙查聪钨矿化线索和周木尕卡锶矿泉及 Au、Sb、W、Bi、Be、Zn、Th、Cr、Zr、Li 等化探异常及黄铁矿、白钨矿、钛矿物、黄金、重晶石、独居石等重矿物异常均受控于北西-南东向活动断裂。

通天河蛇绿混杂岩带矿产发现有磁铁矿、岩金、水晶等内生矿产，以及石膏、芒硝、砂金等外生矿产，另有 Ag、Mn 等水系沉积物异常和白钨矿、锡石、重晶石、黄金、钛矿物等重砂异常分布，同时区内主体构造为北西-南东向断裂构造，其控制着侵入岩和脉岩的产出，也控制着后期热液活动，从而对磁铁矿、岩金、各类异常的分布有一定的控制作用。

喜山期形成的一些山间断坳陷盆地中有外生沉积矿产的分布，如产古近系地层中的石膏及芒硝矿。构造不仅控制着岩体的侵位，也为含矿溶液开辟了通道，提供了沉淀场所；主干断裂控制成矿带的分布，次级断裂控制矿体形态的产出，含矿溶液沿压扭性、层间裂隙或剥离构造充填和交代。在成矿物源区内，成矿元素丰度值的高低并非决定性因素，而是取决于岩石中元素的可萃取性，已发现的矿化点多见于低级变质变形地质体中，与低级变质岩具强的释水性相关，同时构造提供了流体和动力介质，而 S^{2+} 是铁、铜元素的强沉淀剂，因而有利于亲铁、铜矿产的富集，这与带内已发现矿产类型和硫化物具亲缘性相符；同时与研究较为深入的三江地区成矿模式（骆耀南，2002）有些类似。区内该时期陆内俯冲开始时，北面的俯冲板片（松潘—甘孜三角区）插入到南面仰冲盘之下，俯冲角度可能很小，深度达不到长英质岩石部分熔融线，压力和温度的升高只能使俯冲板片内低晶格能的活动组分优先活化并形成流体，向低压低温的浅部或断裂带迁移，并活化萃取通道附近的活动组分，在有利位置与围岩发生作用，从而可形成 Au、Pb、Zn、Cu、Fe 等亲硫元素的矿化等低温浅成热液富集层，随着陆内俯冲继续进行，俯冲角度变陡，俯冲深度达至长石质岩石组部分熔融线，则在陆内俯冲带近侧产生中—酸性陆壳重熔型花岗岩，并发生锡多金属和稀有金属成矿作用（图 7-2，骆耀南，2002）。

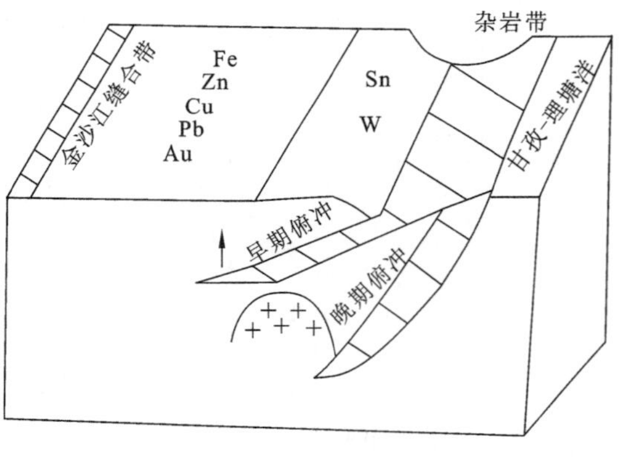

图 7-2　测区缝合带内成矿模式图
（据骆耀南，2002）

巴塘岛弧构造带内发现有石灰岩矿产，以透镜状、带状产出为主，一般位于向斜构造核部，其展布方向与区内主体构造线方向一致，另外发现的航磁异常及 Ag、Mn、Zr 等化探异常明显与北西-南东向断裂构造及巴塘带中的火山岩有关。综上所述，区内矿产的分布因构造环境的不同而不同，而同一构造环境中又受控于断裂、褶皱及其他裂隙的作用。

2. 围岩蚀变与成矿作用的关系

测区内凡有内生成矿作用的地方，往往都伴随着一些围岩蚀变。而不同的围岩蚀变与不同的矿产有关，所以围岩蚀变是重要的找矿标志之一。区内已知的蚀变有阳起石化、透闪石化、绿泥石化、矽卡岩化带，在拉工涌、阿西涌、西确涌岩体边部均见有不同程度的角岩化、大理岩化、绿泥石化、绿帘石化等，其中俄哇碾宅尕依岩金矿化线索即产于俄哇龙仁石英闪长岩体外接触蚀变带的绿帘石化凝灰岩中。

二、矿产在空间上的分布规律及成矿带划分

根据测区内、外生矿产分布特征，各类异常分布特征，结合区内构造、地层、岩浆岩特征，参考区域上“三江”成矿带的划分情况，将测区划分为 3 个成矿带。由北向南分别述之。

（一）巴颜喀拉成矿带

该带位于西金乌兰湖—歇武断裂以北的巴颜喀拉周缘前陆盆地褶皱带中，主要地层为巴颜喀拉山群，北西-南东向断裂构造发育，出露印支—燕山期中酸性侵入岩。带内现有治渠铜矿化线索，周木尕卡锶矿泉及马龙查聪钨矿化线索、昂日穷雄郭果岩金矿化点、昂日曲下游砂金矿点及靠近西金乌兰—歇武断裂带有关的航磁负异常带，众多零星分布的 Au、Sb、Bi、Be、W、Sn、Zn、Pb、Zr、Cr、Th 水系沉积物异常及白钨矿、钛矿物、独居石、黄金、黄铁矿等重砂异常，独居石、黄金、菱铁矿等高含量点，根据已有资料，这些矿产、异常主要与沉积建造、地层的含矿性及侵入岩、构造环境、北西-南东向深大断裂和次级断裂有关。

（二）通天河蛇绿混杂岩成矿带

该带位于三江成矿带玉树铁多金属铁成矿亚带多彩铁多金属成矿次亚带中（图 7-3），位于西金乌兰湖—歇武断裂以南，乌兰乌拉湖—金沙江断裂以北。带内燕山期中酸性侵入活动强烈，北西-南东向构造控制侵入岩和各类岩脉的发育，岩石普遍发生热接触蚀变质和动力变质作用。带内主要矿产有与侵入岩体、火山岩、脉岩有关的俄哇碾宅尕依岩金矿化线索、扎河岩金矿化线索及水晶矿化线索；与沉积建造有关的有石膏、芒硝矿产，以及在新构造运动作用下形成的砂金矿产。另外带内发育有航磁正异常带，具有磁场梯度北东陡南西缓之不对称的特点，与西金乌兰—歇武断裂北东负异常形成鲜明对比，航磁异常强度北西高南东低，与带内火山岩的分布特征相一致，因而该异常带的形成与火山岩、深大断裂、磁铁矿等有关。区内还有 Ag、Mn、Zn 水系沉积物异常和白钨矿、锡石、黄金、重晶石等重砂异常及白钨矿、黄金、锆石、锡石等重砂高含量点，其成因与侵入岩体、火山岩及构造密切相关。该带成矿地质构造条件良好，矿产种类、各类异常分布特征等都表明该成矿带为测区的主要成矿地带，具寻找海相沉积-改造型（含矽卡岩型）铁多金属矿、与板块缝合带有关的剪切带型金矿和钨、锡的找矿前景（汤朝阳等，2007）。

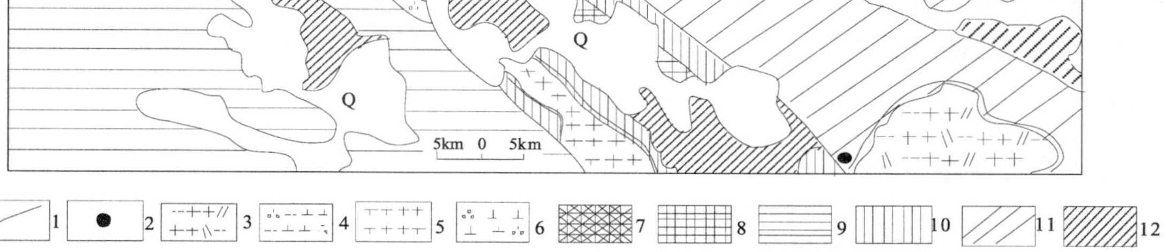

图 7-3　通天河蛇绿混杂岩成矿带矿点位置与地质简图

1. 构造单元边界断裂；2. 矿点；3. 黑云二长花岗岩；4. 英云闪长岩；5. 正长花岗岩；6. 石英闪长岩；7. 宁多杂岩；8. 变石英砂岩、大理岩、硅质岩和变火山岩；9. 巴塘群；10. 克南群；11. 巴颜喀拉山群；12. 古近系

（三）巴塘成矿带

位于乌兰乌拉湖—玉树断裂带以南巴塘群分布区，带内未发现内生矿产。发现的低级航磁异常与火山岩和断裂构造有关；外生矿产主要为沉积巨厚、分布广、质纯的石灰岩矿床。该区所处的构造环境、地质条件均对内生矿产成矿不利。

第三节　成矿预测区划分

一、找矿方向初探

根据地球化学异常特征和前人对区内各类地质体地球化学特征的分析，结合区域地质背景，该区主要成矿元素为Au、Ag、W、Sn四种，对该区的找矿总结如下。

（一）Au的找矿方向

Au异常主要分布在康云琼、翁查叶、巴陇峡曲和昂日曲下游等地，与Sb、Bi等元素异常共生，出露地层为上三叠统巴颜喀拉山群，岩性为砂岩、板岩，并在异常区内有大量的中酸性岩脉、花岗伟晶岩脉、辉绿岩脉、石英脉等发育。从微金样品中的分析结果看，砂板岩一般含金为 1.812×10^{-9}（最高 6×10^{-9}），中酸性岩脉（包括花岗伟晶岩脉）平均含量 6.86×10^{-9}（最高 27×10^{-9}），辉绿岩脉平均含量 3.5×10^{-9}（最高 5.5×10^{-9}），石英脉平均 1.147×10^{-9}。另外在阿西蛮尕有黄金异常，并有拉工涌、阿西涌、查九涌、查基将龙4处砂金矿点，而Au含量高值均分布在西确涌、拉工涌燕山期云英闪长岩体接触带中的长英质岩脉、蚀变凝灰岩中（含Au 58×10^{-9}）。

通天河蛇绿混杂岩带在区内夹于西金乌兰湖—歇武断裂和乌兰乌拉湖—玉树断裂之间，总体呈北西-南东向展布，且控制了带内次级构造；区内石英脉、岩体外接触蚀变带、脉岩、蚀变凝灰岩及外接触带断裂破碎带中都发现矿化，据已有资料及实地调查分析认为：金的成矿作用与不同期次、不同深度层次形成的不同规模和级别的韧性剪切带和脆性断层构造系统关系密切，并以不同特征的糜棱岩带、脆性碎裂带等多种形式表现出来；与围岩蚀变密切相关，与金矿化有关的有角岩化、大理岩化、钠黝帘石和绿帘石化等；光谱分析结果表明金矿化与燕山期英云闪长岩体相关。带内金矿化特点与藏东川西地区非常相似，金矿化可能发生在韧性变形向塑性变形的过渡时期内，如扎河金矿化点产于石英脉中，与甘孜色西底尼多南西色卡金矿点（邹光富，1996）类似，含金石英脉体分布于韧-脆性剪切带边界附近，单脉呈透镜状、似层状，组合形态为串珠状；俄哇碾宅尕依金矿化点与含金糜棱岩型的嘎拉金矿类似，平行于北西向展布的韧性剪切变形带，主要赋存于韧性剪切带中的糜棱岩中；同时又兼具雄龙西金矿床的特点，在空间分布上受区内构造破碎带控制，破碎带宽数十米至数百米，构造破碎带中发育构造角砾岩和石英脉；而且与中酸性岩浆活动期后含矿热液活动有关，也有寻找中低温热液型金矿床的潜力。

总之，今后在岩体内外接触带、黑色砂板岩岩系、构造破碎带及岩脉发育等部位具寻找与板块缝合带有关的剪切带型金矿的前景（汤朝阳等，2007）。

（二）Ag的找矿方向

Ag异常主要分布在扎根能和西确涌等地，产出在西金乌兰—歇武断裂带以南的巴塘群和通天河蛇绿混杂岩分布区或岩体附近，并且断裂构造极为发育的地段，因而在巴塘群和通天河蛇绿混杂岩分布区，特别是有岩体出露地段是找Ag的最佳地段。

（三）W、Sn的找矿方向

W、Sn在本区与中酸性岩体、岩脉有密切的关系。W、Sn异常多分布在岩体周围。W在达考复式岩体中平均含量高达268×10^{-6}，Sn在阿西涌式岩体和西确涌复式岩体中含量分别为9.174×10^{-6}和6.8×10^{-6}，W在其他岩体中平均含量均大于45×10^{-6}。从异常分布特征来看，达考岩体周围形成W、Sn和白钨矿异常，没有形成锡石异常；西确涌复式岩体周围没有W、Sn异常的存在，而形成了白钨矿和含量较高的锡石异常，阿西涌岩体周围仅形成了白钨矿异常。

二、找矿预测区

在综合测区成矿地质条件和成矿规律的基础上，结合各地段工作程度、各类异常、矿化线索等，将预测区划分为3级。Ⅰ级成矿预测区是指成矿地质条件有利，找矿标志及物化探异常都很好，经进一步工作后有把握找到新的工业矿体和扩大原矿床储量的区段。Ⅱ级成矿预测区是指矿化现象较好，成矿地质条件比较有利，找矿标志及物化探异常比较好，通过进一步工作后，有可能找到工业矿体的地段或有意义矿点的地段。Ⅲ级成矿预测区是指只有一般矿化现象和成矿地质条件，物化探异常显示也一般。但通过综合研究后，认为有明显成矿地质条件的地段，通过进一步工作，有希望发现矿化地段或找到原生矿（化）点的地区。

根据以上预测区划分原则，结合区内具体情况，划分出1个Ⅰ级成矿预测区，2个Ⅱ级成矿预测区，3个Ⅲ级成矿预测区，其特征简述如下。

（一）贡果亚陇—昂日曲Ⅱ级金矿预测区

位于测区北部昂日曲西侧，昂日贡玛陇以南，面积约$88km^2$。出露地层为巴颜喀拉山群板岩组和燕山期英云闪长岩体，北西向断裂发育。区内有昂日穷雄郭果岩金矿化点、昂日曲下游砂金矿、贡果亚陇—昂日穷雄郭果黄铁矿自然金异常和重砂铅高含量点。英云闪长岩体之围岩发生强烈角岩化，角岩含金较高，最高达20.8×10^{-9}，与之相关的花岗闪长斑岩脉，含金高达1.3×10^{-9}，成矿条件有利，在英云闪长岩体及其周围，进一步工作有可能发现岩金和砂金矿点。该区重砂含金较高，形成异常和砂金矿点。

（二）北翁查叶Ⅲ级锑、金矿预测区

位于秋智乡周围，平面形态呈不规则的北西向条带状，面积约$410km^2$。预测区内出露地层为上三叠统巴颜喀拉山群板岩组，地处巴颜喀拉周缘前陆盆地西南边缘，岩浆活动较弱，区内有燕山期英云闪长岩体、钦松花岗闪长斑岩体侵入于巴颜喀拉山群地层中，并具有角岩化等围岩蚀变。区内北西-南东向断裂构造、褶皱较发育，受断裂控制的各类脉岩和石英脉也极为常见。长英质岩脉中平均含Au较高，达3.95×10^{-9}，其次为砂岩，达1.137×10^{-9}，再次为石英脉达1.040×10^{-9}。Sb在长英质岩脉中含量也较高，次为石英岩脉。区内有北翁查依Sb、Au及Bi、Be异常和黄铁矿异常、扎陇拉库自然金异常。异常查证中Au、Sb、Zn、Li、As等形成较大面积的异常，而Bi和Be形成很小面积的异常，水系重砂出现黄金、黄铁矿、菱铁矿、重晶石、方铅矿、独居石等矿物异常。

根据Au、Sb和Bi、Be、Zn、Li、As等元素异常共生及重砂矿物共生组合，显示热液型的元素组合特征，表明该区异常是与岩浆侵入活动有关的热液活动引起的。本区成矿地质条件良好，化探异常面积、规模均较大，元素异常强度高，套合较好，并经野外查证异常依然存在，虽未发现矿化，但根据区内成矿地质条件和矿物（元素）共生组合特征分析，在本区寻找到脉型的锑、金矿的可能性很大，是今后寻找脉型锑、金矿的有利地区。

（三）拉工涌—查基将龙Ⅱ级原生金成矿预测区

该区位于扎河西部拉工涌—查基将龙一带，呈不规则长方形，向西延伸出测区。区内出露地层为通天河蛇绿混杂带及燕山期侵入，岩浆活动强烈，有拉工涌、阿西涌复式岩体侵入，围岩蚀变强烈，基性—中酸性岩脉和石英脉极为发育。区内北西-南东向断裂构造也极为发育，岩石普遍受动力变质作用，这些地质条件对内生矿产成矿都比较有利。

预测区中已发现并详查的有拉工涌、阿西涌、查九涌和查基将龙4个砂金矿点。在该预测区内发现有俄哇日俄自然金、白钨矿重砂异常。根据测区内微金分析结果，表明含金较高的样品均集中于该预测区，其中俄哇碾宅尕依岩金矿化线索中蚀变凝灰岩含Au达58×10^{-9}。阿西涌围岩接触带发育的花岗伟晶岩脉中含Au达$(26.5\sim27.0)\times10^{-9}$。预测区中还有扎河岩金矿化线索，其石英脉中含Au达0.35×10^{-6}，在阿西涌岩体内外接触带取样分析，褐铁矿化闪长岩含金高达$(0.18\sim1.5)\times10^{-6}$，外接触带断裂破碎带中石英脉含Au高达$0.3\times10^{-6}$。

该预测区成矿地质条件良好，所处大地构造环境对成矿有利，另外砂金矿点密集，岩金矿化信息众多，因而在该区寻找到原生金矿很有希望。建议今后工作中在岩体内外接触带、破碎带及火山岩中发育的各类脉岩、石英脉中注意寻找岩金矿。

（四）西确涌Ⅲ级银、锡矿预测区

位于西确涌一带，治多至扎河乡公路通过该区。平面形态呈平行四边形，其南东延伸出图外，区内分布面积128km²，相当于化探找矿靶区西确涌Ⅲ级Ag、锡石找矿靶区。

该区地处西金乌兰湖—歇武断裂南部通天河蛇绿混杂带中，区内出露地层主要为通天河蛇绿混杂岩下部和古近系。前者岩性为砂板岩互层；后者不整合于其上，岩性主要为紫红色复成分砾岩、长石石英砂岩、粉砂质泥岩夹石膏、芒硝等。南侧出露燕山期西确涌中酸性复式岩体，围岩具硅化、角岩化、大理岩化等蚀变。区内北西-南东向逆断层发育，岩体南侧边部普遍糜棱岩化、千枚岩化和片理化。另外，在断裂附近有花岗斑岩脉、辉绿岩脉等发育，这些地质条件都对成矿很有利。

区内未发现矿化现象，仅有西确涌Ag、Mn、Zr异常和锡石、白钨矿、重晶石等重砂异常。根据元素分布异常、矿物共生组合特征，认为该区成矿地质条件较好，异常规模大、强度高、比较集中，是今后该区寻找银、锡等矿产的有利地段。

（五）崩曲—查涌Ⅰ级芒硝膏盐预测区

位于崩曲—查涌两侧，呈长条状，图内面积约274km²，区内有治多—扎河乡简易公路通过，交通较方便。预测区以查涌盆地古近纪地层出露区为范围。底部岩性为紫红色复成分砾岩，中部为紫红色长石石英砂岩，上部为灰绿色、紫红色粉砂质泥岩、泥岩夹石膏、芒硝、石盐矿层。预测区主要出露中上部层位；区内第四系沼泽覆盖较大，古近系大部分在冲沟陡坎处有露头。

预测区处于通天河蛇绿混杂带上，为喜山期陆内差异性升降形成的断陷盆地中，主要预测矿种为石膏、钙芒硝及盐类矿产。已发现有玻玛龙阿石膏矿点、查涌芒硝（膏盐）矿点，主要赋存于古近系上部泥岩中，仅在玻玛龙阿河下游北侧陡崖和查涌上游南侧陡坎处出露，其他部位覆盖较大。其矿体具有出露层位稳定、规模较大、质纯等特点，经样品分析，钙芒硝达Ⅰ级工业要求，石膏一般达Ⅰ级工业要求，以现有露头估算石膏储量达1.34亿t，属大型或特大型石膏矿床。芒硝储量估算644万t，达中型矿床。根据以上地质、矿点特征，在该预测区其他地段寻找到石膏、芒硝矿体很有可能，另外扩大各矿点远景储量也有可能。据已有矿点资料表明石膏、芒硝储量已达中—大型矿床。建议有关单位对该地段进行详查作出精确储量评价，以便今后开采利用。

（六）达考钨、锡矿Ⅲ级预测区

达考花岗岩体位于曲麻莱县西达考一带，平面形态呈不规则圆状、弯曲状、岩株状产出，向南延伸出测区，面积约 292km²（图 7-4），相当于化探找矿靶区达考 W、Sn、白钨矿Ⅲ级成矿预测区。

区内出露地层主要为上三叠统巴颜喀拉山群板岩组，岩性为砂岩、板岩类。达考花岗岩体侵入砂板岩层中，界线清楚，外接触带宽 800～1 000m，围岩强烈角岩化、硅化，形成角闪黑云母角岩、长英质角岩，最宽 10m，长近 100m 的花岗质脉岩穿插角岩中，内接触带岩石具明显的烘烤边，W 在岩体中平均含量高达 268×10^{-6}；发现马龙查聪钨矿化点，品位 60×10^{-6}～100×10^{-6}。岩体岩性为灰白色中细粒黑云二长花岗岩，岩石呈灰白色，细粒花岗结构、二长结构，块状构造，岩石化学特征反映属高钾钙碱性系列；稀土元素显示轻稀土元素富集，具 S 型花岗岩的特点；微量元素显示出壳幔混合物质的特征，地壳物质多，岩石形成于燕山期同碰撞阶段的岛弧环境。微量元素显示钨、锡含量明显高于丰度值，与其南部杂多纳日贡玛斑岩铜矿（伴生 W、Sn、Bi、Au）含矿层位类似，但岩体时代不同（为喜山期，骆耀南等，2001；侯增谦等，2004）。

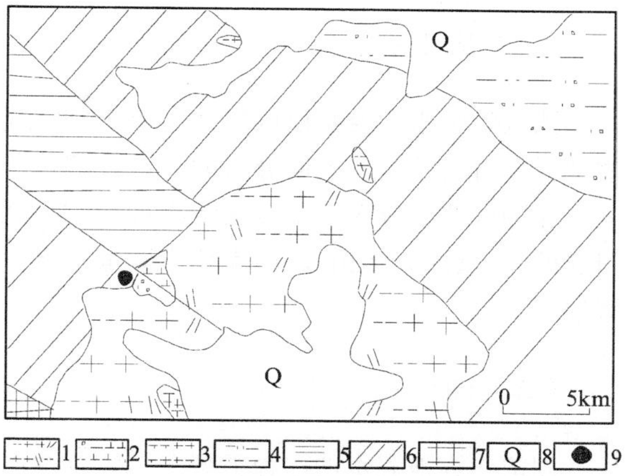

图 7-4　达考钨、锡高丰度区地质略图

1. 黑云二长花岗岩；2. 英云闪长岩；3. 正长花岗岩；4. 古近系；5. 巴颜喀拉山群第四段；6. 巴颜喀拉山群第三段；7. 克南群；8. 第四系；9. 矿化点

该区异常面积大，各元素异常套合较好，所处地质条件对成矿有利，是今后寻找钨、锡矿的有利地段。

第四节　其他国土资源概况

一、水资源

水资源是区域生态环境研究中的主要内容，测区水资源主要指河水、湖水和冰川融水。此外，测区还发育大片沼泽湿地，局部地区发育泉水，这些也为区域地表水的发育起到了重要的作用。

测区在地理位置上位于青海省南部青藏高原北部巴颜喀拉山南坡，西北部属长江源区丘状高原小区，西南部多属侵蚀堆积地貌，地形开阔，河流及沼泽发育；北部属构造剥蚀地貌，水动力侵蚀地形发育，河流中、下游常发育“V”型谷。测区地貌总体南西高北东低，呈南西向北东倾斜状态。通天河自西北向东南流经测区，是测区最大的河流，干流两侧发育次级支流多为树枝状水系。

（一）地表水

测区水资源丰富，主要为通天河水系，其一级支流有楚玛尔河、口前曲、色吾河。各支流两侧树枝状水系发育。表 7-4 对测区内分布的 4 条主要河流作了简要对比，可见通天河在流域面积、年径流量等方面均居其他河流之首，水资源最丰富。

表 7-4　测区几大河流基本参数

河流	图幅内全长	流域面积	年平均流量	年径流量	主要支流
通天河	256.8km	1.698 0 万 km²	215.73m³/s	68.03 亿 m³	楚玛尔河、口前曲、色吾曲
楚玛尔河	43.6km	0.210 5 万 km²	17.61 m³/s	5.55 亿 m³	高玛陇曲、巴陇峡曲
口前曲	103.5km	0.432 8 万 km²	10m³/s	3.15 亿 m³	崩曲
色吾曲	83.2 km	0.387 3 万 km²	11.3m³/s	3.56 亿 m³	龙玛曲、普通曲、昂日曲

（二）地下水

测区地下水主要是由区域性大型断裂构造引起的。测区分布着大量的北西-南东向断裂，在测区西北部分布着一系列北西向分布的泉水，这都与北西向的断裂有关。

在测区北部分布着少量正常冷泉，正常冷泉的形成主要是由潜水或浅部层间承压水在地表的露头引起的，区域内许多山沟、山半坡或坡角分布的泉水，在这些地区还常常形成面积各异、大小不等的沼泽湿地。

（三）湖泊

湖泊作为地表水的一种类型在图幅范围内分布较少。区内淡水湖泊主要分布在图幅东北角，共3个独立的湖泊，面积较小，湖水面积合计约 $3km^2$。

（四）沼泽湿地

测区西南部多属侵蚀-堆积地貌，地貌的基本特点是高山与宽谷相间，地形相对平缓，地表切割较弱，为沼泽湿地的发育奠定了重要基础。由于地形开阔及宽谷平坦，河流坡降不大，宽谷盆地中水流平缓，曲流、牛轭湖和分叉河道发育，从而形成了大小支流众多、湖泊沼泽广布的基本格局。

二、土壤资源

测区位于青藏高原唐古拉山北坡，是长江、黄河源头的第一个纯牧业县，是我国南北两大水系的主要水源涵养区。这一区域不仅具有“水塔”功能，而且在涵养水源、保持水土生态及支持区域农牧业发展等方面有重大作用，其生态环境质量好坏直接关系整个下游地区的生态安全与可持续发展。

土壤是重要的生态因子，土壤圈又是岩石圈、大气圈、水圈、生物圈相互作用及物质、能量交换的场所和媒介。对测区的土壤调查，不仅是对国土资源大调查内容的完善，而且对三江源区的生态环境保护具有重要意义。

（一）影响土壤形成的因素

1. 成土母质

土壤的性质在很大程度上受第四纪成土母质的影响，在机械组成、理化性质、养分状况等方面影响着土壤的发生、发育。在高山的部分地区，以冰碛物及冰水堆积物为主。冲积及洪积母质分布较普遍，主要分布于江河及谷地，多由砂砾层及砂土等组成，并常可见到中壤质或重壤质粘土层，洪积母质分选性差。残积母质及坡积母质则以在山地分布较为普遍，母岩的岩性及风化程度对山地土壤的性质也有重要影响。

2. 气候

测区属典型的高寒干冷气候类型。光照充足，辐射强，年日照数在2 536～2 750小时，年均温在－2.2℃，最暖月均温在10℃以下，最冷月均温为－11～23℃。全年无四季之分，只有冷暖差别，冷季漫长（长达8个月以上），暖季短促、温凉，年降水量在264～472mm。

由于温差大，物理风化作用强，地表多为砾石和粉砂，沙尘暴频繁。因气候寒冷，大部分地区年平均气温和暖季夜间气温都在0℃以下，因此，地下普遍保存了历史上冰期形成的多年冻土。多年冻土区地面季节性融化和冻结的活动层厚度与全球变化和人类活动有密切关系，也与地面植被覆盖度和土壤基质的性质直接有关。地表融冻层加深以后，在降水量远远小于蒸发量的情况下，地下水位降低，地面干旱加大，加之经常性大风侵蚀，促进了土地沙化和沙丘形成，对高寒草原和草甸地区草皮破坏后形成的“黑沙滩”、“黑土滩”均起了重要作用。

3. 地形地貌

测区内高山广布，群山逶迤，巍巍壮观，地势呈南西往北东向倾斜。地势高耸与复杂的地貌类型对土壤形成、分布产生重要影响。其中山脉走向、海拔、地貌类型、坡向、坡度等是其主要影响因素。它们对大气环流产生重大影响，中小地形的变化对局部气候和小气候产生影响，从而制约着植被与土壤的发育和分布。

4. 生物作用

土壤动物对土壤演化的影响明显，如过度放牧使草地上禾草减少甚至消失，为鼠兔活动创造了有利条件；而鼠兔活动的增强更增加了牧草的消耗，逐渐导致草场和土壤退化，使草皮层破坏，土壤遭到风蚀沙化，发展成秃斑地、沙化土地。同时它们众多的地下洞穴增强了草皮的脱落进而形成“黑土滩”。人类活动对土壤的影响在近些年来有加强的趋势。主要是无序放牧、盗猎、破坏植被等一系列不合理经济活动，破坏了表层土壤，导致了土地沙漠化。

（二）测区土壤的主要类型

根据青海土地科学考察队(1989)对青海南部土地资源的划分以及描述，参考中科院南京土壤研究所(1978)的土壤命名法则，以及中科院青藏高原综合科学考察队编写的《喀喇昆仑山—昆仑山》中对邻近地区土壤的研究，并结合实际调查资料，将测区的壤土划分为5种类型。

1. 高山寒漠土(Ⅰ)

分布于高海拔地区、分水岭脊及古冰碛平台。该土类位于土壤垂直分带最上部，海拔4 800m以上，因脱离冰川影响最晚，土壤分布区岩石普遍裸露，岩块、岩屑、流动的倒石堆广泛分布，只有在低洼处才见粗砾碎屑物混合的土层，且土层很薄，不连片，没有形成连续土被。植被为高山稀疏植被，碎石隙间土壤上多生长一些多年生中生和中旱生的草本植物和垫状植物，常见有垫状点地梅、水母雪莲、山地虎耳草、龙胆、沙生风毛菊等，呈零星分布。土壤层30～50cm以下常出现永冻层，土壤表面常可见到融冻结壳。

2. 高山草甸土(Ⅱ)

该土类分布于高山丘陵、部分高阶地，以及比较平缓的山体顶部，海拔4 200～5 000m之间。母质多为坡积、残坡积物、冰碛物、湖积物、洪积物和冲积物等，多为粗疏的粗砾碎屑物或砂砾质物等。有机质累积量相对较少，草皮层薄而疏松或无草皮层。主要优势植物为线叶蒿草、珠芽蓼、藏苔草、垫状驼绒藜等。

3. 高山草原土(Ⅲ)

该土类主要分布于山地、冲积平原及起伏不大的岗坡地，海拔4 100～4 900m之间。成土母质多系坡积物、残积物、洪积物、冲积物等，气候属于寒冷半干旱、干旱类型，土壤生草原化草甸、草原及荒漠草原植被。主要优势植物为紫花针茅、异针茅，伴有小蒿草、细叶苔等。

4. 沼泽土(Ⅳ)

该土类主要分布于图幅西南角，成土过程主要是腐殖质积累(或泥炭积累)过程。地表有水蚀坑，因地处高寒，草本植物残体难以完全分解，在土壤上层形成厚度不等的泥炭，有机质含量高，植物生长茂密。

5. 风沙土(Ⅴ)

该土类主要分布在山地迎风坡、河流两岸、残丘台地等，成土过程是在风蚀、沙埋和生物固沙矛盾统一过程中形成的幼年土壤。辽阔的高原面、干旱的气候、频繁的大风、丰富的沙源、稀少的植被等都是形成风沙土的必要条件。

三、生物资源

(一) 植物资源

1. 牧草植物

凡是能供牲畜食用的各类植物称为牧草植物，测区区域面积辽阔，牧草植物资源相当丰富，有很多种类是营养价值很高的优良牧草，它们具有三高(粗脂肪、粗蛋白和无氮浸出物含量高)、一低(粗纤维含量低)的特点。

测区牧草植物的蛋白含量一般都接近青苜蓿(脂肪 3.9%，蛋白质 18.1%)和小麦麸(脂肪 5.4%，蛋白质 17.2%)的含量。圆穗蓼的蛋白质和高山蒿草、山生柳叶的脂肪含量还要高于小麦麸，同时，这些牧草的重要营养成分含量远远超过粗饲料。

除山生柳叶外，草场牧草植物适口性高，常见的菊科和禾本科、莎草科植物较多，如高山蒿草、线叶蒿草、矮生蒿草、喜马拉雅蒿草、青藏苔草、粗嘴苔草、密生苔草、垂惠批碱草、多种羊茅、几种早熟禾等。菊科的几种风毛草、蓼科的珠芽蓼、圆穗蓼、细叶蓼等均柔软多汁、不具异味，各类牲畜都喜食。大蒿草和藏蒿草虽略为粗硬，但营养成分含量不算太低，对于耐粗饲料的藏牦牛说，仍不失为优良牧草。

2. 药用植物

是指具有药用价值的经济植物类群。测区拥有许多具有青藏高原特色的藏药植物资源。这些药用植物用途较广，而且不少是高原地区的重要特产。

(1) 虫草

全名冬虫夏草，是一种昆虫和真菌的结合体。每年 9—10 月份子囊菌寄生在幼虫体内，第二年 5 月子座从幼虫头部长出地面来，形成虫草。虫草是名贵的滋补药物，治疗肺结核、神经衰弱、贫血等，驰名中外，畅销国际市场，价格昂贵。

(2) 雪莲

菊科风毛菊属植物水母雪莲的全草。性味甘、温；主治经血不调、肾虚腰痛、风湿性关节炎，以及外伤出血等。

(3) 红景天

景天科红景天属植物，根和根茎入药，全株也可入药，广泛应用于抗疲劳、抗衰老及提高脑力和体力机能。

(4) 黄芪

豆科黄芪属植物多花黄芪、直立黄芪、马衔山黄芪、青海黄芪的根。性味甘、温；能补气固表，托疮生肌，利水消肿。

(5) 沙棘

胡颓子科沙棘属植物西藏沙棘的果实。性味酸，涩、温；具有补肺、活血、健胃等功效。

(6) 兰石草

全草入药，根治肺炎、肺脓肿、哮喘等，花治风湿性关节炎、心脏病，叶治刀伤等。

(7) 大黄

性味苦、寒，具有清热泻下，破积祛淤等功效。大黄在温凉湿润、土质疏松的生境中尤为多见。

(8) 蕨麻

全草入药,治诸血及下痢,块根有滋补之效。

(9) 秦艽

龙胆科龙胆属植物麻花艽、粗茎秦艽或小秦艽的干燥根。性味苦、辛、平,能祛风湿,退虚热,止痛。

3. 食用植物

测区可以直接食用或加工后食用的植物约有20余种。其中淀粉、糖类含量较高的草本植物有珠芽蓼;维生素含量较多的木本植物有沙棘,葡萄恂子;最值得注意的是黄蘑菇和白蘑菇,味美可口,营养丰富,分布广泛。

4. 观赏植物

测区观赏植物较多,具有奇特的形态,别具风格,暖季花朵盛开,很有观赏价值。主要为多年生草本,生长在山坡草地、沟谷灌丛、草甸和沼泽地带。花大而色彩鲜艳多样的有金莲花、银莲花、铁线莲、金露梅、锦鸡儿、报春花、龙胆、马先蒿、紫苑川西小黄菊、千光里、蒲公英。花小而密集的有唐松草、红紫桂竹香、绣线菊、葱类等。具有高大美丽的冠状花的有乌头、翠雀花、虎耳草、青兰、筋骨草等。

(二) 动物资源

1. 哺乳动物

(1) 藏羚

别名藏羚羊、长角羊,形似黄羊,但大得多,为青藏高原的特有种和优势种,属国家一级保护动物。四肢匀称、强健,通体被毛丰厚绒密,毛形直。雄羊头、颈、上部淡棕褐色,腹部白色,额面和四条腿有醒目黑斑记。成年雄性角长笔直,长50～60cm。藏羚羊集成十几到上千只不等的种群,生活在海拔4 300～5 100m的地方。

(2) 藏原羚

别名藏黄羊、西藏黄羊、黄羊。为青藏高原的特有种和优势种,属国家一级保护动物。其面部、颈和体背为均匀的沙土褐色,臀部为纯白色的大斑。整个腹部和四肢内侧为白色或污白色。藏原羚一般体长135cm,肩高80cm,体重46～60kg。藏原羚在测区主要栖息于高山草原、高山草甸草原和山地草原等开阔地带。

(3) 野牦牛

野牦牛又名野牛,是唯一生活在高寒荒漠地带的牛类,对严寒缺氧的自然条件具有特殊的适应,为青藏高原特有种,属国家一级保护动物。野牦牛体魄强健硕大,心、肺发达,肌肉紧凑,身长腿短,筋骨结实,体侧腹部和四肢的披毛柔软厚密,眼圆有神,牙齿尖利,采食性能良好。

(4) 野驴

别名亚洲野驴、野马。对高原严寒缺氧、干旱少雨的自然条件有较好的适应,已列为国家一级保护动物。该动物体形小于野马而酷似骡,体背深棕色、赤色或暗红褐色。栖息在海拔4 500～5 100m之间。常集群活动,群的大小由数头至数十头乃至一二百头不等,但也有单独活动的个体。

(5) 喜马拉雅旱獭

别名哈拉、曲娃(藏名译音)。体背沙黄褐色并杂以轻微的黑色,测区内几乎各地均有分布。栖居在海拔3 000～5 200m,靠近水源、草本植物丰盛的山地阳坡及高山平原。它是一种益害兼有的动物,其毛皮、肉及油脂均可利用,是一项重要的毛皮资源,但因其挖掘活动,严重破坏草地植被,啃食大量牧草,又是自然疫源性疾病媒介昆虫的宿主动物,危及人类和家畜的健康。

2. 珍稀鸟类

(1) 黑颈鹤

黑颈鹤是青藏高原珍稀鸟类之一,数量极稀少,我国已列为一级保护动物。黑颈鹤畏人、性怯,人可与其保持150m左右距离。清晨日出时该鸟开始活动,并有鸣叫,声音短而洪亮。黑颈鹤的栖息地主要为沼泽、滩地和河漫滩。

(2) 斑头雁

斑头雁又名白头雁、黑纹头雁、麻鹅等。主要栖息在人畜罕至的湖岸半岛、湖湾、河心岛及河边。斑头雁食物全为植物,主要有藏嵩草、早熟禾、水麦冬的花序及珠芽蓼等植物。斑头雁数量众多、分布较广,其羽绒是较好的御寒保暖填充材料。

四、旅游资源

测区位于中国西部青藏高原腹地,巍峨的高山、纵横曲折的河流、湛蓝脱俗的湖泊、珍禽奇兽、神秘的宗教民族文化等,这些世界独一无二的旅游资源,具有整体的自然性、品质的独特性、突出的感染力和科学内涵。随着交通、通讯、食宿等基础设施建设的不断完善,旅游接待、服务管理水平的提高,为在这里开展观光、访古、探险、科考等多种形式的旅游活动提供了可能。

系统调查和合理规划旅游资源,开发旅游市场,具有极大的经济效益和社会效益。不仅能改善和提高当地居民的生产生活水平,提高牧民的综合素质,发展民族经济,而且能加强不同民族间的经济文化交流,相互了解,增进民族间的融合,促进社会的安定团结。

根据测区旅游资源的类型和潜在利用价值,参考青海省旅游资源划分方案(张忠孝,1992),可将其分为地质景观、水体景观、生物景观、人文景观4种类型。

(一) 地质景观

地质景观是由于地壳运动和地质构造直接或间接形成的具有观赏价值的地壳表层形态的自然结合体。青藏高原复杂的地壳运动、强烈的构造活动和岩浆、变质作用,不仅为各种矿产资源提供了良好的孕育条件,也形成了众多奇特的地质景观。

测区西北角扎河地区,分布着巴塘群的灰岩,绵延几十千米,形成了典型的岩溶石山地貌,突兀嶙峋、怪石林立,有神秘、险峻、雄壮、奇异多姿的特点。治多县至索加的乡级公路从此通过,沿线山峰不是很高,非常适宜非职业探险者和旅游观光者旅游。

(二) 水体景观

测区位于青藏高原唐古拉山北坡,属三江源自然保护区核心区之一,这一区域有“水塔”的功能。通天河自图幅北东流入,斜贯测区,自东南流出图幅,楚玛尔河、口前曲、色吾河等支流汇入通天河,河流平坦开阔,河水浩浩荡荡。沿途牧草芬芳,花朵艳丽,珍禽出没。

(三) 生物景观

测区具有丰富的野生动植物种类,是珍贵的高原物种基因库。不同的地貌单元和水文条件造成了生物景观类型组合多样性,形成了苔草草原、点地梅垫状植被、灌丛草原、沼泽湿地等多种类型的植物景观。草原上牧草肥美,野花点缀,如绿色地毯。测区西南角有高原上一种最重要的生态景观——湿地。湿地有丰茂的水生及藻类植物,黄鱼、棕头鸥、斑头雁、白天鹅、黑颈鹤等。

（四）人文景观

青藏高原有独具风格的民族文化传统和民族民间艺术。具有高原特色浓郁的农牧业文化、服饰文化、饮食文化、民居文化、节庆文化、民间文学艺术及婚俗、葬俗、礼仪禁忌等许多内容构成的民俗文化是中华文化最富有特色的组成部分之一。内涵非常丰富而独特的藏族文化，使西藏的观光旅游和民俗风情旅游极富特色，使青藏之旅魅力无穷。这里的牛毛帐篷、藏靴、皮袄等做工独到；精致的腰刀、火镰、胸牌、鼻烟壶、雕花带是青藏高原地区民间工艺品的代表。还有酥油茶、糌粑、青稞酒、酸奶、奶渣、风干牛肉等，也别有风味。佛教在青藏高原的形成和发展，对西藏、青海等地传统社会文化、人民生活习俗都产生了长期、广泛而深刻的影响。本区藏民全民信教，主要信仰藏传佛教，区内重要的交通垭口、地势高地经常可见玛尼堆整整齐齐、经幡迎风呖呖。此外虔诚的磕长头者及年迈的老者手中整天不停转动的经轮构成了一道道独特风景。

第八章 结 论

本项目按照任务书的基本要求,运用现代地质学的有关新理论、新方法、新技术,获得了较丰富的第一手地质资料,取得一系列新发现和重要进展,为青藏高原基础地质研究、矿产资源调查、生态环境研究及地方经济建设提供了翔实系统的地质资料。

第一节 主要地质成果

一、地层古生物

(1) 通过对测区地层的全面调查,在前第四纪地层中划分出 5 个群级、4 个组级正式岩石地层单位、5 个"岩性组"和 9 个"岩性段"等非正式岩石地层单位和 1 个构造-岩石地层单位、3 个年代地层单位(阶)、9 个生物地层单位,在第四纪地层中划分了 6 种成因类型 8 个填图单位,系统建立了测区地层序列,丰富和提高了测区地层的研究程度。

(2) 在二叠纪地层中,新建立 1 个䗴类 *Neoschwagerina craticulifera* 组合、非䗴有孔虫 *Climacammina* sp.-*Glomospira dublicata* 组合。综合前人资料,建立珊瑚 *Iranophyllum-Wentzelella* 组合和腕足类 *Pygmochonetes minor* 组合,确定九十道班组地质时代为中二叠世茅口期,其生物古地理区系属特提斯大区华夏区。

(3) 在三叠系巴塘群新发现下组中的基性火山岩及凝灰岩层,中组中的枕状玄武岩和上组中的鲍马序列。综合前人资料,建立 1 个腕足类 *Rhaetinopsis pentagonalis-Yidunella pentagona-Oxycolpella robinsoni* 组合,确定巴塘群的地质时代为晚三叠世卡尼期—诺利期,丰富了巴塘群的基础地质资料。

(4) 系统研究了三叠系巴颜喀拉山群的遗迹化石,鉴定遗迹化石 33 属、54 种,将其划分为浊流事件前产生的高度分异遗迹化石组合和浊流事件后的遗迹化石组合,两者均为半深海—深海 *Nereites* 遗迹相的典型代表。认为巴颜喀拉山群主体为重力流沉积,形成于浊积扇的中扇—外扇环境。在该群中新采获双壳类 2 属 6 种,建立了 4 个孢粉和疑源类组合,确定巴颜喀拉山群的地质时代为晚三叠世卡尼期—诺利期。

(5) 依据岩性组合、变质变形特征和与下伏地层的接触关系,在扎河一带新厘定侏罗纪扎河砂岩,认为其形成于高能的海滩环境。

(6) 依据测区南部扎河一带钙质泥岩所采获的古近纪孢粉化石,将该套红层厘定为沱沱河组和雅西措组。该孢粉组合反映古近纪—新近纪属温暖略干旱的热带—亚热带气候环境。

(7) 在第四纪地层中获得了 5 个热释年龄数据和 1 个^{14}C年龄,分别为 225.81±19.19ka BP、33.33±2.83ka BP、9.94±0.84ka BP、7.89±0.67ka BP、7.09±0.6ka BP(以上为 TL)和 7.02±0.13ka BP(^{14}C),建立了第四纪地层序列。在通天河北岸发现多处第四纪湖相沉积物,表明通天河的贯通形成导致了湖泊的消失,即通天河的形成时代较晚。风成砂与湖相沉积物的年龄值相近,揭示出风成砂的形成与湖相沉积物有关,这对进一步研究测区晚更新世以来的地质生态环境演化和气候变迁、三江源地区的环境保护具有重要的现实意义。

二、岩浆岩

（1）查明了测区岩浆岩的时空分布及岩石类型，将测区中酸性侵入岩分为扎河岩浆岩带和巴颜喀拉岩浆岩带，将深成岩划分为5个序列，1个独立侵入体。

（2）首次在兵果达龙序列中获得了130Ma的U-Pb单颗粒锆石年龄和在加容检德工卡序列中获得了132Ma的U-Pb单颗粒锆石年龄值，将这两个序列时代厘定为白垩纪；在扎河序列中获得了169Ma的U-Pb单颗粒锆石年龄值和达考序列中获得了169Ma的U-Pb单颗粒锆石年龄值，将这两个序列时代厘定为侏罗纪。岩石学、岩石地球化学等的研究表明，研究区侏罗纪—白垩纪中酸性侵入岩具板块同碰撞的岩浆岩和火山弧花岗岩特征，物质来源以壳源为主，受到幔源物质的混染。

（3）查明了测区内晚三叠世巴塘群和克南群火山岩的产出层位、岩石类型。在前者中新发现一套枕状熔岩，划分出火山喷发旋回及韵律。岩石化学特征、稀土元素特征、微量元素特征和同位素地球化学特征等研究表明，巴塘群火山岩形成于陆缘火山弧环境，而克南群火山岩形成于岛弧背景下的拉张环境。

三、变质岩

（1）将区内变质岩划分为区域变质岩、动力变质岩、接触变质岩、气液变质岩4种类型，并对各类岩石的特征和时空分布分别作了系统总结，探讨了区域变质岩的原岩类型及其形成环境。

（2）在通天河蛇绿混杂带中，新发现一套以构造岩块形式存在的角闪岩相变质岩石组合：角闪斜长变粒岩、阳起斜长变粒岩、斜长角闪岩、黑云角闪斜长石片麻岩（英云闪长质片麻岩），系统研究了其变质作用类型及形成的温压条件。结合区域资料对比，将该套岩石组合定为宁多杂岩，认为其来源属结晶基底的物质。

（3）对区内特征变质矿物进行了系统总结，结合矿物共生组合特点，将区内变质作用划分为角闪岩相和绿片岩相；应用X衍射分析技术，探讨了区内极低级变质作用。研究表明，通天河蛇绿混杂带中的宁多杂岩经历了晋宁期中低压角闪岩相区域动热变质作用，华力西期区域低温动力变质作用和印支期—燕山期区域低温动力变质作用。巴颜喀拉周缘前陆盆地和巴塘弧火山岩带主要以低温动力变质作用为主，为绢云母—绿泥石带，属低绿片岩相。

四、构造

（1）运用现代造山带新理论，在对沉积建造、岩浆作用、变质作用和构造变形分析的基础上，结合地球物理资料，将测区划分为巴颜喀拉周缘前陆盆地、通天河蛇绿混杂岩带和北羌塘—昌都（—思茅）地块3个Ⅰ级构造单元。

（2）查明了测区通天河蛇绿混杂岩带的规模和特征，对其边界断裂进行了重新厘定，将通天河蛇绿混杂岩带划分为金沙江蛇绿混杂岩亚带、扎河中间地块和甘孜—理塘蛇绿混杂岩亚带，将芒康—思茅陆块划分为巴塘陆缘火山弧、昌都弧后前陆盆地等Ⅱ级构造单元。

（3）系统总结了测区主要褶皱和断裂构造的变形特征、活动期次、形成时间及其相互关系，识别出9个构造变形序列。依据地层之间的角度不整合关系及区域地质资料，在区内划分了前三叠系构造层、三叠系构造层、侏罗系—白垩系构造层、古近系构造层、新近系构造层和第四系构造层6个构造层。

（4）探讨了测区地质构造演化史，将测区地质构造演化史总结为基底形成、洋陆转换、盆山转换、陆内调整、初始隆升和快速隆升6个演化阶段。

五、经济地质

(1) 对区内的矿产资源进行了系统总结，根据区内成矿地质条件、矿点及各类异常分布规律，在区内圈定出Ⅰ级成矿预测区 1 处、Ⅱ级成矿预测区 3 处、Ⅲ级成矿预测区 3 处。

(2) 系统总结了测区的水资源、土地资源、生物资源和旅游资源，划分了 4 种水资源、5 种土地类型、4 类植物资源、2 类动物资源和 4 类旅游资源，为三江源区资源开发、利用和可持续发展提供了科学依据。

六、通天河蛇绿混杂岩带

(1) 通过系统的地质调查，将通天河蛇绿混杂岩带划分为南、北两个带，研究表明南带为金沙江蛇绿岩带的残迹，属晚古生代缝合带；北带为甘孜—理塘蛇绿岩带的北延部分，形成于三叠纪末期。

(2) 查明了扎河地区通天河蛇绿混杂岩带的物质组成，划分为“构造岩块”和基质两部分。“构造岩块”主要有前古生代变质岩岩块（宁多杂岩）、泥盆纪变质砂岩岩块、石炭纪—二叠纪碳酸盐岩岩块、超基性—基性岩岩块和中二叠世火山岩—硅质岩岩块及晚三叠世变质火山岩岩块；基质部分为晚三叠世弧前盆地陆棚相—半深海相类复理石沉积（克南群）。

(3) 在基质部分采获晚三叠世植物化石 *Ctenis* sp. 和箭石化石，在火山岩—硅质岩岩块中采获中二叠世茅口期放射虫化石：*Pseudoalbaillella longtanensis* Sheng et Wang，Cauletellidae gen. et sp. indet.，Entactiniidae gen. et sp. indet.，为基质和“岩块”的形成时代提供了可靠的古生物化石依据，对重新认识测区的地质发展史具有重要意义。

(4) 对重要“岩块”进行了系统的岩石化学分析，认为超基性—基性岩形成于弧后拉张环境，为金沙江洋壳残片；中二叠世火山岩一硅质岩岩块形成于洋岛和大陆边缘环境，为甘孜—理塘蛇绿岩套的上部岩石组合，表明甘孜—理塘洋北段（扎河北部）、可可西里地区和川西地区在二叠纪具有相似的深水沉积环境。首次获得基性岩的高精度锆石 SHRIMP U-Pb 年龄为 239.8±3.1Ma，表明金沙江蛇绿岩带形成时代可以延伸到晚三叠世早期。

(5) 在扎河地区新发现泥盆纪变质砂岩岩块，代表甘孜—理塘缝合带与金沙江缝合带之间稳定陆块上的沉积，据此，自北向南划分了甘孜—理塘缝合带、扎河中间地块和金沙江缝合 3 个次级构造单元，提供了重新认识本区晚古生代与中生代之交的古地理、古构造环境新资料。

(6) 在对物质组成、变质变形特征分析的基础上，确定扎河地区的通天河蛇绿混杂岩带是一条经历多期构造改造的复合型蛇绿混杂岩带，将其形成演化划分为洋壳形成阶段、基性岩俯冲—碰撞阶段和陆内汇聚阶段，最终定位时限为中侏罗世—白垩纪。

第二节　存在的主要问题

由于测区海拔高，高寒缺氧，高山反应严重，河流纵横交错，工区工作的黄金季节为雨季，通行条件极差，工作效率相对较低，工作量较重。一些工作中的新发现、新认识的调查仍欠深入。主要的存在问题如下：

(1) 区内广泛分布的巴颜喀拉山群岩性单一，寒冻风化强烈，生物化石稀少，构造变形强，致使对其岩性和层位的对比存在不足。

(2) 新厘定的通天河蛇绿混杂岩部分岩块、侏罗纪扎河砂岩及克南群火山岩缺乏地质时代依据。

主要参考文献

白云山，李莉，牛志军，等.羌塘中部各拉丹冬一带鄂尔陇巴组火山岩特征及其构造环境[J].地球学报，2005，26(2)：113-120.

边千韬，张以茀.可可西里—巴颜喀拉三叠纪沉积盆地的形成与演化[J].地质科学，1996，28(3)：222-229.

边千韬，郑祥身，李红生，等.青海可可西里地区蛇绿岩的时代及形成环境[J].地质论评，1997，43(4)：347-355.

陈光远，薜君治.角闪石成因矿物族[C]//中国矿物岩石地球化学学术会议论文集(1).北京：地质出版社，1964.

陈国隆，白美骞，祁良志，等.青海玉树桑知阿考泥盆系、石炭系及生物群[M]//青海省地质科学研究所，中国科学院南京地质古生物研究所.青海玉树地区泥盆纪—三叠纪地层和古生物(下册).南京：南京大学出版社，1990：1-20.

段其发，王建雄，牛志军，等.青海南部扎河地区发现中二叠世放射虫化石[J].地质通报，2006，25(1-2)：173-175.

段其发，王建雄，何龙清，等.青海南部金沙江缝合带二叠纪硅质岩地球化学特征及沉积环境[J].华南地质与矿产，2006(3)：24-30.

段其发，张克信，王建雄，等.藏北唐古拉山地区沱沱河组孢粉组合及其地层意义[J].地球科学——中国地质大学学报，2007，32(5)：629-637.

段其发，张克信，王建雄，等.唐古拉山地区渐新世孢粉植物群及其古植被、古气候[J].微体古生物学报，2008，25 (2)：185-195.

段其发，王建雄，白云山，等.青海南部蛇绿岩中辉长岩锆石 SHRIMP U-Pb 定年和岩石地球化学特征[J].中国地质，2009，36(2)：291-299.

段其发，牛志军，王建雄，等.青海省 1:25 万直根尕卡幅区域地质调查报告[M].武汉：中国地质大学出版社，2011.

都城秋穗.变质作用与变质带[M].周云生，译.北京：地质出版社，1979：1-442.

杜德勋，罗建宁，陈明，等.巴颜喀拉三叠纪沉积盆地岩石地球化学特征与物源区构造背景的探讨——以阿坝—小金—马尔康及雅江盆地为例[J].岩相古地理，1999，19(2)：1-20.

范影年.皱纹珊瑚亚纲[M]//西南地质科学研究所，西南地区古生物图册，四川分册(二).北京：地质出版社，1978：149-209.

冯庆来.放射虫古生态的初步研究[J].地质科技情报，1992，11(2)：41-46.

苟金.唐古拉巴音查乌玛地区超基性岩的基本特征[J].西北地质，1990(1)：1-5.

苟金.唐古拉山地区第三纪地层的划分及命名[J].中国区域地质，1993(4)：302-310.

何元良，吴秀元，吴向午，等.植物[M]//中国科学院南京地质古生物研究所，青海地质科学研究所.西北地区古生物图册，青海分册(二).北京：地质出版社，1979：129-167.

侯增谦，侯立玮，叶庆同，等.三江地区义敦岛弧构造-岩浆演化与火山成因块状硫化物矿床[M].北京：地震出版社，1995：153-184.

侯增谦，杨岳清，曲晓明，等.三江地区义敦岛弧造山带演化和成矿系统[J].地质学报，2004，78(1)：109-120.

胡世华，罗再文，曾宜君，等.川西义敦岛弧的火山-沉积作用[M]//中华人民共和国地质矿产部地质专报(三)，岩石矿物地球化学(第 16 号).北京：地质出版社，1992：1-135.

黄汲清，陈国铭，陈炳蔚.特提斯—喜马拉雅构造域的初步分析[J].地质学报，1984，58(1)：1-17.

黄汲清，陈炳蔚.中国及邻区特提斯海的演化[M].北京：地质出版社，1987：1-109.

黄继钧.藏北羌塘盆地构造特征及演化[J].中国区域地质，2001，20(2)：178-186.

骆耀南，俞如龙.西南三江地区造山演化过程及成矿时空分布[J].矿物岩石，2001，21(3)：153-159.

马昌前，杨坤光，唐仲华.花岗岩类岩浆动力学——理论方法及鄂东花岗岩类例析[M].武汉：中国地质大学出版社，1994：1-260.

金玉玕，叶松龄，许汉奎，等.腕足类[M]//中国科学院南京地质古生物研究所，青海地质科学研究所.西北地区古生物图册，青海分册(一).北京：地质出版社，1979：60-224.

李勇，王成善，伊海生.西藏晚三叠世北羌塘前陆盆地构造层序及充填样式[J].地质科学，2002，37(1)：27-37.

李勇，王成善，伊海生.中生代羌塘前陆盆地充填序列及演化过程[J].地层学杂志，2002，26(1)：62-68.

李炳元.青藏高原大湖期[J].地理学报，2000，55(2)：174-182.

李定谋.哀牢山蛇绿混杂岩带金矿成因类型简析[J].矿床地质，1998，17(增刊)：323-326.

李璋荣,廖卫华.四射珊瑚亚纲[M]//中国科学院南京地质古生物研究所,青海地质科学研究所.西北地区古生物图册,青海分册(二).北京:地质出版社,1979:16-38.
刘肇昌,赵彻终.四川龙门山铜多金属矿带的地体—板块构造环境[J].西南矿产地质,1990,4(1):42-49.
刘广才,田琪.青海唐古拉山中段地区二叠纪地层新资料[J].中国区域地质,1993(2):113-120.
刘增乾,徐宪,潘桂棠,等.青藏高原大地构造与形成演化[M].北京:地质出版社,1990:1-174.
莫宣学,路凤香,沈上越,等.三江特提斯火山作用与成矿[M].北京:地质出版社,1993:19-104.
莫宣学,沈上越,朱勤文,等.三江地区中南段火山岩—蛇绿岩与成矿[M].北京:地质出版社,1998:9-46.
牛志军,徐光洪,马丽艳.长江源各拉丹冬地区三叠纪巴贡组沉积特征与菊石类生物群[J].地层学杂志,2003,27(2):129-133.
潘桂棠,陈智梁,李兴振,等.东特提斯地质构造形成演化[M].北京:地质出版社,1997:1-218.
潘桂棠,王立全,李兴振,等.青藏高原区域构造格局及其多岛弧盆系的空间配置[J].沉积与特提斯地质,2001,21(3):1-26.
潘桂棠,李兴振,王立全,等.青藏高原及邻区大地构造单元初步划分[J].地质通报,2002,21(11):701-707.
潘裕生.青海省通天河发现蛇绿岩套[J].地震地质,1984,6(2):44.
青海省地层表编写小组.西北地区区域地层表——青海省分册[M].北京:地质出版社,1980:213-242.
青海省地质矿产局.青海省区域地质志[M].北京:地质出版社,1991:1-121.
青海省地质矿产局.青海省岩石地层[M].武汉:中国地质大学出版社,1997:220-239.
饶荣标,徐济凡,陈永明,等.青藏高原的三叠系[M].北京:地质出版社,1987:1-239.
任纪舜.昆仑—秦岭造山系的几个问题[J].西北地质,2004,37(1):1-5.
任纪舜,王作勋,陈炳蔚,等.从全球看中国大地构造——中国及邻区大地构造图简要说明[M].北京:地质出版社,1999:1-50.
沙绍礼.云南中甸、四川木里接壤地带(洛吉—瓦厂)的蓝闪石片岩[J].云南地质,1988,7(1):82-85.
四川省地质矿产局.四川省岩石地层[M].武汉:中国地质大学出版社,1997:1-417.
孙东立,李炳有.玉树地区三叠纪腕足类动物群新资料[M]//青海省地质局地质科学研究所,中国科学院南京地质古生物研究所.青海玉树地区泥盆纪—三叠纪地层和古生物(上册).南京:南京大学出版社,1990:103-122.
汤朝阳,段其发,牛志军,等.青海曲麻莱地区通天河构造混杂岩带找矿前景分析[J].地质与勘探,2007,43(6):1-6.
王焰,钱青,刘良,等.不同构造环境中双峰式火山岩的主要特征[J].岩石学报,2000,16(2):169-173.
王安东,陈瑞君.雅鲁藏布江缝合带硅质岩的地球化学成因标志及其地质意义[J].沉积学报,1995,13(1):27-31.
王立全,潘桂棠,朱弟成,等.西藏冈底斯带石炭纪—二叠纪岛弧造山作用:火山岩和地球化学证据[J].地质通报,2008,27(9):1 509-1 534.
王乃文.青藏高原古生物地理与板块构造的探讨[J].中国地质科学院地质研究所所刊,1984,9:1-28.
王传尚,汪啸风,陈孝红,等.贵州关岭生物群百合 *Traumatocrinus* 的再研究[J].地质通报,2003,2(4):248-253.
王义刚,何国雄.珠穆朗玛峰地区三叠纪菊石[M]//中国科学院西藏科学考察队,珠穆朗玛峰地区科学考察报告(1966-1968),古生物第三分册.北京:科学出版社,1976:223-502.
王永文,李善平,王发明.西金乌兰构造混杂带中基底变质岩的特征和意义[J].西北地质,2004,37(1):40-44.
蔚远江.藏北羌塘查郎拉地区中生代盆地沉积构造背景探讨[J].地学前缘,2000,7(4):470-476.
吴功建,肖序常,李廷栋.青藏高原亚东—格尔木地学断面[J].地质学报,1989,63(4):285-295.
吴浩若,咸向阳,邝国敦.广西南部晚古生代放射虫组合及其地质意义[J].地质科学,1994,29(4):339-345.
吴根耀,王晓鹏,聂泽同,等.藏东南碧土带瓦浦组火山岩形成的大地构造环境[J].现代地质,2000,14(1):21-28.
徐克勤,胡受奚,孙明志,等.华南两个成因系列花岗岩及其成矿特征[J].矿床地质,1982,1(1):1-14.
许志琴,侯立伟,王宗秀.中国松潘—甘孜造山带的造山过程[M].北京:地质出版社,1992:1-183.
杨式溥.青海果洛、玉树地区二叠纪和三叠纪复理石相遗迹化石[J].沉积学报,1988,6(1):1-13.
杨遵仪,张舜新,杨基端,等.中国地层典—三叠系[M].北京:地质出版社,2000:1-139.
姚华舟,段其发,牛志军,等.赤布张错幅 1∶25 万区域地质调查报告[M].北京:地质出版社,2011.
叶松龄,钟文光,胡咸钊,等.青海南部通天河群的地质时代[J].地层学杂志,1987,11(2):141-142.
殷鸿福,吴顺宝,杜远生,等.华南是特提斯多岛洋体系的一部分[J].地球科学——中国地质大学学报,1999,24(1):1-12.
游再平.昌都地块前寒武纪基底地层格架探讨[J].中国地质,2001,28(5):15-18.
俞美艺,罗永明,尹恭正.贵州关岭动物群中的海百合[J].贵州地质,2000,17(1):40-45.

张旗,李达周,张魁武.横断山区镁铁—超镁铁岩[M].北京:科学出版社,1992:1-216.

张雪亭,王秉璋,俞建,等.巴颜喀拉残留洋盆的沉积特征[J].地质通报,2005,24(7):613-620.

张子雄.四川木里依吉群的时代及对比[J].地层学杂志,1981,5(4):290-293.

张以茀.可可西里—巴颜喀拉及邻区特提斯海的特征[J].西藏地质,1991,(2):62-72.

张以茀,郑健康.青海可可西里及邻区地质概况[M].北京:地震出版社,1994:1-177.

张以茀,庞存廉,李长利,等.可可西里—巴颜喀拉三叠纪沉积盆地的形成和演化[M].西宁:青海人民出版社,1997:1-136.

张作铭,鲁益钜,文世宣.瓣鳃类[M]//中国科学院南京地质古生物研究所,青海地质科学研究所编.西北地区古生物图册,青海分册(一).北京:地质出版社,1979:225-314.

赵嘉明.藏东、川西及滇北二叠纪四射珊瑚[M]//四川省地质局区域地质调查队,中国科学院南京地质古生物研究所.川西藏东地区地层与古生物(四).成都:四川人民出版社,1984:163-202.

赵荣理.青海玉树地区上三叠统巴塘群的新认识[C]//青藏高原地质文集(10).北京:地质出版社,1982:98-106.

赵小明,焦明路,牛志军,等.青海省曲麻莱地区巴颜喀拉山群浊积岩识别的古遗迹学标志[J].华南地质与矿产,2006(3):48-54.

赵小明,牛志军,姚华舟,等.青海省治多县西北上三叠统巴塘群划分对比与环境分析[J].沉积学报,2006,24(4):511-520.

赵小明,姚华舟,汤朝阳,等.青海省曲麻莱地区上三叠统巴颜喀拉山群砂岩成分与构造背景探讨[J].华南地质与矿产,2006(1):54-58.

赵小明,牛志军,段其发,等.青海省曲麻莱—治多地区上三叠统巴颜喀拉山群遗迹化石[J].古生物学报,2007,46(1):122-134.

赵小明,段其发,牛志军,等.青海南部曲麻莱—治多地区三叠纪遗迹化石的地层学意义[J].地层学杂志,2007,31(4):333-343.

赵小明,王建雄,牛志军,等.青海南部治多—杂多地区石炭纪—三叠纪砂岩地球化学特征与构造背景探讨[J].沉积学报,2008,26(1):11-20.

赵崇贺.中基性火山岩成分的ATK图解与构造环境[J].地质科技情报,1989,8(4):1-5.

赵政璋,李永铁,叶和飞,等.青藏高原大地构造特征及盆地演化[M].北京:地质出版社,2001:17-106.

赵政璋,李永铁,叶和飞,等.青藏高原地层[M].北京:地质出版社,2001:79-110.

郑绵平,刘文高,向军,等.论西藏的盐湖[J].地质学报,1983,57(2):184-192.

邹光富.川西藏东地区金矿床类型与特提斯地质演化的共系[J].四川地质学报,1996,16(1):46-53.

朱弟成,段丽萍,廖忠礼,等.两类埃达克岩(Adakite)的判别[J].矿物岩石,2002,22(3):5-9.

朱利东,王成善,伊海生.青藏高原盆地系统演化与高原形成时间[J].成都理工大学学报(自然科学版),2004,31(3):249-255.

Coward W P,Kidd W S F,潘耘,等.拉萨至格尔木的构造[M]//中—英青藏高原综合地质考察队.青藏高原地质演化.北京:科学出版社,1990:321-347.

Adachi M,Yamamoto K,Sugisaki R. Hydrothermal chert and associated siliceous rocks from the Northern Pacific,their geological significance as indication of ocean ridge activity[J]. Sediment. Geol. ,1986,47(1-2):125-148.

Arkai P. Chlorite crystallinity:an empirical approach and correlation with illite crystallinity,coal rank and mineral facies as exemplified by Palaeozoic and Mesozoic rocks of northeast Hungary[J]. Jour. Metamorphic Geol. ,1991,9(6):723-734.

Beakhouse G P. The relationship of supra-crustal sequences to a basement complex in the western English River Subprovince[C]//Ayres L D,Thurston P C,Card K D(eds.),Evolution of Archean supracrustal sequences:Geol. Assoc. Canada Spec. Paper,1985,28:89-116.

Bhatia M R. Plate tectonics and geochemical composition of sandstone[J]. Journal of Geology,1983,91(6):611-627.

Kisch H J. Correlation between indicators of very low-grade metamorphism[C]//Frey M(ed.),Low Temperature Metamorphism. Glasgow and London:Blackie and Son Ltd. ,1987,227-300.

Le Roex A P,Dick H J B,Fisher R L. Petrology and geochemistry of MORB from 25°E to 46°E along the Southwest Indian Ridge:evidence for contrasting styles of mantle enrichment[J]. J. Petrol. ,1989,30(4):947-986.

Leake B E,Woolley A R,Arps C E S,et al. Nomenclature of amphiboles:Report of the Subcommittee on Amphiboles of the International Mineralogical Association,Commission on New Minerals and Mineral Names[J]. American

Mineralogist,1997,82(9-10):1 019-1 037.

Moine B and de La Roche H. Nouvelle approche du problème de l'origine des amphibolites à partir de leur composition chimique[J]. C R Acad Sci Paris,sér D,1968,267:2 084-2 087.

Mullen E D. $MnO/TiO_2/P_2O_5$—a minor element discriminant for basaltic rocks of oceanic environments and implication for petrogenesis[J]. Earth Planet Science Letters,1983,62(1):53-62.

Murray R W. Chemical criteria to identify the depositional environment of chert:general principles and applications[J]. Sediment Geol. ,1994,90(3—4):213-232.

Murray R W,Buchholtz Ten Brink M R,Gerlach D L,et al. Rare earth elements as indicates of differentmarine depositional environments of chert and shale[J]. Geology,1990,18(3):268-271.

Passchier C W,Simpson C. Porphyroclast systems as kinematic indicators[J]. J Struct Geol,1986,8(8):831-843.

Pearce J A,and Cann J R. Tectonic setting of basic volcanic rocks determined using trace element analyses[J]. Earth and Planetary Science Letters,1973,19(2):290-300.

Pearce J A. Trace element characteristics of lavas from destructive plate boundaries. I:Thorpe R S(ed.),Andesites[M]. New York:John Wiley and Sons,1982:526-548.

Pearce J A, Harris N B W and Trindle A G. Trace element discrimination diagrams for the tectonic interpretation of granitic rocks[J]. J Petrol. ,1984,25(4):956-983.

Pearce J A. Supra-Subduction Zone ophiolites: the search for modern analogues. In: Dilek Y and Newcomb S(eds.), Ophiolite Concept and the Evolution of Geological Thought[J]. Boulder, Colorado: Geological Society of America Special Paper,2003,373:269-293.

Plyusnina L P. Geothermometry and geobarometry of plagioclase-hornblende bearing assemblages[J]. Contributions to Mineralogy and Petrology,1982,80(2):140-146.

Richards J P,Kerrich R. Special paper:adakite-like rocks:their diverse origins and questionable role in metallogenesis[J]. Econ. Geo. ,2007,102(4):537-576.

Rittmann A,Gottini V. "Lisola d'Ischia-Geologia"[J]. Bollettino del Servizio Geologico d'Italia,1981,101:131-274.

Seilacher A. Fossil behavior[J],Sci. American,1967,217(2):72-86.

Sengor A M C,Hsu K J. The Cimmerides of eastern Asia history of the eastern end of Paleo-Tethys[J]. Mem. Soc. Geol. France,N S,1984,147:139-167.

Sengor A M C. Plate tectonics and orogeny,Tethys example (in Chinese)[M]. Shanghai,China,Fudan University Press, 1992:1-182.

Simonen A. Stratigraphy and sedimentation of the Svecofennidic,early Archean supracrustal rocks in southwestern Finland [J]. Bull. Commm. Geol. Finland,1953,160:1-64.

Sun S S,Mc Donough W F. Chemical and isotopic systematics of oceanic basalts:Implications for mantle composition and processes. In:Saunders A D, Norry M J(eds.),Magmatism in the ocean basins[M]. London: Geological Society London Special Publication,1989,42(1):313-345.

Walker G P L. The amygdale minerals in the Tertiary basalts of Ireland, III[J]. Regional distribution. Mineral. Mag. , 1960,32(250):27-503.

Wang Hongzhen,Mo Xuanxue. An outline of the tectonic evolution of China[J]. Episodes,1995,18(1—2):6-16.

Wang Yujing,Cheng Yennien,Yang Qun. Biostratigraphy and systematics of Permian radiolarians[J]. Palaeoworld,1994, 4:172-203.

Wilson M. Igneous Petrogenesis:A global tectonic approach[M]. London:Unwin Hyman Press,1989:1-466.

Wood D A. A variably veined suboceanic upper mantle a genetic significance for mid-ocean ridge basalts from geochemical evidence[J]. Geology,1979,7(10):499-503.

Yamamoto K. Geochemical characteristics and depositional environments of cherts and associated rocks in the Franciscan and Shimanto terranes[J]. Sedimentary Geology,1987,52(1—2):65-108.

图版说明及图版

图 版 Ⅰ

化石保存于武汉地质矿产研究所，均采自治多县采佛果二叠纪九十道班组。

1,2. *Eotuberitina reitlingerae* M.-Maclay 纵切面，×100，1. C-8f-05(样品号，下同)；2. C-9f-03

3—8,11. *Glomospira gordialis* (Jones et Parker) 轴切面，均×30，3. C-9f-05；4. C-8f-02；5. C-10f-03；6. C-8f-04；7. C-8f-04；8. C-9f-03；11. C-9f-03

9. *Glomospira dublicata* Lipina 轴切面，×30，C-8f-04

10. *Glomospira* sp. 轴切面，×30，C-3f-02

12—14. *Glomospira pseudoseptata* Lipina 轴切面，均×30，12. C-1f-02；13. C-3f-02；14. C-3f-02

15. *Tolypammina* sp.，×60，C-9f-02

16. *Tetrataxis parviconica* Lee et Chen 纵切面，×40，C-8f-02

17. *Tetrataxis schellwieni* Ozawa 纵切面，×40，C-8f-02

18,20,21. *Tetrataxis laxa* Spandel 纵切面，×40，18. C-8f-05；20. C-10f-03；21. C-10f-03

19. *Tetrataxis planolocula* Lee et Chen 纵切面，×40，C-8f-04

22. *Tetrataxis bella* Lin 纵切面，×40，C-8f-05

23. *Tetrataxis* sp. 纵切面，×40，C-8f-05

24,25. *Palaeotextularia longiseptata* Lipina 纵切面，均×60，24. C-1f-03；25. C-10f-03

26. *Palaeotextularia* sp. 纵切面，×60，C-9f-05

27,29,31. *Climacammina laxa* (Lee et Chen)纵切面，均×30，27. C-8f-04；29. C-8f-02；31. C-13f-04

28. *Climacammina* sp. 纵切面，×20，C-11f-02

30. *Climacammina* sp. 纵切面，×20，C-10f-01

32. *Cribrostomum* cf. *speciosus* Lin 纵切面，×30，C-8f-05

图 版 Ⅱ

化石保存于武汉地质矿产研究所，均采自治多县采佛果二叠纪九十道班组。

1. *Climacammina valvulinoides* Lange 纵切面，×15，C-12f-04

2. *Cribrogenerina* cf. *xintanensis* Lin 纵切面，×15，C-13f-01

3,4,6. *Cribrogenerina* sp. 纵切面，均×20，3. C-8f-04；4. C-13f-05；6. ×25，C-10f-03

5. *Cribrogenerina prosphaerica* Wang 纵切面，×20，C-13f-04

7—9. *Neodiscus ovata* (Grozdilova)纵切面，均×25，7. 8. C-3f-01；9. C-10f-03

10. *Septagataammina gigantea* (Lin)纵切面，×25，C-1f-03

11,18,19. *Lasiodiscus granifer* Reichel 纵切面，×75，11. C-1f-04；18. C-1f-02；19. C-9f-03

12. *Pachyphloia ovata* Lange 纵切面，×60，C-9f-02

13. *Pachyphloia* sp. 纵切面，×60，C-1f-03

14—16. *Pachyphloia* lanceolata K. M.-Maclay 纵切面，均×60，14. C-8f-01；15. C-9f-05；16. C-10f-03

17. ?*Hemigordius* sp. 纵切面，×75，C-1f1-01

20. *Nodosaria parva* Lipina 纵切面，×50，C-10f-03

21. *Nodosaria conspecies* Lipina 纵切面，×50，C-1f-03

22—23. *Nodosaria* sp. 纵切面，均×60，22. C-9f-05；23. C-8f-01

24. *Nodosaria longissima* Lipina 纵切面，×60，C-1f-04

25. *Nodosaria meitiensis* Hao et Lin 纵切面，×60，C-9f-05

26. *Langella lepida* Wang 纵切面，×30，C-12f-05

27. *Ozawainella* sp. 轴切面，×50，C-1f-02

28—29. *Codonofusiella* sp.　弦切面，均×50，28. C-1f-03；29. C-8f-02

30. *Dunbarula* sp.　轴切面，×50，C-9f-01

31. *Dunbarula schubertellaeformis* Sheng　轴切面，×30，C-1f-03

32. *Schubertella graudi* (Deprat)轴切面，×50，C-8f-05

33. ? *Schubertella* sp. 轴切面，×50，C-8f-02

34. *Wutuella* sp.　轴切面，×30，C-1f-02

图　版　Ⅲ

化石保存于武汉地质矿产研究所，均采自治多县采佛果二叠纪九十道班组。

1—2. *Dunbarula* sp. 轴切面，均×50，均为 C-8f-05

3—4. *Kahlerina* sp. 轴切面，均×30，3. C-41f2-02；4. C-3f-01

5,6,8. *Dunbarula* sp. 轴切面，均×30，5. C-8f-02；6. C-8f-05；8. C-8f-05

7. ?*Schubertella* sp.　轴切面，×30，C-8f-02

9. *Parafusulina gigantea* (Deprat)轴切面，×8，C-11f-02

10. *Pseudodoliolina* sp. 弦切面，×30，C-8f-04

11—12. *Pseudodoliolina chinghaiensis* Sheng 近轴切面，均×30，均为 C-8f-04

13. *Paraverbeekina* sp.　轴切面，×15，C-8f-04

14. *Verbeekina* sp. 弦切面，×15，C-8f-04

15—16. *Neoschwagerina craticulifera* (Schwager)轴切面，均×15，15. C-9f1-04；16. C-12f-04

17. *Neoschwagerina haydeni* Dutkerich et Khabakov 轴切面，×15，C-9f-04

18,20. *Sumatrina annae* Volz　轴切面，均×15，均为 C-12f-01

19. ?*Neoschwagerina* sp. 轴切面，×15，C-6f1-01

21. *Sumatrina fusiformis* Sheng 轴切面，×15，C-8f-04

图　版　Ⅳ

1—2,4—6. *Pseudoalbaillella. longtanensis* Sheng et Wang　BB-4wt，治多县扎河乡邦巴塘曲卡，标尺长 0.05mm

3. Cauletellidae gen. et sp. indet. 产地层位及样品号、标尺同上

7. *Halobia* cf. *superbescens* Kittle　左上为左右两瓣，右下为右壳，×2，DT-20f-5，曲麻莱县冬特考，TB_3^{b}

8. *Halobia* cf. *convexsa* Chen　右壳，×2，DT-20f-6，产地层位同上

9. *Posidonia subpannonica* Sha　右壳，×3，DT-20f-2，产地层位同上

10,13,14. *Halobia yunnanensis* Reed　4. 左内模，×2，DT-20f-2，曲麻莱县冬特考，TB_3^{b}；7. 右壳，×3，NQ-8f-2，治多县聂恰曲，TB_3^{a}；8. 右壳，×3，NQ-8f-1，治多县聂恰曲，TB_3^{a}

11—12. *Halobia convexsa* Chen　均右壳，均×3，5. DT-20f-1，6. DT-20f-4，曲麻莱县冬特考，TB_3^{b}

15. *Halobia* cf. *yunnanensis* Reed　右壳，×2，DT-20f-3，产地层位同上

图　版　Ⅴ

1. *Phycodes* ichnosp. ，NQ-27/8，治多县聂恰曲，TB_3^{a}

2. *Xiangquanheichnus gigantus* Yang et Song，1985，NQ-7f_2，治多县聂恰曲，TB_3^{a}

3. *Didymaulichnus* ichnosp. ，NQ-53/39，治多县聂恰曲，TB_3^{a}

4. *Helminthopsis abeli* ichnosp. ，DT-7f，曲麻莱县冬特考，TB_3^{a}

5. *Helminthoida yushuensis* Yang，1988，NQ-16/8，治多县聂恰曲，TB_3^{a}

6. *Helminthoida* ichnosp. ，DT-84/25，曲麻莱县冬特考，TB_3^{c}

7. *Helminthoida* ichnosp. ，NQ-28f，治多县聂恰曲，TB_3^{a}

8. *Phycosiphon incertum* Fischer-Ooster，1858，DT-48/12，曲麻莱县冬特考，TB_3^{a}

9. *Paleodictyon miocenicum* Sacco，1888，DT-42/11，曲麻莱县冬特考，TB_3^{a}

图　版　Ⅵ

1. *Paleodictyon* cf. *imperfactum* Seilacher，1977，NQ-30/8，治多县聂恰曲，TB_3^{a}

2. *Megagrapton irregulare* Ksiazkiewicz，1968，DT-57/15，曲麻莱县冬特考，TB_3^{b}

3. *Neonereites biserailis* Seilacher，1960，DT-24/7，曲麻莱县冬特考，TB_3^{a}

4. *Neonereites* cf. *biserialis*Seilacher，1960，NQ-13/8，治多县聂恰曲，TB_3^{a}

5. *Neonereites uniserialis* Seilacher，1960，DT-16/6，曲麻莱县冬特考，TB_3^{a}

6. *Palaeophycus tubularis* Hall,1847,DT-22/7,曲麻莱县冬特考,TB_3^a
7. *Palaeophycus striatus* Hall,1985,NQ-11/8,治多县聂恰曲,TB_3^a
8. *Palaeophycus* ichnosp.,NQ-55/41,治多县聂恰曲,TB_3^a

图 版 Ⅶ

1. 泥盆纪依吉群石英砂岩与粉砂岩构成互层的基本层序,治多县扎河,WDY
2. 灰色块状生物屑泥晶灰岩外貌,治多县采佛果,P_2j
3. 灰绿色厚层状含泥砾砂岩,治多县采吾曲,T_3B_1
4. 紫红色厚层—块状具平行层理岩屑砂岩,治多县阿日群增涌,T_3B_1
5. 灰绿色块状枕状玄武岩,治多县采吾曲,$T_3B_2{}^b$
6. 灰色厚层状—块状角砾灰岩、灰岩,治多县采吾曲,$T_3B_2{}^c$
7. 灰色中厚层状凝灰质砂岩,具平行层理和包卷层理,组成鲍马序列,治多县采吾曲,T_3B_3
8. 灰色中厚层状含燧石灰岩夹于砂岩、板岩层位中,治多县草尺阿涌东,T_3B_3

图 版 Ⅷ

1. 灰色中厚层状砂岩及粉砂岩夹板岩组成 T_3K 基本层序,治多县扎河
2. 灰色厚层状具平行层理变质岩屑石英砂岩,曲麻莱县冬特考,TB_3^a
3. 灰色厚层状底面的槽模构造,治多县聂恰曲,TB_3^a
4. 灰色厚层状具包卷层理变质岩屑石英砂岩,治多县聂恰曲,TB_3^a
5. 灰色厚层状具包卷层理变质岩屑石英砂岩,治多县聂恰曲,TB_3^a
6. 灰色中—薄层状变质岩屑石英砂岩与板岩频繁互层构成 TB_3^a 层序,治多县聂恰曲
7. 灰色厚—中层状变质岩屑砂岩层面上的晶形完好的黄铁矿晶体,在巴颜喀拉山群砂岩中最为常见,治多县聂恰曲,TB_3^a
8. 深灰色薄层状含砾板岩,砾石磨圆好,成分为砂质,曲麻莱县孔阿陇窝玛,TB_3^b

图 版 Ⅸ

1. 灰色薄层状板岩夹少量薄层状变质岩屑石英砂岩透镜体构成的 TB_3^b 层序,曲麻莱县冬特考
2. 灰色中层状变质岩屑石英砂岩与板岩互层,构成 TB_3^c 层序,曲麻莱县拉则浪百
3. 深灰色薄层状含砾板岩,砾石磨圆中等—好,分选中等—好,成分为砂质,曲麻莱县阿俄口,TB_3^c
4. 灰色厚层状—块状变质岩屑石英砂岩夹深灰色板岩构成的 TB_4 层序,治多县多日老龙
5. 灰色中厚层状石英砂岩,治多县扎河,JC
6. 灰色薄层状钙质泥岩夹细砂岩,治多县曲日清日群,E_3y
7. 紫红色块状复成分砾岩,曲麻莱县龙玛,N_2q
8. 紫红色泥岩夹中薄层状砂岩,治多县普涌日啊霍,N_2q

图 版 Ⅹ

1. 灰色薄层状含孢粉化石的钙质泥岩夹页片状泥灰岩,治多县普涌日啊霍北,N_2q
2. 现代沼泽堆积,扎河乡南西方向
3. 全新世河流冲积物,治多县口前曲
4. 现代冰斗,曲麻莱县孔阿陇窝玛
5. 现代河流阶地,曲麻莱县登恩涌
6. 全新世风沙堆积,曲麻莱县阿俄口通天河边
7. 全新世深灰色湖相泥岩,曲麻莱县高玛陇
8. 全新世河流相砾岩与新近纪曲果组砾岩呈角度不整合接触,曲麻莱县欠哥,通天河大桥边

图 版 Ⅺ

1. 闪长岩中的交代蠕英结构,薄片号:QM9-13-4(下同),正交偏光,视域宽 1.4mm,治多县俄哇日俄,$K_1\delta o_G$
2. 中酸性凝灰岩中的凝灰结构,晶屑主要为斜长石和石英,QD751,正交偏光,视域宽 1.2mm,治多县日阿玛康作,$T_3B_2^b$
3. 含杏仁状安山岩,气孔—杏仁构造,杏仁体为绿泥石、方解石充填,QD751-3,正交偏光,视域宽 1.8mm,治多县日阿玛康作,$T_3B_2^b$
4. 糜棱岩化绢云岩化英云闪长岩,假象交代结构,斜长石全部被绢云母或绢白云母取代,QD713-3,单偏光,视域宽 1.2mm,治多县界三龙,$J_2\delta o_Z$
5. 蚀变玄武质凝灰岩,变余沉凝灰结构,CW-31b,正交偏光,视域宽 0.25mm,治多县采吾曲,$T_3B_2^b$

6. 粒玄岩,间粒结构,Z-12b$_{2-5}$,单偏光,视域宽5.0mm,治多县扎河,WP$_2$*rs*
7. 黑云角闪斜长片麻岩(英云闪长质片麻岩),中长石环带状构造,D0129-7b,正交偏光,视域宽1.2mm,治多县查九涌,WAr$_3$Pt$_2$*N*
8. 黑云角闪斜长片麻岩(英云闪长质片麻岩),卡钠双晶,正交偏光,视域宽1.2mm,治多县查九涌,WAr$_3$Pt$_2$*N*

图 版 Ⅻ

1. 变质细粒石英砂岩,变余纹层构造,薄片号:AE-7b$_1$(下同),正交偏光,视域宽1.2mm,曲麻莱县阿俄口,TB_3^a
2. 变质中—粗粒长石石英砂岩,变余孔隙式胶结,AE-6b$_2$,正交偏光,视域宽0.6mm,曲麻莱县阿俄口,TB_3^a
3. 变质长石石英粉砂岩中的变余层状构造,变余沙纹层理,DT-10b$_2$,视域宽1.9mm,单偏光,曲麻莱县冬特考,TB_3^a
4. 变质含碳质细粒岩屑石英杂砂岩中的板劈理构造与变余层理斜交,视域中部由无色胶磷矿组成的无铰纲腕足类化石,受后期构造挤压变形,DT-18b,视域宽1.9mm,单偏光,曲麻莱县冬特考,TB_3^b
5. 变质含菱铁矿细粒长石石英杂砂岩中的缝合线构造,DT-31b,视域宽1.9mm,单偏光,曲麻莱县冬特考,TB_3^c
6. 粉砂质板岩中的变余层状构造及板劈理构造,DT-12b,视域宽1.9mm,单偏光,曲麻莱县冬特考,TB_3^a
7. 粉砂质板岩中的褶叠层构造、板劈理构造,DT-17b,视域宽1.9mm,单偏光,曲麻莱县冬特考,TB_3^b
8. 绢云板岩中的变余层状构造及板状构造,CC-2b,视域宽1.9mm,单偏光,治多县草尺阿涌,T$_3$$B_3^b$

图 版 ⅩⅢ

1. 砂质绢云绿泥板岩,变余砂状结构,岩石中见双壳屑,两侧见叶绿泥石压力影,CC-5b$_2$,单偏光,视域宽1.9mm,治多县草尺阿涌,T$_3$*K*
2. 变石英砂岩中的变余砂状结构,Q-16b,单偏光,视域宽5.0mm,治多县曲日青日群,T$_3$*K*
3. 绿泥绢云石英千枚岩,变质晶屑结构,千枚状构造,变质晶屑呈眼球状,两端基质矿物见拖尾,Q-12b,单偏光,视域宽1.98mm,治多县曲日青日群,WT$_3$*mv*
4. 含雏晶黑云母绢云板岩中的板状构造,Q-11b$_1$,单偏光,视域宽1.98mm,治多县曲日青日群,WT$_3$*mv*
5. 变质粉砂质细粒岩屑石英岩中的绢云板岩岩屑,Z-25b$_1$,单偏光,视域宽5.0mm,治多县扎河,T$_3$*K*
6. 变长石石英砂岩中的长英质矿物颗粒显压力影,CC-13b,单偏光,视域宽1.9mm,治多县草尺阿涌,T$_3$$B_3^b$
7. 碳酸岩化粒玄岩中发育的压扭性裂隙,Z-12b$_{2-1}$,单偏光,视域宽5.0mm,治多县扎河,WP$_2$*rs*
8. 含酸性火山凝灰泥微晶硅质岩中的两期脉岩,早期为石英脉,晚期为钠长石脉。Z-13b$_2$,正交偏光,视域宽1.98mm,治多县扎河,WP$_2$*rs*

图 版 ⅩⅣ

1. 大理质初糜棱岩中的流劈理构造,Z-31b,单偏光,视域宽5.0mm,治多县扎河,WCP*ca*
2. (糜棱岩化)英云闪长岩中黑云母扭折,D735-2,正交偏光,视域宽1.4mm,治多县口前俄哇,K$_1$$\gamma\delta_{OG}$
3. 绢云粘土板岩,两期面理,板劈理与层理斜交,LZ-1b,正交偏光,视域宽0.25mm,曲麻莱县拉则浪百,TB_3^c
4. 绢云纤枚岩,变余晶屑结构,千枚状构造,Q-11b$_2$,正交偏光,视域宽1.1mm,治多县曲日青日群,WT$_3$*mv*
5. 弱细晶白云石化含赤铁矿含水云母岩屑石英粉砂岩。细晶白云石见压扁拉长现象,两端可见压力影,A R-14b,单偏光,视域宽1.1mm,治多县阿日群增涌,T$_3$$B_1$
6. (糜棱岩化)花岗闪长岩,亚颗粒,QD712,正交偏光,视域宽0.3mm,治多县更直涌,K$_1$$\gamma\delta_G$
7. 断层角砾岩中的角砾状结构,示压扭性特征,DT-20b,单偏光,视域宽4.82mm,曲麻莱县冬特考,TB_3^b
8. 英云闪长质初糜棱岩,云母,QD716-4,单偏光,视域宽1.8mm,治多县口前兵果,K$_1$$\delta i_B$

图 版 ⅩⅤ

1. 细晶灰岩风化露头,治多县草尺阿涌剖面,T$_3$$B_3^b$
2. 细晶灰岩,治多县草尺阿涌剖面,T$_3$$B_3^b$
3. 条带状大理岩岩块,治多县它打热北,WCP*ca*
4. 角砾状大理岩,治多县扎河剖面,WCP*ca*
5. 石英脉,治多县扎河剖面,T$_3$*K*
6. 强变形硅质岩,治多县邦巴塘曲卡,WP$_2$*rs*
7. 韧性剪切带,治多县兵果达龙
8. “σ”旋斑,治多县曲日青日群,Q-3b$_2$

图版Ⅰ

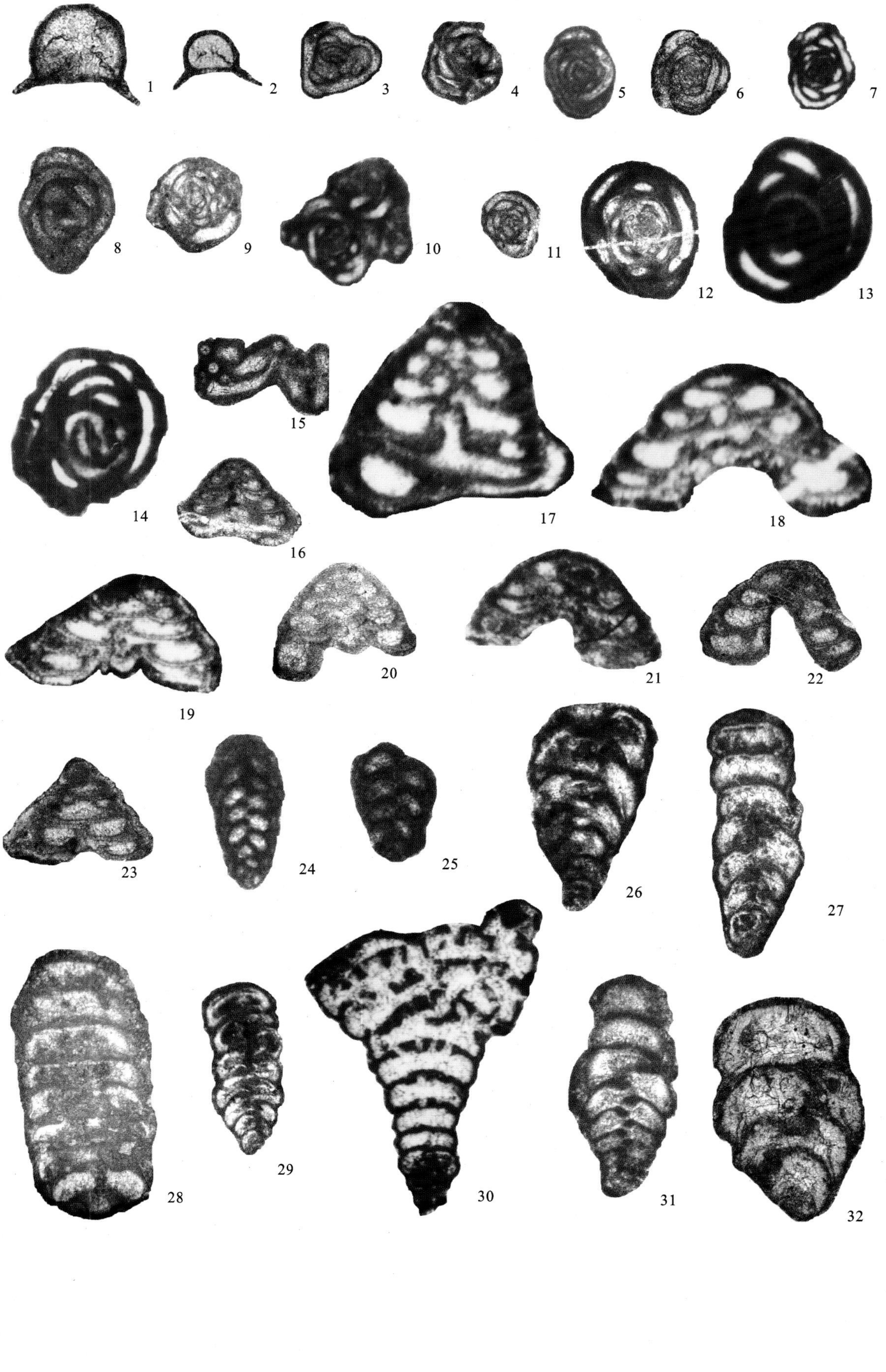
1
2
3
4
5
6
7
8
9
10
11
12
13
14
15
16
17
18
19
20
21
22
23
24
25
26
27
28
29
30
31
32

图版Ⅱ

1
2
3
4
5
6
7
8
9
10
11
12
13
14
15
16
17
18
19
20
21
22
23
24
25
26
27
28
29
30
31
32
33
34

图版Ⅲ

图版Ⅳ

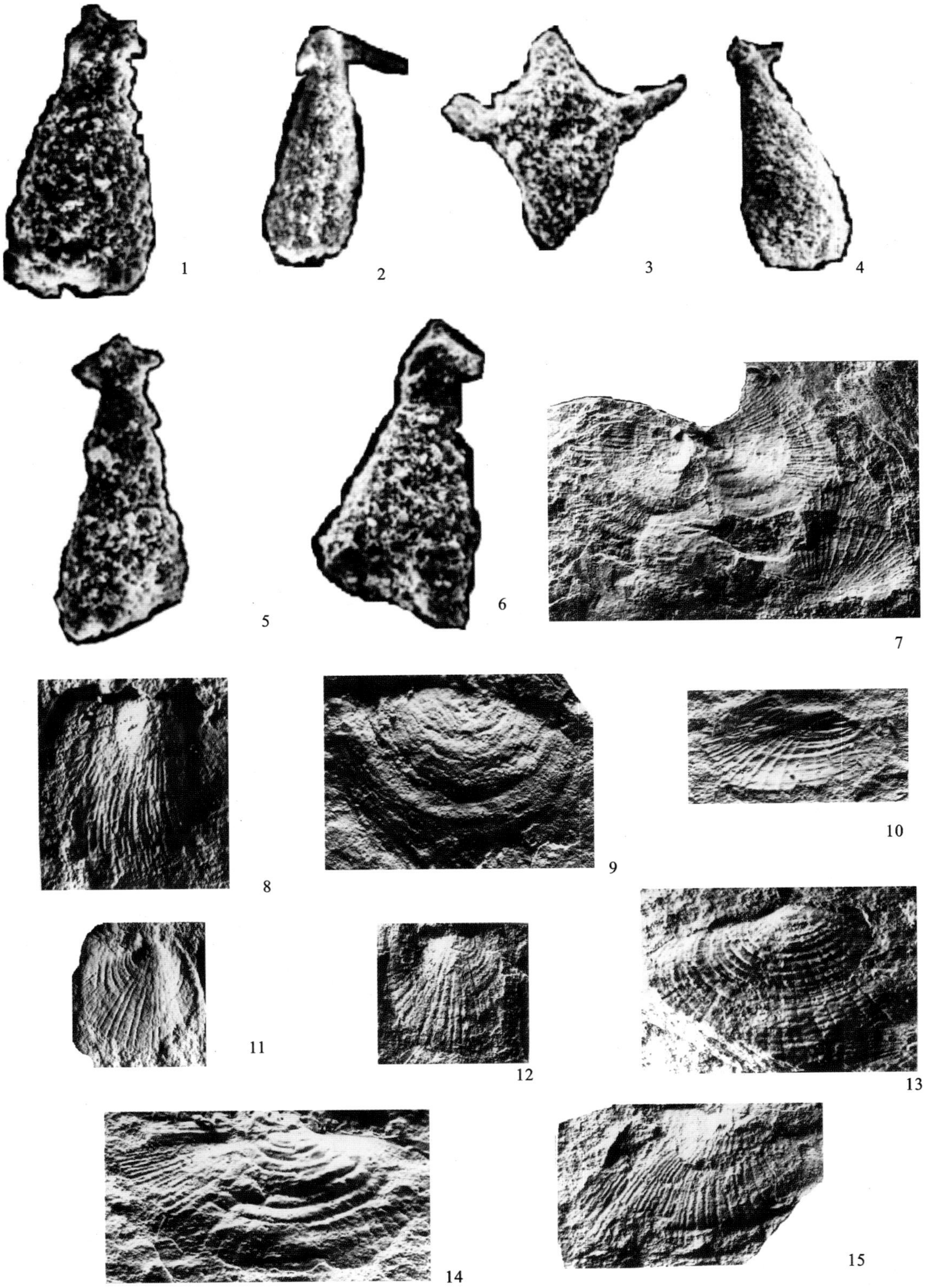

图版Ⅴ

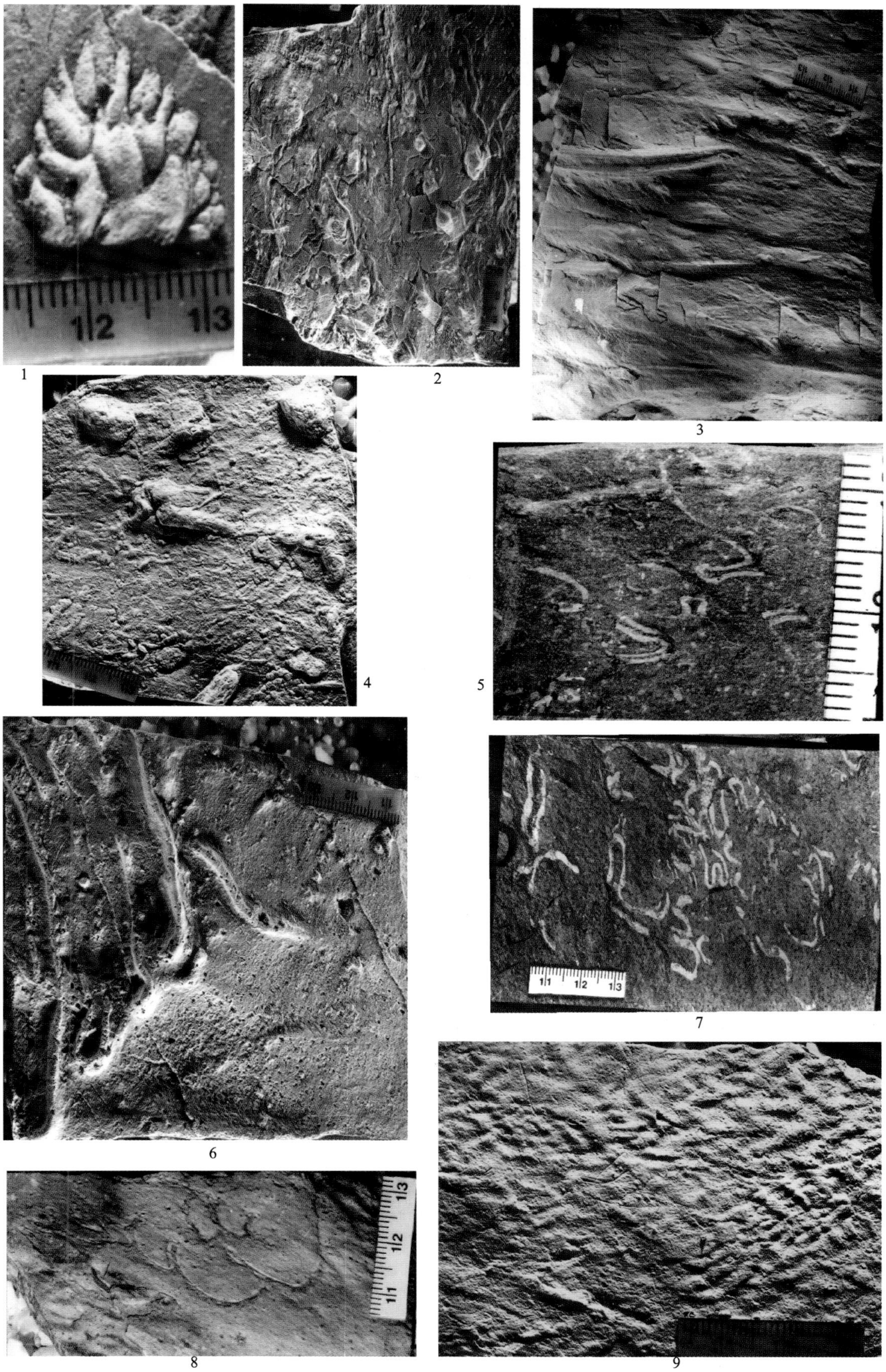

图版 VI

图版Ⅶ

1

2

3

4

5

6

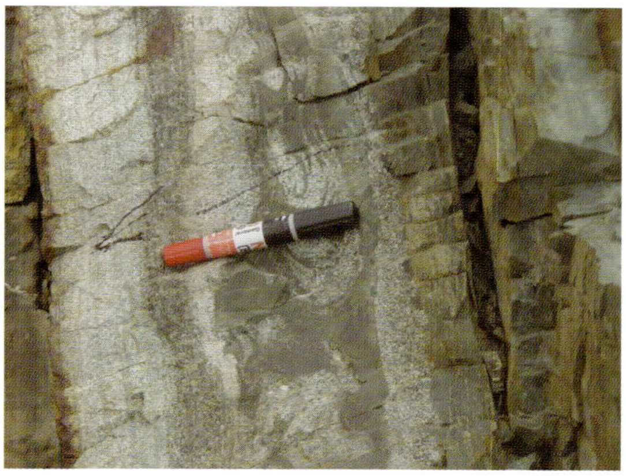
7

8

图版Ⅷ

1

2

3

4

5

6

7

8

图版Ⅸ

1

2

3

4

5

6

7

8

图版Ⅹ

1

2

3

4

5

6

7

8

图版XI

1

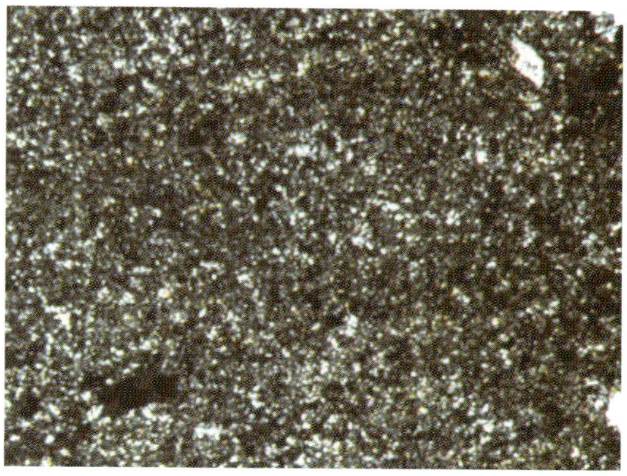

2

3

4

5

6

7

8

图版 Ⅻ

1

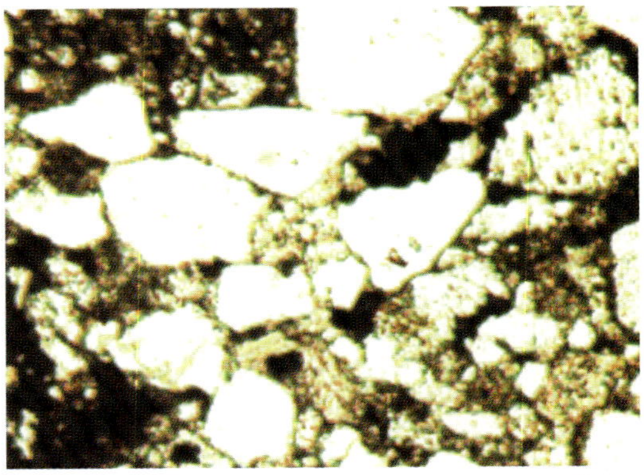

2

3

4

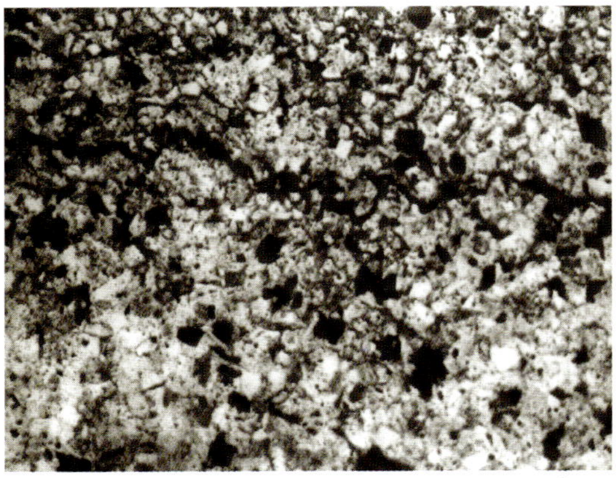

5

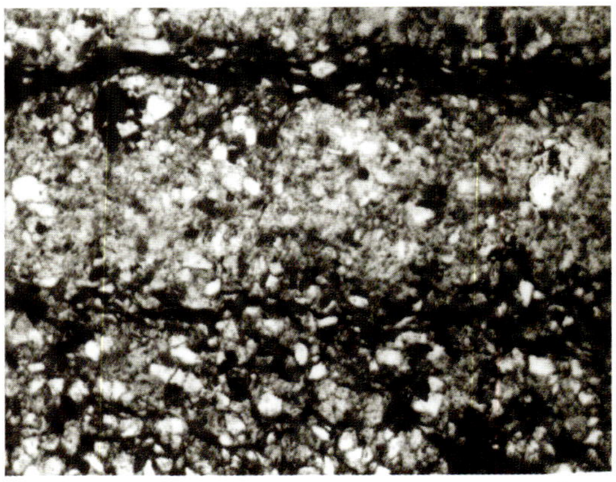

6

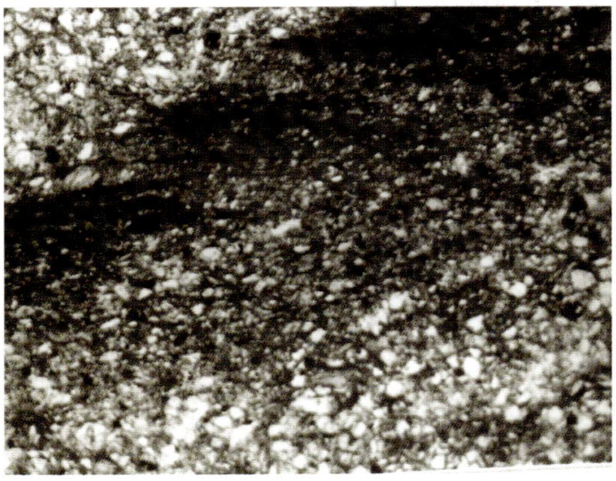

7

8

图版XIII

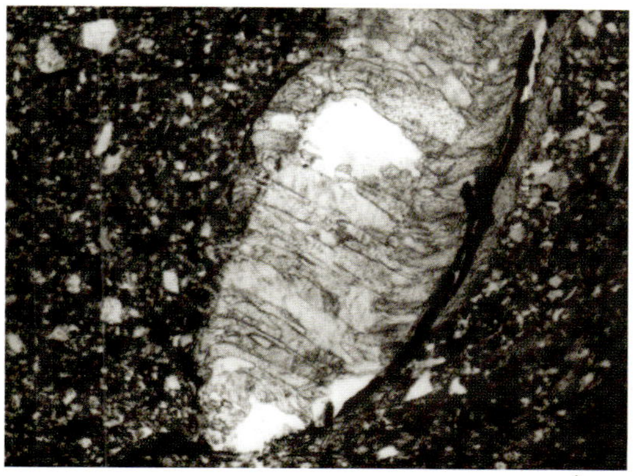
1

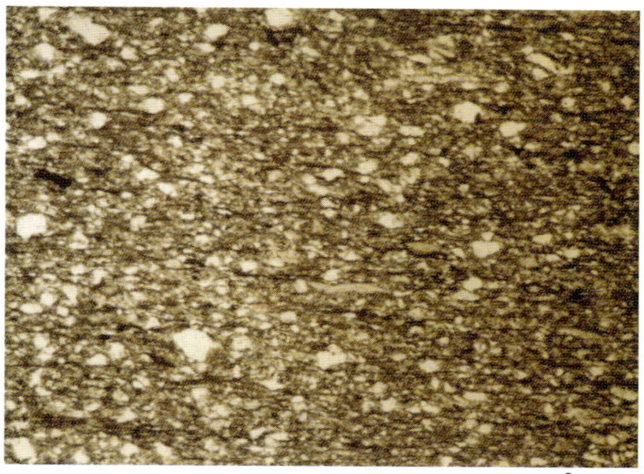
2

3

4

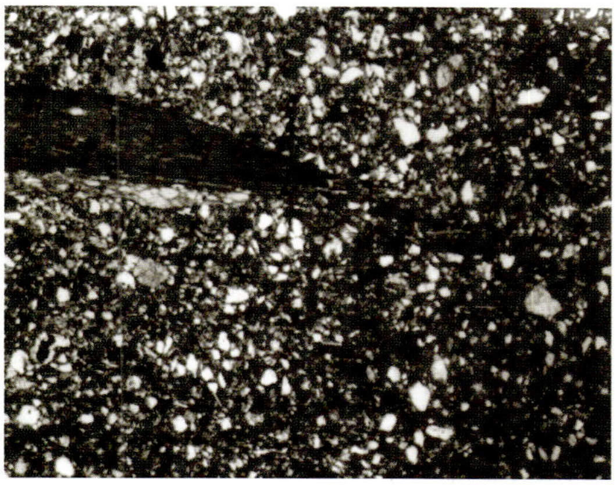
5

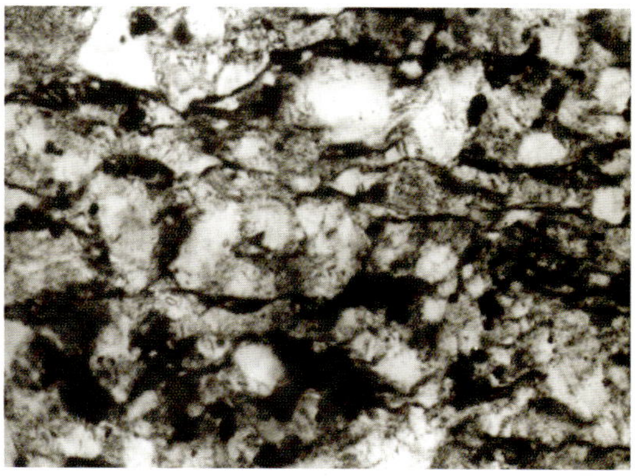
6

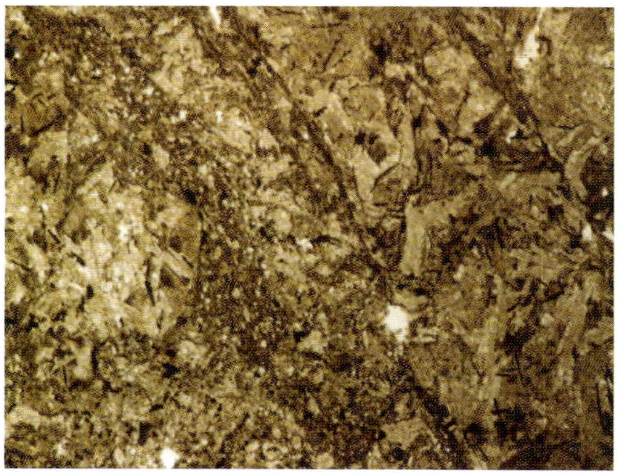
7

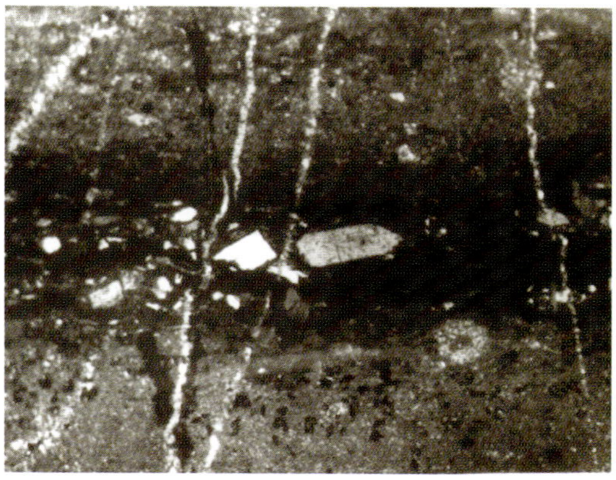
8

图版XIV

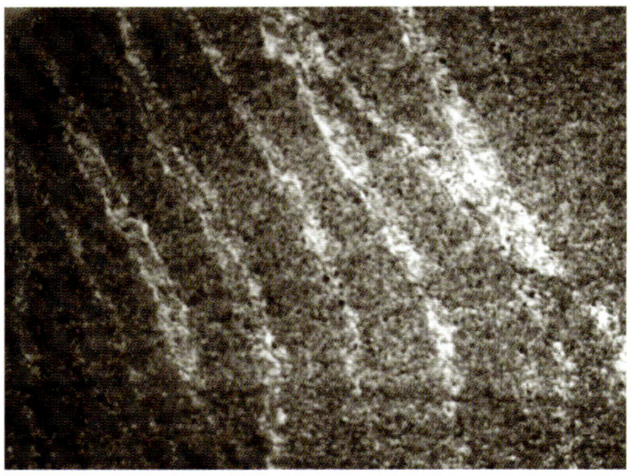

1

2

3

4

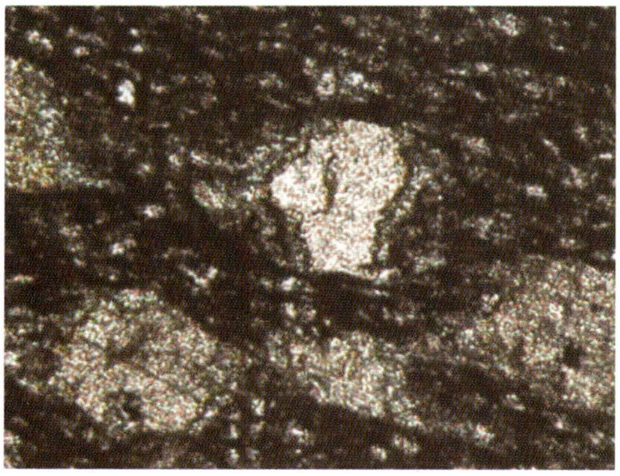

5

6

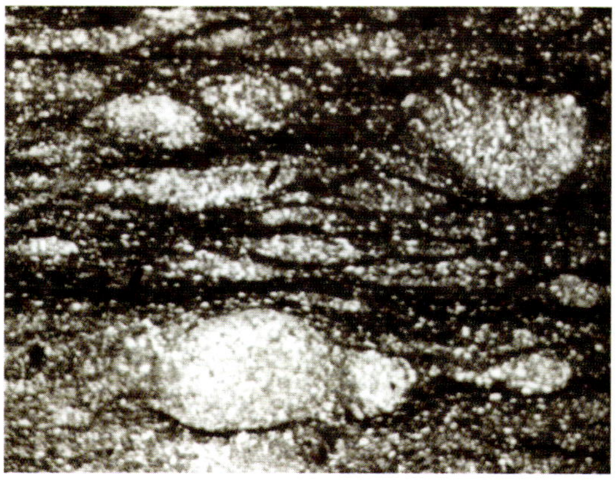

7

8

图版XV

1

2

3

4

5

6

7

8